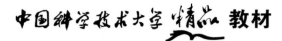

中国科学技术大学 精品 教材

高等物理光学

GAODENG WULI GUANGXUE

第 2 版

羊国光 宋菲君 编著

U0260169

中国科学技术大学出版社

内 容 简 介

本书以现代光学的基本观念和处理方法来讨论传统的物理光学现象,并用傅里叶光学的基本概念贯穿全书.本书共分十三章,内容涉及光的干涉、衍射、偏振,部分相干性理论,光的偏振,晶体光学,导波光学和高斯光学.在衍射理论方面,对菲涅耳与夫琅和费衍射作了较详细的讨论,并对近年来新出现的无衍射光束作了介绍.本书对晶体光学的理论以及电光、磁光和声光效应作了较为深入的分析.还对应用广泛的导波光学和高斯光束光学的理论基础作了较详细的讨论.

"高等物理光学"是综合性和工业性大学近代光学、激光、光电子学、信息光学和工程光学等专业研究生和大学高年级学生的必修课程.本书的主要读者对象是需要掌握物理光学理论的研究生,经摘选后本书可用作大学高年级有关课程的教材,也可供科技工作者参考.

图书在版编目(CIP)数据

高等物理光学/羊国光,宋菲君编著.—2版.—合肥:中国科学技术大学出版社,
2008.9(2019.9 重印)
(中国科学技术大学精品教材)
"十一五"国家重点图书
ISBN 978-7-312-02175-6

Ⅰ.高… Ⅱ.①羊… ②宋… Ⅲ.物理光学-高等学校-教材 Ⅳ.O436

中国版本图书馆 CIP 数据核字(2008)第 091779 号

中国科学技术大学出版社出版发行
安徽省合肥市金寨路 96 号,230026
http://press.ustc.edu.cn
https://zgkxjsdxcbs.tmall.com
安徽省瑞隆印务有限公司印刷
全国新华书店经销

开本:710mm×960mm 1/16 印张:24.25 插页:2 字数:459 千
1991 年 7 月第 1 版 2008 年 9 月第 2 版 2019 年 9 月第 4 次印刷
定价:56.00 元

总　　序

　　2008 年是中国科学技术大学建校五十周年。为了反映五十年来办学理念和特色，集中展示教材建设的成果，学校决定组织编写出版代表中国科学技术大学教学水平的精品教材系列。在各方的共同努力下，共组织选题281 种，经过多轮、严格的评审，最后确定 50 种入选精品教材系列。

　　1958 年学校成立之时，教员大部分都来自中国科学院的各个研究所。作为各个研究所的科研人员，他们到学校后保持了教学的同时又作研究的传统。同时，根据"全院办校，所系结合"的原则，科学院各个研究所在科研第一线工作的杰出科学家也参与学校的教学，为本科生授课，将最新的科研成果融入到教学中。五十年来，外界环境和内在条件都发生了很大变化，但学校以教学为主、教学与科研相结合的方针没有变。正因为坚持了科学与技术相结合、理论与实践相结合、教学与科研相结合的方针，并形成了优良的传统，才培养出了一批又一批高质量的人才。

　　学校非常重视基础课和专业基础课教学的传统，也是她特别成功的原因之一。当今社会，科技发展突飞猛进、科技成果日新月异，没有扎实的基础知识，很难在科学技术研究中作出重大贡献。建校之初，华罗庚、吴有训、严济慈等老一辈科学家、教育家就身体力行，亲自为本科生讲授基础课。他们以渊博的学识、精湛的讲课艺术、高尚的师德，带出一批又一批杰出的年轻教员，培养了一届又一届优秀学生。这次入选校庆精品教材的绝大部分是本科生基础课或专业基础课的教材，其作者大多直接或间接受到过这些老一辈科学家、教育家的教诲和影响，因此在教材中也贯穿着这些先辈的教育教学理念与科学探索精神。

　　改革开放之初，学校最先选派青年骨干教师赴西方国家交流、学习，他们在带回先进科学技术的同时，也把西方先进的教育理念、教学方法、教学内容等带回到中国科学技术大学,并以极大的热情进行教学实践,使"科学与技术相结合、理论与实践相结合、教学与科研相结合"的方针得到进一步深化,取得了非常好的效果,培养的学生得到全社会的认可。这些教学改革影响深远,直到今天仍然受到学生的欢迎,并辐射到其他高校。在入选的精品教材中,这种理念与尝试也都有充分的体现。

中国科学技术大学自建校以来就形成的又一传统是根据学生的特点,用创新的精神编写教材。五十年来,进入我校学习的都是基础扎实、学业优秀、求知欲强、勇于探索和追求的学生,针对他们的具体情况编写教材,才能更加有利于培养他们的创新精神。教师们坚持教学与科研的结合,根据自己的科研体会,借鉴目前国外相关专业有关课程的经验,注意理论与实际应用的结合,基础知识与最新发展的结合,课堂教学与课外实践的结合,精心组织材料、认真编写教材,使学生在掌握扎实的理论基础的同时,了解最新的研究方法,掌握实际应用的技术。

这次入选的 50 种精品教材,既是教学一线教师长期教学积累的成果,也是学校五十年教学传统的体现,反映了中国科学技术大学的教学理念、教学特色和教学改革成果。该系列精品教材的出版,既是向学校 50 周年校庆的献礼,也是对那些在学校发展历史中留下宝贵财富的老一代科学家、教育家的最好纪念。

2008 年 8 月

修 订 版 前 言

光学是研究光的现象、光的本性、光与物质相互作用的科学,是物理学的一个重要分支.光学是一门古老而又年轻的学科.之所以说古老,光学作为一门科学是在十七世纪从牛顿开始的.而现代光学的发展起源于爱因斯坦在 20 世纪初提出的光量子理论.之所以说年轻,是由于在 20 世纪后 50 年,在光学领域奇迹般层出不穷的研究成果,形成了本领域和交叉领域许多重要的新分支,如激光、全息照相、光纤、傅里叶光学、非线性光学、量子光学以及近几年出现的量子计算,等等.自 20 世纪 60 年代激光问世后,光学有了飞速的发展,形成了现代光学.可以说,光学是物理学中最活跃,而且有着广泛应用的学科.

光学通常分为以下三部分:

(一)几何光学:以光的直线传播规律为基础,研究各种光学现象和光学仪器的理论.

(二)波动光学:研究光的电磁性质和传播规律,特别是干涉、衍射、偏振的理论和应用.

(三)量子光学:以光的量子理论为基础,研究光与物质相互作用的规律.

它们之间的关系可以用以下的插图表示.本书侧重于讨论波动光学(即物理光学),将不涉及其他两部分的内容.

本书《高等物理光学》已经出版 16 年了.我们感到欣慰的是,尽管第一版的书早已脱销,但不少大学,包括一些重点大学仍在采用这本书作为光学专业的研究生教材以及博士生资格考试的指定参考书,受到读者的欢迎.为了满足广大读者的需要,我们认为有必要对本书的内容作更新,反映十几年来波动光学的发展,并对原书中的一些错误和不当之处进行订正.在中国科技大学出版社的大力支持下,我们决定对《高等物理光学》出修订版.

本书是光学专业研究生的基础课教材,我们认为本书应该侧重于基础物理概念的讨论.因此,在这个修订版中,我们删节了一些过于专门的应用领域的内容,加强了基本物理概念的讨论.

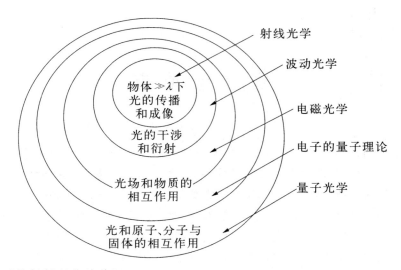

以下是新版所作的修订：

（1）在第 1 章中加了一节——关于光的光子本性.

（2）由于傅里叶分析的方法在光学中的重要性,我们把傅里叶变换放到第 2 章进行讨论,作为本书的基础.

（3）增加了对菲涅耳衍射的讨论,将"菲涅耳衍射"单列成一章.

（4）取消了原来涉及光学工程应用的第 7 章"光学成像系统的频谱分析",把相关的内容变成第 7 章中的一节.

（5）更新了"衍射特论"一章的内容.例如增加了"无衍射光束——Bessel 光束"以及"光学成像系统的分辨率"等节.

（6）把有关偏振的内容扩展成为第 9 章"光的偏振效应和琼斯矩阵表示".

（7）较大幅度地改写了原书"导波光学",作为本书第 12 章.

（8）新增加了"高斯光束光学"一章（第 13 章）.

本书的主要参考书目是：

[1] Born M，Wolf E. Principles of Optics［M］. 7th ed. Cambridge：Cambridge University Press，1999；珀恩 M,沃耳夫 E. 光学原理［M］.杨葭荪,等译.北京：电子工业出版社,2005.

[2] Goodman J W. Introduction to Fourier Optics［M］. 3rd ed. San Francisco：McGraw-Hill，2006.

[3] Hecht E. Optics[M]. 4th ed. New York：Addison Wesley，2002.

[4] Smith F G，King T A. Optics and Photonics-An Introduction［M］. Chichester：John Wiley & Sons，2001.

[5] Saleh B，Teich M. Fundamentals of Photonics[M]. 2nd Ed. New York：Wiley-Interscience，2007.

[6] 宋菲君,羊国光,余金中.信息光子学物理[M].北京：北京大学出版社,2006.

其他的参考文献列在有关的章节中,请读者在阅读时查询.

羊国光撰写了第 1 到第 8 章,并对全书作了校勘.宋菲君撰写了第 9 到第 13 章.作者诚挚希望本书的再版将对光学领域的教师,学生和有关的科技工作者有所帮助.书中不当之处,请不吝指正.

中国科技大学是作者之一(羊国光)的母校.今年是中国科学技术大学建校,也是他入校五十周年纪念.在此将此书献给母校,以感谢母校的培育.

羊国光　宋菲君

2008 年 3 月

作者的话

　　高等物理光学是综合性大学和高等师范学院近代光学、激光、光电子等专业研究生和大学高年级学生的必修课程.同时,它又是从事光学和光电子领域科学研究和产品开发的科技人员必需的理论基础.本书的主要读者对象正是需要掌握物理光学理论的研究生,经摘选后本书可用作大学高年级有关课程的教材,也可供科技工作者参考.

　　在编著过程中,我们力求以现代光学的基本观念和处理方法来讨论传统的光学现象.例如,本书用平面波展开法来研究光的衍射现象,用平面波角谱观念来处理各种光学课题等,还用系统理论来分析光学成像过程,而不局限于用光波衍射理论.而且本书一开始就引入傅里叶分析方法,以使傅里叶光学即信息光学的基本概念贯穿全书有关章节.

　　在选材方面,除了与傅里叶光学有关的内容外,还对部分相干光理论、导波光学及统计光学基础作了较为详细的论述,将有助于读者了解近代光学中这些领域的基本理论和处理方法.晶体光学过去曾是高等光学的主要内容,近年来一般院校重点讲授傅里叶光学,晶体光学只在普通物理课程中作介绍.我们认为这部分内容仍然是许多光学课程的理论基础,因此本书对晶体光学的理论作了较为深入的分析.近年来,电光、磁光和声光效应已在科学技术的各个领域获得了广泛的应用,本书对这些效应的理论基础及典型应用也作了较详细的介绍.

　　物理光学课程中常常用到一些数学—物理的处理方法,学习、掌握这些方法,无疑对于加深物理概念的理解是有益的,对于科技人员解决科研和开发中的物理光学课程也会有所帮助.因此,本书在各有关章节中除傅里叶分析以外,还介绍了隐相法、最速下降法、在零级本征函数空间求近似本征函数法(即简并态微扰法)、希尔伯特变换、求解耦合模方程的常数变易法、折射率渐变波导内波动方程的W.K.B解法、求解散斑效应一阶统计的近独立子系最可几分布法等.

　　本书著者之一曾长期在中国科学技术大学研究生院讲授"高等光学"课程；著者之二曾在北京大学、北京邮电大学、北京联合大学和中国科学技术大学研究生院开设"傅里叶光学"、"近代光学"课程. 本书正是在这些课程讲义的基础上, 经较大幅度的改编和扩展而成. 为了反映物理光学、信息光学和光电子学的新进展, 还参考了近年来国内外发表的经典著作和文献, 包括著者撰写的论文. 羊国光编著了第一、二、三、四、五、六、八、十二章及附录；宋菲君编著了第七、九、十、十一章及§1.4、§12.5, 并对全书作了最后的校勘. 由于著者水平有限, 书中一定有错误及不妥之处, 希望读者批评指正.

羊国光　宋菲君

1989 年 8 月

目　　录

修订版前言 ……………………………………………………………………（ I ）

作者的话 ………………………………………………………………………（ V ）

第1章　光波和光子以及光场的表示 …………………………………（ 1 ）

  1.1　光的波动性描述——麦克斯韦方程及标量波 ……………………（ 1 ）

  1.2　平面波、球面波和圆柱面波 ………………………………………（ 5 ）

  1.3　相速度和群速度 ……………………………………………………（ 12 ）

  1.4　光的光子本性 ………………………………………………………（ 16 ）

第2章　光场的傅里叶分析 ……………………………………………（ 21 ）

  2.1　傅里叶变换 …………………………………………………………（ 21 ）

  2.2　时间信号的傅里叶分析 ……………………………………………（ 29 ）

  2.3　二维傅里叶变换和空间频率 ………………………………………（ 32 ）

  2.4　平面波的角谱 ………………………………………………………（ 35 ）

  2.5　消逝波 ………………………………………………………………（ 39 ）

第3章　干涉理论基础 …………………………………………………（ 44 ）

  3.1　两个单色波的干涉 …………………………………………………（ 45 ）

  3.2　多色光的干涉 ………………………………………………………（ 50 ）

  3.3　扩展光源的干涉 ……………………………………………………（ 59 ）

  3.4　干涉条纹的定域 ……………………………………………………（ 63 ）

  3.5　相干条件 ……………………………………………………………（ 67 ）

第4章　标量衍射理论 …………………………………………………（ 69 ）

  4.1　引言 …………………………………………………………………（ 69 ）

  4.2　平面波角谱的衍射理论 ……………………………………………（ 70 ）

  4.3　稳相法和最快速下降法 ……………………………………………（ 74 ）

  4.4　由基于平面波的衍射积分推导基于球面波的基尔霍夫衍射积分 ……（ 79 ）

  4.5　巴比涅原理 …………………………………………………………（ 81 ）

  4.6　菲涅耳近似与夫琅和费近似 ………………………………………（ 82 ）

第 5 章　夫琅和费衍射 ···（87）

　5.1　透镜的位相变换与夫琅和费衍射的观察 ··················（87）

　5.2　矩孔和圆孔的夫琅和费衍射 ·····························（90）

　5.3　其他形状孔的衍射 ···（96）

　5.4　双缝和多缝的夫琅和费衍射 ·····························（99）

　5.5　光栅的夫琅和费衍射 ·······································（103）

第 6 章　菲涅耳衍射 ···（114）

　6.1　菲涅耳近似下角谱的传播和菲涅耳积分 ···············（114）

　6.2　矩孔的菲涅耳衍射 ···（118）

　6.3　光栅的菲涅耳衍射 ···（124）

　6.4　Talbot 效应——周期图形的菲涅耳衍射 ···············（126）

　6.5　圆孔的菲涅耳衍射 ···（129）

第 7 章　衍射特论 ···（132）

　7.1　光学成像系统的频谱分析 ·····························（132）

　7.2　光学成像系统的分辨率 ·····························（139）

　7.3　焦点附近的光场分布 ·······································（145）

　7.4　无衍射光束——Bessel 光束 ·····························（150）

　7.5　全息照相术 ···（156）

第 8 章　部分相干光理论 ···（162）

　8.1　相干性的基本概念 ···（162）

　8.2　多色场的解析信号表示 ·····························（164）

　8.3　互相干函数 ···（168）

　8.4　互相干函数的极限形式 ·····························（174）

　8.5　时间相干性 ···（180）

　8.6　互相干函数的传播 ···（186）

　8.7　空间相干性和范西特-泽尼克定理 ·······················（190）

　8.8　部分相干光照明的孔径的衍射 ·························（198）

　8.9　部分相干光的成像 ···（202）

第 9 章　光的偏振效应和琼斯矩阵表示 ···················（207）

　9.1　光波偏振态的琼斯矩阵表示 ·····························（208）

　9.2　基本偏振器件的变换矩阵 ·····························（213）

　9.3　折射、反射的偏振效应和相位异常 ···················（217）

　9.4　散射的偏振效应 ···（223）

9.5　准单色光的偏振效应 ·· (227)

第 10 章　晶体光学 ·· (229)

10.1　介电张量 ·· (229)

10.2　平面波在晶体中的传播 ·· (232)

10.3　折射率椭球和晶体偏振化空间 ··· (239)

10.4　光波在单轴晶体中的传播 ··· (241)

10.5　双折射现象 ··· (247)

10.6　光学活性(自然旋光性) ·· (251)

第 11 章　光波的调制 ·· (262)

11.1　泡克耳斯效应(线性电光效应)和电光调制 ····································· (262)

11.2　克尔效应(二次电光效应) ··· (273)

11.3　法拉第效应(磁光效应) ·· (276)

11.4　声光效应 ·· (280)

11.5　布拉格衍射的耦合模解 ·· (285)

第 12 章　导波光学 ··· (295)

12.1　引言 ·· (295)

12.2　光线光学近似和全反射相移修正 ··· (297)

12.3　平面光波导的电磁理论 ·· (300)

12.4　矩形光波导 ··· (310)

12.5　用耦合模方法求解波导间的相互作用 ··· (315)

12.6　光波在光纤中的传播 ·· (323)

12.7　弱导引近似和线偏振模(LP 模) ··· (329)

12.8　渐折射率分布平面波导 ·· (337)

第 13 章　高斯光束光学 ··· (347)

13.1　光束的概念 ··· (347)

13.2　广义测不准关系和空间带宽积 ··· (348)

13.3　波动方程的近轴解和高斯光束的特性 ··· (352)

13.4　高斯光束通过透镜系统的变换 ··· (359)

13.5　模式匹配和几何光学近似 ··· (362)

13.6　厄米-高斯光束 ··· (368)

附录 A13　高斯光束基模表达式的推导 ·· (371)

第1章 光波和光子以及
光场的表示

我们知道,光具有波动性和粒子性.在讨论光的传播现象时,光表现出波动性.就光的波动性而言,光场是在一定频率范围内的电磁场.因此,光学现象可以用麦克斯韦方程来描述.对于通常遇到的光学问题,例如光学仪器中的干涉和衍射等问题,用这种经典理论来处理是足够的.而在观察光与物质相互作用时,光表现出粒子性.这要用量子力学或量子电动力学来处理.光以光子的形式出现.

在物理光学中,主要讨论光的传播现象.因此,物理光学也称为波动光学,因为物理光学涉及光的波动性.我们在本章中以麦克斯韦波动方程作为讨论的出发点,先讨论光的波动性.在本章的最后给出光子的特性的讨论.

1.1 光的波动性描述
——麦克斯韦方程及标量波

1.1.1 麦克斯韦方程及标量波

众所周知,麦克斯韦方程在 MKS 单位制下为

$$
\left.
\begin{aligned}
\nabla \times \boldsymbol{H} &= \boldsymbol{J} + \frac{\partial \boldsymbol{D}}{\partial t}, \\
\nabla \times \boldsymbol{E} &= -\frac{\partial \boldsymbol{B}}{\partial t}, \\
\nabla \cdot \boldsymbol{D} &= 4\pi \rho, \\
\nabla \cdot \boldsymbol{B} &= 0.
\end{aligned}
\right\}
\tag{1.1.1}
$$

这里 E 为电场矢量,H 为磁场矢量,D 为电位移矢量,B 为磁感应矢量,J 为电流密度矢量以及 ρ 为电荷密度.以上的麦克斯韦方程把五个基本的物理量 $E,H,D,$ B 和 J 联系了起来.为了在给定的电流和电荷分布的情况下,唯一地决定电磁场矢量,我们需要有描述在场作用下物质行为的关系.这些关系就是以下的物质方程:

$$\left.\begin{aligned} D &= \varepsilon E, \\ B &= \mu H, \\ J &= \sigma E. \end{aligned}\right\} \tag{1.1.2}$$

其中 ε 为介电常数,μ 为磁导率,σ 为电导率.

在涉及电磁波遇到宏观物体的传播行为时,或光场通过的介质的光学参数在一个或多个面处有突变的情况下,需要利用边界条件来求解.

当不存在自由电荷和电流的情况下,麦克斯韦方程可表示为

$$\left.\begin{aligned} \nabla \times E &= -\mu \frac{\partial H}{\partial t}, \\ \nabla \times H &= \varepsilon \frac{\partial E}{\partial t}, \\ \nabla \cdot (\varepsilon E) &= 0, \\ \nabla \cdot (\mu H) &= 0. \end{aligned}\right\} \tag{1.1.3}$$

其中符号 × 为矢量积,· 为标量积.$\nabla = \frac{\partial}{\partial x} i + \frac{\partial}{\partial y} j + \frac{\partial}{\partial z} k$,这里 i,j,k 为在 $x,y,$ z 方向上的单位矢量.

对(1.1.1)式中第一式的左、右边进行 $\nabla \times$ 的矢量积运算,并利用矢量积运算的恒等式:

$$\nabla \times (\nabla \times E) = \nabla(\nabla \cdot E) - \nabla^2 E,$$

假定传播介质是线性的,各向同性的和均匀的,那么麦克斯韦方程通过推导可得到波动方程:

$$\left.\begin{aligned} \nabla^2 E - \frac{n^2}{c^2} \frac{\partial^2 E}{\partial t^2} &= 0, \\ \nabla^2 H - \frac{n^2}{c^2} \frac{\partial^2 H}{\partial t^2} &= 0. \end{aligned}\right\} \tag{1.1.4}$$

式中 $\nabla^2 = \frac{\partial^2}{\partial x^2} + \frac{\partial^2}{\partial y} + \frac{\partial^2}{\partial z^2}$;$n$ 是介质的折射率,它的定义是

$$n = \left(\frac{\varepsilon}{\varepsilon_0}\right)^{1/2};$$

ε_0 是真空的介电常数；c 是电磁波在真空中的传播速度，其大小为

$$c = \frac{1}{\sqrt{\varepsilon_0 \, \mu_0}};$$

μ_0 为真空的磁导率. 而光在介质中的传播速度为

$$v = \frac{1}{\sqrt{\varepsilon\mu}}.$$

可以将(1.1.4)式写成分量形式，即

$$\left.\begin{array}{l} \nabla^2 E_i - \dfrac{1}{v^2}\dfrac{\partial^2 E_i}{\partial t^2} = 0, \\[2mm] \nabla^2 H_i - \dfrac{1}{v^2}\dfrac{\partial^2 H_i}{\partial t^2} = 0. \end{array}\right\} \tag{1.1.5}$$

其中 $i = 1,2,3$. 在线性、各向同性和均匀介质中，电场和磁场的所有分量具有完全相同的行为. 因此，它们的属性可以用以下一个标量波动方程

$$\nabla^2 U - \frac{1}{v^2}\frac{\partial^2 U}{\partial t^2} = 0 \tag{1.1.6}$$

来描述，这里把 U 理解为电场或磁场的一个分量. 我们称(1.1.6)式为标量波动方程.

以上方程用于光频段时，需要指出几点：

(1) 联立方程(1.1.5)并不表明矢量场完全可按照一个标量来处理. 尽管(1.1.5)式是由三个标量波动方程组成，但是其中每一个方程的解并不能表示矢量场 $\boldsymbol{E}$，只有将 E_x, E_y 和 E_z 都解出来，才能由它们构成 $\boldsymbol{E}$. 假设在所讨论的问题中，$\boldsymbol{E}$ 只含有一个分量(如线偏振光的情况). 那么，矢量场的问题就可以完全化成标量波来处理了. 电磁场的标量理论只是一种近似. 在许多情况下，它可以给出正确的结果. 实际上，在仪器光学中标量理论往往可以给出足够精确的结果，也就是说，可以近似地只对电场 $\boldsymbol{E}$ 的一个分量进行处理.

(2) 光从真空折射到某一介质中时的折射率为 $n = c/v$. 将它与(1.1.4)式比较可得

$$n = \sqrt{\varepsilon\mu}. \tag{1.1.7}$$

在光频段所涉及的介质磁导率 μ 大约等于真空中的磁导率 $\mu_0 = 1$. 而考虑到原子具有结构,构成介质的粒子在电场中将发生极化,这一效应与电场的频率有关,即介电常数 ε 是频率的函数. 所以,折射率随电磁场的频率而变,这将导致色散.

（3）在各向同性介质中,ε 是标量. 而对于各向异性介质（晶体）,ε 可以是张量,这时 ε 用 9 个分量来描写. ε 和 E 的运算为矩阵相乘. 因此,电位移矢量 D 和场 E 不再是同方向的. 这将在晶体光学一章中进行详细的讨论. 当然,μ 也可以是张量,但在光学中很少遇到这种情况.

（4）物质方程中,D 和 E,B 和 E 以及 J 和 E 均为线性关系,只有当场强不太强时才满足这种关系. 当辐射很强（如强激光辐射）时,D 和 E 不再呈线性关系,这时 D（矢量 D 的模）可表示为

$$D = \varepsilon_1 E + \varepsilon_2 E^2 + \cdots,$$

这种关系导致非线性光学效应.

1.1.2　光场的复数表示

根据标量波动方程,要描述一个光场,可以用标量函数 $u(x, y, z; t)$ 来表示在地点 (x, y, z) 和时刻 t 的光扰动. 我们先只限于讨论单色波,即一个频率的情形. 这时场可写为

$$u(x, y, z; t) = \tilde{U}(x, y, z)\cos\left[2\pi\nu t + \Phi(x, y, z)\right]. \quad (1.1.8)$$

其中 $\tilde{U}$ 和 Φ 分别是在 (x, y, z) 点的波动的振幅和位相,ν 为光的振动频率. 可以把它表示为复数形式:

$$U(x, y, z; t) = U(x, y, z)\exp(-j2\pi\nu t), \quad (1.1.9)$$

其中

$$U(x, y, z) = \tilde{U}(x, y, z)\exp\left[-j\Phi(x, y, z)\right]; \quad (1.1.10)$$

并有关系

$$u(x, y, z; t) = \text{Re}\left[U(x, y, z; t)\right]. \quad (1.1.11)$$

$U(x, y, z)$ 是位置坐标的复值函数,称为复振幅,或称为相幅矢量（phaser）. 这里"矢量"指的是复平面上的矢量. 其大小为 $\tilde{U}(x, y, z)$,而幅角为 $\Phi(x, y, z)$. 在单一频率的情况下,随时间变化部分的函数关系是已知的.

故实际上今后只要用复振幅 $U(x,y,z)$ 来描述光场即可.

用复振幅来表示光场是很方便的,特别是当需要把两个光场叠加时.例如,有两个光场 E_1 和 E_2,$E_1 = E_{01}e^{j\alpha_1}$,$E_2 = E_{02}e^{j\alpha_2}$.把这两个复振幅相加,就是把这两个相幅矢量加起来,$E = E_1 + E_2 = E_{01}e^{j\alpha_2} + E_{02}e^{j\alpha_2}$,如图 1.1 所示.

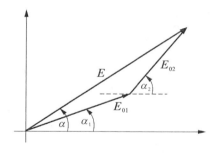

图 1.1　用相幅矢量将两个具有复振幅 E_1 和 E_2 的光叠加

1.1.3　亥姆霍兹(Helmholtz)方程

我们把单色波光场的(1.1.9)式代入方程(1.1.6),则随时间变化的波动方程可以化简为

$$(\nabla^2 + k^2)U = 0. \tag{1.1.12}$$

其中 $\nabla^2 = \dfrac{\partial^2}{\partial x^2} + \dfrac{\partial^2}{\partial y^2} + \dfrac{\partial^2}{\partial z^2}$ 以及 k 称为波数,它由下式定义:

$$k = 2\pi n\,\frac{\nu}{c} = \frac{2\pi}{\lambda},$$

这里 λ 是在介质中的波长($\lambda = c/n\nu$).此方程为亥姆霍兹(Helmholtz)方程.在自由空间传播的任何单色光扰动的复振幅都必须满足这个方程.换句话说,由亥姆霍兹方程确定的 $U(x,y,z)$ 完全描述了在该点的光场分布.在 13.3 节中将给出在具有圆对称情况下,亥姆霍兹方程的解.

应指出,(1.1.8)式和(1.1.9)式所描写的纯单色光振动,要求这光波在时间的持续性上是无限的.也就是波场从 $-\infty$ 到 $+\infty$ 的时间范围内始终存在.如果光振动不是无限的,则将导致非严格单色光的情况,这个问题将在下一章中讨论.

1.2　平面波、球面波和圆柱面波

1.2.1　平面波

首先让我们讨论最简单的一种光波——平面波的表示方法.如令 $r(x,y,z)$ 为

空间某点 P 的位置矢量, $\boldsymbol{n}(n_x, n_y, n_z)$ 为某一固定方向上的单位矢量,则任何具有

$$U = U(\boldsymbol{r} \cdot \boldsymbol{n}, t) \tag{1.2.1}$$

形式的函数是方程(1.1.6)的解,式中"·"表示两个矢量的标量积.我们说这种波是平面波,如图 1.2 所示,因为在各个时刻,在与单位矢量 $\boldsymbol{n}$ 相垂直的各个平面上,

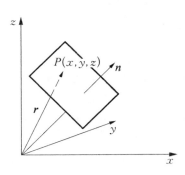

图 1.2　沿法线 $\boldsymbol{n}$ 方向传播的平面波

$\boldsymbol{r} \cdot \boldsymbol{n} = $ 常数,即 U 为一常数.就是说,该光波的振幅和位相在任意瞬间在某一平面上总是常数,即其等相位面为平面的波为平面波.

这样,平面波可写为

$$\begin{aligned} U(x, y, z; t) &= A \exp(\mathrm{j}k\boldsymbol{r} \cdot \boldsymbol{n})\exp(-\mathrm{j}2\pi \nu t) \\ &= U(x, y, z)\exp(-\mathrm{j}2\pi \nu t). \end{aligned} \tag{1.2.2}$$

这里 ν 为光的频率,复振幅 $U(x, y, z)$ 为

$$U(x, y, z) = A \exp(\mathrm{j}k\boldsymbol{r} \cdot \boldsymbol{n}). \tag{1.2.3}$$

由图 1.2 可见,垂直于等相位面的方向 $\boldsymbol{n}$ 为光的传播方向.若 $\boldsymbol{n}$ 的方向余弦为 $\cos\alpha, \cos\beta, \cos\gamma$,则

$$U(x, y, z) = A \exp[\mathrm{j}k(x\cos\alpha + y\cos\beta + z\cos\gamma)]. \tag{1.2.4}$$

把这个解代入亥姆霍兹方程(1.1.12),可以得到 $k = 2\pi/\lambda$.

$\boldsymbol{k} = k\boldsymbol{n} = \dfrac{2\pi}{\lambda}\boldsymbol{n}$ 为波矢或称为传播矢量,$\cos\alpha, \cos\beta$ 和 $\cos\gamma$ 为波矢 $\boldsymbol{k}$ 的方向余弦.平面波可以用波矢表示为

$$\begin{aligned} U(x, y, z) &= A \exp(\mathrm{j}k\boldsymbol{r} \cdot \boldsymbol{n}) \\ &= A \exp[\mathrm{j}k(x\cos\alpha + y\cos\beta + z\cos\gamma)] \\ &= A \exp[\mathrm{j}2\pi(f_x x + f_y y + f_z z)]. \end{aligned} \tag{1.2.5}$$

其中,$f_x = \dfrac{\cos\alpha}{\lambda}$,$f_y = \dfrac{\cos\beta}{\lambda}$,$f_z = \dfrac{\cos\gamma}{\lambda}$,我们称 f_x, f_y, f_z 为空间频率.在光学中这是一个十分重要的概念,将在第 2 章中再作仔细的讨论.

由于 $\cos^2\alpha + \cos^2\beta + \cos^2\gamma = 1$,故

$$\cos\gamma = \sqrt{1 - \cos^2\alpha - \cos^2\beta}.$$

这样，(1.2.5)式可表示为

$$U(x, y, z) = A \exp\left(j \frac{2\pi z}{\lambda} \sqrt{1 - \cos^2\alpha - \cos^2\beta} \right)$$

$$\cdot \exp\left[j2\pi \left(x \frac{\cos\alpha}{\lambda} + y \frac{\cos\beta}{\lambda} \right) \right], \tag{1.2.6}$$

应指出，在 $z = z_1$ 平面上的波为平面波，当它在自由空间中传播后，在 $z = z_2$ 平面也应是平面波，差别仅在于两波的位相有所不同. 因此，平面波场描述的波在空间上应是无限的. 若在 $z < z_0$ 的空间沿 z 轴传播的平面波 U，受在 $z = z_0$ 处的一个孔径限制（如图 1.3 所示），该孔径为沿 y 轴的无限长的缝，缝宽位于区间 $x_1 < x < x_2$，则在 $z = z_0$ 处出射的波场为

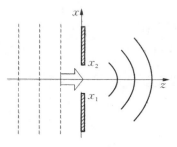

图 1.3　受到光阑限制的平面波的传播

$$U(x, y, z; t)\Big|_{z = z_0} = \begin{cases} A \exp[j(kz_0 + \varphi_0)]\exp(-j2\pi\nu t), & x_1 < x < x_2; \\ 0, & \text{其他}. \end{cases} \tag{1.2.7}$$

这个扰动已不再是平面波了，因为它在空间上是有限的.

我们知道，将(1.2.5)式代入(1.2.2)式，得到具有形式为

$$U(x, y, z; t) = A \exp[jk(x\cos\alpha + y\cos\beta + z\cos\gamma \mp \nu t)] \tag{1.2.8}$$

的平面波，是(1.1.6)式波动方程的一个特解，这里 ν 是波的传播速度，它与频率有简单的关系 $\nu = \nu/\lambda$. 通过改写，具有形式为

$$U(x, y, z; t) = U_1(f_x x + f_y y + f_z z - \nu t)$$

和

$$U(x, y, z; t) = U_2(f_x x + f_y y + f_z z + \nu t) \tag{1.2.9}$$

的波是波动方程的两个平面波解. 其中一个是向前传播的平面波，另一个是向后传播的平面波. 显然，这些解的线性组合也是波动方程的解. 换句话说，一个一般的光波可以是许多平面波的叠加. 在下一章中我们将可以看到，一般的光波可以按不同的空间频率分解展开为许多平面波的叠加.

1.2.2　球面波

另一种典型而重要的光波是球面波. 如果我们有一个理想的点光源，它会向空

间所有方向辐射光波.它具有球对称性,这就是球面波.为了求解波动方程,我们应采用球坐标.在球坐标中的拉普拉斯算子可表示为

$$\nabla^2 \equiv \frac{1}{r^2} \frac{\partial}{\partial}\left(r^2 \frac{\partial}{\partial r}\right) + \frac{1}{r^2 \sin\theta} \frac{\partial}{\partial\theta}\left(\sin\theta \frac{\partial}{\partial\theta}\right) + \frac{1}{r^2 \sin^2\theta} \frac{\partial^2}{\partial\phi^2}. \quad (1.2.10)$$

其中 r, θ 和 ϕ 是球坐标的三个坐标.由于光波有球对称性,它与 θ 和 ϕ 无关,所以光场 $U(x, y, z)$ 可以写成

$$U(x, y, z) = U(r).$$

这时 $U(r)$ 的拉普拉斯方程可简化为

$$\nabla^2 U(r) = \frac{1}{r^2} \frac{\partial}{\partial}\left(r^2 \frac{\partial U(r)}{\partial r}\right). \quad (1.2.11)$$

下面先考虑对 x 坐标的依赖关系,我们有

$$\frac{\partial U}{\partial x} = \frac{\partial}{\partial r} \frac{\partial r}{\partial x},$$

以及

$$\frac{\partial^2 U}{\partial x^2} = \frac{\partial^2 U}{\partial r^2}\left(\frac{\partial r}{\partial x}\right)^2 + \frac{\partial U}{\partial r} \frac{\partial^2 r}{\partial x^2},$$

同时有 $U(x, y, z) = U(r)$,而且 $x^2 + y^2 + z^2 = r^2$,可以得到

$$\frac{\partial r}{\partial x} = \frac{x}{r},$$

以及

$$\frac{\partial^2 r}{\partial x^2} = \frac{1}{r} \frac{\partial x}{\partial x} + x \frac{\partial}{\partial x}\left(\frac{1}{r}\right) = \frac{1}{r}\left(1 - \frac{x^2}{r^2}\right);$$

最后我们有

$$\frac{\partial^2 U}{\partial x^2} = \frac{x^2}{r^2} \frac{\partial^2 U}{\partial r^2} + \frac{1}{r}\left(1 - \frac{x^2}{r^2}\right)\frac{\partial U}{\partial r}, \quad (1.2.12)$$

同样可以求得 $\frac{\partial^2 U}{\partial y^2}$ 和 $\frac{\partial^2 U}{\partial z^2}$ 具有类似的形式.然后把这三个分量相加,我们得到

$$\nabla^2 U(r) = \frac{\partial^2 U}{\partial r^2} + \frac{2}{r} \frac{\partial U}{\partial r}. \quad (1.2.13)$$

(1.2.13)式与(1.2.11)式是等价的. 这个结果也可以表达成以下稍微不同的形式:

$$\nabla^2 U = \frac{1}{r} \frac{\partial^2}{\partial r^2}(rU),\qquad(1.2.14)$$

那么(1.1.6)式波动方程可改写为

$$\frac{1}{r} \frac{\partial^2}{\partial r^2}(rU) = \frac{1}{v^2} \frac{\partial^2 U}{\partial t^2}.$$

上式两边都乘以 r, 得到

$$\frac{\partial^2}{\partial r^2}(rU) = \frac{1}{v^2} \frac{\partial^2}{\partial t^2}(rU).\qquad(1.2.15)$$

我们只要将(1.1.6)式的一维波动方程的变量 r, 用变量 rU 作替换, 就可以看出(1.2.15)式就是标量波动方程. 其解具有 (1.2.9)式的形式, 即

$$rU(r, t) = U_1(r - vt),$$

或者

$$U(r, t) = \frac{U_1(r - vt)}{r},\qquad(1.2.16)$$

这是以速度 v 向外传播的球面波. 另一个解是

$$U(r, t) = \frac{U_2(r + vt)}{r}.$$

这是以速度 v 向内传播会聚的球面波. U_1 和 U_2 具有任意的函数形式. 方程(1.2.11)的一般解是

$$U(r, t) = \frac{U_1(r - vt)}{r} + \frac{U_2(r + vt)}{r}.\qquad(1.2.17)$$

上式中第一项为会聚波, 第二项为发散波. 其中最简单的特解是简谐单色球面波

$$U(r, t) = \frac{A}{r}\exp[\pm j(kr + \phi_0)] \cdot \exp(-j2\pi\nu t).\qquad(1.2.18)$$

其中, $+$ 号相应于发散球面波, $-$ 号相应于会聚球面波. 由此不难看出, 在某一瞬间 t_0, 位相 $\phi = \pm(kr + \phi_0) - 2\pi\nu t_0 = $ constant 的面(即等相位面)为一球面.

　　球面波也是波动方程的一种解. 与平面波相类似, 一般的光波可以是许多球面

波的叠加.这是一个线性系统的特性——一个任意的函数总是可以对一组完备的
基函数作展开.一般的光波可以分解展开为许多球面波的叠加.

球面波的等相位面满足条件 $kr =$ constant.而它的振幅与 r 成反比.当球面波向外传播时,其能量是随着传播距离的增加而平方地减小.由图 1.4 可见,当球面波传播了一段很长的距离后,球面波将退化为平面波.

图 1.4　当球面波传播了一段很长
的距离后,球面波将退化为平面波

1.2.3　球面波的近轴近似表示

以上是用球坐标表示的球面波.在光学问题中,我们所关心的往往是在某个选定平面上的光场分布,如衍射场中的孔径平面、观察平面、成像系统中的物平面和像平面等.因此,在光学中经常用直角坐标来表示球面波.下面给出这种表达式.

如图 1.5 所示,在 (x, y, z) 处观察从 $(x_0, y_0, 0)$ 点发出的球面波.由图可见,

$$
\begin{aligned}
r &= \sqrt{(x - x_0)^2 + (y - y_0)^2 + z^2} \\
&= z\left[1 + \left(\frac{x - x_0}{z}\right)^2 + \left(\frac{y - y_0}{z}\right)^2\right]^{\frac{1}{2}}.
\end{aligned}
$$

$$(1.2.19)$$

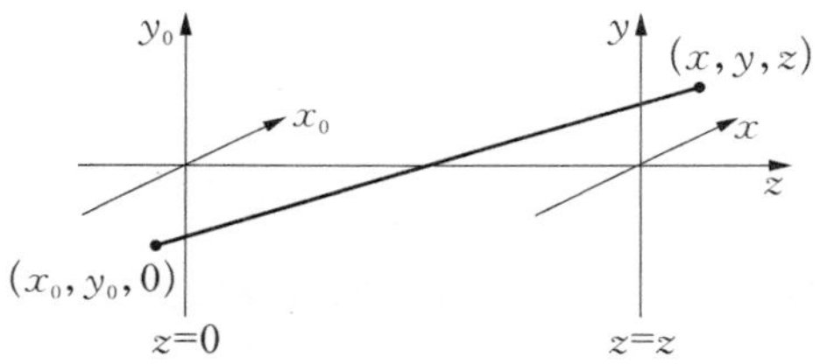

如取初始位相 $\phi_0 = 0$,则

图 1.5　作近轴近似取的坐标系

$$
\begin{aligned}
U(x, y, z) &= \frac{A}{r}\exp(\mathrm{j}kr) \\
&= \frac{A\exp\left\{\mathrm{j}kz\left[1 + \left(\dfrac{x - x_0}{z}\right)^2 + \left(\dfrac{y - y_0}{z}\right)^2\right]^{\frac{1}{2}}\right\}}{z\left[1 + \left(\dfrac{x - x_0}{z}\right)^2 + \left(\dfrac{y - y_0}{z}\right)^2\right]^{\frac{1}{2}}}.
\end{aligned}
$$

$$(1.2.20)$$

上式是球面波在直角坐标系中的表达式.但(1.2.19)式在计算时很不方便,在光学中经常讨论所谓近轴问题,即 $z \gg x - x_0$ 以及 $z \gg y - y_0$.可取近轴近似,也就是说,需要考虑的问题局限于在光轴附近以及距离较远的情况.这时 $\dfrac{x - x_0}{z} \ll 1$,$\dfrac{y - y_0}{z} \ll 1$.这样可以对(1.2.19)式作展开,只取到一阶项,可得

$$r \approx z \left[1 + \left(\frac{x - x_0}{z} \right)^2 + \left(\frac{y - y_0}{z} \right)^2 \right]. \tag{1.2.21}$$

在(1.2.20)式的分母中可取 $r \approx z$；而在分子中必须将(1.2.21)式代入，可得

$$U(x, y, z) = \frac{A_0 \exp(\mathrm{j}kz)}{z} \exp \left\{ \mathrm{j} \frac{k}{2z} \left[(x - x_0)^2 + (y - y_0)^2 \right] \right\}. \tag{1.2.22}$$

其中 A_0 是球面波在球心时的振幅. 在上述表达式中, 对分母作的近似所带来的误差很小. 而在分子中不能作这样粗糙的近似. 因为在光频段 $\lambda \approx 5 \times 10^{-7}$ m, k 是一个很大的数. 也就是说(1.2.20)式的指数函数是一个快变函数, 位相变化即使只有几分之一的弧度, 也会引起指数函数值的巨大变化. 因此我们要在展开式中保留到一次展开项.

(1.2.22)式是在近轴近似下在直角坐标系中的球面波表达式. 当 $z > 0$ 时, 上式表示一个发散球面波. 当 $z < 0$ 时, 上式可以用来表示一个会聚球面波, 或直接写为

$$U(x, y, z) = \frac{A_0 \exp(\mathrm{j}k|z|)}{|z|} \exp \left\{ - \mathrm{j} \frac{k}{2|z|} \left[(x - x_0)^2 + (y - y_0)^2 \right] \right\}.$$

它表示经过 xy 平面向距离为 z 处会聚的球面波在该平面上的复振幅分布. 实际上, (1.2.20)式所表示的等相位面是用抛物面代替了球面, 这显然只有在近轴区域才成立. 以后将看到, 取了这种近似以后, 将在计算上带来很大的方便.

1.2.4 圆柱面波

另一种常见的光波是圆柱面波. 这时要用柱坐标. 在柱坐标下的拉普拉斯方程为

$$\nabla^2 U = \frac{1}{r} \frac{\partial}{\partial r} \left(r \frac{\partial U}{\partial r} \right) + \frac{1}{r^2} \frac{\partial^2 U}{\partial \theta^2} + \frac{\partial^2 U}{\partial z^2}. \tag{1.2.23}$$

其中 $x = r \cos \theta$, $y = r \sin \theta$, 以及 $z = z$. 在具有圆柱面对称性的情况下, 波动方程有柱面对称性的以下形式的解:

$$U(x, y, z) = U(r, \theta, z) = U(r).$$

这时波动方程为

$$\frac{1}{r} \frac{\partial}{\partial r} \left(r \frac{\partial U}{\partial r} \right) = \frac{1}{v^2} \frac{\partial^2 U}{\partial t^2}. \tag{1.2.24}$$

在作一些运算后,(1.2.24)式成为贝塞尔(Bessel)方程.对于大数值的 r,贝塞尔方程的解将趋于简单的三角函数形式,即

$$U(r, t) \approx \frac{A}{\sqrt{r}} \exp(r \mp vt). \tag{1.2.25}$$

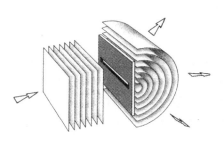

图 1.6 把平面波入射到一个
无限长的狭缝上得到柱面波

它表示了一组充满空间的同轴柱面波,这些波或者会聚到一条线上,或者从一条线光源发出.柱面波的能量是随着距离的增加,而与距离 r 成反比的减少.

由于(1.2.25)式的解不是波动方程的精确解,因此一个任意的光波函数不可能按一组圆柱面波来展开.把平面波入射到一个圆柱面透镜上,或者入射到一个无限长的狭缝上,将可以得到柱面波的出射(图1.6).

1.3 相速度和群速度

1.3.1 相速度

一般的光波为多色波.当具有不同频率的多色波在介质中传播时,它的行为与单色波的行为将不同.首先考虑一种简单的具有两个频率的多色波的传播的情况.

两个频率 ω_1, ω_2,波数 k_1, k_2 的光波可以表示为

$$E_1 = E_0 \cos(k_1 x - \omega_1 t), \quad E_2 = E_0 \cos(k_2 x - \omega_2 t). \tag{1.3.1}$$

在某种介质中传播的这两个波叠加起来是

$$E = E_1 + E_2 = E_0 [\cos(k_1 x - \omega_1 t) + \cos(k_2 x - \omega_2 t)],$$

经过简单的运算可得

$$E = 2E_0 \cos\left(\frac{k_1 + k_2}{2} x - \frac{\omega_1 + \omega_2}{2} t\right) \cos\left(\frac{k_1 - k_2}{2} x - \frac{\omega_1 - \omega_2}{2} t\right). \tag{1.3.2}$$

下面取

$$\omega_p = \frac{\omega_1 + \omega_2}{2}, \quad k_p = \frac{k_1 + k_2}{2}$$

和

$$\omega_g = \frac{\omega_1 - \omega_2}{2}, \quad k_g = \frac{k_1 - k_2}{2}.$$

那么我们有

$$E = 2E_0 \cos(k_p x - \omega_p t)\cos(k_g x - \omega_g t). \tag{1.3.3}$$

(1.3.3)式是两个余弦波的乘积.第一个因子具有的频率 ω_p 是两个频率的平均值,传播常数 k_p 是两个波数的平均值.而第二个因子表示了具有频率为 ω_g 和传播常数为 k_g 的余弦波,它们的值都大大小于 ω_p 和 k_p 的值.

由图 1.7 可见,低频函数作为一个包络调制在一个高频函数上.波扰动的这种分布呈现出的现象是拍频.因为在任何时间波的振幅的平方是它的能量密度的一种测量,所以在图 1.7(c)所示的波包是具有拍频频率为 ω_b 的脉冲序列.拍频频率 ω_b 是调制函数的频率的两倍,即

$$\omega_b = 2\omega_g = 2\left(\frac{\omega_1 - \omega_2}{2}\right) = \omega_1 - \omega_2. \tag{1.3.4}$$

从上式可见,拍频就是两个波的频率差.

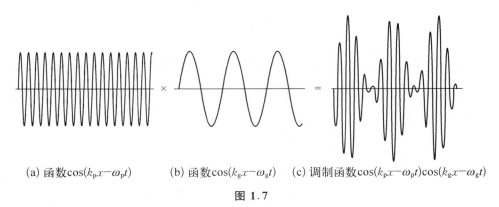

(a) 函数$\cos(k_p x - \omega_p t)$　　(b) 函数$\cos(k_g x - \omega_g t)$　　(c) 调制函数$\cos(k_p x - \omega_p t)\cos(k_g x - \omega_g t)$

图 1.7

将以上的概念运用到光学中来就是所谓色散现象.在色散介质中波的传播速度与频率有关.也就是说,不同波长的光波在介质中具有不同的传播速度.这就引起色散.在频率、波长和波的传播速度之间有以下简单的关系:

$$v = \lambda \nu = \frac{\omega}{k}. \qquad (1.3.5)$$

在(1.3.2)式中的频率为 ω_p 的高频波的传播速度 v_p 称为相速度(phase velocity),它是光场中等位相面的传播速度.光场的位相为 $\phi = kx - \omega t$.等位相面满足的关系为 $kx - \omega t =$ 常数.相速度 v_p 为

$$v_p = \left(\frac{\partial x}{\partial t}\right)_{\phi} = -\frac{(\partial \phi / \partial t)_x}{(\partial \phi / \partial x)_t} = \frac{\omega}{k}. \qquad (1.3.6)$$

上式只适用于无色散介质,真空是唯一的无色散介质.在无色散介质中各种波以相同的相速度传播.

1.3.2 群速度

因为实际的光学信号总是包含有限频谱中的一组频率成分.频带中不同频率的光波以不同的相速度传播.若干不同频率的简谐波叠加在一起形成合成的扰动,最终,调制波包的传播速度和其组分的波的传播速度都将有所不同.由此引出一个重要的概念——群速度(group velocity).这可用以下数学公式来表示.

假定某一波动是由两个平面单色波叠加而成,这两个平面单色波都沿 x 轴传播,其振幅相等,频率和传播常数相近,即一个波为 ω, k,另一波为 $\omega + \delta\omega, k + \delta k$. 代入(1.3.3)式,该波动可表示为

$$E = 2E_0 \cos\left[\frac{1}{2}(t\delta\omega - x\delta k)\right] \exp[j(\bar{\omega}t - \bar{k}x)], \qquad (1.3.7)$$

其中 $\bar{\omega} = \omega + \frac{1}{2}\delta\omega$ 和 $\bar{k} = k + \frac{1}{2}\delta k$ 分别为平均频率和平均传播常数.上式也可以看作一个频率为 $\bar{\omega}$,波数为 $2\pi / \bar{k}$,沿 x 方向传播的平面波.但其振幅不是恒定的,而是随时间和位置变化.由于 $\delta\omega / \bar{\omega}$ 和 $\delta k / \bar{k}$ 比 1 小得多,振幅的变化与其他项相比是非常缓慢的.

从(1.3.7)式可得到等振幅面的传播速度为

$$v_g = \frac{\delta\omega}{\delta k} = \frac{1}{k'}, \qquad (1.3.8)$$

v_g 称为波的群速度.k' 是相对于 ω 的导数.调制波包的传播速度可能大于、等于或小于载波的相速度 v_p.我们也可以用另一种方法来推导以上的关系,由(1.3.5)式,我们有

$$v_g = \frac{\omega_g}{k_g} = \frac{\omega_1 - \omega_2}{k_1 - k_2} \approx \frac{\mathrm{d}\omega}{\mathrm{d}k}, \qquad (1.3.9)$$

这里同样假定频率和传播常数之间的差很小.

下面推导相速度和群速度间的关系.将(1.3.6)式代入(1.3.9)式,得到

$$v_{\mathrm{g}} = \frac{\mathrm{d}\omega}{\mathrm{d}k} = \frac{\mathrm{d}}{\mathrm{d}k}(kv_{\mathrm{p}}) = v_{\mathrm{p}} + k\frac{\mathrm{d}v_{\mathrm{p}}}{\mathrm{d}k}. \tag{1.3.10}$$

在无色散介质中一个波的速度和波长无关,$\mathrm{d}v_{\mathrm{p}}/\mathrm{d}k = 0$.这时相速度和群速度相等.这就是光在真空中传播的情况.然而,在色散介质中,色散介质的折射率为 $n = n(k)$,而 $v_{\mathrm{p}} = \frac{c}{n}$.可以推出

$$\frac{\mathrm{d}v_{\mathrm{p}}}{\mathrm{d}k} = \frac{\mathrm{d}}{\mathrm{d}k}\left(\frac{c}{n}\right) = -\frac{c}{n^2}\left(\frac{\mathrm{d}n}{\mathrm{d}k}\right), \tag{1.3.11}$$

将上式代入(1.3.10)式,得到

$$v_{\mathrm{g}} = v_{\mathrm{p}}\left[1 - \frac{k}{n}\left(\frac{\mathrm{d}n}{\mathrm{d}k}\right)\right], \tag{1.3.12}$$

由于 $k = 2\pi/\lambda$ 和 $\mathrm{d}k = -(2\pi/\lambda^2)\mathrm{d}\lambda$,(1.3.12)式可改写为

$$v_{\mathrm{g}} = v_{\mathrm{p}}\left[1 + \frac{\lambda}{n}\left(\frac{\mathrm{d}n}{\mathrm{d}\lambda}\right)\right]. \tag{1.3.13}$$

在正常色散区,折射率随频率的增加而增加,$\mathrm{d}n/\mathrm{d}\lambda < 0$,所以有 $v_{\mathrm{g}} < v_{\mathrm{p}}$.尽管以上的公式是从两个波的叠加推导出来的,但对具有窄带频率的一般光波以上的关系仍然成立.

实际的光脉冲不可能是严格的单色波,它包含一定的波长范围.每种波长都以不同的速度传播,波长之间有相对延迟.最终导致脉冲沿介质传播过程中的展宽.这就是光的色散.图 1.8 显示了由于色散引起的脉冲展宽的物理原理.

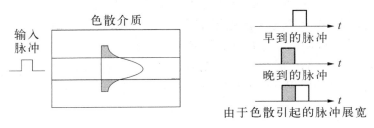

图 1.8　由于色散引起的脉冲展宽

1.4　光的光子本性

光由称为光子的粒子组成. 一个光子具有零的静止质量, 并且携带电磁能量和动量. 它还具有角动量, 角动量控制着光子的偏振特性. 光子在真空中以光速传播. 在本节中将讨论光子的概念和光子光学的基本规律.

1.4.1　光子的能量

具有频率为 ν 的光子的能量是

$$E = h\nu = \hbar\omega. \tag{1.4.1}$$

这里 h 是普朗克常数, $h = 6.63 \times 10^{-34}$ J·s, 而 $\hbar = h/(2\pi)$. 光子的能量是量子化的, 也就是说光子的能量只能是 $h\nu$ 的整数倍. 很容易估计光子的能量的大小. 一个波长为 $1\,\mu$m 的红外光子的能量为 1.99×10^{-19} J $= 1.24$ eV（电子伏）. 一个波长为 1 cm 的微波光子的能量为 1.24×10^{-4} eV, 它比红外光子的能量小 10^4 倍.

因为高频光子的能量携带较高的能量, 所以光的粒子性随着光频率的增加而变得重要. 在这种情况下光的波动性, 像干涉和衍射更难于观察到. X 射线和 γ 射线的行为像是一堆粒子. 而无线电波的行为总是像波动. 在光学频段的光, 既像粒子, 又像波动. 这就是为什么我们需要讨论光子光学.

1.4.2　光子的位置

如前所述, 与每一个光子相应的光波由复波函数来描述. 然而, 当一个沿着以探测器法线方向传播的光子入射到位于位置 r 的一个面积为 $\mathrm{d}A$ 的探测器上时, 其粒子性表现为, 它或者被完全地探测到, 或者完全地不被探测到. 一旦光子被探测到, 它在整个空间的概率分布就被确定到这一点上.

另一方面, 光子的位置是不能被精确的决定, 它是由以下的概率定律来确定的. 在位于位置 r 的面积 $\mathrm{d}A$ 上观察到一个光子的概率 $p(r)\mathrm{d}A$ 比例于在该处的光强度:

$$p(r)\mathrm{d}A \propto I(r)\mathrm{d}A. \tag{1.4.2}$$

也就是说,光子在空间的位置只能以光波的强度作概率性的描述.所以,光子既有扩展性,又有局域性.这就是光的波粒二象性.

下面我们讨论一个光子通过一个分束器的透射.一个理想的分束器是一个无损耗的光学元件,它能把一束光分成两束光.一个分束器的特性是由透射率 T 和反射率 $R = 1 - T$ 确定的.如入射光的强度是 I,那么透射光强度是 $I_t = TI$ 以及反射光的强度是 $I_r = (1 - T)I$.

由于光子是不可分的.当一个光子入射到一个分束器上时,它不得不选择分束器出射的两个路径之一.一个光子经由两个路径之一的可能性是由决定光子位置的概率(1.4.2)式来确定的.一个光子经分束器透射的概率是比例于透射光强度 I_t,也就是比例于透射率 T.光子被反射的概率是 $1 - T$.

1.4.3　光子的动量

可以用波矢 $k = kn = \dfrac{2\pi}{\lambda}n$ 来改写平面波的(1.2.5)式:

$$U(x, y, z) = A \exp(jkr \cdot n) = A \exp(-jk \cdot r). \qquad (1.4.3)$$

那么,一个用平面波 $U(r, t) = A \exp(-jk \cdot r)\exp(j2\pi \nu t)$ 描述的光子具有的动量矢量为

$$p = hk, \qquad (1.4.4)$$

其中 k 为波矢.光子沿波矢方向传播,其大小为 $p = h/\lambda$.

那么,对于一个不是平面波的一般光波 $U(r)\exp(j2\pi \nu t)$,如 1.1 节所讨论,可以展开为许多平面波的叠加.具有波矢为 k 的分量可以表达为以下形式:

$$A(k)\exp(-jk \cdot r)\exp(j2\pi \nu t)k/\mid k \mid. \qquad (1.4.5)$$

这里 $A(k)$ 是具有波矢为 k 的 $U(r)$ 的平面波分量的振幅.由(1.4.4)式描写的光子的动量是不确定的.该光子的动量为 $p = hk$ 的概率是比例于 $\mid A(k) \mid^2$.

如果 $f(x, y) = U(x, y, 0)$ 是在 $z = 0$ 平面的复振幅,那么波矢为 $k = (k_x, k_y, k_z)$ 的平面波傅里叶分量的振幅(参见第 2 章)是 $A(k) = F(k_x, k_y)$.由于 $f(x, y)$ 和 $F(k_x, k_y)$ 互为傅里叶变换对,它们的宽度互成反比例关系.这样我们就可以建立在 $z = 0$ 的平面,光子的位置和光子动量的方向之间的不确定关系,因为在 $z = 0$ 的平面在位置 $r = (x, y)$ 处出现光子的概率是由 $\mid U(r) \mid^2 = \mid f(x, y) \mid^2$ 来确定的,而出现在方向 k 上动量的概率决定于 $\mid A(k) \mid^2 = \mid F(k_x, k_y) \mid^2$.如果在 $z = 0$ 平面在 x 方向上位置的不确定性是 σ_x,那么相对于

z 轴角度的不确定性 $\sigma_\theta = \arcsin(\sigma_x/k) \approx (\lambda/2\pi)\sigma_x$ (这里假定角度很小). 我们得到位置和动量间的不确定关系是 $\sigma_x\sigma_\theta \geqslant \lambda/4\pi$.

   一个平面波光子具有确定的动量, 这是由于它的固定传播方向和振幅. 这时 $\sigma_\theta = 0$, 而其位置完全不确定 ($\sigma_x = \infty$). 这个光子可以在 $z = 0$ 的平面上的任何位置被探测到. 当一个平面波光子通过一个小孔径, 其位置被定域化. 这是以扩展它动量方向为代价的. 因此, 光子的位置-动量的不确定关系是与第 5 章讨论的衍射理论相并行的.

1.4.4   光子的偏振

   首先考虑一个光波由在 z 方向上传播的两个平面波光子的叠加组成, 一个平面波的偏振在 x 方向上, 另一个的偏振在 y 方向上, 即

$$U(\boldsymbol{r},\ t) = (A_x\boldsymbol{i} + A_y\boldsymbol{j})\exp(-\mathrm{j}kz)\exp(\mathrm{j}2\pi\nu t),$$

其中 $\boldsymbol{i}$ 和 $\boldsymbol{j}$ 是在 x 和 y 方向上的单位矢量. 另一方面, 同一个电磁场也可以用不同的坐标系 $(x',\ y')$ 来表示, 例如通过转动坐标系 $(x,\ y)$ 45° 而得到坐标系 $(x',\ y')$. 这样, 这个光波也可以用在 x' 和 y' 方向上的偏振波来表示, 即

$$U(\boldsymbol{r},\ t) = (A_{x'}\boldsymbol{i}' + A_{y'}\boldsymbol{j}')\exp(-\mathrm{j}kz)\exp(\mathrm{j}2\pi\nu t),$$

其中

$$A_{x'} = \frac{1}{\sqrt{2}}(A_x - A_y),\quad A_{y'} = \frac{1}{\sqrt{2}}(A_x + A_y).$$

如果一个光子占据了 x-偏振模, y-偏振模就是空的. 那么, 怎么可能找到一个偏振在 x' 方向上的光子, 这个问题在光子光学中可以用概率的概念来解释. 找到一个光子在 x, y; x', y' 方向上的概率是分别比例于 $|A_x|^2$, $|A_y|^2$, $|A_{x'}|^2$, $|A_{y'}|^2$. 在以上的例子中, $|A_x|^2 = 1$, $|A_y|^2 = 0$, 所以 $|A_{x'}|^2 = |A_{y'}|^2 = 1/2$. 也就是说, 存在在 x-方向上偏振的光子, 将没有在 y-方向上偏振的光子, 找到偏振在 x' 和 y' 方向上的光子的概率都是 $1/2$.

   下面讨论圆偏振的光子. 一个一般的光波可以展开为两个圆偏振的平面波的叠加, 一个是左旋的圆偏振模, 一个是右旋的圆偏振模, 即

$$U(\boldsymbol{r},\ t) = (A_\mathrm{R}\boldsymbol{i}_\mathrm{R} + A_\mathrm{L}\boldsymbol{j}_\mathrm{L})\exp(-\mathrm{j}kz)\exp(\mathrm{j}2\pi\nu t),$$

其中 $\boldsymbol{i}_\mathrm{R} = \dfrac{1}{\sqrt{2}}(\boldsymbol{i} + \boldsymbol{j})$ 和 $\boldsymbol{i}_\mathrm{L} = \dfrac{1}{\sqrt{2}}(\boldsymbol{i} - \boldsymbol{j})$. 这两种模分别携带左旋和右旋的圆偏振的

光子. 同样, 找到具有这两种偏振态的光子的概率是比例于强度 $|A_R|^2$ 和 $|A_L|^2$. 一个线偏振光子等价于一个左旋和一个右旋的圆偏振光子的叠加, 二者之一的概率是 1/2.

1.4.5　光子的自旋

光子具有本征的角动量, 也就是自旋. 一个光子自旋的大小被量子化为两个数值

$$S = \pm h. \tag{1.4.6}$$

右旋 (左旋) 的圆偏振光子的自旋矢量平行于 (或反平行于) 它的动量矢量. 线偏振光子具有平行或反平行自旋的相等的概率. 因此, 光子可以转移线性动量到一个物体上, 而圆偏振光子可以对一个物体施加力矩.

1.4.6　光子时间

所谓光子时间是可以探测到光子的一个时间范围. 如本章前面几节讨论过, 一个单色光相应于一个在时间上无限长的间谐函数. 一个单色光光子可以在任何时间范围内被探测到. 那么在任意位置上, 在时间间隔 t 到 $t + dt$ 范围内, 探测到一个由复波函数 $U(r, t)$ 所描述的光子的概率是比例于 $I(r, t)dt = |U(r, t)|^2 dt$.

决定光子位置的 (1.4.2) 式可以推广到光子时间的局域化. 在一个点 r 处, 在一个元面积 dA 上, 在时间间隔 t 到 $t + dt$ 范围内, 探测到一个由复波函数 $U(r, t)$ 所描述的光子的概率是比例于在 r 和 t 的该模的强度:

$$p(r, t)dAdt \propto I(r, t)dAdt \propto |U(r, t)|^2 dAdt. \tag{1.4.7}$$

1.4.7　光子流

上面我们讨论了单个光子的行为特性. 本节中我们将要讨论光子群的性质. 由于产生光子的不同过程, 处于不同模的光子数是随机的. 光子数所服从的概率分布是由这些模的量子态来决定的, 而光源的性质决定了其量子态. 实际的光子流包含了大量的传播模, 每一个模携带随机数目的光子.

如果一束弱的光子流入射到光敏表面上, 根据 (1.4.7) 式光子在随机的时间瞬间和在随机的空间点上被探测到. 这种时间-空间过程在一个暗室中用肉眼是不可能被观察到的.

通过分别讨论光子的时间和空间行为, 可以看出光子探测的时间过程. 考虑使用一种如图 1.9 所示的探测器. 在时间 t 到 $t + dt$ 的间隔内探测到一个光子的概

率是比例于在时间 t 的光功率 $P(t)$. 这些光子将在随机的时间瞬间被记录下来.

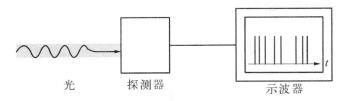

图 1.9   在随机时间瞬间光子的记录

另一方面, 光子的空间图形可以在一个固定的曝光时间 T 内, 用一探测器, 例如照相底片记录下来. 根据 (1.4.7) 式, 在围绕点 r 的一个元面积 dA 上探测到一个光子的概率是 $\int_0^T I(r, t) dt$. 当一张底片在弱光下曝光, 该底片将呈现出一种颗粒状的结构. 图 1.10 为在弱光下曝光得到的照片. 照片上的每一个白点表示了一个随机光子的记录.

图 1.10   在弱光下曝光得到的照片

第 2 章 光场的傅里叶分析

从 20 世纪 30 年代起,光学与通信论的联系愈来愈密切.这是由于成像系统和通信系统都是收集和传递信息的系统,在本质上它们是相同的.只不过在通信系统中,信息是时间信号,如随时间变化的电流或电压信号;而在光学系统中,信号是空间性的,如光的复振幅或光强度的空间分布构成了成像系统的物和像.

这两门学科之间的紧密联系表现在可以用同样的傅里叶分析方法来描写有关的系统.在电子学中我们已熟悉这样的概念,随时间变化的信号,通过傅里叶分析可以将一个信号展开为一系列单频简谐振荡之和,从而求得该信号的频谱分布.与此相应,在光学中也同样可以将随时间变化的光场,通过傅里叶变换,求得光源的光谱分布.这是光场的时间傅里叶分析.我们还可以进行光场的空间傅里叶分析,求得光场的二维傅里叶空间谱的分布.这里相应地要引入空间频率的新概念.因此,傅里叶分析的数学方法在近代光学中占有十分重要的地位.本章将对此进行讨论.

2.1 傅 里 叶 变 换

2.1.1 傅里叶变换的定义

对任意给定的复函数 $f(x)$,若满足以下条件:

(1) 该函数绝对平方可积,即 $\int_{-\infty}^{\infty} |f(x)|^2 \mathrm{d}x < \infty$;

(2) 在任意的有限间隔中只有有限个不连续点;

(3) 没有无限大的间断点.

那么,$f(x)$存在傅里叶变换.也就是

$$F(\nu) = \int_{-\infty}^{\infty} f(x)\exp(j2\pi\nu x)\mathrm{d}x, \tag{2.1.1}$$

$F(\nu)$称为$f(x)$的傅里叶变换.同样,存在傅里叶反变换关系:

$$f(x) = \int_{-\infty}^{\infty} F(\nu)\exp(-j2\pi\nu x)\mathrm{d}\nu. \tag{2.1.2}$$

(2.1.1)式和(2.1.2)式互相成为傅里叶变换对.

实际上,只要函数$f(x)$准确地描述一个实际的物理量,以上条件自动满足.因此,对于一个实际的物理系统,一般不必证明某个物理量是否存在傅里叶变换.物理上的可以实现的可能性就是变换存在的有效的充分条件.

然而,在物理学和工程上经常运用的一类函数,往往不能表示为解析函数的形式.它们不满足以上傅里叶变换的存在条件.但用它来描述一个物理量,仍是一个很好的近似.可以认为,这类函数的傅里叶变换存在,故称为广义傅里叶变换.例如,δ函数的定义是在$x = 0$处其振幅无限大,而宽度为0,面积为1.显然,它不满足傅里叶变换存在的条件(3).但可把它看作是一个矩形函数的极限,即

$$\delta(x) = \lim_{b\to 0}\frac{1}{|b|}\mathrm{rect}\left(\frac{x}{b}\right), \tag{2.1.3}$$

(2.1.11)式是矩形函数的定义.则δ函数的傅里叶变换可表为

$$
\begin{aligned}
\mathrm{F.T.}\{\delta(x)\} &= \mathrm{F.T.}\left\{\lim_{b\to 0}\frac{1}{|b|}\mathrm{rect}\left(\frac{1}{b}\right)\right\} \\
&= \lim_{b\to 0}\mathrm{F.T.}\left\{\frac{1}{|b|}\mathrm{rect}\left(\frac{1}{b}\right)\right\} \\
&= \lim_{b\to 0}\left[\frac{\sin(b\nu)}{b\nu}\right] = 1.
\end{aligned}
\tag{2.1.4}
$$

因此,δ函数的傅里叶变换为1.

2.1.2 傅里叶变换的性质

现在我们讨论变换的一些基本数学性质,它们在通信和光学中有广泛的应用.

1. 线性定理

$$\mathrm{F.T.}\{\alpha f(x) + \beta g(x)\} = \alpha F(\nu) + \beta G(\nu), \tag{2.1.5}$$

式中α和β为常数.这就是说,两个带权函数的变换等于它们各自变换的带权的

和.这就是物理学中常用的叠加原理.

2. 相似性定理

若 F.T.$\{f(x)\} = F(\nu)$,且 b 为非零的实数,则有

$$
\begin{aligned}
\text{F.T.}\left\{f\left(\frac{x}{b}\right)\right\} &= \int_{-\infty}^{\infty} f\left(\frac{x}{b}\right)\exp(-\mathrm{j}2\pi\nu x)\mathrm{d}x \\
&= |b| \int_{-\infty}^{\infty} f(\xi)\exp[-\mathrm{j}2\pi(b\nu)\xi]\mathrm{d}\xi \\
&= |b| F(b\nu).
\end{aligned}
\tag{2.1.6}
$$

上式说明,在坐标空间中坐标的伸展,将导致在变换空间中坐标的收缩.

3. 平移性定理

若 F.T.$\{f(x)\} = F(\nu)$,a 为实数常数,则有

$$
\text{F.T.}\{f(x-a)\} = \exp(-\mathrm{j}2\pi a\nu) \cdot F(\nu).
\tag{2.1.7}
$$

上式说明,在坐标空间中函数的平移,在变换空间中将引起线性位相的移动,而其绝对值不变.

4. 帕色伐(Parseval)定理

若 F.T.$\{f(x)\} = F(\nu)$,则有

$$
\int_{-\infty}^{\infty} |f(x)|^2 \mathrm{d}x = \int_{-\infty}^{\infty} |F(\nu)|^2 \mathrm{d}\nu.
\tag{2.1.8}
$$

这个定理在物理上可理解为能量守恒定理.信号在坐标空间中的总能量等于它在变换空间中的总能量.

5. 微分的傅里叶变换

若 $f(x) = \int_{-\infty}^{\infty} F(\nu)\exp(-\mathrm{j}2\pi\nu x)\mathrm{d}\nu$,对上式两边对变量 x 作 k 次微商,则有

$$
\begin{aligned}
f^{(k)}(x) &= \frac{\mathrm{d}^k}{\mathrm{d}x^k}\left[\int_{-\infty}^{\infty} F(\nu)\exp(-\mathrm{j}2\pi\nu x)\mathrm{d}\nu\right] \\
&= \int_{-\infty}^{\infty} (-\mathrm{j}2\pi\nu)^k F(\nu)\exp(-\mathrm{j}2\pi\nu x)\mathrm{d}\nu.
\end{aligned}
\tag{2.1.9}
$$

这样,$f^{(k)}(x)$ 的傅里叶变换为 $(-\mathrm{j}2\pi\nu)^k F(\nu)$.

2.1.3　基本傅里叶变换对

1. δ 函数的傅里叶变换

F.T.$\{\delta(x)\} = 1$,即 δ 函数的傅里叶变换为 1.

2. cos 和 sin 函数的傅里叶变换

$$\left.\begin{array}{l} \mathrm{F.T.}\{\cos(2\pi\nu_0 x)\} = \frac{1}{2}[\delta(\nu - \nu_0) + \delta(\nu + \nu_0)], \\ \mathrm{F.T.}\{\sin(2\pi\nu_0 x)\} = \frac{1}{2}[\delta(\nu - \nu_0) - \delta(\nu + \nu_0)]. \end{array}\right\} \qquad (2.1.10)$$

3. 矩形函数的傅里叶变换

矩形函数 $\mathrm{rect}(x)$ 的定义是

$$\mathrm{rect}(x) = \begin{cases} 1, & |x| \leqslant \frac{1}{2}; \\ 0, & \text{其他}. \end{cases} \qquad (2.1.11)$$

则有

$$\mathrm{F.T.}\{\mathrm{rect}(x)\} = \frac{\sin(\pi\nu)}{\pi\nu} = \mathrm{sinc}(\nu), \qquad (2.1.12)$$

该函数称为 sinc 函数. 图 2.1 给出了矩形函数和 sinc 函数.

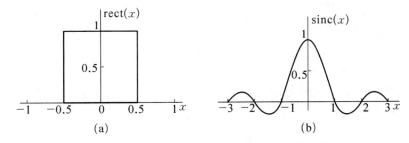

图 2.1　矩形函数和它的傅里叶变换 sinc 函数

4. 三角函数的傅里叶变换

三角函数 $\Lambda(x)$（见图 2.2）的定义是

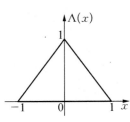

$$\Lambda(x) = \begin{cases} 1 - |x|, & |x| \leqslant 1; \\ 0, & \text{其他}. \end{cases} \qquad (2.1.13)$$

则有

$$\mathrm{F.T.}\{\Lambda(x)\} = \mathrm{F.T.}\{\mathrm{rect}(x) * \mathrm{rect}(x)\} = \mathrm{sinc}^2(\nu) \qquad (2.1.14)$$

图 2.2　三角函数 $\Lambda(x)$　其中 * 为卷积运算（见本节 2.1.4）.

5. 符号函数的傅里叶变换

符号函数(见图 2.3)的定义是

$$\mathrm{sgn}(x) = \begin{cases} 1, & x > 0; \\ 0, & x = 0; \\ -1, & x < 0. \end{cases} \quad (2.1.15)$$

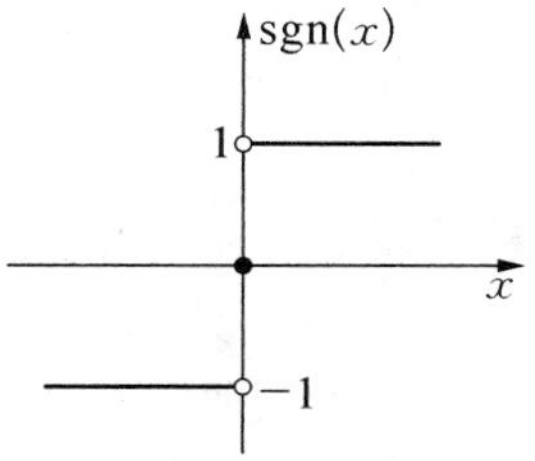

则有

$$\mathrm{F.\,T.}\{\mathrm{sgn}(x)\} = \frac{1}{\mathrm{j}\pi\nu}. \quad (2.1.16)$$

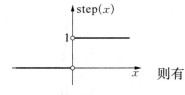

图 2.3　符号函数

6. 阶跃函数的傅里叶变换

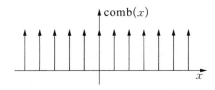

阶跃函数(见图 2.4)的定义是

$$\mathrm{step}(x) = \begin{cases} 1, & x > 0; \\ 0, & x < 0. \end{cases} \quad (2.1.17)$$

图 2.4　阶跃函数

则有

$$\mathrm{F.\,T.}\{\mathrm{step}(x)\} = \frac{1}{2}\delta(\nu) + \frac{1}{\mathrm{j}\pi\nu} \quad (2.1.18)$$

7. 梳状函数的傅里叶变换

梳状函数的定义是

$$\mathrm{comb}(x) = \sum_{n=-\infty}^{\infty} \delta(x-n),$$

它是周期为 1 的无限个 δ 函数的集合(见图 2.5).为了求它的傅里叶变换,可先对它作傅里叶级数展开 $\mathrm{comb}(x) = \sum\limits_{n=-\infty}^{\infty} c_n \exp(\mathrm{j}2\pi n x)$,其中

$$c_n = \int_{n-1/2}^{n+1/2} \mathrm{comb}(x)\exp(-\mathrm{j}2\pi n x)\mathrm{d}x$$
$$= \int_{n-1/2}^{n+1/2} \delta(x)\exp(-\mathrm{j}2\pi n x)\mathrm{d}x = 1.$$

故有

图 2.5　梳状函数 $\mathrm{comb}(x)$

$$\mathrm{comb}(x) = \sum_{n=-\infty}^{\infty} \exp(\mathrm{j}2\pi n x),$$

那么

$$\mathrm{F.\,T.}\{\mathrm{comb}(x)\} = \sum_{n=-\infty}^{\infty} \mathrm{F.\,T.}\{\exp(\mathrm{j}2\pi nx)\}$$

$$= \sum_{n=-\infty}^{\infty} \delta(\nu - x) = \mathrm{comb}(\nu), \tag{2.1.19}$$

即梳状函数的傅里叶变换仍是梳状函数. 若在坐标空间中梳状函数的周期是 a, 即 $\mathrm{comb}(x/a)$, 它的傅里叶变换后的梳状函数 $\mathrm{comb}(a\nu)$ 的周期变为 $1/a$. 显然, 这是由于傅里叶变换的相似性质造成的.

8. 高斯函数的傅里叶变换

具有形式为 $\mathrm{g}(x) = \exp(-\pi x^2)$ 的函数称为高斯函数. 它的傅里叶变换是

$$\mathrm{G}(\nu) = \int_{-\infty}^{\infty} \exp(-\pi x^2)\exp(\mathrm{j}2\pi\nu x)\mathrm{d}x = \int_{-\infty}^{\infty} \exp(-\pi x^2 + \mathrm{j}2\pi\nu x)\mathrm{d}x.$$

将被积函数中的指数 $(-\pi x^2 + \mathrm{j}2\pi\nu x)$ 配成完全平方, 成为 $-\pi(x - \mathrm{j}\nu)^2 - \pi\nu^2$, 下面取变量替换 $\nu = \sqrt{\pi}(x - \mathrm{j}\nu)$, 这样, 上式成为

$$\mathrm{G}(\nu) = \frac{1}{\sqrt{\pi}}\exp(-\pi\nu^2)\int_{-\infty}^{\infty} \exp(-\nu^2)\mathrm{d}\nu \tag{2.1.20}$$

另外, 存在一个恒等式

$$\int_{-\infty}^{\infty} \exp(-x^2)\mathrm{d}x = \sqrt{\pi}$$

这样可以推得高斯函数的傅里叶变换为

$$\mathrm{G}(\nu) = \exp(-\pi\nu^2) \tag{2.1.21}$$

也就是说, 高斯函数的傅里叶变换仍为高斯函数.

下表给出一些基本的傅里叶变换对

$f(x) = \delta(x)$	$\leftrightarrow$	$F(\nu) = 1$
$f(x) = \exp(\mathrm{i}2\pi\nu_0 x)$	$\leftrightarrow$	$F(\nu) = \delta(\nu - \nu_0)$
$f(x) = \cos(2\pi\nu_0 x)$	$\leftrightarrow$	$F(\nu) = \dfrac{1}{2}\left[\delta(\nu + \nu_0) + \delta(\nu - \nu_0)\right]$
$f(x) = \sin(2\pi\nu_0 x)$	$\leftrightarrow$	$F(\nu) = \dfrac{1}{2\mathrm{i}}\left[-\delta(\nu + \nu_0) + \delta(\nu - \nu_0)\right]$
$f(x) = \mathrm{rect}\left(\dfrac{x}{T}\right)$	$\leftrightarrow$	$F(\nu) = T\,\mathrm{sinc}(T\nu)$
$f(x) = \exp\left(-\dfrac{x^2}{2T^2}\right)$	$\leftrightarrow$	$F(\nu) = \sqrt{2\pi}\,T\exp(-2\pi^2 T^2\nu^2)$

2.1.4 卷积

1. 卷积的定义

两个复函数 $f(x)$ 和 $h(x)$ 的卷积的定义为

$$g(x) = \int_{-\infty}^{\infty} f(\alpha)h(x-\alpha)\mathrm{d}\alpha = f(x) * h(x), \qquad (2.1.22)$$

其中 $*$ 表示卷积运算.

2. 卷积的运算过程

用图 2.6 所示的两个函数 $f(x)$ 和 $h(x)$ 来看卷积积分的运算过程. 其过程是:

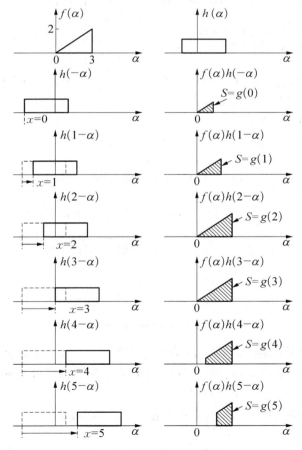

图 2.6 卷积过程的示意图

（1）取哑积分变量 α 作为水平坐标,画出函数 $f(\alpha)$；

（2）选择适当的 x 值,画出函数 $h(x-\alpha)$.这相当于将函数 $h(x-\alpha)$ 折转为其镜像后,再平移 x；

（3）求出 $f(\alpha)h(x-\alpha)$ 的乘积；

（4）计算乘积 $f(\alpha)h(x-\alpha)$ 的面积,该面积就是对应于某个 x 值的积分值

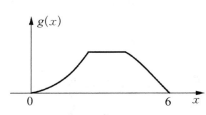

图 2.7 图 2.6 所示的两个函数 $f(x)$ 和 $h(x)$ 的卷积积分的结果

$$g(x) = \int_{-\infty}^{\infty} f(\alpha)h(x-\alpha)\mathrm{d}\alpha.$$

对所有的值平移后,可计算出全部积分值.图 2.6 给出了上述过程的示意图.由此可见,卷积的基本过程是折转和平移.图 2.7 为两个函数 $f(x)$ 和 $h(x)$ 的卷积积分的结果.

由卷积积分的运算过程可见,卷积过程是使函数平滑化的过程.从图 2.7 可以看出,原来函数的尖锐部分在卷积后变得平滑.此外,卷积后的函数 $g(x)$ 的宽度为两个被卷积函数 $f(x)$ 和 $h(x)$ 的宽度之和.

3. 卷积的傅里叶变换

我们可以对(2.1.22)式等式两边同时作傅里叶变换,则有

$$
\begin{aligned}
\mathrm{F.\,T.}\{g(x)\} &= \iint_{-\infty}^{\infty} f(\alpha)h(x-\alpha)\exp(-\mathrm{j}2\pi\nu x)\mathrm{d}\alpha\mathrm{d}x \\
&= \int_{-\infty}^{\infty} f(\alpha)\mathrm{d}\alpha \int_{-\infty}^{\infty} h(x-\alpha)\exp(-\mathrm{j}2\pi\nu x)\mathrm{d}x \quad 取 \beta = x - \alpha \\
&= \int_{-\infty}^{\infty} f(\alpha)\exp(-\mathrm{j}2\pi\nu\alpha)\mathrm{d}\alpha \int_{-\infty}^{\infty} h(\beta)\exp(-\mathrm{j}2\pi\nu\beta)\mathrm{d}\beta \\
&= F(\nu) \cdot H(\nu)
\end{aligned}
$$

最后得到

$$G(\nu) = F(\nu) \cdot H(\nu) \tag{2.1.23}$$

这里 G,F,H 分别为函数 g,f,h 的傅里叶变换.(2.1.23)式告诉我们,空域中两个函数的卷积的傅里叶变换,等于对这两个函数分别作傅里叶变换的乘积.卷积的这个性质给光学的许多计算带来方便.

卷积积分与乘法运算的规则有许多相似之处,它满足

交换律：$g * h = h * g$；

结合律：$f * (g * h) = (f * g) * h$；

分配律：$f * (g + h) = f * g + f * h$.

2.2　时间信号的傅里叶分析

一个一维时间函数 $f(t)$ 的傅里叶变换定义为

$$F(\nu) = \mathrm{F.T.}\{f(t)\} \equiv \int_{-\infty}^{\infty} f(t)\exp(-\mathrm{j}2\pi\nu t)\mathrm{d}t, \qquad (2.2.1)$$

同样存在逆变换关系

$$f(t) = \mathrm{F.T.}^{-1}\{F(\nu)\} \equiv \int_{-\infty}^{\infty} F(\nu)\exp(\mathrm{j}2\pi\nu t)\mathrm{d}\nu, \qquad (2.2.2)$$

这里 $f(t)$ 和 $F(\nu)$ 一般为复值函数.(2.2.2)式可以看作是把函数 $f(t)$ 分解成许多基元函数的线性组合.其每个基元函数为 $\exp(\mathrm{j}2\pi\nu t)$,就是频率为 ν 的简谐振荡.显然,$F(\nu)$ 是一权重因子,必须把它加到频率为 ν 的基元函数上才能综合出所需要的 $f(t)$.因此,$F(\nu)$ 随 ν 的分布就是频谱分布或简称为频谱.也即,$F(\nu)$ 表征每个单色成分的振幅和位相,这些成分的能量分布由 $|F(\nu)|^2$ 给出.这就是时间信号傅里叶分析的基本概念.

下面举几个例子来说明 $f(t)$ 的频谱.

2.2.1　无限长的单色光振动——单色波

一个严格的单色光是无限长的单频率的振动.用数学式表示是

$$U(\boldsymbol{r}, t) = A(\boldsymbol{r})\exp(\mathrm{j}2\pi\nu_0 t), \quad -\infty < t < \infty, \qquad (2.2.3)$$

或者更一般的情况有

$$U(\boldsymbol{r}, t) = A(\boldsymbol{r})\exp[\mathrm{j}2\pi\nu_0 t + \mathrm{j}\varphi(\boldsymbol{r})] = U(\boldsymbol{r})\exp(\mathrm{j}2\pi\nu_0 t). \quad (2.2.4)$$

这就是说,振幅和位相二者是位置的函数,而在空间任意位置上的波函数是频率 ν_0 的时间 t 的简谐函数.(2.2.4)式中 $U(\boldsymbol{r}) = A(\boldsymbol{r})\exp[\mathrm{j}\varphi(\boldsymbol{r})]$ 为单色光的复振幅.由图 2.8 可见,复振幅 $U(\boldsymbol{r})$ 是一个固定的相幅矢量,而 $U(\boldsymbol{r}, t) = U(\boldsymbol{r}) \cdot \exp(\mathrm{j}2\pi\nu_0 t)$ 是一个以角速度 $\omega = 2\pi\nu$ 转动的相幅矢量.

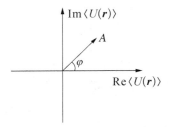

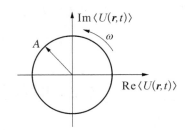

(a) 复振幅 $U(\boldsymbol{r})$ 是一个固定的相幅矢量　　(b) 复波函数 $U(\boldsymbol{r},t)$ 是一个转动的相幅矢量

图 2.8

将 (2.2.3) 式代入 (2.2.1) 式得到

$$F(\nu) = A(\boldsymbol{r})\int_{-\infty}^{\infty} \exp\big[\mathrm{j}2\pi(\nu_0 - \nu)t\big]\mathrm{d}t = A(\boldsymbol{r})\delta(\nu - \nu_0). \qquad (2.2.5)$$

这就是说,无限长的单色光振动所对应的频谱只含有单一的频率成分 ν_0,因此这是理想的单色波,换句话说,理想的单色波在时间上应是无界的,其频谱为没有宽度(或无限窄)的单频.这一点在讨论有限范围的光振动后,会理解得更加清楚.

2.2.2　持续时间有限的等幅光振动

$$f(t) = \begin{cases} A\exp(\mathrm{j}2\pi\nu_0 t), & \text{当}\ |\,t\,| \leqslant \Delta t/2; \\ 0, & \text{其他}. \end{cases}$$

可求得其频谱分布为

$$F(\nu) = A\int_{-\Delta t/2}^{\Delta t/2} \exp\big[\mathrm{j}2\pi(\nu_0 - \nu)t\big]\mathrm{d}t = A\Delta t\frac{\sin\big[\pi(\nu - \nu_0)\Delta t\big]}{\pi(\nu - \nu_0)\Delta t}.$$

$$(2.2.6)$$

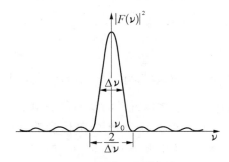

图 2.9　函数 $|F(\nu)|^2$ 的分布

函数 $\left|\dfrac{\sin\big[\pi(\nu - \nu_0)\Delta t\big]}{\pi(\nu - \nu_0)\Delta t}\right|^2$ 决定了 (2.2.6) 式的傅里叶成分的强度分布,其分布曲线如图 2.9 所示.因强度的第一个 0 值对应 $\nu - \nu_0 = \pm 1/\Delta t$,故显然有

$$\Delta\nu \approx \frac{1}{\Delta t}. \qquad (2.2.7)$$

这样,傅里叶频谱的有效频率范围约等于

单个波列振荡持续时间的倒数.因此,持续时间有限的光振动,不可能是理想的单色光振动.

2.2.3　准单色光

理想的单色光场实际上是不存在的,但如果波列的持续时间较长,即

$$\Delta \nu \gg \frac{1}{\Delta t}. \tag{2.2.8}$$

其中,ν_0 为光场的平均频率或中心频率,且频谱 $F(\nu)$ 的有效取值区间 $\Delta \nu$ 很窄,即

$$\frac{\Delta \nu}{\nu_0} \ll 1, \tag{2.2.9}$$

这种情况很接近于单色光,称为准单色光.上面两式为准单色光条件.由于准单色光具有普遍性,我们将经常在准单色光条件下来讨论各种光学问题.有关准单色光的表示方法已在上一章中讨论过了.

如果 $F(\nu)$ 只在某一平均频率 ν_0 附近的 ν 值才不为 0,则把 (2.2.2) 式的 $f(t)$ 写成下列形式是方便的,即

$$f(t) = \exp(\mathrm{j}2\pi \nu_0 t) \int_{-\infty}^{\infty} F(\nu) \exp[\mathrm{j}2\pi(\nu - \nu_0)t] \mathrm{d}\nu.$$

若令

$$A(t) = \int_{-\infty}^{\infty} F(\nu) \exp[\mathrm{j}2\pi(\nu - \nu_0)t] \mathrm{d}\nu, \tag{2.2.10}$$

则有

$$f(t) = A(t)\exp(\mathrm{j}2\pi \nu_0 t). \tag{2.2.11}$$

这样定义的准单色光振动与单色光振动的 (2.2.3) 式在形式上很像,它们的差别只在因子 $A(t)$ 中.应指出,(2.2.10) 式的 $A(t)$ 的表达式不仅对准单色光,就是对非准单色光也是成立的.但只有在准单色光条件下,$A(t)$ 才有明显的物理意义.因为这时 $F(\nu)$ 只在 $(\nu - \nu_0)$ 的值很小时才有值.换句话说,$(\nu - \nu_0)$ 的值总是很小的,故 (2.2.10) 式积分只是低频分量的叠加.所以,$A(t)$ 作为时间的函数,相对于 $\exp(\mathrm{j}2\pi \nu_0 t)$ 的变化来说,其变化是缓慢的.这样,在 (2.2.11) 式中 $A(t)$ 是一个振幅包络,它调制了一个频率为 ν_0 的振动.因此,只有在准单色光的条件下,才能应用振幅包络的概念,用 (2.2.11) 式来描写光振动.

2.2.4 具有高斯振幅包络的准单色光

下面举一种比较接近实际情况的光振动来说明.例如有一种振动

$$f(t) = A \exp\left[-\frac{(t-t_0)^2}{\tau^2}\right] \exp(2\pi\nu_0 t + \varphi_0). \qquad (2.2.12)$$

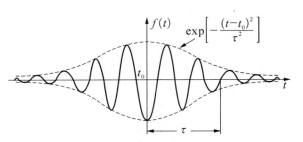

如图 2.10 所示,这是一个以高斯函数 $\exp\left[-\frac{(t-t_0)^2}{\tau^2}\right]$ 为包络的振动,它在 $t = t_0$ 处振幅最大,当 $|t - t_0| = \tau$ 时,振幅降至 $1/e$. 不难看出,参数 τ 表征了振动持续的有效时间.

图 2.10　一种具有高斯型振幅包络的准单色光的振动

(2.2.12)式的频谱分布为

$$F(\nu) = \frac{\pi\tau}{2}\exp[-\pi^2\tau^2(\nu-\nu_0)^2]\exp[2\pi(\nu_0-\nu)t_0 + \varphi_0]. \qquad (2.2.13)$$

由上式可见,$F(\nu)$ 与 ν 的关系也是以高斯函数为包络的振荡函数.这时 $F(\nu)$ 宽度(指下降到最大值的 $1/e$ 的宽度)为 $1/(\pi\tau)$.也就是说,在时域中振荡的持续时间越长,其相应的频谱分布就越集中.

今后,我们将用这种傅里叶分析方法来讨论各种不同光源的频谱分布,并把它和光的相干性联系起来,这是以后的部分相干性理论要讨论的内容之一.

2.3　二维傅里叶变换和空间频率

2.3.1　空间频率

在第 1 章中,我们曾给出平面波的表达式(1.2.5):

$$U(x, y, z) = A \exp[j2\pi(f_x x + f_y y + f_z z)].$$

其中 $f_x = \dfrac{\cos\alpha}{\lambda}$,$f_y = \dfrac{\cos\beta}{\lambda}$,$f_z = \dfrac{\cos\gamma}{\lambda}$,这里 $\cos\alpha$,$\cos\beta$ 和 $\cos\gamma$ 为平面波矢的

方向余弦. 我们称 f_x, f_y, f_z 为空间频率. 容易看出,它的量纲为长度之倒数,单位取为 $1/\text{mm}$.

下面我们讨论一下空间频率的意义. 图 2.11 表示了一个波矢为 $\boldsymbol{k}$,频率为 ν(或波长为 λ)的平面波. 可以把此平面波振荡达极大值的等相位面画出来. 显然,这些等相位面为平面,并与波矢相垂直,它们之间的间距为一个波长 λ. 由于 $\boldsymbol{k}$ 的方向余弦为 $\cos\alpha, \cos\beta, \cos\gamma$,则振荡周期(波长 λ)在 x, y, z 轴上的投影分别为

$$\frac{1}{f_x} = \frac{\lambda}{\cos\alpha},$$

$$\frac{1}{f_y} = \frac{\lambda}{\cos\beta},$$

$$\frac{1}{f_z} = \frac{\lambda}{\cos\gamma};$$

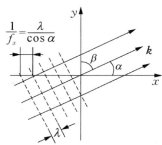

图 2.11 一个波矢为 $\boldsymbol{k}$,频率为 ν(或波长为 λ)的平面波

那么,它们的倒数分别是

$$f_x = \frac{\cos\alpha}{\lambda}, \quad f_y = \frac{\cos\beta}{\lambda}, \quad f_z = \frac{\cos\gamma}{\lambda}. \tag{2.3.1}$$

显然,它们分别是在 x, y, z 轴上单位距离内所具有的振荡次数. 这一点与(时间)频率是一致的,因为频率是在单位时间内所具有的振荡次数. 所不同的是,这里把时间坐标 t 换成了空间坐标 x, y, z. 因此,把 f_x, f_y, f_z 称为空间频率.

从以上讨论同时可以看出,空间频率表示与平面波的传播方向有关. 例如波矢 $\boldsymbol{k}$ 与 x 轴的夹角 α 越大,则 λ 在 x 轴上的投影就越大,也就是在 x 方向上的空间频率就越小. 因此,空间频率不同的平面波对应于平面波不同的传播方向.

如图 2.12(a)所示,α 为锐角,$\cos\alpha > 0$,f_x 为正值,位相值沿 x 正向增加;如图 2.12(b)所示,α 为钝角,$\cos\alpha < 0$,f_x 为负值,位相值沿 x 正向减小. 在这两种情况下,光波传播时沿 x 方向各点光振动发生的先后次序是相反的. 因此,空间频率的正、负,也只是表示平面波不同的传播方向.

显然,f_x, f_y, f_z 三个量不独立. 由于

$$\lambda^2 f_x^2 + \lambda^2 f_y^2 + \lambda^2 f_z^2 = 1, \tag{2.3.2}$$

故有

$$f_z = \frac{\sqrt{1 - \lambda^2 f_x^2 - \lambda^2 f_y^2}}{\lambda}. \tag{2.3.3}$$

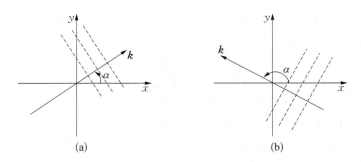

图 2.12　空间频率不同的平面波对应于平面波不同的传播方向

(a) α 为锐角,$\cos \alpha > 0$,f_x 为正值,位相值沿 x 正向增加

(b) α 为钝角,$\cos \alpha < 0$,f_x 为负值,位相值沿 x 正向减小

这样(1.2.5)式可改写为

$$U(x,\,y,\,z) = A \exp[\mathrm{j}2\pi(xf_x + yf_y)] \cdot \exp\left(\mathrm{j}\frac{2\pi}{\lambda}z\,\sqrt{1 - \lambda^2 f_x^2 - \lambda^2 f_y^2}\right).$$

$$(2.3.4)$$

由于(2.3.4)式中的前两个因子的乘积为 $U(x,\,y,\,0)$,故有

$$U(x,\,y,\,z) = U(x,\,y,\,0)\exp\left(\mathrm{j}\frac{2\pi}{\lambda}z\,\sqrt{1 - \lambda^2 f_x^2 - \lambda^2 f_y^2}\right). \quad (2.3.5)$$

上式与(1.2.6)式是一致的.它说明,在任一距离 z 的平面上的复振幅值,由在 $z = 0$ 的复振幅值和与 z 有关的一个复指数函数之乘积给出.此表达式在下节讨论平面波的角谱时将要用到.

2.3.2　空间频率的物理意义

如果一个平面波入射到一个具有一定光栅常数的光栅上,那么其出射光将会有几个衍射级.由衍射理论可知,光栅常数越小,衍射角越大(图 2.13).本节前面

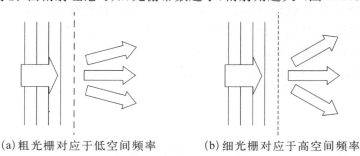

(a)粗光栅对应于低空间频率　　　　　(b)细光栅对应于高空间频率

图 2.13　光栅常数越小,空间频率越高

已指出,空间频率的量纲为长度之倒数,单位取为 1/mm.换成光栅的语言,也就是说,光栅常数越小,空间频率越高.

如果我们有一个复杂的物体,通过它(或由它反射)的光波将是大量的具有不同空间频率的平面波的叠加.如果该物体是具有高度细节的物体,那么该光波将包含有许多高空间频率的成分.

空间频率是近代光学中的一个重要的概念.因为在光学中处理的图像都是随空间坐标变化的图形,引入空间频率的概念后,便于采用傅里叶分析的方法来讨论光学问题.

2.4　平面波的角谱

2.4.1　角谱

由 2.1 节可知,对一随时间变化的信号作傅里叶变换,可求得该信号的频谱分布.同样,若对任一平面上的复场分布作空间坐标的二维傅里叶变换,则可求得该光信号的"空间频谱"分布.由于各个不同空间频率的空间傅里叶分量可看作是沿不同方向传播的平面波,因此可称"空间频谱"为平面波的角谱.

设有一单色光波沿着 z 方向投射到 xy 平面上,在 $z=0$ 处的场为 $U(x,y,0)$,则函数 U 在 xy 平面上的二维傅里叶变换是

$$A_0(f_x,f_y) = \int_{-\infty}^{\infty} U(x,y)\exp[-\mathrm{j}2\pi(xf_x+yf_y)]\mathrm{d}x\mathrm{d}y, \quad (2.4.1)$$

同样,它存在着逆变换关系

$$U(x,y,0) = \int_{-\infty}^{\infty} A_0(f_x,f_y)\exp[\mathrm{j}2\pi(xf_x+yf_y)]\mathrm{d}f_x\mathrm{d}f_y. \quad (2.4.2)$$

(2.4.1)式是把一个空间域中的函数 U 变换为频率域的函数 A_0,而(2.4.2)式把频域函数 A_0 傅里叶变换为空域函数 U.实际上,(2.4.2)式可理解为,空域函数 U 展开成以空间频率为变量的系列基元函数之和,$\exp[\mathrm{j}2\pi(xf_x+yf_y)]$ 是个基元函数.我们注意到,在 $z=0$ 平面上,沿着波矢

$$\boldsymbol{k} = \frac{2\pi}{\lambda}(\boldsymbol{i}\cos\alpha + \boldsymbol{j}\cos\beta + \boldsymbol{k}\cos\gamma)$$

方向传播的平面波为

$$U(x, y, 0) = A \exp[\mathrm{j}2\pi(xf_x + yf_y)],$$

这里 i, j, k 是在 x, y, z 方向上的单位矢量.

不难看出,这个基元函数就是传播方向为 $(\cos\alpha, \cos\beta, \cos\gamma)$ 的平面波,其振幅为 $A_0(f_x, f_y)$. 因此,(2.4.2)式说明,单色光在某一平面上的场分布可以看成是沿不同方向传播的平面波的叠加,在叠加时各平面波成分有自己的振幅和位相,它们的值分别为角谱的模和幅角.由于这个缘故,函数

$$A_0\left(\frac{\cos\alpha}{\lambda}, \frac{\cos\beta}{\lambda}\right) = \int_{-\infty}^{\infty} U(x, y, 0)\exp\left[-\mathrm{j}2\pi\left(\frac{\cos\alpha}{\lambda}x + \frac{\cos\beta}{\lambda}y\right)\right]\mathrm{d}x\,\mathrm{d}y$$

$$(2.4.3)$$

称为场 $U(x, y, 0)$ 的角谱,或称为平面波的角谱.

2.4.2 角谱的传播

如图 2.14 所示,如果已知在 $z = 0$ 平面上的场 $U(x, y, 0)$,我们的目的是计算由它引起的出现在坐标为 (x, y, z) 处的场 $U(x, y, z)$. 显然,

$$A\left(\frac{\cos\alpha}{\lambda}, \frac{\cos\beta}{\lambda}, z\right) = \int_{-\infty}^{\infty} U(x, y, z)\exp\left[-\mathrm{j}2\pi\left(\frac{\cos\alpha}{\lambda}x + \frac{\cos\beta}{\lambda}y\right)\right]\mathrm{d}x\,\mathrm{d}y.$$

$$(2.4.4)$$

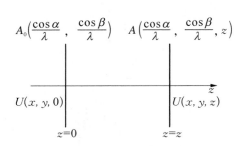

图 2.14 角谱的传播

如果能够找到 $A\left(\dfrac{\cos\alpha}{\lambda}, \dfrac{\cos\beta}{\lambda}, z\right)$ 与 $A_0\left(\dfrac{\cos\alpha}{\lambda}, \dfrac{\cos\beta}{\lambda}, z\right)$ 两个角谱之间的关系,那么光波动的传播对于角谱的传播效应也就清楚了.

显然,要求解这个传播效应,必须求助于麦克斯韦方程.对于单色光,复振幅 U 满足亥姆霍兹方程 $(\nabla^2 + k^2)U = 0$,

而(2.4.4)式的逆变换关系为

$$U(x, y, z) = \int_{-\infty}^{\infty} A(f_x, f_y, z)\exp[\mathrm{j}2\pi(xf_x + yf_y)]\mathrm{d}f_x\,\mathrm{d}f_y, \quad (2.4.5)$$

代入亥姆霍兹方程可得

$$\left(\frac{\partial^2}{\partial x^2} + \frac{\partial^2}{\partial y^2} + \frac{\partial^2}{\partial z^2} + k^2\right)\int_{-\infty}^{\infty} A(f_x, f_y, z)\exp[\mathrm{j}2\pi(xf_x + yf_y)]\mathrm{d}f_x\mathrm{d}f_y = 0.$$

交换积分与微分运算后有

$$\int_{-\infty}^{\infty}\left[\frac{\partial^2 A}{\partial z^2} + (k^2 - f_x^2 - f_y^2)A\right]\exp[\mathrm{j}2\pi(xf_x + yf_y)]\mathrm{d}f_x\mathrm{d}f_y = 0,$$

由于该积分对所有的 (x, y, z) 点均等于 0,故有

$$\left[\frac{\partial^2}{\partial z^2} + (k^2 - f_x^2 - f_y^2)\right]A(f_x, f_y, z) = 0. \tag{2.4.6}$$

这是一个二阶常微分方程,其解有下列形式

$$\begin{aligned}
A(f_x, f_y, z) &= A^+(f_x, f_y)\exp(\mathrm{j}z\sqrt{k^2 - f_x^2 - f_y^2}) \\
&\quad + A^-(f_x, f_y)\exp(-\mathrm{j}z\sqrt{k^2 - f_x^2 - f_y^2}), \tag{2.4.7}
\end{aligned}$$

其中 A^+ 和 A^- 表示前进波与倒退波.我们只考虑从孔径出射的前进波,则

$$A(f_x, f_y, z) = A(f_x, f_y)\exp(\mathrm{j}z\sqrt{k^2 - f_x^2 - f_y^2}). \tag{2.4.8}$$

容易看出

$$A(f_x, f_y, 0) = A_0(f_x, f_y) = A(f_x, f_y), \tag{2.4.9}$$

这就是说,$A(f_x, f_y)$ 就是孔径场的角谱.将(2.4.8)式改写成以方向余弦为变量的形式,则有

$$A\left(\frac{\cos\alpha}{\lambda}, \frac{\cos\beta}{\lambda}, z\right) = A_0\left(\frac{\cos\alpha}{\lambda}, \frac{\cos\beta}{\lambda}\right)\exp\left(\mathrm{j}\frac{2\pi z}{\lambda}\sqrt{1 - \cos^2\alpha - \cos^2\beta}\right).$$

$$\tag{2.4.10}$$

上式说明,只要 $z = 0$ 平面上的角谱 A_0 已知,则在 $z = z$ 上的角谱就可以通过 (2.4.10)式求得.实际上,经距离 z 的传播效应只是改变了各个角谱分量的相对位相,即引入了一个相移因子 $(2\pi z/\lambda)\sqrt{1 - \cos^2\alpha - \cos^2\beta}$.这与(1.2.6) 式所给出的结果相一致,这一点在物理上是很清楚的.因为每个平面波分量在不同方向上传播,它们到达给定观测点所走过的距离各不相同,因而引入了这一相对位相延迟.

　　这样,$U(x, y, z)$ 可以用在 $z = 0$ 平面处的角谱表示,即为

$$U(x, y, z) = \int_{-\infty}^{\infty} A_0 \left(\frac{\cos\alpha}{\lambda}, \frac{\cos\beta}{\lambda} \right) \exp\left(j\frac{2\pi z}{\lambda} \sqrt{1 - \cos^2\alpha - \cos^2\beta} \right)$$

$$\cdot \exp\left\{ j2\pi\left(\frac{\cos\alpha}{\lambda}x + \frac{\cos\beta}{\lambda}y \right) \right\} d\left(\frac{\cos\alpha}{\lambda} \right) d\left(\frac{\cos\beta}{\lambda} \right). \quad (2.4.11)$$

(2.4.11)式是从波动方程出发而得到的,因此它的应用范围有普遍性,它与后面讨论的基尔霍夫(Kirchhoff)的衍射公式是相一致的,同样可以处理衍射问题.所不同的是,基于惠更斯－菲涅耳原理的基尔霍夫理论是按球面波展开,而(2.4.11)式的角谱方法是按平面波展开的.本书将用后一种方法来讨论衍射问题,这将在第 4 章进行.

2.4.3 局域空间频率

一般来说,一个函数的每一个傅里叶分量是一个唯一的空间频率的复指数函数.这样,每一个空间频率分量应该扩展在整个(x, y)平面上.因此,不可能把一个空间频率与一个空间位置联系起来.这和前面 1.3 节讨论过的单色光的情况相类似,即只含有单一的频率成分的单色光振动在时间上是无限长的.

然而,在一般情况下,很可能在一个平面上存在多个空间频率.例如从图 2.15 可见,在某个空间范围内,有着一个固定间隔的平行栅格线.我们可以说,由这个栅格所决定的某个空间频率是被局域在一定的空间区域中.这就是所谓的局域空间频率.

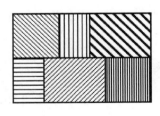

图 2.15 一个平面上存在多个空间频率

为了不失一般性,我们讨论一个一般的复函数

$$g(x, y) = a(x, y)\exp[j\phi(x, y)],$$

其中 $a(x, y)$ 是实振幅,$\phi(x, y)$ 是位相分布.我们定义局域空间频率 (f_{lx}, f_{ly}) 为

$$f_{lx} = \frac{1}{2\pi}\frac{\partial}{\partial x}\phi(x, y), \quad f_{ly} = \frac{1}{2\pi}\frac{\partial}{\partial y}\phi(x, y).$$

上述两个函数在 $g(x, y)$ 不存在的区域为零.

下面将应用这个定义来看如何理解局域空间频率的概念.例如我们有一个复函数

$$g(x, y) = \exp[j2\pi(f_x x + f_y y)]\mathrm{rect}\left(\frac{x}{L_x} \right)\mathrm{rect}\left(\frac{y}{L_y} \right),$$

可以得到

$$f_{lx} = \frac{1}{2\pi} \frac{\partial}{\partial x} [2\pi(f_x x + f_y y)] = f_x,$$

$$f_{ly} = \frac{1}{2\pi} \frac{\partial}{\partial x} [2\pi(f_x x + f_y y)] = f_y.$$

我们看到以上的空间频率(f_x, f_y)是被局域在一个$(L_x \times L_y)$的矩形范围内. 也就是说, 局域空间频率与平面的位置(x, y)有关. 由于在光学中, 在一个图像平面上各个点的空间频率一般是大不相同的, 所以局域空间频率的概念在光学中十分有用.

2.5 消 逝 波

在第 1 章中我们得到的波动方程的基本解是

$$U(x, y, z) = A \exp\left(j \frac{2\pi z}{\lambda} \sqrt{1 - \cos^2\alpha - \cos^2\beta}\right)$$

$$\cdot \exp\left[j2\pi\left(x \frac{\cos\alpha}{\lambda} + y \frac{\cos\beta}{\lambda}\right)\right], \qquad (1.2.6)$$

这是平面波解. 如果 α, β 均为实数即 $\cos^2\alpha + \cos^2\beta \leqslant 1$, 则该式代表均匀平面波, 它的等振幅面和等相位面重合. 另外, 还可能出现 $\cos^2\alpha + \cos^2\beta > 1$ 的情况, 这时将出现非均匀平面波. 下面讨论这种情况.

为简单起见, 令 $\beta = \pi/2$, 即平面波沿 xz 平面传播, 这时(1.2.6)式为

$$U(x, y, z) = A \exp[jk(x \sin\alpha + z \cos\alpha)], \qquad (2.5.1)$$

其中 α 为波的传播方向与 z 轴的夹角.

当 $|\sin\alpha| > 1$ 时, $\cos\alpha = \sqrt{1 - \sin^2\alpha} = j\mu, \mu$ 为实数, 则有

$$U(x, y, z) = A \exp(jkx \sin\alpha)\exp\left(-\frac{2\pi\mu}{\lambda}z\right). \qquad (2.5.2)$$

这时在等相位面上的振幅不再是常数, 故称为非均匀平面波, 通常叫做消逝波. 它

具有以下的性质:

(1) 由(2.5.2)式可见,这个波的传播方向沿着 x 轴,即沿着衍射孔径平面,可沿正方向或负方向传播,这由 $\sin\alpha$ 的符号决定,其等相位面和等振幅面分布示于图 2.16 中.可见,其等相面和等幅面互相垂直.

(2) 其场的振幅在离开孔径平面的 z 方向上指数地衰减.当

$$z = \frac{\lambda}{2\pi\mu} \tag{2.5.3}$$

时,该波场的振幅下降到 $z = 0$ 处场的 $1/e$.因此,这个波不能传播出大于一个波长的范围,故这种快速消失的波称为消逝波.

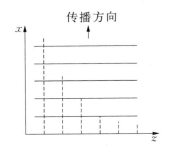

图 2.16 消逝波的传播

图中实线为等相位面,
虚线为等振幅面

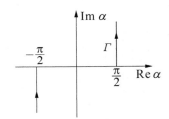

图 2.17 (2.5.4)式积分回路

(3) 从数学上看,当 $|\sin\alpha| > 1$ 时,α 应取复数值.可对(2.3.11)式作变量替换,取 $\mu = \cos\alpha$,$\nu = \cos\beta$,μ 和 ν 为复数,这样(2.3.11)式成为

$$U(x, y, z) = \int_C A_0(\mu, \nu) \exp\left(\mathrm{j}\frac{2\pi z}{\lambda}\sqrt{1 - \mu^2 - \nu^2}\right)$$
$$\cdot \exp[\mathrm{j}2\pi(\mu x + \nu y)]\mathrm{d}\mu\mathrm{d}\nu. \tag{2.5.4}$$

这里 C 是在 α 的复平面上取值回路 Γ,如图 2.17 所示.显然,当 $-\pi/2 \leqslant \alpha \leqslant \pi/2$ 时,α 为实数,即在实轴上取值.而当 $\sin\alpha > 1$ 时,为了保证当 $z \to \infty$ 时的波场有界,回路 Γ 取 $\alpha = \pi/2 + \mathrm{j}\alpha'$,从正向趋于无限大.在 $\sin\alpha < -1$ 时,回路 Γ 取 $\alpha = -\pi/2 - \mathrm{j}\alpha'$,从反向趋于无限大.这时,(2.3.11)式可写为

$$U(x, y, z) = \left[\iint_{\cos^2\alpha + \cos^2\beta \leqslant 1} + \iint_{\cos^2\alpha + \cos^2\beta > 1}\right] A_0\left(\frac{\cos\alpha}{\lambda}, \frac{\cos\beta}{\lambda}\right)$$

$$\cdot \exp\left(\mathrm{j}\,\frac{2\pi z}{\lambda}\,\sqrt{1 - \cos^2\alpha - \cos^2\beta}\right)$$

$$\cdot \exp\left[\mathrm{j}2\pi\left(\frac{\cos\alpha}{\lambda}x + \frac{\cos\beta}{\lambda}y\right)\right]\mathrm{d}\left(\frac{\cos\alpha}{\lambda}\right)\mathrm{d}\left(\frac{\cos\beta}{\lambda}\right), \quad (2.5.5)$$

式中第一项为均匀波,第二项为消逝波.

综上所述,在 $z \geqslant 0$ 的半空间中,利用平面波的角谱来表示二维光场,应该包含谱分量的全部取值范围,即 $-\infty < \cos\alpha, \cos\beta < +\infty$. 场的性质在 $\alpha,\beta = \pm\pi/2$ 处发生突变. 在满足 $|\cos\alpha| \leqslant 1$, $|\cos\beta| \leqslant 1$ 的条件下,平面波作为均匀波在 $z > 0$ 空间中自由传播,称为角谱的传播部分. 而当 $|\cos\alpha| > 1$, $|\cos\beta| > 1$ 时,它不能在介质中传播,不能把能量沿传播方向带走,只在一个波长的范围内存在. 这种现象与在截止频率下运行的微波波导管中所产生的波十分相似. 因此,在一般情况下不容易被观察到.

在光从光密介质到光疏介质的界面上发生全反射时,可观察到消逝波的存在. 下面讨论一个平面波在折射率为 n_1 和 n_2 的分界面上的反射,并假定该二介质是非吸收型与非磁性的,$n_1 > n_2$. 这时在界面上的入射、透射和反射波可以分别表示为

$$\left.\begin{array}{l} \boldsymbol{E}_1 = \boldsymbol{E}_{10}\exp[\mathrm{j}(\omega t - \boldsymbol{k}_1 \cdot \boldsymbol{r})], \\[4pt] \boldsymbol{E}_2 = \boldsymbol{E}_{20}\exp[\mathrm{j}(\omega t - \boldsymbol{k}_2 \cdot \boldsymbol{r})], \\[4pt] \boldsymbol{E}_3 = \boldsymbol{E}_{30}\exp[\mathrm{j}(\omega t - \boldsymbol{k}_3 \cdot \boldsymbol{r})]. \end{array}\right\}$$

$$(2.5.6)$$

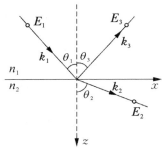

图 2.18 光从光密介质到光疏介质的界面上的反射和折射

为不失一般性,假定 $\boldsymbol{k}_1$, $\boldsymbol{k}_2$ 和 $\boldsymbol{k}_3$ 均在 xz 平面上. 场在界面上必须满足边界条件,如图 2.18 所示. 当 $\boldsymbol{E}$ 垂直于入射平面时,要求 $E_{1y} + E_{3y} = E_{2y}$, 或写为

$$E_{10}\exp[-\mathrm{j}(k_{1x}x + k_{1z}d)] + E_{30}\exp[-\mathrm{j}(k_{3x}x + k_{3z}d)]$$
$$= E_{20}\exp[-\mathrm{j}(k_{2x}x + k_{2z}d)], \quad (2.5.7)$$

其中 d 为入射光在 z 方向的传播距离. 上式应对所有的 x 值成立,则必有

$$k_{1x} = k_{2x} = k_{3x},$$

或者

$$k_1\sin\theta_1 = k_2\sin\theta_2 = k_3\sin\theta_3. \quad (2.5.8)$$

而在均匀介质中,电场的每一分量都应满足波动方程,即

$$\nabla^2 \boldsymbol{E} = \varepsilon\mu \frac{\partial^2 \boldsymbol{E}}{\partial t^2}.$$

将(2.5.6)式代入波动方程可得到

$$k_1^2 = k_3^2 = \frac{\omega^2}{c^2}n_1^2 \ \text{和} \ k_2^2 = \frac{\omega^2}{c^2}n_2^2, \tag{2.5.9}$$

其中 $n_1 = c\sqrt{\varepsilon_1\mu_1}$ 和 $n_2 = c\sqrt{\varepsilon_2\mu_2}$. 这样,由(2.4.6)式得到

$$\sin\theta_1 = \sin\theta_2 \qquad \text{(入射角等于反射角)}$$

及

$$n_1\sin\theta_1 = n_2\sin\theta_2. \qquad \text{(折射定律)}$$

由此可见,如 $n_1 > n_2$,并当 $\theta_1 > \theta_0 = \arcsin(n_2/n_1)$ 时(θ_0 为全反射临界角),则有

$$\sin\theta_2 > 1, \tag{2.5.10}$$

这时 $\cos\theta_2 = \sqrt{1 - \sin^2\theta_2}$ 为纯虚数,并有

$$\boldsymbol{k}_2 \cdot \boldsymbol{r} = \frac{\omega}{c}n_2(x\sin\theta_2 + z\cos\theta_2)$$

$$= \frac{\omega}{c}\left[n_1 x\sin\theta_1 - \mathrm{j}z\sqrt{n_1^2\sin^2\theta_1 - n_2^2}\right]. \tag{2.5.11}$$

这时(2.5.6)式中的透射波为

$$\boldsymbol{E}_2 = \boldsymbol{E}_{20}\exp\left[\mathrm{j}\left(\omega t - \frac{\omega}{c}n_1 x\sin\theta_1\right)\right] \cdot \exp\left(-\frac{\omega}{c}z\sqrt{n_1^2\sin^2\theta_1 - n_2^2}\right). \tag{2.5.12}$$

上式表示,当光在界面上发生全反射时,入射能量全部被反射,但在光疏介质中存在着电磁场分布,它是一个沿 x 方向传播的波,其振幅沿 z 方向指数衰减,这就是消逝波.正是由于在光疏介质中这种消逝波场的存在,将引起光束在全反射时产生一个位移,称为古斯-辛钦(Goos-Hanchen)效应.如图2.19所示,光束在全反射时发生一个 Δ 的位移,位移为波长量级,这个效应很容易用微波测量($\lambda \sim 1\,\mathrm{cm}$)来观察到.

另一个证明消逝波存在的实验是把两个棱镜靠近,但不接触,中间存在一个间

隙,如图 2.20 所示.本来应发生全反射,但当两棱镜靠得很近时,将有光透过棱镜的斜面并从第二个棱镜射出,其透射率与棱镜两斜面的间隙有关.这说明在棱镜间的间隙处有电磁场存在,此即消逝波.

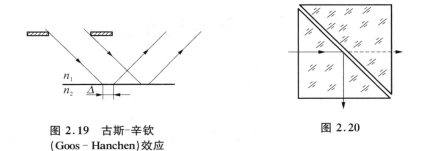

图 2.19　古斯-辛钦
(Goos - Hanchen)效应

图 2.20

　　以后将会看到,消逝波将在其他光学现象中出现,它对于衍射光栅的反常行为,光在光纤中的传播以及完全非相干光的讨论是十分重要的.

第3章 干涉理论基础

干涉是光的波动本质最明显的表现之一. 当两个或两个以上的光束叠加在一起, 只要满足适当的条件(相干条件), 例如用某种仪器把光源分成两束或几束, 然后把它们叠加起来, 则在两个或两个以上光束相交的区域, 光的能量将重新分布, 不再简单地是两束光强度的相加. 这种分布表现为光强度在极大与极小之间逐点周期的变化, 极大值超过两束光强度之和, 极小值可能为 0. 这就是光的干涉.

由于光振动是高频振荡, 其振动周期一般为 10^{-15} s, 而现有的光探测器最快的时间分辨率为 10^{-12} s. 如用感光胶片记录的话, 其响应时间就更慢了. 因此, 运用现有的探测器不可能检测出光场随时间变化的函数关系. 所以, 观察光振动的干涉效应, 实际上是对时间的平均效应. 而对于任意实际的光束, 电场是时间的涨落函数, 不论是热光源, 还是激光光源都是如此. 由于涨落的存在, 这就要求在观察间隔内, 整个干涉场是稳定的. 否则若干涉场随机变化的话, 由于平均效应, 将观察不到任何干涉现象.

对于严格的单色光, 如分成两束后, 它们在空间相遇, 那么这两束光的涨落是一致的, 或者说是相关的, 可形成稳定的干涉场, 称为完全相干光束, 这两束光的叠加服从光场的复振幅叠加原则. 而来自不同光源的光束, 它们的涨落是随机变化的, 也就是完全不相关的, 这时形成了不稳定的干涉场. 因此, 从平均效应来看, 得不到干涉效应, 我们称它为完全不相干的, 两束光的叠加服从光强度相加的原则. 介乎二者之间的是部分相干光, 这将在第8章中讨论.

由于所有的光探测器(如光电管、胶片及人眼)所能感知的物理量是光能量即光强度, 而不是瞬时光振动(或复振幅), 因此, 观察到的干涉效应应是干涉场的瞬时光振动(复振幅)的平方对时间的平均, 即

$$I = \langle UU^* \rangle_t.$$

上式是计算干涉场的基本方程式.

本章将不去具体地讨论各种干涉仪,而侧重于讨论干涉的基本概念,分析非单色光源和扩展光源形成干涉的情况,并对相干条件进行讨论.

3.1   两个单色波的干涉

首先讨论单色点光源的双光束干涉.由于扩展光源可看成是许多点源之集合,而多色光可看作是许多不同波长的单色光之集合,所以单色点光源是最基本的光源.一般处理干涉问题,如认为两束光的偏振方向一致的话,则可以用标量来处理.两频率相同的单色光波可分别用(1.1.9)式表示为

$$
\begin{aligned}
U_1(x, y, z; t) &= U_1(x, y, z)\exp(-\mathrm{j}2\pi\nu t) \\
&= |U_1(x, y, z)|\exp[\mathrm{j}\phi_1(x, y, z)]\exp(-\mathrm{j}2\pi\nu t), \\
U_2(x, y, z; t) &= |U_2(x, y, z)|\exp[\mathrm{j}\phi_2(x, y, z)]\exp(-\mathrm{j}2\pi\nu t);
\end{aligned}
$$

那么,在观察平面上两光束的合成振动为

$$
U = U_1 + U_2 = [|U_1|\exp(\mathrm{j}\phi_1) + |U_2|\exp(\mathrm{j}\phi_2)]\exp(-\mathrm{j}2\pi\nu t). \tag{3.1.1}
$$

这样,干涉场的光强度为

$$
\begin{aligned}
I = \langle UU^* \rangle_t &= |U_1|^2 + |U_2|^2 + 2|U_1 U_2|\cos(\phi_1 - \phi_2) \\
&= I_1 + I_2 + 2\sqrt{I_1 I_2}\cos\delta = I_1 + I_2 + J_{12}. \tag{3.1.2}
\end{aligned}
$$

其中 $I_1 = |U_1|^2$, $I_2 = |U_2|^2$ 和 $\delta = \phi_1 - \phi_2$ 为两束光经不同路径到达观察点的位相. $J_{12} = 2\sqrt{I_1 I_2}\cos\delta$ 是干涉的交叉项.上式中对时间取平均,根据 δ 函数的性质可以得到

$$
\langle\exp(-\mathrm{j}2\pi\nu t)\rangle_t = \int_{-\infty}^{\infty}\exp(-\mathrm{j}2\pi\nu t)\mathrm{d}t = 1.
$$

(3.1.2)式是干涉的基本方程.由于在上述推导中未涉及具体的干涉装置,故对任何干涉仪,只要求得位相差 δ,就可以得到干涉条纹的分布.

当 $\delta = 0, \pm 2\pi, \pm 4\pi, \cdots$ 时, $I = I_1 + I_2 + 2\sqrt{I_2 I_2}$,这是相涨干涉.而当 $\delta =$

$\pm\pi, \pm 3\pi, \pm 5\pi, \cdots$ 时,$I = I_1 + I_2 - 2\sqrt{I_1 I_2}$,这是相消干涉.当 $I_1 = I_2$ 时,则有

$$I = 2I_0(1 + 2\sqrt{I_1 I_2}\cos\delta) = 4I_0\cos^2\frac{\delta}{2}.$$

3.1.1 干涉条纹的可见度

我们知道,光源的单色性和光源尺寸对干涉条纹的对比度有很大的影响.为了定量地描述这个现象,迈克尔逊引入了条纹的可见度函数的概念.它定义为

$$v = \frac{I_{\max} - I_{\min}}{I_{\max} + I_{\min}}, \tag{3.1.3}$$

其中 $I_{\max}$ 和 $I_{\min}$ 是干涉条纹的极大值和极小值.从(3.1.2)得到

$$I_{\max} = I_1 + I_2 + 2\sqrt{I_1 I_2},$$

和

$$I_{\min} = I_1 + I_2 - 2\sqrt{I_1 I_2};$$

则可见度函数为

$$v = \frac{2\sqrt{I_1 I_2}}{I_1 + I_2}. \tag{3.1.4}$$

显然,当 $I_1 = I_2$ 时,有 $v = 1$,可见度达极大值,这相当于完全相干的情况;如 $I_{\max} = I_{\min}$,则 $v = 0$,可见度达极小值,这时干涉场光强分布为常数,不出现干涉条纹,称为完全不相干;当 $0 < v < 1$ 时,相当于部分相干的情况.因此,可见度函数与光源的相干性联系了起来,这一点将在以后详细讨论.

应指出,(3.1.3)式中可见度 $v = v(x)$ 是位置坐标的函数.一般情况下,干涉场中不同区域干涉条纹的可见度是不同的.这样,(3.1.3)式中的 $I_{\max}$ 与 $I_{\min}$ 可看作是点 (x,y) 近旁强度的极大与极小值.

3.1.2 平面波的干涉

干涉的最简单例子是两个平面波的干涉.如图 3.1 所示,两个振幅为 A 的平面波分别以 θ 与 $-\theta$ 的倾角在某一平面相遇,则在该平面上的光强度分布为

$$I = \mid A\exp(jkx\sin\theta) + A\exp(-jkx\sin\theta)\mid^2$$

$$= 4A^2\cos^2(kx\sin\theta) = 4I_0\cos^2(kx\sin\theta),$$
$$(3.1.5)$$

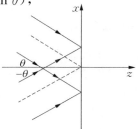

其中 $I_0 = A^2$. 这时, 干涉的极大值出现在满足方程

$$\frac{2\pi}{\lambda}x\sin\theta = m\pi, \quad m = 0, \pm 1, \pm 2, \cdots$$

处, m 称为干涉的级次. 由此求得干涉条纹的间距为

$$d = \frac{\lambda}{2\sin\theta}. \qquad (3.1.6)$$

图 3.1　两个平面波的干涉

两光束间的夹角越大, 干涉条纹越密.

3.1.3　球面波的干涉

下面就一个典型的干涉装置——杨氏 (Young) 实验——进行分析, 实验装置如图 3.2 所示. 光从单色点光源 S 发出, 射到屏 Σ_1 的两个小针孔 S_1 和 S_2 上, 这两个孔靠得很近, 并且与 S 等距离. 从两个小孔发出两个次级球面波, 则在观察平面上就形成两个球面波的干涉.

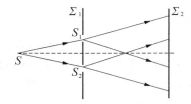

图 3.2　杨氏 (Young) 实验

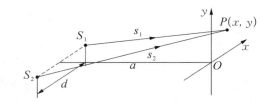

图 3.3　计算杨氏干涉实验的几何安排

下面计算其干涉图样. 如图 3.3 把坐标轴取在观察平面 Σ_2 上, P 点坐标为 (x, y), d 为两孔之间的距离, a 为屏到观察平面的距离, 则在 P 点两球面波合成的复振幅为

$$U = A_0\exp(\mathrm{j}ks_1) + A_0\exp(\mathrm{j}ks_2),$$

其中

$$s_1 = \sqrt{a^2 + y^2 + \left(x - \frac{d}{2}\right)^2}, \quad s_2 = \sqrt{a^2 + y^2 + \left(x + \frac{d}{2}\right)^2};$$

那么, 光强度分布为

$$I = UU^* = 2A_0(1 + \cos k\Delta s), \tag{3.1.7}$$

其中 $\Delta s = s_2 - s_1$.

在杨氏装置中,$a \gg d$,观察点一般也在光轴附近,即 $|x| \ll a$,$|y| \ll a$. 因此对(3.1.7)式可取近轴近似,不难求得

$$I = 2A_0^2\left[1 + \cos\left(\frac{2\pi}{\lambda}\frac{d}{a}x\right)\right], \tag{3.1.8}$$

由此可见 $\delta = \dfrac{2\pi}{\lambda}\dfrac{d}{a}x$.

这时位相差只与 x 有关,故在与 Σ 平行的平面上将观察到等间距的直条纹,这就是杨氏干涉条纹,如图 3.4 所示.

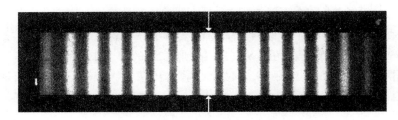

图 3.4 杨氏干涉条纹

但如果屏幕的位置不放在垂直于 z 轴的平面上,就得不到等距的直条纹.要决定在任意观察平面上条纹的形状,必须求出两个点光源干涉的那些等光程差的点的轨迹,因为干涉条纹是由光程差相同的各点连接而成的.下面证明,对于两个点光源干涉的情况,等光程差点在空间的轨迹是一个旋转双曲面.

由(3.1.7)式可见,光程差为

$$\Delta s = s_2 - s_1 = \sqrt{\left(x + \frac{d}{2}\right)^2 + y^2 + z^2} - \sqrt{\left(x - \frac{d}{2}\right)^2 + y^2 + z^2}.$$

将上式化简,消去根式,便得到等光程差面的方程

$$\frac{x^2}{\left(\frac{\Delta s}{2}\right)^2} - \frac{y^2 + z^2}{\left(\frac{d}{2}\right)^2 - \left(\frac{\Delta s}{2}\right)^2} = 1. \tag{3.1.9}$$

当 $\Delta s = m\lambda$ 时为干涉条纹的极大值.这时干涉条纹极大值所满足的方程

$$\frac{x^2}{\left(\dfrac{m\lambda}{2}\right)^2} - \frac{y^2 + z^2}{\left(\dfrac{d}{2}\right)^2 - \left(\dfrac{m\lambda}{2}\right)^2} = 1 \tag{3.1.10}$$

为旋转双曲面,其形状如图 3.5 所示,不同曲面对应于不同的 m 值.

这时,观察平面可以放在图 3.5 中的不同位置来观察干涉条纹.当放在 A 处时,这相当于杨氏实验的情况,可观察到等间距的直条纹;在平面 B 观察时,则为弧形的条纹;而在平面 C 观察时,为一组同心圆条纹,类似于一种波带片结构(见图 3.6).以上的结果给出了两个球面波干涉的一般情况.

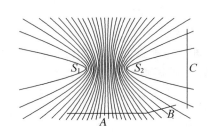

图 3.5　两个点光源所产生的旋转双曲面

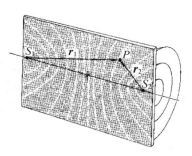

图 3.6　在平面 C 上观察时,干涉条纹为一组同心圆条纹

3.1.4　一般单色光波之间的干涉

一般单色光波的复振幅可表示为

$$U(x, y) = A(x, y)\exp[\boldsymbol{k} \cdot \boldsymbol{r} + \phi(x, y)]. \tag{3.1.11}$$

在这里把位相写成两项之和,一项表示平面波的位相,另一项为偏离平面波的位相变化.那么两列一般单色光之间的干涉为

$$I(x, y) = A_1^2 + A_2^2 + 2A_1A_2\cos[(\boldsymbol{k}_2 - \boldsymbol{k}_1) \cdot \boldsymbol{r} + \phi_2 - \phi_1]. \tag{3.1.12}$$

这时干涉条纹可看成是基本上由相应于两个平面波的干涉引起的直条纹构成,而 $\phi_2 - \phi_1$ 项引起了对该直条纹的偏离.

如果 U_1 为均匀平面波(或称为参考光波),与一个复振幅为

$$U_2(x, y) = |U_2(x, y)|\exp(\boldsymbol{k}_2 \cdot \boldsymbol{r} + \phi_2) \tag{3.1.13}$$

的未知光波相干涉,则干涉项为

$$J_{12}(x, y) = 2 \mid U_1 \mid\mid U_2(x, y) \mid \cos\left[\arg U_2(x, y) + \text{const.}\right],$$
$$(3.1.14)$$

其中 $\arg U_2$ 为复振幅 U_2 的幅角. 将(3.1.13)式与(3.1.14)式比较可见,除了一个常数因子之外,J_{12} 为 U_2 的实部. 如果参考光波的位相改变 $\pi/2$,即(3.1.14)式中 $\cos\left[\arg U_2(x, y) + \pi/2\right] = \sin(\arg U_2)$,则 J_{12} 为 U_2 的虚部. 由此可见,本来不可测量的光波的复振幅,在叠加上一个来自同一光源的平面参考光波之后,就变得可以观测了. 这就是泽尼克(Zernike)[①]在研究衍射图的复振幅分布时所采用的叠加相干背景的方法. 换句话说,用干涉法有可能把位相记录下来. 这也是以后发展的全息术记录位相信息的办法.

在本节结束前想指出一点,由于干涉条纹是由两束光波间的位相差决定的,故干涉对于光波的位相是十分敏感的. 因此,对干涉条纹的观察是探测位相的一个好方法. 光波所具有的信息可分别由其振幅 $\mid U \mid$ 与位相 ϕ 来携带. 以后我们将会看到(7.5节),位相在保持一幅图像的信息中比振幅信息更为重要. 因此,光波位相的探测与记录在近代光学中已成为一个十分重要的问题.

3.2　多色光的干涉

由于实际光源不可能是严格的单色光,总有一定的谱线宽度,因此有必要讨论多色光的干涉问题.

3.2.1　多色光中各单色成分的非相干叠加

多色光可用分布在某一频率范围内的互不相干的许多单色成分的组合来表示. 下面证明,每个单色成分各产生一个干涉图样,则多色光的干涉在各点的总强度是这些单色图样的强度之和.

设 $U(P, t)$ 是持续时间为 t_0 的波列在时间 t 于 P 点产生的多色光振动,可以把非单色的时间函数 $U(P, t)$ 通过傅里叶变换展开为单色波的线性组合,即

---

① F. Zernike, *Proc. Phys. Soc.*, 6(1948), 158.

$$U(P,\ t) = \int_0^\infty U(P,\ \nu)\exp(-\mathrm{j}2\pi\nu t)\mathrm{d}\nu; \qquad (3.2.1)$$

同样,存在逆变换关系

$$U(P,\ \nu) = \int_0^\infty U(P,\ t)\exp(\mathrm{j}2\pi\nu t)\mathrm{d}t. \qquad (3.2.2)$$

如果在进行一次观测所需要的时间内,有 N 个这样的波列通过该点,则在观察中包含的全部光扰动可以写成

$$U(t) = \sum_{n=1}^N u(t - t_n), \qquad (3.2.3)$$

其中 t_n 表示第 n 个波列到达的时间.设一次观测的周期为 $2T$,那么 T 比波列的持续时间 t_0 大得多.则在 $2T$ 时间内的平均光强度为

$$I = \frac{1}{2T}\int_{-T}^T \mid U(t)\mid^2 \mathrm{d}t.$$

一般情况下有 $T \gg t_0$,则上式可写为

$$I = \frac{1}{2T}\int_{-\infty}^\infty \mid U(t)\mid^2 \mathrm{d}t. \qquad (3.2.4)$$

由(3.2.1)式与(3.2.3)式可以得到

$$U(t) = \int_0^\infty U(\nu)\exp(-\mathrm{j}2\pi\nu t)\mathrm{d}\nu,$$

其中

$$U(\nu) = u(\nu)\sum_{n=1}^N \exp(\mathrm{j}2\pi\nu t_n), \qquad (3.2.5)$$

$u(\nu)$ 为单色波列的单色成分的振幅.根据傅里叶变换中帕色伐(Parseval)定理有

$$\int_{-\infty}^\infty \mid U(t)\mid^2\mathrm{d}t = \int_{-\infty}^\infty \mid U(\nu)\mid^2\mathrm{d}\nu$$

$$= \int_{-\infty}^\infty \mid u(\nu)\mid^2\sum_{n=1}^N\sum_{m=1}^N \exp[\mathrm{j}2\pi\nu(t_n - t_m)]\mathrm{d}\nu,$$

而我们有

$$\sum_{n=1}^N\sum_{m=1}^N \exp[\mathrm{j}2\pi\nu(t_n - t_m)] = N + \sum_{n\neq m}\exp[\mathrm{j}2\pi\nu(t_n - t_m)]$$

$$= N + 2 \sum_{n \neq m} \cos \left[\mathrm{j} 2\pi \nu (t_n - t_m) \right].$$
$$(3.2.6)$$

这是由于在求和号中 $t_n > t_m$ 的正弦项与 $t_n < t_m$ 的正弦项正好符号相反而消去, 只剩下余弦项. 在(3.2.6)式中的求和中, 对于热光, $t_n - t_m$ 是无规分布的, 故求和中各余弦项的正负几率相等, 因此求和为 0. 所以

$$I = \frac{N}{2T} \int_{-\infty}^{\infty} | u(\nu) |^2 \mathrm{d}\nu.$$
$$(3.2.7)$$

因此, 多色光干涉的平均强度与组成单个波列的各个单色成分的强度 $i(\nu) = | u(\nu) |^2$ 的积分成正比. 换句话说, 波列中每个单色成分各形成一个相应的干涉图样, 这些干涉图按强度叠加就成为多色光的干涉图. 这就是所谓非相干强度叠加.

3.2.2 两种波长光的干涉条纹

在杨氏实验中, 如果光源 S 发出两种波长(λ_1, λ_2)的光, 则每个波长引起的干涉图分别是

$$\left. \begin{aligned} I_1(x) &= 2I_0 \left[1 + \cos\left(\frac{2\pi}{\lambda_1} \frac{d}{a} x \right) \right], \\ I_2(x) &= 2I_0 \left[1 + \cos\left(\frac{2\pi}{\lambda_2} \frac{d}{a} x \right) \right]; \end{aligned} \right\}$$
$$(3.2.8)$$

总的干涉图样是两个单色光的干涉图样的强度相加, 即

$$I(x) = I_1(x) + I_2(x) = 2I_0 \left[1 + \cos\left(\Delta k \frac{d}{a} x \right) \cos\left(\bar{k} \frac{d}{a} x \right) \right], \quad (3.2.9)$$

其中 $k_1 = 2\pi/\lambda_1$, $k_2 = 2\pi/\lambda_2$, $\bar{k} = \dfrac{k_1 + k_2}{2}$ 以及 $\Delta k = \dfrac{k_1 - k_2}{2}$. (3.2.9)式的干涉图分布如图 3.7 所示. 这是一个周期函数 $\cos\left(\bar{k} \dfrac{d}{a} x \right)$ 被一个 $\cos\left(\Delta k \dfrac{d}{a} x \right)$ 的振幅包络所调制的结果. 这时, 条纹的可见度为

$$v(x) = \cos\left(\Delta k \frac{d}{a} x \right).$$
$$(3.2.10)$$

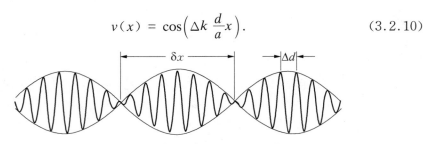

图 3.7 两个波长光的干涉图

条纹可见度是随 x 而变化的,它的变化周期为

$$\delta x = \frac{2\pi}{\Delta k} \cdot \frac{a}{d}, \tag{3.2.11}$$

而这里条纹间距为

$$\Delta d = \frac{2\pi}{\bar{k}} \cdot \frac{a}{d}. \tag{3.2.12}$$

如果在可见度变化的一个周期中,明暗变化的次数为 N,那么 $N = \left| \dfrac{\delta x}{\Delta d} \right| = \dfrac{\bar{k}}{|\Delta k|} = \dfrac{\bar{\lambda}}{\Delta \lambda}$,其中 $\Delta \lambda = \lambda_2 - \lambda_1$. 所以有

$$|\Delta \lambda| = \frac{\bar{\lambda}}{N}. \tag{3.2.13}$$

这就是说,只要确定干涉花样第一次消失到再次消失之间的条纹数,就可求得两个波长之差.并且随着 $\Delta \lambda$ 变小,N 变大.所以这种方法可以求得很小的波长差,它适合于测量用分光棱镜等一般测不出来的微小波长差.但是必须事先知道光谱是两条谱线.波长的平均值 $\bar{\lambda}$ 在历史上斐索(Fizeau)用这种方法测量了钠的 D_1 和 D_2 的线间隔是0.6 nm,因而有时称为斐索方法.

3.2.3 准单色光的干涉条纹

假定光源的光谱分布为矩形分布,即

$$I_0(\nu) = \begin{cases} I_0, & \bar{\nu} - \dfrac{\Delta \nu}{2} < \nu < \bar{\nu} + \dfrac{\Delta \nu}{2}; \\ 0, & \text{其他}. \end{cases} \tag{3.2.14}$$

该光谱分布如图 3.8 所示.对准单色光还要求 $\Delta \nu \ll \bar{\nu}$.在宽度为 $\mathrm{d}\nu$ 内,光波强度为 $I_0(\nu)\mathrm{d}\nu$,它形成的干涉图分布为

$$\mathrm{d}I(\nu) = 2I_0(\nu)\left[1 + \cos\left(\frac{2\pi\nu}{c}\frac{d}{a}x\right)\right]\mathrm{d}\nu, \tag{3.2.15}$$

其中 $I_0(\nu)$ 是光源的光谱分布函数,则不同波长的光产生的总干涉强度为

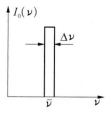

图 3.8 准单色光的光谱分布

$$I(x) = \int_{-\infty}^{\infty} dI(\nu) = \int_{\bar{\nu}-\frac{\Delta\nu}{2}}^{\bar{\nu}+\frac{\Delta\nu}{2}} 2I_0(\nu)\left[1 + \cos\left(\frac{2\pi\nu}{c}\frac{d}{a}x\right)\right]d\nu$$

$$= 2I_0\Delta\nu\left[1 + \frac{\sin\left(2\pi\Delta\nu\frac{d}{a}\frac{x}{c}\right)}{2\pi\Delta\nu\frac{d}{a}\frac{x}{c}}\cos\left(2\pi\bar{\nu}\frac{d}{a}\frac{x}{c}\right)\right]. \quad (3.2.16)$$

由于 $\Delta\nu \ll \bar{\nu}$，上式中的余弦函数相对于它前面的 sinc 函数因子是快变函数，故后者成为振幅包络.因此，可见度函数为

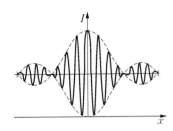

$$v(x) = \frac{\sin\left(2\pi\Delta\nu\frac{d}{a}\frac{x}{c}\right)}{2\pi\Delta\nu\frac{d}{a}\frac{x}{c}}. \quad (3.2.17)$$

图 3.9　准单色光的干涉图

其干涉图样如图 3.9 所示，它与双波长的干涉图样很相似，所不同的是振幅包络的函数形式不同.可以看出，可见度随着 $\Delta\nu$ 的增宽而变坏，在

$$\Delta\nu = \frac{nac}{2xd}, \quad n = 1,2,\cdots$$

处，$v = 0$. 另一方面，当变更观察点位置 x 时，可见度在屏的中央最好，$v(x = 0) = 1$，其值随远离屏而逐渐下降.

3.2.4　具有一般线型的光源的干涉条纹

以上假定光源的光谱为矩形，但实际光源为洛伦兹线型、高斯线型或双线型等.下面对一般线型光源的干涉条纹进行讨论.

对一般线型的光源，利用(3.2.15)式，可以计算出不同波长的光在 x 点产生的总光强为

$$I(x) = 2\int I_0(\nu)\left[1 + \cos\left(\frac{2\pi\nu}{c}\frac{d}{a}x\right)\right]d\nu. \quad (3.2.18)$$

对每一条光谱线来说，在某一频率 $\bar{\nu}$ 附近的小范围 $\Delta\nu$ 之外，$I_0(\nu)$ 的值很小，可略去.这样可作变量替换：$y = \nu - \bar{\nu}$，$i(y) = I_0(\bar{\nu} + y) = I_0(\nu)$，则(3.2.18)式为

$$I(x) = 2\int i(y)\left\{1 + \cos\left[(\bar{\nu} + y)\frac{2\pi d}{ca}x\right]\right\}dy$$

$$= 2\int i(y)\mathrm{d}y + 2\int i(y)\cos\left(2\pi\,\bar{\nu}\,\frac{d}{ca}x\right)\cos\left(2\pi\frac{d}{ca}xy\right)\mathrm{d}y$$

$$- 2\int i(y)\sin\left(2\pi\,\bar{\nu}\,\frac{d}{ca}x\right)\sin\left(2\pi\frac{d}{ca}xy\right)\mathrm{d}y$$

$$= P + C(x)\cos\left(2\pi\,\bar{\nu}\,\frac{d}{ca}x\right) - S(x)\sin\left(2\pi\,\bar{\nu}\,\frac{d}{ca}x\right), \qquad (3.2.19)$$

其中

$$\left.\begin{array}{l}
P = 2\int i(y)\mathrm{d}y, \\
C(x) = 2\int i(y)\cos\left(\frac{2\pi d}{ca}xy\right)\mathrm{d}y, \\
S(x) = 2\int i(y)\sin\left(\frac{2\pi d}{ca}xy\right)\mathrm{d}y.
\end{array}\right\} \qquad (3.2.20)$$

对一条光谱线来说，$i(y)$ 仅在 $y \ll \bar{\nu}$ 时才不为 0. 因此，$C(x)$ 和 $S(x)$ 与 $\cos\left(2\pi\,\bar{\nu}\,\frac{d}{ca}x\right)$ 和 $\sin\left(2\pi\,\bar{\nu}\,\frac{d}{ca}x\right)$ 相比，变化要缓慢得多. 故在求极值时，这种变化可以忽略. 在良好的近似下，I 的极值由下式给出

$$\frac{\mathrm{d}I(x)}{\mathrm{d}x} \approx \frac{-2\pi d}{ac}\left[C(x)\sin\left(2\pi\,\bar{\nu}\,\frac{d}{ca}x\right) + S(x)\cos\left(2\pi\,\bar{\nu}\,\frac{d}{ca}x\right)\right] = 0.$$

这样极值满足以下条件：

$$\tan\left(2\pi\,\bar{\nu}\,\frac{d}{ac}x\right) = -\frac{S}{C}, \qquad (3.2.21)$$

可求得 I 的极值为

$$I_{极} = P \pm \sqrt{C^2 + S^2}. \qquad (3.2.22)$$

根据可见度的定义得到

$$v(x) = \frac{\sqrt{C^2 + S^2}}{P}. \qquad (3.2.23)$$

这样，(3.2.19)式可改写为

$$I(x) = P\left[1 + \frac{\sqrt{C^2 + S^2}}{P}\cos\left(\varphi + 2\pi\,\bar{\nu}\,\frac{d}{ac}x\right)\right], \qquad (3.2.24)$$

其中 $\tan\varphi = -S/C$. 所以,可见度函数曲线是归一化强度曲线 I/P 的包络.

如果 $i(y)$ 是对称分布的偶函数,则(3.2.20)式中 $S(x)$ 式的被积函数为奇函数,故有 $S = 0$. 这时,可见度有以下简单的关系式

$$v = \frac{|C|}{P}. \tag{3.2.25}$$

以上是在杨氏干涉装置下推导的结果. 在一般情况下可以把可见度函数表示成程差的函数,这样(3.2.20)式为

$$\left.\begin{array}{l} C(\Delta L) = 2\displaystyle\int i(y)\cos\left(\dfrac{\Delta L}{c}y\right)\mathrm{d}y, \\[3mm] S(\Delta L) = 2\displaystyle\int i(y)\sin\left(\dfrac{\Delta L}{c}y\right)\mathrm{d}x. \end{array}\right\} \tag{3.2.26}$$

可见度也可表示为程差的函数

$$v(\Delta L) = \frac{\sqrt{C^2 + S^2}}{P}. \tag{3.2.27}$$

图 3.10 给出了在一些光谱分布 $i(y)$ 下计算的干涉条纹的可见度曲线. 图 3.10(a)是矩形光谱分布的光源,

$$i(y) = \mathrm{rect}\left(\frac{y - \bar{\nu}}{\Delta\nu}\right), \tag{3.2.28}$$

其可见度函数为 sinc 函数,即

$$v(\Delta L) = \frac{\left|\sin\left(\dfrac{\Delta k\,\Delta L}{2}\right)\right|}{\left|\dfrac{\Delta k\,\Delta L}{2}\right|}, \tag{3.2.29}$$

其中 $\Delta k = 2\pi\Delta\nu/c$. 图 3.10(b)是高斯光谱分布的光源,

$$i(y) = i_0\exp(-\alpha^2 y^2), \tag{3.2.30}$$

其可见度函数也为高斯曲线,即

$$v(\Delta L) \sim \exp\left[-\left(\frac{\Delta L}{2\alpha}\right)^2\right]. \tag{3.2.31}$$

图 3.10(c)是高斯分布的等强度双线光源,

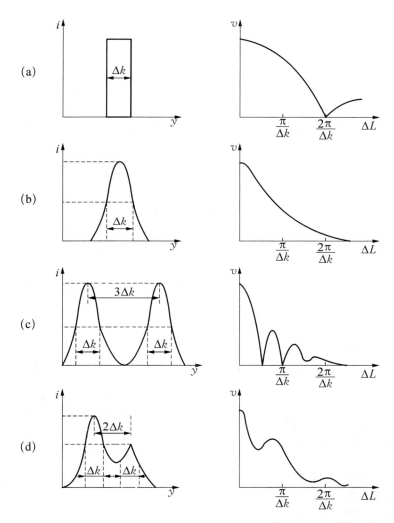

图 3.10　在一些光谱分布 $i(y)$ 下(左) 计算的干涉条纹的可见度曲线

$$i(y) = i_0 \exp[-(\alpha y + \beta)^2] + i_0 \exp[-(\alpha y - \beta)^2], \qquad (3.2.32)$$

其可见度为

$$v(\Delta L) \sim \exp\left[-\left(\frac{\Delta L}{2\alpha}\right)^2\right]\left|\cos\left(\frac{\beta}{\alpha}\Delta L\right)\right|. \qquad (3.2.33)$$

图 3.10(d)是高斯分布的不等强度的双线光源,

$$i(y) = i_0\exp[-(\alpha y + \beta)^2] + \frac{1}{2}i_0\exp[-(\alpha y - \beta)^2], \quad (3.2.34)$$

其可见度为

$$v(\Delta L) \sim \frac{1}{3}\exp\left[-\left(\frac{\Delta L}{2\alpha}\right)^2\right]\sqrt{5 + 4\cos\left(\frac{2\beta}{\alpha}\Delta L\right)}. \quad (3.2.35)$$

以上,我们讨论了光源的光谱分布对条纹可见度的影响.可以看出,条纹可见度包含了光源的光谱分布的信息.因此,可以从观测的可见度曲线来决定光源的光谱分布.

如果 $i(y)$ 是对称分布,可见度由(3.2.25)式给出.那么,由可见度曲线可以决定 C(比例常数 P,以及 C 的符号除外,符号常可通过物理讨论来决定),再通过傅里叶余弦反变换求得 $i(y)$.

对于一般情况,由可见度曲线只能决定 $\sqrt{C^2 + S^2}$,但如果测出条纹的位置,则可决定 C 与 S 的比值,即由(3.2.21)式求出.从这两个方程可算出 C 与 S,从而得到 $i(y)$ 分布.利用这种干涉方法,通过对条纹可见度的测量来求出光源的光谱.这就是自 20 世纪 60 年代以来发展起来的傅里叶变换光谱学.

3.2.5 白光的干涉条纹

至今在讨论中使用的是单色光或准单色光,不存在颜色问题.对于白光,它的有效波长范围从大约 400 nm 到 700 nm,因而,$\Delta\lambda/\lambda$ 大约为 1/2.这时,各种波长即不同颜色的光,将分别形成不同间隔的干涉条纹,从而产生带有颜色的干涉图样.但是,因为 0 级干涉条纹对所有波长的位相差都是 0(或者由于反射或别的原因引起位相反转,这时位相差为 π).这样,在 0 级单色条纹的位置上可以观察到一个白色(或黑色)的中心条纹,两边各有几个彩色的极大或极小.但随着级数的增高,不同波长的干涉条纹错位也增大,很难看清条纹的位置.再往外就是均匀的白色照明(图 3.11).

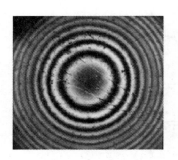

图 3.11 白光的干涉条纹

对于单色光形成的直条干涉条纹,因为是完全相同的条纹并列在一起,所以很难判断干涉的级数.但若用白光照明,白色(或黑色)的 0 级条纹的位置一目了然.所以,在利用干涉条纹的位置来进行各种干涉测量时,可把它作为探知条纹级数的重要标记.因此,这种方法是十分有用的.

3.3　扩展光源的干涉

以上讨论的是点光源形成的干涉条纹,这里所说的"点"是个理想点.单色点光源形成的干涉条纹对比度好,并且出现在两光束交叠的整个空间中(称为非定域条纹).但是,实际光源总是有限大小的.并且,在干涉仪中为了增加光能量,一般希望增加光源的线度.这就是空间扩展光源的干涉情况.由于扩展光源上各点发出的光是不相干的,所以与多色光情况相似,总的干涉图样等于各点光源形成的干涉图的强度叠加.

3.3.1　光源的线度对干涉条纹的影响

我们还用杨氏装置进行分析.如图 3.12 所示,采用一线度为 p 的均匀线光源照明,考虑在光源上点 x_0 处的线元 $\mathrm{d}x_0$ 发出的光波通过杨氏装置后,在 P 点形成的干涉场.容易求得

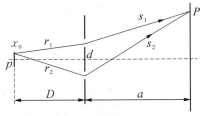

图 3.12　光源的扩展对杨氏干涉条纹的影响

$$\mathrm{d}I(x) = 2I_0\left\{1 + \cos\left[k\left(\frac{d}{a}x + \frac{d}{D}x_0\right)\right]\right\}\mathrm{d}x_0, \tag{3.3.1}$$

其中参数 d,a,D 的意义如图 3.12 所示,则整个线扩展光源形成的光强度为

$$I(x) = \int_{-\frac{p}{2}}^{\frac{p}{2}}\mathrm{d}I(x) = 2I_0 p\left[1 + \frac{\sin\left(\frac{\pi}{\lambda}\frac{pd}{D}\right)}{\frac{\pi}{\lambda}\frac{pd}{D}}\cos\left(\frac{2\pi}{\lambda}\frac{d}{a}x\right)\right]. \tag{3.3.2}$$

这时,干涉条纹的可见度是

$$v = \frac{\sin\left(\frac{\pi}{\lambda}\frac{pd}{D}\right)}{\frac{\pi}{\lambda}\frac{pd}{D}}. \tag{3.3.3}$$

注意,这时与多色光干涉的(3.2.17)式不同,条纹的可见度不是 x 的函数,它

与观察点的位置无关,只是随着光源的扩展,条纹的对比度下降.这是由于我们假定光源为单色光源,有极长的相干长度的缘故(见第 8 章).

将(3.3.3)式作图示于图 3.13 中.可见,当光源宽度 $p < \lambda D/(4d)$ 时,可见度 $v > 0.9$,这时条纹有足够好的对比度.同样,如在杨氏实验中固定其他参数,当双孔间距 d 变化时,观察可见度的变化.当测得可见度第一次为零时,即条纹第一次消失时双孔的间距,如已知光源为缝(或线)光源,就可求得光源的线度 p.因有 $\dfrac{\pi}{\lambda} \dfrac{p d_0}{D} = \pi$,故

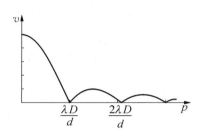

图 3.13 干涉条纹的可见度与扩展光源大小的关系

$$d_0 = \frac{\lambda D}{p} = \frac{\lambda}{\dfrac{p}{D}} = \frac{\lambda}{\alpha}, \qquad (3.3.4)$$

其中 α 是光源线度对双孔平面的张角.从上式得到

$$\alpha = \frac{\lambda}{d_0}. \qquad (3.3.5)$$

这样,只要测出条纹第一次消失时双孔的间距,就可以决定光源的角幅度 α.

3.3.2 不均匀发光的扩展光源的干涉

对一般情况,光源可为不均匀发光的扩展光源.同样可认为这样的光源是由互不相干的点光源组成的.如只考虑一维情况,可把光源分成许多元条带,则观察平面上某点的光强度为这些元条带强度贡献之和.与一般线型光源干涉的(3.2.19)式推导过程相似,容易求得这时干涉条纹的强度分布

$$I(x) = P + C(d)\cos\left(\frac{2\pi}{\lambda}\frac{d}{a}x\right) - S(d)\sin\left(\frac{2\pi}{\lambda}\frac{d}{a}x\right), \qquad (3.3.6)$$

式中

$$\left. \begin{aligned} P &= 2\int_{-\frac{p}{2}}^{\frac{p}{2}} i(y)\,\mathrm{d}y, \\ C(d) &= 2\int_{-\frac{p}{2}}^{\frac{p}{2}} i(y)\cos\left(\frac{2\pi}{\lambda}\frac{d}{a}y\right)\mathrm{d}y, \\ S(d) &= 2\int_{-\frac{p}{2}}^{\frac{p}{2}} i(y)\sin\left(\frac{2\pi}{\lambda}\frac{d}{a}y\right)\mathrm{d}y, \end{aligned} \right\} \qquad (3.3.7)$$

其中 $i(y)$ 为扩展光源相应条带的强度, p 为光源的线度. 同样, 可以求得条纹的可见度

$$v(d) = \frac{\sqrt{C^2 + S^2}}{P},\qquad (3.3.8)$$

同时有

$$\tan\left(\frac{2\pi}{\lambda}\frac{d}{a}x\right) = -\frac{S}{C}.\qquad (3.3.9)$$

下面分别选取三种不同的 $i(y)$ 函数作 $v(d)$ 的曲线, 并示于图 3.14 中. 图 3.14(a) 对应于两个独立点光源的情形. 在图 3.14(b) 中, 光源是均匀分布的矩形光源, 显然它与图 3.13 相同. 图 3.14(c) 是一个径向对称的圆盘光源, 其强度分布为 $I(\beta) \propto (\beta_0^2 - \beta^2)^p$, 其中 β 为离中心的角半径.

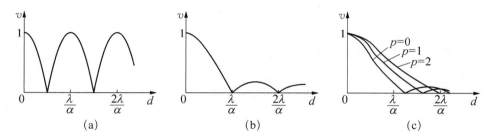

图 3.14　几种扩展光源的可见度函数

3.3.3　迈克尔逊星体干涉仪(Michelson Stellar interferometer)

由上面的讨论知道, 如果测量了条纹的位置与它们的可见度随两孔间距 d 的变化, 则可以求出函数 C 与 S. 再由傅里叶反变换原则上可得到光源的强度分布 $i(\alpha)$. 但实际上这是很困难的. 不过, 如果预先知道光源的形状属于图 3.14 中的哪一种, 则它的角幅度可以简单地由可见度第一次出现最小时的 d_0 值来决定. 这个 d 满足下列关系

$$d_0 = \frac{\lambda A}{\alpha},\qquad (3.3.10)$$

其中 A 是某一常数. 对于两个点光源的情况 $A = 0.5$; 对于均匀圆盘光源 $A = 1.22$; 对于边缘比中心暗的圆盘光源 $A > 1.22$.

为了应用这种方法测量双星的间隔, 可在望远镜中放置一对狭缝 S_1 与 S_2 来

观察双星.增大狭缝间隔 d,由对比度为零时的 d_0 值,可以求得两个星体的角间隔.安德逊(Anderson)在威尔逊山的 100 英寸望远镜上加上这种装置,测得卡培尔双星的角间隔为 0.058 s.

但用这种方法去测量单星的角直径的尝试遭到失败,因为角直径太小,即使把两孔间距增大到可用望远镜所允许的最大限度,条纹仍清晰如故.为了克服两孔间距上的这个限制,迈克尔逊制造了测星干涉仪(图 3.15).这时外面两个镜子 M_1 和 M_2 沿 S_1 和 S_2 连接方向对称地分开,所以这两个反射镜起着可移动光阑的作用.这样,该装置能测量的最小角直径不是由望远镜的直径来决定,而是由外面反射镜的最大间隔来决定.另一个优点是,当两个可移动反射镜间隔改变时,条纹间距保持不变,因为它只与 S_1 和 S_2 的间隔有关.

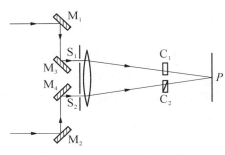

图 3.15   迈克尔逊测星干涉仪

当时这台装置安装在威尔逊山天文台的 100 英寸反射望远镜上,当两孔间距为 114 cm 时,焦平面上的条纹间距大约为 0.02 mm.当外面两个反射镜的最大间距为 6.1 m 时,最小可测的角直径为 0.02 弧秒.利用这个装置,曾第一次成功地测量了"参宿四"(猎户座 α)星的角直径为 0.047 弧秒.迈克尔逊还测量了其他五个星的角直径从 0.02 弧秒到 0.04 弧秒.后来又有人做了两镜间距为 15 m 的干涉仪,测得安得麦达 β 星的角直径为 0.016 弧秒.

这种方法的最大问题是两束光的光程要调整得几乎相等.在 3.5 节将会看到,波列的平均长度为 $L \sim \lambda^2/\Delta\lambda$.对于中心波长为 500 nm,带宽为 100 nm 的光,当两束光的光程差大约为 5 个波长时,条纹将消失.第二个问题是大气抖动,将引起时间常数为 0.01 s 到 0.1 s 的条纹跳动,条纹将因此而模糊.

综上两节所述,从条纹可见度的测量可获关于光源的信息.

一方面,条纹的特征可与光源的空间结构有关.如果条纹检测得到的信息足够的话,就可以决定光源的结构.因此,从这个意义上可以说,干涉仪可以产生光源的"像".

类似地,条纹的特征可与光源的光谱特性联系起来.如果检测条纹获得足够的信息,就可以决定光源的光谱分布.在这个意义上可以说,干涉仪是一种光谱仪.

也就是说,从干涉条纹的可见度可以获得光源的空间和时间特性.

3.4　干涉条纹的定域

一双光束干涉仪一般可以用一个"黑箱"来表示其光学系统(图 3.16).所有的干涉仪都是光经过不同的路径到达观察空间中的各点.

假定该双光束干涉仪用单色点光源照明(实际上只要求准单色光,即只要这时光的相干长度大于干涉仪内的光程差,就可观察到干涉条纹,见 3.5 节).如光源波长为 λ_0,P 为观察区域内的一点,则从 S 发出的光到达 P 点经干涉仪的两束光的位相差为

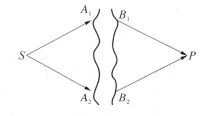

图 3.16　经过不同的路径来自同一个点光源的两束光的干涉

$$\delta_0 = \frac{2\pi}{\lambda_0}\big[(SA_1B_1P) - (SA_2B_2P)\big],$$

$$(3.4.1)$$

δ_0 的值只与 P 点的位置有关.反过来说,每个 P 点都只对应于一个 δ_0 值.所以,在来自 S 的两束光的公共相交区内,都有干涉条纹形成,它们是 δ_0 为常数的各点的轨迹,而且条纹对比度各处是相同的.我们称这种条纹为非定域条纹,一个点光源所产生的条纹总是非定域的.也就是说,在两束光相交的区域总有干涉条纹存在.

而当光源是以 S 为中心的准单色扩展光源时,这种光源可看作是由大量互不相干的点光源构成.每个点光源各产生一套非定域条纹.每个观察点的总强度是这些元干涉图样的强度之和.如不同光源点在 P 点产生的位相差不同,则 P 点附近各元图样相互错位,因而造成在 P 点干涉条纹的可见度比点光源时要低.当光源逐渐扩展时,相互错位增大,可见度下降.当光源围绕 S 扩展时,可见度在某些 P 点可以保持或接近点光源的值,而在其他地方实际上已下降到 0.这时只在某个曲面(或平面)上出现干涉条纹,故称这种条纹是定域的.条纹的定域是扩展光源的特征.

例如,对两平行平面形成的等倾干涉装置,当使用面光源时,由面光源上各点发出的光,只要有相同的入射倾角的光线都具有相同的位相差,并交于无穷远处的同一点上.因此,对等倾干涉装置,条纹定域在无穷远处.如用透镜观察,则条纹定

域在透镜的后焦平面上.

下面就楔形面的薄膜的干涉来研究条纹的定域问题.如图 3.17 所示,从点光源 S 发出的光,在薄膜上、下表面 A 和 B 处反射时,反射光相交于 P 点.为研究扩展光源的情况,假定在 S 之外有另一个点光源 S'.下面计算从 S 与 S' 点分别到达观察点 P 的光程差.由于光路具有可逆性,为方便起见,可以通过在 P 点处放一点光源来计算分别到达 S 与 S' 点的光程差.为此,如图作 P 点对上、下表面形成的镜像,分别为 P_1 与 P_2,再以 P_1 与 P_2 为中心分别画出通过 S 的球面 W_1 与 W_2,其半径分别为 R_1 与 R_2,则由 S 点到达 P 点的两光束的光程差为

$$\Delta L = R_1 - R_2.$$

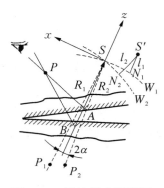

从 S' 点到 W_1 与 W_2 作垂线,垂足分别为 N_1 与 N_2.如 $S'N_1 = l_1$,$S'N_2 = l_2$,由于等相位面上的点到球心的光程是相同的,则由 S' 到 P 的两光束间的光程差为

$$\Delta L' = (l_1 + R_1) - (l_2 + R_2) = l_1 - l_2 + \Delta L.$$

因此,由 S 和 S' 两个点光源到 P 的光程差的差别为

$$\Delta L' - \Delta L = l_1 - l_2. \qquad (3.4.2)$$

图 3.17　用扩展光源照明的楔形面的薄膜的干涉

现在,取 $\angle P_1 S P_2 = 2\alpha$ 的角平分线为 z 轴,由纸面内过 S 垂直于 z 的轴为 x 轴,取 y 轴与纸面垂直,则各点的坐标为

$$S(0, 0, 0),\ S'(x, y, z),\ P_1(-R_1 \sin \alpha,\ 0,\ -R_1 \cos \alpha),$$
$$P_2(R_2 \sin \alpha,\ 0,\ -R_2 \cos \alpha),$$

则有

$$l_1 + R_1 = \sqrt{(x + R_1 \sin \alpha)^2 + y^2 + (z + R_1 \cos \alpha)^2}$$
$$\approx R_1 \left(1 + \frac{\alpha x + z}{R_1} + \frac{x^2 + y^2 + z^2}{2R_1^2} + \cdots \right),$$

以及

$$l_2 + R_2 \approx R_2 \left(1 + \frac{\alpha x + z}{R_2} + \frac{x^2 + y^2 + z^2}{2R_2^2} + \cdots \right),$$

因此有

$$\Delta L' - \Delta L = 2\alpha x + \frac{1}{2}(x^2 + y^2 + z^2)\left(\frac{1}{R_1} - \frac{1}{R_2}\right), \tag{3.4.3}$$

这是讨论条纹定域的基本公式.

下面分几种情况来讨论. 对等倾干涉有 $\alpha = 0$, $R_1 = R_2 = \infty$, 故 $\Delta L' - \Delta L = 0$. 因此, 不管光源扩展得多大, 都能在定域面上观察到对比度足够好的干涉条纹. 例如在洛埃镜干涉实验中, 光源沿平行于两面镜的棱的方向扩展的情况. 假定光源在 xy 平面内扩展, 如满足

$$\Delta L' - \Delta L = 2\alpha x \leqslant \frac{\lambda}{4} \tag{3.4.4}$$

时, 不同光源点形成的干涉条纹引起的错位小于半个条纹间距, 它们叠加后的条纹对比度也大致不变, 可见度不明显减小. 满足(3.4.4)式的区域为条纹的定域区, 这时有

$$x \leqslant \frac{\lambda}{8\alpha}. \tag{3.4.5}$$

一般来说, 条纹的定域区并不一定限制在某个无厚度的平面(或曲面)上, 而是有一定的定域深度. 定域深度由(3.4.4)式决定. 显然, 光源的线度越小, 则定域深度越深, 反之则越浅. 当光源线度超过一定大小之后, 使在任何面上(3.4.4)式均不满足时, 则完全观察不到干涉条纹. 因此, 定域条纹的出现也是有一定限制的.

下面仍以组成楔形薄膜的两个表面为例, 说明定域面的形状与位置. 如上所述, 当用一定大小的光源照射时, 干涉条纹定域于从光源发出的一条光线分成两条后再相交的交点附近. 如图 3.18(a)所示, 设两个表面的夹角为 β, 要求即 $\angle BPA \approx 2\beta$, 令光线进入上表面的入射角为 i, 若 β 很小, 则光线进入下表面的入射角也可以近似地取为 i. 因此, 在 $\triangle ABP$ 中

$$\frac{\overline{AP}}{\sin i} = \frac{\overline{AB}}{2\beta} = \frac{h}{2\beta \cos i},$$

其中 h 为入射点处的薄膜厚度.

设楔的顶点为 C, 上式成为

$$\overline{AP} = \frac{h}{\beta}\sin i = \overline{AC}\sin i \tag{3.4.6}$$

因 $\angle CPA = \pi/2$, 故 P 在以 AC 为直径的圆上. 如图 3.18 (b), 若用柱状狭缝 S, 扩

展光源上各点 $S_m(m = 1, 2, \cdots)$ 处的光形成的干涉条纹定域在圆 K_m 上的点 P_m 处,则其定域面为 $P_1, P_2, \cdots, P_m$ 的连接面.而如用透镜产生一组平行光束入射时,干涉条纹将并列在通过 C 点的直线上[如图 3.18(c)].显然,在平行平面的情况下($\beta = 0$),相应地有 $\overline{AP} \rightarrow \infty$,干涉条纹定域在无限远处.

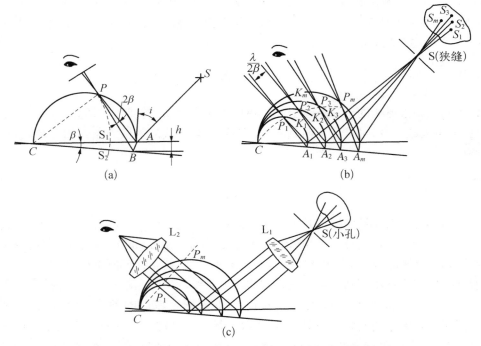

图 3.18　当用一定大小的光源照射时,干涉条纹定域的分析

　　(a) 用点光源照明的情况
　　(b) 扩展光源通过柱状狭缝 S 照明的情况
　　(c) 扩展光源通过小孔 S 和透镜用平行光束照明的情况

　　从以上讨论可看到,干涉条纹定域的位置是由条纹可见度为极大这个条件决定的.条纹可见度最大的条件也就是

$$d\delta = 0, \tag{3.4.7}$$

这里 $d\delta$ 是扩展光源上不同点到相应的观察点引起的位相差的差别.因此,在原则上可以由以下微分方程

$$d\delta = \frac{\partial \delta}{\partial x}dx + \frac{\partial \delta}{\partial y}dy + \frac{\partial \delta}{\partial z}dz = 0 \tag{3.4.8}$$

来求得定域面.

总之,定域条纹是扩展光源的特征,点光源所引起的条纹总是非定域的.

3.5 相 干 条 件

作为本章的最后一节,我们总结一下相干条件.也就是讨论相遇的两个(或多个)光波要发生干涉现象必须满足的条件.我们知道,如果频率相同的两个光波在相遇点有相同的振动方向,并且它们之间有固定的位相差,则这两个光波可以发生干涉现象.

偏振方向互相垂直的两个光束不发生干涉,这一点可以作如下理解:两个互相垂直的振动,产生一个椭圆振动,其能量与分振动的光程差无关,合成的能量只是等于分振动的能量之和,因此不发生干涉现象.同时应指出,两个不平行但并不互相垂直的两个振动 E_1 和 E_2 能产生干涉现象.这是因为两个振动之一,如 E_1 可分解为 $E_\perp$ 与 $E_\parallel$ 两个分量,其中 $E_\parallel$ 与 E_2 平行,而 $E_\perp$ 与 E_2 垂直.这样,$E_\parallel$ 与 E_2 发生干涉,而 $E_\perp$ 与 E_2 不发生干涉.因此,振动 $E_\perp$ 作为背景,以强度叠加到 $E_\parallel$ 与 E_2 的干涉条纹上,从而减小了干涉条纹的对比度.

还应强调,两光波之间必须有固定的位相差的条件是十分重要的.如本章开始时指出,观察到的干涉现象实际上是时间平均的结果.如果两光波在相遇点的位相差随时间变化,那么在观察时间内,干涉现象将被平均掉,而不出现干涉.从杨氏实验可看出,固定位相差的要求,就是要求光波通过两个小孔 S_1 与 S_2 之间有固定的位相差,也就是要求有一个稳定的波阵面.这个要求实际上是对光场的空间相干性的要求.

这一点与光源的扩展程度有关.由一维扩展光源形成的干涉条纹可见度的(3.3.3)式可知,当杨氏装置中两孔间的距离 d 满足

$$d \leqslant \frac{\lambda D}{p} \tag{3.5.1}$$

时,即对于给定的光源扩展程度 p,只要在两孔满足(3.5.1)式的距离之内,总可以发生干涉.这就说明,在该范围内有一个稳定的波阵面.因此,这实际上是对光源的空间相干性的要求.在二维的面光源情况下,可以引入相干面积的概念来度量空间

相干性.相干面积 A_c 定义为

$$A_c = \frac{(\lambda D)^2}{A_s},\qquad(3.5.2)$$

其中 A_s 为光源的面积.这说明只要杨氏实验中的两孔位于相干面积之内,总可发生干涉.

除了上面讨论的条件之外,还有一个重要的条件必须满足,让我们通过迈克逊干涉仪来分析.在该干涉仪中,如两臂调整的光程近乎相等,那么条纹是清晰的.但是随着光程差的增加,条纹可见度逐渐下降(一般不是单调地下降).当光程差大于某一值之后,条纹完全消失.

我们可以这样来解释这种现象.由于光不可能是严格单色的,也就是波列的长度不可能是无限长的.因此,在一次观测时间内,有大量有限长度的波列以无规则的时间间隔通过.作为初步近似,可假定所有这些波列长度是完全相同的.每一波列进入干涉仪后,分成长度相等的两个波列.而当干涉仪两臂的光程差大于波列长度时,这两个波列中的一个尚未到达观察点时,另一个波列已过去了.两波列由于时间差而未在空间相遇,所以不发生干涉.

因此,相干的另一个重要条件是,两束光的光程差不能大于波列的平均长度,这一长度称为相干长度.

由2.1节知道,波列的持续时间 Δt 与光源的光谱宽度 $\Delta\nu$ 间有关系式

$$\Delta\nu \sim \frac{1}{\Delta t}.\qquad(3.5.3)$$

这就是说,光源的傅里叶谱的有效频率宽度等于光波波列的持续时间的倒数.(3.5.3)式中的时间间隔 Δt 称为相干时间,其相应的长度 $c\Delta t = l_c$ 称为相干长度,其中 c 为光速.l_c 的物理意义就是波列的平均长度.因此,相干条件要求,引起干涉的两束光的光程差不能大于相干长度.

下面举一个例子.如果 $\bar\lambda$ 为平均波长,则相干长度为

$$l_c = c\Delta t \sim \frac{c}{\Delta\nu} = \frac{(\bar\lambda)^2}{\Delta\lambda}.\qquad(3.5.4)$$

例如高压汞灯的绿线 $\bar\lambda = 546.1$ nm,$\Delta\lambda = 5$ nm,则其相干长度为 60 μm.而 Kr^{86} 的橙黄色线的 $\bar\lambda = 605.7$ nm,$\Delta\lambda = 4.7\times10^{-4}$ nm,则 $l_c = 78$ cm.

本节从光的干涉现象导出光的时间相干性和空间相干性的概念.我们将在第8章详细讨论光的相干性理论.

第4章　标量衍射理论

4.1　引　言

衍射现象是一个基本的物理效应,对光波、声波和物质波都存在着衍射现象.衍射问题是光学中遇到的最困难的问题之一,它在光学工程中也起着极为重要的作用.当一个波动遇到某种障碍物的时候,这种波动会偏离其原来直线传播的方向.这就是衍射.索末菲(Sommerfeld)把衍射一词恰当地定义为"不能用反射或折射来解释的光对直线光路的任何偏离".

图 4.1 给出了一个平面波通过一个狭缝的情况.当波长大大小于缝宽时,光线通过狭缝后,不偏离光的直线传播.也就是说,没有衍射现象发生.这就是图 4.1(a)的情况.如图 4.1(b),当缝的线度较小时(即波长大于缝宽时),可以发现在观察屏上看不到孔的清晰的投影像,它比几何光学所预言的像更为扩展,而且还会出现明暗相间的条纹,就是衍射条纹.这种现象称为衍射.

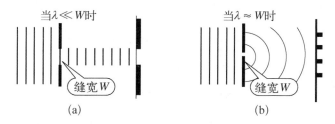

图 4.1　衍射现象的观察

(a) 当 $\lambda \ll W$ 时,观察不到衍射现象
(b) 当 $\lambda \approx W$ 时,衍射现象发生

惠更斯(Huygens)首先用光的波动说来解释衍射现象.著名的惠更斯原理指出,波动所到达的面上每一点将作为次级球面波的点源,那么随后任一时刻的波,可以由

作出次级子波的包络而得到.换句话说,每个波场都能够由球面波来组成.惠更斯应用这一原理以作图法来解释衍射现象.然而他的理论不能解释衍射条纹的出现.以后菲涅耳(Fresnel)扩展了惠更斯理论.他认为衍射现象是由于次波之间的叠加干涉而形成衍射条纹.后来基尔霍夫(Kirchhoff)证明了球面波确是波动方程的解,从而把惠更斯-菲涅耳原理置于一个坚实的数学基础之上.并且进一步采用球面波作为基尔霍夫积分定理中的格林函数.这样,在基尔霍夫衍射理论中,球面波集形成了基元函数的完全集合.这些基元函数可用来构成满足波动方程的所有其他函数的解.

基尔霍夫理论的主要简化和近似是把光作为标量来处理,也就是只考虑电磁场的一个横向分量的复振幅.并且假定任何别的有关分量可以用同样的方式独立处理.而实际上电磁场矢量的各个分量是通过麦氏方程组联系在一起的,不能独立地处理.研究表明,只要满足两个条件:① 衍射孔径比波长大得多,② 不要在太靠近孔径的地方观察衍射场,则标量理论可以得到满意的结果.在实际上,标量衍射理论对于描述仪器光学中的现象十分适用.因此,本书主要讨论标量衍射理论.

另一种完全波集是平面波,即任意波场可以按平面波作展开,这就是在第 1 章中讨论过的平面波的角谱方法.这种方法首先是由瑞利(Rayleigh)(1896 年)用于描述平面波照明时在皱褶介质边界上的透射和反射场.德拜(Debye)在 1909 年用这种方法研究焦点附近的场.1902 年惠泰克(Whittaker)证明用平面波角谱所描述的场是波动方程的解.此后,从 20 世纪 50 年代至 70 年代,衍射理论的这一方法在无线电传播理论中得到了广泛的应用.

本书将采用平面波角谱的衍射理论和基尔霍夫衍射理论来讨论各种衍射现象.事实上,由于这些基元波集,不管是平面波,还是球面波,都是完全集合.因此,这两种衍射理论方法能够互相导出,例如可以把球面波分解为平面波的叠加.所以,这几种理论是等价的.

4.2　平面波角谱的衍射理论

4.2.1　衍射孔径对角谱的效应

在 1.2 节曾指出,一个严格的单色平面波在时间与空间上应是无限的.如果一个平面波入射到一个孔径上,即被该孔径所限制,显然这时由孔径出射的场就不再是一个准确的平面波了. 这就是我们要研究的衍射孔径对于角谱的扰动效应.

　　这里要解决的问题是：已知在 $z = 0$ 平面处有一孔径 Σ，入射到该孔径上的复振幅为 $U_i(x, y, 0)$，求在 $z > 0$ 半空间中的光波复振幅. 该系统如图 4.2 所示. 如孔径 Σ 是在一无穷大的不透明屏幕上开孔，则该孔径的透射函数为

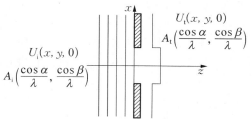

$$t(x, y) = \begin{cases} 1, & (x, y) \text{ 在 } \Sigma \text{ 上}; \\ 0, & \text{其他}. \end{cases}$$

$$(4.2.1)$$

图 4.2　通过一个孔径后，入射和出射光的复振幅间的关系

更一般的情况是，在孔径内可以有位相改变，如在孔径 Σ 内有透镜、棱镜或透明薄膜等光学元件. 这时，可定义复振幅透过率来表示孔径的透射函数，它是紧靠孔径后的平面上的出射光场的复振幅 $U_t(x, y, 0)$ 与入射光场的复振幅 $U_i(x, y, 0)$ 之比，即

$$t(x, y) = \frac{U_t(x, y, 0)}{U_i(x, y, 0)},$$

或写为

$$U_t(x, y, 0) = U_i(x, y, 0) t(x, y), \qquad (4.2.2)$$

其实只要找出与 U_t 相应的角谱 $A_t\left(\dfrac{\cos \alpha}{\lambda}, \dfrac{\cos \beta}{\lambda}\right)$ 和与 U_i 相应的角谱 $A_i\left(\dfrac{\cos \alpha}{\lambda}, \dfrac{\cos \beta}{\lambda}\right)$ 之间的关系，就解决了这个问题.

　　为此，可对 (4.2.2) 式两边同时作傅里叶变换. 等式右边是两个函数乘积的傅里叶变换，由傅里叶变换定理可知，它等于两个函数分别作傅里叶变换的卷积，即为

$$A_t\left(\frac{\cos \alpha}{\lambda}, \frac{\cos \beta}{\lambda}\right) = A_i\left(\frac{\cos \alpha}{\lambda}, \frac{\cos \beta}{\lambda}\right) * T\left(\frac{\cos \alpha}{\lambda}, \frac{\cos \beta}{\lambda}\right), \quad (4.2.3)$$

其中 $*$ 为卷积积分，$T\left(\dfrac{\cos \alpha}{\lambda}, \dfrac{\cos \beta}{\lambda}\right)$ 为孔径函数 $t(x, y)$ 的傅里叶变换.

　　从 2.1.4 节的讨论，我们知道，卷积运算具有展宽带宽的性质. 在 (4.2.3) 式中，如 A_i 的带宽为 A_{iw}，T 的带宽为 T_w，则 A_t 的带宽为 $A_{tW} = A_{iw} + T_w$. 由于透射波的角谱等于入射波的角谱与孔径函数的傅里叶变换的卷积，因此引入使入射

波在空间上受限制的衍射孔径的效应就是展宽了光波的角谱.而不同的角谱分量相应于不同方向传播的平面波分量,故角谱的展宽就是在透射波中除了包含与入射波相同方向传播的分量之外,还增加了一些与入射波传播方向不同的平面波分量,即增加了一些高空间频率的波,这就是衍射波.

下面举一例来说明.如果孔径用单位振幅的平面波垂直照射,即 $U = \exp(jkz)$,这时(4.2.3)式有十分简单的形式.入射波的角谱为

$$A_{\mathrm{i}}\left(\frac{\cos\alpha}{\lambda}, \frac{\cos\beta}{\lambda}\right) = \delta\left(\frac{\cos\alpha}{\lambda}, \frac{\cos\beta}{\lambda}\right),$$

则(4.2.3)式变为

$$A_{\mathrm{t}}\left(\frac{\cos\alpha}{\lambda}, \frac{\cos\beta}{\lambda}\right) = T\left(\frac{\cos\alpha}{\lambda}, \frac{\cos\beta}{\lambda}\right), \tag{4.2.4}$$

这就是说,透射波的角谱等于孔径的透射函数的傅里叶变换.如衍射孔径为矩孔,其透射函数为

$$t(x, y) = \begin{cases} 1, & \text{当}\ |x| \leqslant a/2,\ |y| \leqslant b/2; \\ 0, & \text{其他.} \end{cases}$$

这时,透射波的角谱为

$$
\begin{aligned}
A_{\mathrm{t}}\left(\frac{\cos\alpha}{\lambda}, \frac{\cos\beta}{\lambda}\right) &= T\left(\frac{\cos\alpha}{\lambda}, \frac{\cos\beta}{\lambda}\right) \\
&= \int_{-\frac{a}{2}}^{\frac{a}{2}} \mathrm{d}x \int_{-\frac{b}{2}}^{\frac{b}{2}} \mathrm{d}y \exp\left[j2\pi\left(\frac{\cos\alpha}{\lambda}x + \frac{\cos\beta}{\lambda}y\right)\right] \\
&= ab\,\frac{\sin\left(\dfrac{\pi a \cos\alpha}{\lambda}\right)}{\dfrac{\pi a \cos\alpha}{\lambda}} \cdot \frac{\sin\left(\dfrac{\pi b \cos\beta}{\lambda}\right)}{\dfrac{\pi b \cos\beta}{\lambda}}
\end{aligned}
\tag{4.2.5}
$$

对此式可作图 4.3.由图可见,透射波中与入射波相同的角谱所占的权重最大,而同时又增加了其他角谱分量.由(4.2.5)式可看出,孔径越小透射波的角谱就越宽,衍射效应就越明显.

上面的例子说明,衍射现象

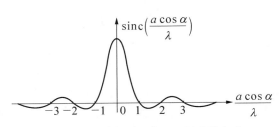

图 4.3 由于衍射引起的透射波的角谱

可以用平面波集来说明,即透射波等效于朝各个方向传播的无限多个平面波之和,而每个平面波的复振幅由(4.2.5)式表示之.而不一定要像惠更斯-菲涅耳原理那样,用惠更斯次级球面波来叠加出衍射波.

4.2.2　平面波角谱的衍射理论

如果在 $z = 0$ 处有一孔径,则 $U(x, y, 0)$ 为通过孔径后的透射光场.衍射要讨论的问题是,已知在 $z = 0$ 处的光场 $U(x, y, 0)$,求 $z > 0$ 处的光场分布 $U(x, y, z)$.

用平面波角谱方法来讨论衍射问题,实际上就是 2.4 节已讨论过的角谱的传播问题.在 $z = 0$ 与 $z = z$ 平面间角谱的关系是(2.4.10)式.如取

$$f_x = \frac{\cos \alpha}{\lambda}, \quad f_y = \frac{\cos \beta}{\lambda}, \quad f_z = \frac{\cos \gamma}{\lambda},$$

则(2.4.10)式成为

$$A(f_x, f_y, z) = A_0(f_x, f_y) \exp\left(\mathrm{j} \frac{2\pi z}{\lambda} \sqrt{1 - \lambda^2 f_x^2 - \lambda^2 f_y^2} \right).$$

对上式两边同时作傅里叶变换,即成为(2.4.11)式

$$U(x, y, z) = \int_{-\infty}^{\infty} A_0(f_x, f_y) \exp\left(\mathrm{j} \frac{2\pi z}{\lambda} \sqrt{1 - \lambda^2 f_x^2 - \lambda^2 f_y^2} \right)$$
$$\cdot \exp[\mathrm{j} 2\pi (f_x x + f_y y)] \mathrm{d} f_x \mathrm{d} f_y. \tag{4.2.6}$$

由于

$$A_0(f_x, f_y) = \int_{-\infty}^{\infty} U(x_0, y_0, 0) \exp[\mathrm{j} 2\pi (f_x x_0 + f_y y_0)] \mathrm{d} x_0 \mathrm{d} y_0, \tag{4.2.7}$$

将(4.2.7)式代入(4.2.6)式可得

$$U(x, y, z) = \int_{-\infty}^{\infty} \int_{-\infty}^{\infty} U(x_0, y_0, 0) \exp\left(\mathrm{j} \frac{2\pi z}{\lambda} \sqrt{1 - \lambda^2 f_x^2 - \lambda^2 f_y^2} \right)$$
$$\cdot \exp\{\mathrm{j} 2\pi [f_x (x - x_0) + f_y (y - y_0)]\} \mathrm{d} f_x \mathrm{d} f_y \mathrm{d} x_0 \mathrm{d} y_0, \tag{4.2.8}$$

其中 (x_0, y_0) 是在 $z = 0$ 平面上的坐标.这是平面波角谱衍射理论的基本公式.应指出,尽管对 (x_0, y_0) 的积分限是从 $-\infty$ 到 $+\infty$,因衍射孔径的效应已包含在透射波 $U(x_0, y_0, 0)$ 中,孔径外的场为 0.故对孔径平面的积分,实际上只需对孔径内的场作积分.因此,(4.2.8)式也可写为

$$U(x,\ y,\ z) = \int_{-\infty}^{\infty} \mathrm{d}f_x \mathrm{d}f_y \int_{\Sigma} U(x_0,\ y_0,\ 0) \exp\Big(\mathrm{j}\frac{2\pi z}{\lambda}\sqrt{1 - \lambda^2 f_x^2 - \lambda^2 f_y^2}\Big)$$

$$\cdot \exp\{\mathrm{j}2\pi[f_x(x - x_0) + f_y(y - y_0)]\}\mathrm{d}x_0 \mathrm{d}y_0. \qquad (4.2.9)$$

在 4.4 节中我们将证明,以上用平面波角谱表示的衍射积分与惠更斯－菲涅耳原理的基尔霍夫衍射积分公式二者是等价的.

4.3 稳相法和最快速下降法

衍射积分只对一些简单的问题有解析解.一般情况下要求助于数值计算方法求解.而当被积函数是快速变化的函数时,在数值方法中由于取有限的抽样点而会引入很大的误差.除非进行相当密的抽样,这又导致了长时间的数值计算.

另一种常用的办法是积分的渐近估计方法.这种方法的优点是:表达式有简单的形式;如保留渐近级数的适当项数,可得到较高的精度.在渐近估计法中对于具有快速振荡位相因子的积分可直接运用稳相法.在二维情况下可用最快速下降法来替代.在讨论衍射积分时将常用到这些渐近方法,故在本节中作一介绍.

4.3.1 菲涅耳积分

菲涅耳积分的定义是

$$F = \int_{-\infty}^{\infty} \exp(\mathrm{j}ax^2)\mathrm{d}x. \qquad (4.3.1)$$

由于渐近积分经常要化为菲涅耳积分,因此先对它作一讨论.

由于其被积函数为二次指数函数,不便于直接积分[①],但可以计算 F 的平方,并变换为极坐标的形式:

$$F^2 = \Big(\int_{-\infty}^{\infty} \exp(\mathrm{j}ax^2)\mathrm{d}x\Big)\Big(\int_{-\infty}^{\infty} \exp(\mathrm{j}ay^2)\mathrm{d}y\Big)$$

$$= \int_{-\infty}^{\infty}\int_{-\infty}^{\infty} \exp[\mathrm{j}a(x^2 + y^2)]\mathrm{d}x\mathrm{d}y = \int_{0}^{2\pi}\mathrm{d}\varphi\int_{0}^{\infty} \exp(\mathrm{j}ar^2)\mathrm{d}r$$

---

① 该积分还可以用围道积分的方法计算,参见:郭敦仁,数学物理方法,高等教育出版社,(1965),113.

$$= \pi \int_0^\infty \exp(jar^2)\mathrm{d}r = \frac{\pi}{a}\exp\left(j\,\frac{\pi}{2}\right),$$

所以有

$$F = \int_{-\infty}^\infty \exp(jax^2)\mathrm{d}x = \sqrt{\frac{\pi}{a}}\exp\left(j\,\frac{\pi}{4}\right) = \sqrt{\frac{\pi}{2a}}(1+j). \qquad (4.3.2)$$

4.3.2　稳相法

让我们来讨论一种积分

$$I(k) = \int_A^B g(x)\exp[jkf(x)]\mathrm{d}x, \qquad (4.3.3)$$

其中 k 为实数.求 $k \to \infty$ 时(4.3.2)式的渐近表达式.

为此,要设法把这一积分化为菲涅耳积分 F.为理解这种处理方法,可先参见图 6.1 中菲涅耳积分 $C(\alpha)$ 和 $S(\alpha)$ 所对应的曲线.对积分的实部

$$\mathrm{Re}\{F\} = \int_{-\infty}^\infty \cos(ax^2)\mathrm{d}x = \sqrt{\frac{\pi}{2a}}$$

的主要贡献来自 $-\sqrt{\frac{\pi}{2a}} < x < \sqrt{\frac{\pi}{2a}}$.在此区间之外,由图可见,由于余弦函数的振荡性质,在该区域内正、负相消,对积分无贡献.对虚部的积分也有类似的情况.

现在来研究,在什么情况下积分 I 可取成菲涅尔积分形式.(4.3.3)式的被积函数包含了位相因子,当 $k \to \infty$ 时,在积分限内该函数作快速振荡,但在

$$\frac{\mathrm{d}f(x)}{\mathrm{d}x} = 0 \qquad (4.3.4)$$

附近,被积函数的变化是缓慢的.因此,我们称满足(4.3.4)式的那些点为稳相点(记为 $x = x_0$).这样,我们可以把积分区分成两个区域.在稳相点附近的区域对积分的贡献是主要的,而在此区域之外,位相因子作快速振荡,对积分的贡献可忽略.因此,可将 $f(x)$ 在 $x = x_0$ 处作展开

$$f(x) \approx f(x_0) + f''(x_0)\frac{(x-x_0)^2}{2!} + \cdots. \qquad (4.3.5)$$

显然,由于(4.3.4)式,该展开式中不存在一次项.如在区间 $A < x < B$ 内,$f(x)$ 只有一个稳相点,则可将积分限外推到 $-\infty < x < \infty$,对积分的结果无影响,即

$$I(k) \approx \exp[\mathrm{j}kf(x_0)] \int_{-\infty}^{\infty} g(x)\exp\left[\mathrm{j}\frac{k}{2}f''(x_0)(x-x_0)^2\right]\mathrm{d}x. \quad (4.3.6)$$

对 $g(x)$ 也可作展开 $g(x) \approx g(x_0) + g'(x_0)(x-x_0)$，则(4.3.6)式成为

$$I(k) \approx \exp[\mathrm{j}kf(x_0)]\left\{g(x_0)\int_{-\infty}^{\infty}\exp\left[\mathrm{j}\frac{k}{2}f''(x_0)(x-x_0)^2\right]\mathrm{d}x\right.$$

$$\left. + g'(x_0)\int_{-\infty}^{\infty}(x-x_0)\exp\left[\mathrm{j}\frac{k}{2}f''(x_0)(x-x_0)^2\right]\mathrm{d}x\right\}. \quad (4.3.7)$$

(4.3.7)式中的第二项被积函数为奇函数,故积分为 0.利用(4.3.2)式有

$$I(k) \approx g(x_0)\exp[\mathrm{j}kf(x_0)]\int_{-\infty}^{\infty}\exp\left[\mathrm{j}\frac{k}{2}f''(x_0)(x-x_0)^2\right]\mathrm{d}x$$

$$= \sqrt{\frac{2\pi}{kf''(x_0)}}g(x_0)\exp\left\{\mathrm{j}\left[kf(x_0)+\frac{\pi}{4}\right]\right\}. \quad (4.3.8)$$

如果 $f(x)$ 有 n 个稳相点,设为 x_n ,则有

$$I(k) = \sum_n\sqrt{\frac{2\pi}{kf''(x_n)}}g(x_n)\exp\left\{\mathrm{j}\left[kf(x_n)+\frac{\pi}{4}\right]\right\}. \quad (4.3.9)$$

4.3.3　最快速下降法

这个方法本质上和稳相法相同,只是适用于二维情况,即

$$I(k) = \int_{A_1}^{B_1}\int_{A_2}^{B_2}g(x,y)\exp[\mathrm{j}kf(x,y)]\mathrm{d}x\mathrm{d}y, \quad (4.3.10)$$

由于 $g(x,y)$ 和 $f(x,y)$ 为复函数,故上式可写为复变函数积分

$$I(k) = \int_c g(z)\exp[\mathrm{j}kf(z)]\mathrm{d}z. \quad (4.3.11)$$

如取

$$f(z) = u(x,y) - \mathrm{j}v(x,y),$$

则有

$$I(k) = \int_c g(z)\exp[\mathrm{j}ku(x,y)]\exp[kv(x,y)]\mathrm{d}z. \quad (4.3.12)$$

由于当 $k\to\infty$ 时,(4.3.12)式中的位相因子 $\exp[\mathrm{j}ku(x,y)]$ 是快速振荡的,对积分无贡献.因此,快变的位相因子与积分无关,可把该因子提出积分号外,取

$u(x,y) = u(x_0,y_0) = u_0$，而在 $u(x,y)$ 为常数的区域，v 取极大值，即

$$\frac{\partial v}{\partial x} = \frac{\partial v}{\partial y} = 0. \tag{4.3.13}$$

由柯西－黎曼条件有

$$\frac{\mathrm{d}f(z)}{\mathrm{d}z} = 0. \tag{4.3.14}$$

应指出，$v(x,y)$ 只是沿着一给定的回路取极大值. 因解析函数 $f(z)$ 的实部 $u(x,y)$ 和虚部 $v(x,y)$ 满足拉普拉斯(Laplace)方程

$$\frac{\partial^2 u}{\partial x^2} + \frac{\partial^2 u}{\partial y^2} = 0 \quad \text{和} \quad \frac{\partial^2 v}{\partial x^2} + \frac{\partial^2 v}{\partial y^2} = 0.$$

因此，如果对 x 的二阶导数为正，那么对 y 的二阶导数必为负. 所以，对 u 和 v 不存在一个相同的极大或极小点. 对一个回路 $u(x_0,y_0)$ 为极大，而对另一回路 $v(x_0,y_0)$ 为极小. 这表明满足条件 (4.3.14)式的点为鞍点，如图 4.4 所示. 事实上，从任何一点出发，$v(x,y)$ 下降最快的方向就是沿着 $u(x,y)$ 为常数的方向. 因此，在这个意义上说，这些路线就是最快速下降路线，本方法的名称也由此而来，有时也称为鞍点法.

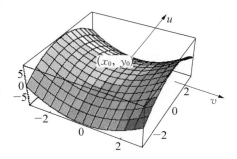

图 4.4　鞍点法示意图

这样可以把 $f(x,y)$ 在鞍点 (x_0,y_0) 处展开，

$$
\begin{aligned}
f(x,y) \approx &\ f(x_0,y_0) + \frac{\partial^2 f(x_0,y_0)}{\partial x^2}\frac{(x-x_0)^2}{2} + \frac{\partial^2 f(x_0,y_0)}{\partial y^2}\frac{(y-y_0)^2}{2} \\
&+ \frac{\partial^2 f(x_0,y_0)}{\partial x \partial y}(x-x_0)(y-y_0),
\end{aligned} \tag{4.3.15}
$$

或可简写为

$$
\begin{aligned}
f(x,y) \approx &\ f(x_0,y_0) + f_{xx}\frac{(x-x_0)^2}{2} + f_{yy}\frac{(y-y_0)^2}{2} \\
&+ f_{xy}(x-x_0)(y-y_0).
\end{aligned}
$$

与稳相法中情况相同，g 的一次导数使被积函数为奇函数，其相应的积分为 0.

这样

$$I = g(x_0,\ y_0)\int_{-\infty}^{\infty} \exp\left\{ jk\left[f(x_0,\ y_0) + f_{yy}\frac{(y-y_0)^2}{2}\right]\right\}dy$$

$$\cdot \int_{-\infty}^{\infty}\exp\left\{ jk\left[f_{xx}\frac{(x-x_0)^2}{2} + f_{xy}(x-x_0)(y-y_0)\right]\right\}dx.$$

$$(4.3.16)$$

将上式括号内的被积函数的指数完全配方后得

$$f_{xx}\frac{(x-x_0)^2}{2} + f_{xy}(x-x_0)(y-y_0)$$

$$= \frac{f_{xx}}{2}\left[(x-x_0) + \frac{f_{xy}}{f_{xx}}(y-y_0)\right]^2 - f_{xy}^2\frac{(y-y_0)^2}{2f_{xx}}.$$

故(4.3.16)式括号内积分为

$$\exp\left\{-jk\left[f_{xy}^2\frac{(y-y_0)^2}{2f_{xx}}\right]\right\}\cdot\int_{-\infty}^{\infty}\exp\left\{jk\frac{f_{xx}}{2}\left[(x-x_0)+\frac{f_{xy}}{f_{xx}}(y-y_0)\right]^2\right\}dx$$

$$= \exp\left\{-jk\left[f_{xy}^2\frac{(y-y_0)^2}{2f_{xx}}\right]\right\}\sqrt{\frac{2\pi}{kf_{xx}}}\exp\left(j\frac{\pi}{4}\right).$$

所以有

$$I \approx g(x_0,\ y_0)\exp\left\{j\left[kf(x_0,\ y_0)+\frac{\pi}{4}\right]\right\}$$

$$\cdot\int_{-\infty}^{\infty}\exp\left[j\frac{k(y-y_0)^2}{2}\left(f_{yy}-\frac{f_{xy}^2}{f_{xx}}\right)\right]dy, \qquad (4.3.17)$$

这是菲涅耳积分,将积分计算出来后可得

$$I = \int_{A_x}^{B_x}\int_{A_y}^{B_y} g(x,\ y)\exp[jkf(x,\ y)]dxdy$$

$$\approx \frac{2\pi g(x_0,\ y_0)}{k\ \sqrt{f_{xx}f_{yy}-f_{xy}^2}}\exp\left\{j\left[kf(x_0,\ y_0)+\frac{\pi}{4}\right]\right\}, \qquad (4.3.18)$$

这就是用鞍点求的上述积分的渐近公式.

我们将在下节运用鞍点法求积分的渐近公式来推导基于球面波的基尔霍夫衍射积分公式.

4.4　由基于平面波的衍射积分推导基于球面波的基尔霍夫衍射积分

在 4.1 节中已提到过,基于两种完全的波集——球面波和平面波——展开的衍射理论是相互等价的.本节由基于平面波的衍射公式来推导出基于球面波的基尔霍夫衍射积分公式,从而证明这种等价性.

从(4.2.8)式出发,

$$U(x, y, z) = \int_{-\infty}^{\infty} \mathrm{d}x_0 \mathrm{d}y_0 \, U(x_0, y_0, 0) \left\{ \int_{-\infty}^{\infty} \exp\left(\mathrm{j}\frac{2\pi z}{\lambda} \sqrt{1 - \lambda^2 f_x^2 - \lambda^2 f_y^2} \right) \right.$$

$$\left. \cdot \exp\{\mathrm{j}2\pi[f_x(x - x_0) + f_y(y - y_0)]\} \mathrm{d}f_x \mathrm{d}f_y \right\}. \tag{4.4.1}$$

采用上节讨论过的鞍点法来计算括号中的积分.

与(4.3.18)式的鞍点积分式相比较有

$$kf(f_x, f_y) = \frac{2\pi}{\lambda} \left[\lambda f_x(x - x_0) + \lambda f_y(y - y_0) + \sqrt{1 - \lambda^2(f_x^2 + f_y^2)} \, z \right].$$

首先要求出鞍点的位置(f_{x_0}, f_{y_0}).

由$\dfrac{\partial f}{\partial f_x} = 0$,可得$\dfrac{\lambda f_{x_0}}{\sqrt{1 - \lambda^2(f_{x_0}^2 + f_{y_0}^2)}} = \dfrac{x - x_0}{z}$,

以及

由$\dfrac{\partial f}{\partial f_y} = 0$,可得$\dfrac{\lambda f_{y_0}}{\sqrt{1 - \lambda^2(f_{x_0}^2 + f_{y_0}^2)}} = \dfrac{y - y_0}{z}$.

因此,

$$f(f_{x_0}, f_{y_0}) = \sqrt{1 - \lambda^2(f_{x_0}^2 + f_{y_0}^2)} \left[\frac{(x - x_0)^2 + (y - y_0)^2 + z^2}{z} \right]$$

$$= \sqrt{1 - \lambda^2(f_{x_0}^2 + f_{y_0}^2)} \, \frac{r^2}{z}. \tag{4.4.2}$$

经适当的代数运算，可得到

$$\frac{1}{\sqrt{1 - \lambda^2 (f_{x_0}^2 + f_{y_0}^2)}} = \frac{r}{z}.$$

这样(4.4.2)式成为

$$f(f_{x_0}, f_{y_0}) = r = \sqrt{(x - x_0)^2 + (y - y_0)^2 + z^2}.$$

为了算出(4.3.18)式，还要计算

$$\frac{\partial^2 f}{\partial f_x^2} = -\lambda^2 z \frac{1 - \lambda^2 f_x^2}{\left[\sqrt{1 - \lambda^2 (f_x^2 + f_y^2)}\right]^3},$$

以及

$$\frac{\partial^2 f}{\partial f_y^2} = -\lambda^2 z \frac{1 - \lambda^2 f_y^2}{\left[\sqrt{1 - \lambda^2 (f_x^2 + f_y^2)}\right]^3},$$

则

$$\left(\frac{\partial^2 f}{\partial f_x^2}\right)\left(\frac{\partial^2 f}{\partial f_y^2}\right) - \left(\frac{\partial^2 f}{\partial f_x \partial f_y}\right) = \frac{\lambda^4 z^2}{[1 - \lambda^2 (f_x^2 - f_y^2)]^2} = \frac{\lambda^4 r^4}{z^2}.$$

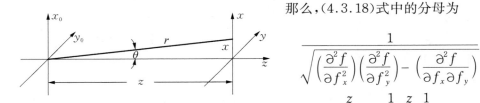

图 4.5　计算基尔霍夫衍射
积分公式的坐标系

(x_0, y_0)为衍射孔径平面，(x, y)为观察平面

那么，(4.3.18)式中的分母为

$$\frac{1}{\sqrt{\left(\frac{\partial^2 f}{\partial f_x^2}\right)\left(\frac{\partial^2 f}{\partial f_y^2}\right) - \left(\frac{\partial^2 f}{\partial f_x \partial f_y}\right)}}$$

$$= \frac{z}{\lambda^2 r^2} = \frac{1}{\lambda^2} \frac{z}{r} \frac{1}{r}.$$

由图 4.5 可见，$z/r = \cos \theta$.
这样，(4.4.1)式括号中的积分为

$$\frac{\exp\left[j(kr + \frac{\pi}{2})\right]}{\lambda r} \cos \theta = \frac{1}{j\lambda} \frac{\exp(jkr)}{r} \cos \theta.$$

将上式代入(4.2.8)式，最后得到基尔霍夫衍射公式

$$U(x, y, z) = \frac{1}{j\lambda} \int_{-\infty}^{\infty} \int_{-\infty}^{\infty} U(x_0, y_0) \frac{\exp(jkr)}{r} \cos \theta \, dx_0 dy_0. \quad (4.4.3)$$

这样,我们证明了平面波的衍射理论与球面波衍射理论二者的等价性.也就是说,(4.2.8)式与(4.4.3)式的衍射公式在本质上是相同的.

(4.4.3)式可根据惠更斯-菲涅耳原理来解释:在(x,y,z)处的光场是由位于孔径上的无限多个次级球面波在该观察点处的场叠加而成.次级球面波为$U(x_0,y_0)\exp(jkr)/r$,显然次级波的振幅为照明到孔径上的光分布$U(x_0,y_0)$.但该次级球面波具有一些独特的性质:首先,次级波的振幅比入射波振幅差一因子$1/\lambda$;其次,每个次级波源都有一个非各向同性的指向性图样,即比例于一个倾斜因子$\cos\theta$;最后,次波源的位相超前于入射波$\pi/2$,因为有关系式

$$\exp\left(-j\frac{\pi}{2}\right) = \frac{1}{j} = -j.$$

4.5 巴 比 涅 原 理

从上节的讨论可立即得出关于互补屏衍射光分布的关系.互补屏是指这样两个屏,其中一的开孔部分正好对应于另一个的不透明部分,反之亦然.如果两个屏重叠在一起,显然就是一个不透明的屏.

假设$U_1(P)$和$U_2(P)$是由两个互补屏分别在P点的振幅,而$U_0(P)$是没有屏时的值.U_1和U_2的值是由孔径作为边界作积分而求得的.而两个屏的开放部分加起来正好是没有屏的自由空间.因此有关系式

$$U_0 = U_1 + U_2, \tag{4.5.1}$$

这就是巴比涅(Babinet)原理.

由巴比涅原理可立即得到两个结论.其一,如$U_1 = 0$,则$U_2 = U_0$.即其中一个屏其衍射强度为零的那些点,在换上另一个互补屏时,强度跟没有屏时一样.其二,如$U_0 = 0$,则$U_1 = -U_2$.这意味着,在$U_0 = 0$的那些点,U_1和U_2的位相差为π,而$I_1 = I_2$,它们的强度相等.图4.6给出两个具有周期十字开孔和它的互补屏[4.6(a)和4.6(b)],4.6(c)和4.6(d)是它们的衍射图.可以看出两个互补屏将得到相同的衍射强度分布.

下面举一个例子.在第6章中求得在屏上开一圆孔时在轴上一点P处的振幅为[见(6.5.5)式]$U_1(P) = U_0(P)[1 - \exp(j\pi p)]$,式中$U_0(P)$为不存在屏时位

于轴上的点光源在 P 点引起光扰动的复振幅. 我们要求具有相同直径的不透光圆盘在 P 点引起的场振幅.

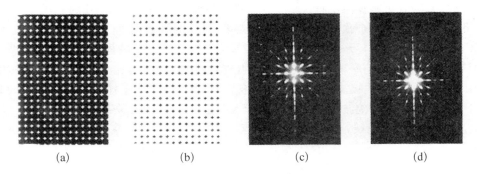

(a)   (b)   (c)   (d)

图 4.6 两个具有周期十字开孔和它的互补屏[4.6(a)和4.6(b)],
4.6(c)和4.6(d)是它们的衍射图

由巴比涅原理,有圆屏时的场为

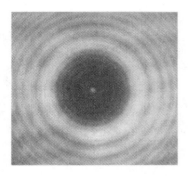

图 4.7 一个圆屏的衍射图

$$U_2(P) = U_0(P) - U_1(P) = U(P)\exp(\mathrm{j}\pi p),$$
$$(4.5.2)$$

则圆屏轴上该点的光强度为

$$I_2(P) = |U_2(P)|^2 = I_0(P). \quad (4.5.3)$$

这给出一个令人注目的结果,在离圆屏一定距离后轴上各点的光强等于无屏时相应点的光强. 这些点是圆屏衍射图中轴上的亮点,称为泊松点. 图 4.7 为一个圆屏的衍射图. 从这个图可以看出,在轴上有一个亮点,这就是泊松点.

4.6 菲涅耳近似与夫琅和费近似

以上,我们讨论了最普遍形式的标量衍射理论的结果. 然而,为了能够计算一般的衍射图,必须作一定的近似才能进行. 通常取菲涅耳近似与夫琅和费近似,其相应的衍射区内光波的行为分别称为菲涅耳衍射与夫琅和费衍射.

为了直观地说明不同衍射区的情况,可考虑一个平面波通过一个孔径,在孔径后不同的平面上观察其辐射的图样.如图 4.8 所示,在紧靠孔径后的平面上,光场的分布基本上与孔径的形状相同.也就是说,光的传播符合几何光学的规律.有时称这个区域为菲涅耳深区.随着传播距离的增加,辐射图样分布逐渐偏离几何光学的传播规律.这时菲涅耳近似开始生效,故从这个区域增加,这时衍射图样的相对强度关系不再改变,只是衍射图的尺寸随距离增加而变大,幅度随之降低.这个区域称为夫琅和费衍射区.可见,夫琅和费衍射区是包含在菲涅耳衍射区之中的.但人们经常称前者为远场衍射,而称后者为近场衍射,尽管这样称呼不太确切.

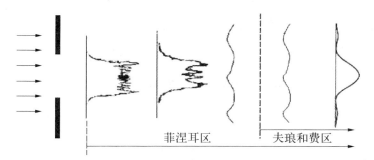

图 4.8 衍射的观察:菲涅耳衍射区与夫琅和费衍射区

4.6.1 菲涅耳近似

考虑无穷大的不透明屏幕上的一个有限孔径 Σ 对单色光的衍射,如图 4.9 所示.设屏的平面上的直角坐标系为 (x_0, y_0),并且观察平面与屏幕平面平行,两个平面间距为 z,观察平面的坐标系为 (x, y).

这时,距孔径 z 处观察平面上的场用(4.2.9)式表示之,即为

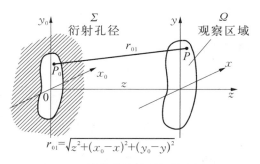

图 4.9 计算菲涅耳近似的坐标系

$$U(x, y, z) = \int_{-\infty}^{\infty} \mathrm{d}f_x \mathrm{d}f_y \int_{\Sigma} \mathrm{d}x_0 \mathrm{d}y_0 \, U(x_0, y_0, 0) \exp\left(\mathrm{j} \frac{2\pi z}{\lambda} \sqrt{1 - \lambda^2 f_x^2 - \lambda^2 f_y^2} \right)$$
$$\cdot \exp\{ \mathrm{j}2\pi [f_x(x - x_0) + f_y(y - y_0)] \}.$$

为对上式取近似,首先假定孔径和观察平面之间的距离 z 远大于孔径 Σ 的线

度,并且只对 z 轴附近的一个小区域内进行观察,即 z 也远大于观察区域 Ω 的最大线度.则有 $z \gg \sqrt{x_0^2 + y_0^2}|_{\max(\Sigma)}$ 以及 $z \gg \sqrt{x^2 + y^2}|_{\max(\Omega)}$. 这样由(4.2.6)式对空间频率 f_x 的定义,有

$$\lambda f_x = \cos\alpha \approx \frac{x - x_0}{z} \ll 1, \quad \lambda f_y = \cos\beta \approx \frac{y - y_0}{z} \ll 1.$$

在这种情况下,对 $\sqrt{1 - \lambda^2 f_x^2 - \lambda^2 f_y^2}$ 可作展开,只保留一次项,略去高次项,即

$$\sqrt{1 - \lambda^2 f_x^2 - \lambda^2 f_y^2} \approx 1 - \frac{1}{2}\lambda^2(f_x^2 + f_y^2), \tag{4.6.1}$$

这种近似称为菲涅耳衍射或近轴衍射.

这样(4.2.9)式可写为

$$U(x, y, z) = \exp(\mathrm{j}kz)\int \mathrm{d}x_0 \mathrm{d}y_0 U(x_0, y_0)$$
$$\int \mathrm{d}f_x \mathrm{d}f_y \exp[-\mathrm{j}\pi\lambda z(f_x^2 + f_y^2)]\exp\{\mathrm{j}2\pi[f_x(x - x_0)$$
$$+ f_y(y - y_0)]\}. \tag{4.6.2}$$

可先完成对 f_x, f_y 的积分,这时可利用傅里叶变换关系

$$\int \exp(-\mathrm{j}\pi\lambda z u^2)\exp(\mathrm{j}2\pi ux)\mathrm{d}u = \frac{1}{\mathrm{j}\lambda z}\exp\left(\mathrm{j}\frac{\pi}{\lambda z}x^2\right), \tag{4.6.3}$$

则(4.6.2)式成为

$$U(x, y, z) = \frac{\exp(\mathrm{j}kz)}{\mathrm{j}\lambda z}\int_{\Sigma} \mathrm{d}x_0 \mathrm{d}y_0 U(x_0, y_0)$$
$$\cdot \exp\left\{\mathrm{j}\frac{\pi}{\lambda z}[(x - x_0)^2 + (y - y_0)^2]\right\}, \tag{4.6.4}$$

这就是菲涅耳衍射公式.或可把指数中的二项式作展开,写成以下形式

$$U(x, y, z) = \frac{\exp(\mathrm{j}kz)}{\mathrm{j}\lambda z}\exp\left[\mathrm{j}\frac{k}{2z}(x^2 + y^2)\right]\iint_{\Sigma} \mathrm{d}x_0 \mathrm{d}y_0 U(x_0, y_0)$$
$$\cdot \exp\left[\mathrm{j}\frac{k}{2z}(x_0^2 + y_0^2)\right]\exp\left[-\mathrm{j}\frac{2\pi}{\lambda z}(xx_0 + yy_0)\right]. \tag{4.6.5}$$

下面讨论,在什么条件下,菲涅耳近似成立.显然,这要求

$$\exp\left[j\,\frac{2\pi z}{\lambda}\,\sqrt{1 - \lambda^2 f_x^2 - \lambda^2 f_y^2}\right]$$

的指数展开式中的二次项远小于1,即要求 $\dfrac{2\pi z}{\lambda}\dfrac{1}{8}\left[\lambda^2 f_x^2 + \lambda^2 f_y^2\right]^2 \ll 1$. 这样有

$$\frac{2\pi z}{\lambda}\frac{1}{8}\left[\frac{(x - x_0)^2}{z^2} + \frac{(y - y_0)^2}{z^2}\right]^2 \ll 1, \tag{4.6.6}$$

也就是距离 z 应满足

$$z^3 \gg \frac{\pi}{4\lambda}\left[(x - x_0)^2 + (y - y_0)^2\right]_{\max}^2 \approx \frac{\pi}{4\lambda}(L_0 + L_1)^4. \tag{4.6.7}$$

其中 $L_0 = \sqrt{x_0^2 + y_0^2}\,|_{\max(\Sigma)}$ 为孔径的最大尺寸,$L_1 = \sqrt{x^2 + y^2}\,|_{\max(\Omega)}$ 为观察区的最大区域.

下面举例说明这个近似条件.例:一个 1 cm 直径的圆孔,用 $\lambda = 500$ nm 的垂直入射平面波照射,如希望在 1 cm 的观察区内观察菲涅耳衍射,求观察距离应是多少?

根据(4.6.7)式有 $z^3 \gg 0.25$ m^3. 按此不等式,z^3 至少比不等式右边要大 10 倍,才满足条件,故可取 $z_{\max}^3 = 2.51$ m^3,则有 $z > 1.36$ m;如果观察区域的大小扩展为 20 cm,则可求得 $z > 30$ m.

实际上,(4.6.7)式的条件只是充分条件,并非必要条件.要使菲涅耳近似能够成立,只要求展开式中的高阶项对衍射积分无贡献,而不需要附加的位相因子远小于 1 rad.例如当 z 很小时,(4.6.4)式中指数上的系数 $\pi/(\lambda z)$ 变得很大,z 不满足(4.6.7)式的条件.这时可采用稳相积分计算,即(4.6.4)式中的二次位相因子振荡得很快,使被积函数正负变化很快,致使该函数的积分值为0.这里,$x = x_0$,$y = y_0$ 为稳相点,在稳相点及其附近,位相变化速率很小,积分的主要贡献来自于稳相点附近,即 $(x - x_0)$ 和 $(y - y_0)$ 的值很小.因此高阶位相项也可以完全忽略,菲涅耳近似成立.当然,这是一种特殊情况,这相当于所谓菲涅耳深区,将在第 6 章中讨论.

4.6.2　夫琅和费近似

在菲涅耳衍射积分式(4.6.5)中,由于存在一个二次位相因子 $\exp\left[j\,\dfrac{k}{2z}(x_0^2 + y_0^2)\right]$,使得该积分的计算十分困难.如果采用比菲涅耳近似中所用的更强的限制条件,那么衍射公式还可以进一步简化,这就是夫琅和费近似.

这时如取

$$z \gg \frac{1}{2} k (x_0^2 + y_0^2) \mid_{\max(\Sigma)}, \tag{4.6.8}$$

则二次位相因子在整个孔径上近似为 1. 这样(4.6.5)式就退化为

$$U(x, y, z) = \frac{\exp(jkz)}{j\lambda z} \exp\left[j\frac{k}{2z}(x^2 + y^2)\right] \iint U(x_0, y_0)$$

$$\cdot \exp\left[-j\frac{2\pi}{\lambda z}(xx_0 + yy_0)\right] dx_0 dy_0, \tag{4.6.9}$$

这就是夫琅和费衍射公式. 我们注意到, 如果在上式中取 $f_x = \dfrac{x_0}{\lambda z}$, $f_y = \dfrac{y_0}{\lambda z}$,

(4.6.9)式就是一个傅里叶变换式. 也就是说, 观察到的场分布等于孔径上的场分布的傅里叶变换.

夫琅和费衍射所要求的条件是相当苛刻的. 例如孔径尺寸为 2.5 cm 时, $\lambda \approx$ 600 nm, 则观察距离 z 必须满足 $z > 1\,600$ m. 如孔径大小为 0.25 mm 时, 则观察距离为 $z > 1.6$ m. 因此, 夫琅和费衍射应在远处观察, 故称为远场衍射.

第 5 章　夫琅和费衍射

5.1　透镜的位相变换与夫琅和费衍射的观察

在第 4 章中已讨论过,夫琅和费衍射必须在远距离处观察.但实际上,由于受到实验室大小的限制,以及在无限远处光能量太弱,因此不可能在远距离上观察夫琅和费衍射.可以想到的一个最简单的解决办法,是用一透镜将无穷远处的物体成像到透镜的后焦平面上.这样便有可能在近距离上观察夫琅和费衍射.为此,先要研究光波通过一个透镜后引起的效应.

5.1.1　透镜的位相变换

我们知道,透镜的作用是将一平面波变为球面波,或将球面波变为平面波的位相变换器;或是一个成像装置.如果考虑一个理想的透镜,即不考虑透镜的有限孔径效应以及透镜的像差,如图 5.1 所示,将平面波垂直入射到透镜上,则在紧靠透镜前的入射光场为

$$U_i = \exp(jkz_0), \qquad (5.1.1)$$

这里 z_0 是透镜的轴向距离.如假定透镜为无限薄,则透射波的坐标与入射波坐标相同.由于透射波为会聚球面波,在近轴近似下采用(1.3.6)式,可表示为

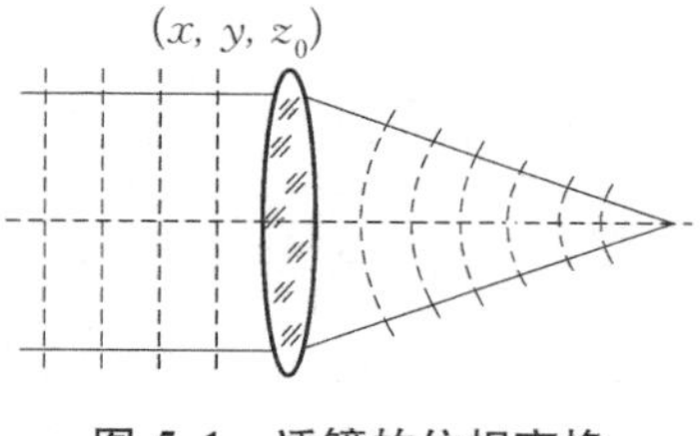

图 5.1　透镜的位相变换

$$U_t(x, y) = \exp(jkz_0)\exp\left(-jk\frac{x^2 + y^2}{2f}\right), \qquad (5.1.2)$$

其中 f 为透镜的焦距.那么,透镜的复振幅透过率为

$$t_{\text{lens}} = \frac{U_{\text{t}}(x,y)}{U_{\text{i}}(x,y)} = \exp\left(-\mathrm{j}k\frac{x^2+y^2}{2f}\right),\tag{5.1.3}$$

上式就是透镜的位相变换因子.

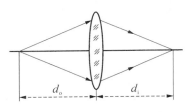

图 5.2　通过透镜的成像作用来推导透镜的位相变换

(5.1.3)式也可通过透镜的成像作用来推导.如图 5.2 所示,物距为 d_{o} 的单色点光源发出的发散球面波在紧靠透镜前平面上产生的复振幅分布为

$$U_{\text{i}}(x,y) = A\exp(\mathrm{j}kd_{\text{o}})\exp\left(\mathrm{j}k\frac{x^2+y^2}{2d_{\text{o}}}\right).\tag{5.1.4}$$

通过透镜后的透射波在紧靠透镜之后的平面上的复振幅分布为

$$U_{\text{t}}(x,y) = A\exp(\mathrm{j}kd_{\text{i}})\exp\left(\mathrm{j}k\frac{x^2+y^2}{2d_{\text{i}}}\right),\tag{5.1.5}$$

其中 d_{i} 为像距.那么,透镜的复振幅透过率为

$$t_{\text{lens}} = \frac{U_{\text{t}}(x,y)}{U_{\text{i}}(x,y)} = \exp\left[-\mathrm{j}\frac{k(x^2+y^2)}{2}\left(\frac{1}{d_{\text{i}}}+\frac{1}{d_{\text{o}}}\right)\right].\tag{5.1.6}$$

利用透镜公式 $\dfrac{1}{f} = \dfrac{1}{d_{\text{o}}} + \dfrac{1}{d_{\text{i}}}$,则(5.1.6)式为

$$t_{\text{lens}} = \exp\left(-\mathrm{j}k\frac{x^2+y^2}{2f}\right).$$

这与(5.1.3)式相同.

5.1.2　夫琅和费衍射的观察

如图 5.3 所示,在衍射孔径后放一会聚透镜,用垂直入射的平面波照明,计算在透镜后焦面上的衍射图分布.由于是近场衍射,故采用(4.6.5)式的菲涅耳衍射公式.在计算中要计入透镜引起的位相变化.这样有

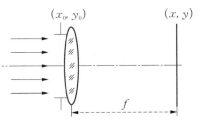

图 5.3　夫琅和费衍射的观察

$$U(x, y, z) = \frac{\exp(jkz)}{j\lambda z}\exp\left[j\frac{k}{2z}(x^2 + y^2)\right]\iint\limits_{\Sigma}U(x_0, y_0)$$

$$\cdot \exp\left[-j\frac{k(x_0^2 + y_0^2)}{2f}\right]\exp\left[j\frac{k(x_0^2 + y_0^2)}{2f}\right]$$

$$\cdot \exp\left[-j\frac{2\pi}{\lambda z}(xx_0 + yy_0)\right]dx_0\,dy_0$$

$$= \frac{\exp(jkz)}{j\lambda z}\exp\left[j\frac{k}{2z}(x^2 + y^2)\right]\iint\limits_{\Sigma}U(x_0, y_0)$$

$$\cdot \exp\left[-j\frac{2\pi}{\lambda z}(xx_0 + yy_0)\right]dx_0\,dy_0. \tag{5.1.7}$$

其中由透镜产生的位相因子 $\exp\left[-j\dfrac{k(x_0^2 + y_0^2)}{2f}\right]$ 抵消了菲涅耳衍射公式中的二

次位相因子 $\exp\left[j\dfrac{k(x_0^2 + y_0^2)}{2f}\right]$. 因此,在焦平面上就获得了夫琅和费衍射.

为了用物理图像来说明这一点,可以比较图 5.4 中所示的两种情况. 当平面波入射到孔径上时,衍射波为具有不同角谱分量的平面波的叠加. 如考虑其中的某一角谱分量,其方向余弦为 $l = \cos\alpha, m = \cos\beta, n = \cos\gamma$,则在图 5.4(a) 中在无穷远点 P 所观察到的衍射效应可以看作是由一组起源于孔上各点并沿着这个方向上传播的平面波叠加而产生的. 现在如果在屏后放一透镜,如图 5.4(b) 所示,则在该方向上所有衍射光都将会聚到透镜的焦平面上一点 P'. 由于透镜服从光传播的等光程原理,故从这衍射光束的某波阵面到 P' 点所有光线的光程相等,所以由图 5.4(b) 所产生的干涉效应与图 5.4(a) 中的情况完全相同. 因此,用图 5.4(b) 装置所观察到的衍射分布与图 5.4(a) 装置观察的结果相同.

当采用图 5.4(b) 的装置后,相应的夫琅和费衍射区和菲涅耳衍射区变成了图

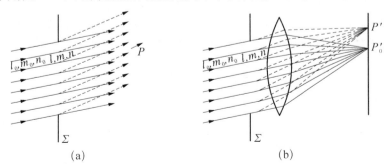

图 5.4 两种观察夫琅和费衍射方法的比较

5.5 的情况,夫琅和费区被压缩到了焦平面上.

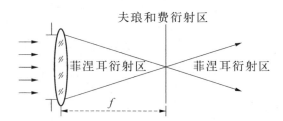

图 5.5 用透镜观察时的夫琅和费衍射区和
菲涅耳衍射区

5.2 矩孔和圆孔的夫琅和费衍射

下面将利用(4.6.9)式的夫琅和费衍射公式来计算各种形状孔径的夫琅和费衍射.由于所有的探测器都只对光强度,而不是对光的复振幅有响应,因此将用光强度来描述衍射图样.

5.2.1 矩孔的衍射

对于长、宽分别为 a 与 b 的一矩孔,其复振幅透过率可表示为

$$t(x_0,\ y_0) = \mathrm{rect}\left(\frac{x_0}{a}\right)\mathrm{rect}\left(\frac{y_0}{b}\right). \tag{5.2.1}$$

这时孔径用一个单位振幅的单色平面波垂直入射照明,它的复振幅为 1.那么孔径上的场分布 $U(x_0,\ y_0)$ 就等于孔径的透过率函数,即

$$U(x_0,\ y_0) = t(x_0,\ y_0),$$

则其夫琅和费衍射为

$$U(x,\ y) = \frac{\exp(\mathrm{j}kz)}{\mathrm{j}\lambda z}\exp\left[\mathrm{j}\frac{k}{2z}(x^2+y^2)\right]\iint_\Sigma t(x_0,\ y_0)$$

$$\cdot \exp\left[-\mathrm{j}\frac{2\pi}{\lambda z}(xx_0+yy_0)\right]\mathrm{d}x_0\mathrm{d}y_0$$

$$= \frac{\exp(\mathrm{j}kz)}{\mathrm{j}\lambda z}\exp\left[\mathrm{j}\frac{k}{2z}(x^2+y^2)\right]\int_{-\frac{a}{2}}^{\frac{a}{2}}\int_{-\frac{b}{2}}^{\frac{b}{2}}\exp\left[-\mathrm{j}\frac{2\pi}{\lambda z}(xx_0+yy_0)\right]\mathrm{d}x_0\mathrm{d}y_0$$

$$= \frac{\exp(\mathrm{j}kz)}{\mathrm{j}\lambda z}\exp\left[\mathrm{j}\frac{k}{2z}(x^2+y^2)\right]ab\,\mathrm{sinc}\left(\frac{ax}{\lambda z}\right)\mathrm{sinc}\left(\frac{by}{\lambda z}\right), \quad (5.2.2)$$

其中

$$\mathrm{sinc}(x) = \frac{\sin(\pi x)}{\pi x}. \quad (5.2.3)$$

应注意该函数有周期性的零点.

那么,衍射图的光强度分布为

$$I(x,y) = |U(x,y)|^2 = \frac{a^2 b^2}{\lambda^2 z^2}\mathrm{sinc}^2\left(\frac{ax}{\lambda z}\right)\mathrm{sinc}^2\left(\frac{by}{\lambda z}\right). \quad (5.2.4)$$

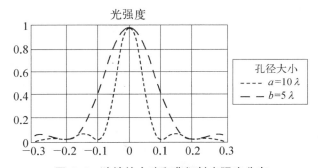

图 5.6 狭缝的夫琅和费衍射光强度分布

图 5.6 给出了狭缝的夫琅和费衍射光强度分布图.由图可见,狭缝越窄,衍射就越明显.图 5.7 给出了矩孔的夫琅和费衍射图沿 x 轴的截面图.在图中横轴上数值为 ± 1 所对应的两个零点之间的主瓣宽度为

$$\Delta x = \frac{2\lambda z}{a}. \quad (5.2.5)$$

显然,y 方向也有类似的图样,故矩孔衍射图是二维衍射图样.由(5.2.5)式可见,衍射孔径尺寸越小,则衍射现象越明显.

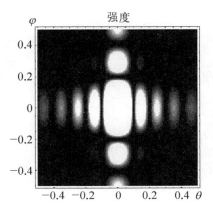

图 5.7 矩孔的夫琅和费衍射图,这里 $b = 2a$

5.2.2　圆孔的衍射

如孔径是半径为 a 的圆孔,则其振幅透过率为

$$t(r_0) = \text{circ}\left(\frac{r_0}{a}\right), \tag{5.2.6}$$

其中

$$\text{circ}\left(\frac{r_0}{a}\right) = \begin{cases} 1, & r \leqslant a, \\ 0, & \text{其他} \end{cases} \tag{5.2.7}$$

称为圆域函数.对于具有圆对称的函数,采用极坐标计算是方便的,这时,在计算夫琅和费衍射时所遇到的傅里叶变换将要变成傅里叶-贝塞尔变换,下面进行推导.

当函数 $u(x, y)$ 具有圆对称时,有 $u(r, \theta) = u(r)$. 为此,在 (x, y) 平面及 (f_x, f_y) 平面分别做极坐标变换

$$\begin{cases} r = \sqrt{x^2 + y^2}, \\ \theta = \text{argtan}\left(\frac{y}{x}\right), \end{cases}$$

相应地有

$$\begin{cases} x = r \cos \theta, \\ y = r \sin \theta; \end{cases}$$

以及

$$\begin{cases} \rho = \sqrt{f_x^2 + f_y^2}, \\ \varphi = \text{argtan}\left(\frac{f_y}{f_x}\right), \end{cases}$$

相应地有

$$\begin{cases} f_x = \rho \cos \varphi, \\ f_y = \rho \sin \varphi. \end{cases}$$

坐标变换后的傅里叶变换式为

$$\begin{aligned} U(\rho, \varphi) &= \int_0^{2\pi} \mathrm{d}\theta \int_0^\infty r \, \mathrm{d}r \, u(r) \exp[-\mathrm{j}2\pi \rho r(\cos \theta \cos \varphi + \sin \theta \sin \varphi)] \\ &= \int_0^\infty r \, \mathrm{d}r \, u(r) \int_0^{2\pi} \mathrm{d}\theta \exp[-\mathrm{j}2\pi \rho r \cos(\theta - \varphi)]. \end{aligned} \tag{5.2.8}$$

而贝塞尔函数有恒等式

$$J_0(a) = \frac{1}{2\pi} \int_0^{2\pi} \exp[-ja\cos(\theta - \varphi)] d\theta, \tag{5.2.9}$$

其中 J_0 是零阶第一类贝塞尔函数.这样(5.2.8)式变为

$$U(\rho) = 2\pi \int_0^\infty r u(r) J_0(2\pi r\rho) dr \equiv B\{u(r)\} \tag{5.2.10}$$

(5.2.10)式是傅里叶 – 贝塞尔变换,也称为汉克尔(Hankel)变换.它存在逆变换关系

$$u(r) = 2\pi \int_0^\infty \rho u(\rho) J_0(2\pi r\rho) d\rho. \tag{5.2.11}$$

这样,具有圆对称孔径的夫琅和费衍射公式为

$$U(r) = \frac{\exp(jkz)}{jkz} \exp\left(j\frac{kr^2}{2z}\right) 2\pi \int_0^\infty r_0 u(r_0) J_0\left(\frac{2\pi r_0 r}{\lambda z}\right) d r_0$$

$$\equiv \frac{\exp(jkz)}{jkz} \exp\left(j\frac{kr^2}{2z}\right) B\{U(r_0)\} \big|_{\rho = \frac{r}{\lambda z}}. \tag{5.2.12}$$

而

$$B\{\mathrm{circ}(r)\} = 2\pi \int r J_0(2\pi r\rho) dr, \tag{5.2.13}$$

可对上式作变量代换 $r' = 2\pi r\rho$,并注意到贝塞尔函数有恒等式

$$\int_0^x \xi J_0(\xi) d\xi = x J_1(x), \tag{5.2.14}$$

其中 J_1 是一阶第一类贝塞尔函数.那么,(5.2.13)式可改写为

$$B\{\mathrm{circ}(r)\} = \frac{1}{2\pi\rho^2} \int r' J_0(r') d r' = \frac{J_1(2\pi\rho)}{\rho}. \tag{5.2.15}$$

而对半径为 l 的圆域函数,则有

$$B\left\{\mathrm{circ}\left(\frac{r}{a}\right)\right\} = \pi l^2 \frac{2J_1(2\pi a\rho)}{2\pi a\rho}.$$

由于光学系统通常具有圆对称性,故(5.2.15)式的变换在光学中经常要用到.图 5.8 给出

$$\frac{I}{I_0} = \left[\frac{2\mathrm{J}_1\left(\dfrac{k\,l\,r}{z}\right)}{\dfrac{k\,l\,r}{z}}\right]^2$$

的曲线,该曲线与 $\mathrm{sinc}^2(x)$ 函数曲线相似,故有时称 $2\mathrm{J}_1(\pi x)/(\pi x)$ 为 Besinc 函数. 但差别是,其次峰比 sinc 的次峰要弱,而且其零点位置不等间隔,间隔依次略减小, 最后趋于等间隔.

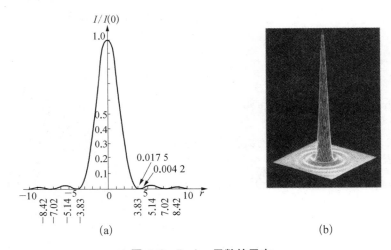

图 5.8　Besinc 函数的平方

(a) 函数的爱里分布曲线;(b) 函数的三维分布

这样,从(5.2.12)式可求得圆孔的夫琅和费衍射的复振幅分布

$$U(r) = \frac{\exp(\mathrm{j}kz)}{\mathrm{j}\lambda z}\exp\left(\mathrm{j}\,\frac{kr^2}{2z}\right)\pi l^2\left[\frac{2\mathrm{J}_1\left(\dfrac{2\pi l r}{\lambda z}\right)}{\dfrac{2\pi l r}{\lambda z}}\right]$$

$$= \frac{k l^2}{2\mathrm{j}z}\exp(\mathrm{j}kz)\exp\left(\mathrm{j}\,\frac{kr^2}{2z}\right)\left[\frac{2\mathrm{J}_1\left(\dfrac{k l r}{z}\right)}{\dfrac{k l r}{z}}\right]. \tag{5.2.16}$$

其强度分布为

$$I(r) = |U(r)|^2 = \left(\frac{k l^2}{2z}\right)^2\left[\frac{2\mathrm{J}_1\left(\dfrac{k l r}{z}\right)}{\dfrac{k l r}{z}}\right]^2. \tag{5.2.17}$$

当 $r = 0$ 时,有 $I(0) = \left(\dfrac{k l^2}{2z}\right)^2$,故(5.2.17)式也可表示为

$$I(r) = I(0)\left[\frac{2\mathrm{J}_1\left(\dfrac{k l r}{z}\right)}{\dfrac{k l r}{z}}\right]^2. \qquad (5.2.18)$$

这个强度分布称之为爱里(Airy)图样,图 5.9 给出爱里斑的图形.可以看出,衍射图样在中心处是一亮斑,周围是一圈圈同心的明暗相间的圆环,亮环的强度随其斑的半径增大而急剧下降,通常只有头一两个亮环能被肉眼看见.中心亮斑的半径取决于强度分布第一个零点的位置,它等于

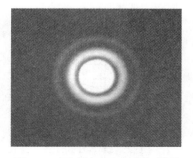

图 5.9　圆孔的夫琅和费衍射图

$$\Delta r = 0.61\frac{\lambda z}{l}. \qquad (5.2.19)$$

可见,衍射图样的有效尺寸仍反比于孔径的线度 l,或反比于相对孔径 $2l/z$.

下面讨论在总入射能量中,有多少能量落在衍射图样的中心部分,这对许多实际问题是有意义的,若以观察平面的原点为中心,以 w_0 为半径画一个圆,用 $L(w_0)$ 代表落在此圆内的能量百分数,则有

$$L(w_0) = \frac{1}{E}\int_0^{2\pi}\mathrm{d}\varphi\int_0^{w_0}I(w)w\mathrm{d}w,$$

其中 E 是衍射斑的总能量,$I(w)$ 用(5.2.17)式代入.于是

$$L(w_0) = \frac{1}{E}\left(\frac{k l^2}{2z}\right)^2 \cdot 2\pi\int_0^{w_0}\left[\frac{2\mathrm{J}_{1c}(kaw)}{kaw}\right]^2 w\mathrm{d}w = c\int_0^{kaw_0}\frac{\mathrm{J}_1^2(\xi)}{\xi}\mathrm{d}\xi,$$

$$(5.2.20)$$

其中 $a = l/z$ 以及 $c = \pi l^2/(2E)$.再利用贝塞尔递推关系

$$\frac{\mathrm{d}}{\mathrm{d}x}\left[x^{n+1}\mathrm{J}_{n+1}(x)\right] = x^{n+1}\mathrm{J}_n(x),$$

取 $n = 0$,并乘以 $\mathrm{J}_1(x)$,再利用另一递推关系

$$\frac{\mathrm{d}}{\mathrm{d}x}\left[x^{-n}\mathrm{J}_n(x)\right] = -x^{-n}\mathrm{J}_{n+1}(x),$$

可有

$$\frac{J_1^2(x)}{x} = J_0(x)J_1(x) - \frac{dJ_1(x)}{dx}J_1(x) = -\frac{1}{2}\frac{d}{dx}[J_0^2(x) + J_1^2(x)].$$

$$(5.2.21)$$

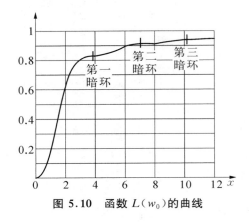

图 5.10　函数 $L(w_0)$ 的曲线

将(5.2.21)式代入(5.2.20)式,并代入 $J_0(0) = 1, J_1(0) = 0$,可得

$$L(w_0) = 1 - J_0^2(kaw_0) - J_1(kaw_0).$$

$$(5.2.22)$$

图 5.10 为函数 $L(w_0)$ 的曲线,由图看出,约有 84% 的能量落在爱里斑的中心亮区.因此通常取爱里图样的第一个亮环作为衍射斑的大小.而有 91% 以上的能量落在第二个暗环所包围的圆面积之内.在激光器输出中即使激光器做得再好,也不可避免存在因输出孔径的有限大小引起的衍射,通常取中心亮斑作为衍射极限.

5.3　其他形状孔的衍射

先讨论孔径沿某一方向均匀拉伸时,衍射图的变化规律.设 Σ_1 和 Σ_2 是两个这样的孔,其中 Σ_2 沿着某一方向的尺寸(例如在 x 方向)是 Σ_1 的 μ 倍.Σ_1 孔的夫琅和费衍射为

$$U_1(x, y) = C\int_{\Sigma_1} \exp\left[-j\frac{2\pi}{\lambda z}(xx_0 + yy_0)\right]dx_0 dy_0,$$

同样对 Σ_2 孔有

$$U_2(x, y) = C\int_{\Sigma_2} \exp\left[-j\frac{2\pi}{\lambda z}(xx_0 + yy_0)\right]dx_0 dy_0, \qquad (5.3.1)$$

其中仍假定用单位振幅的平面波垂直入射，C 为一个常数.如在(5.3.1)式中作变量替换,取

$$x' = \frac{x_0}{\mu}, \quad y' = y_0,$$

可得

$$U_2(x, y) = \mu C \int_{\Sigma_1} \exp\left[-\mathrm{j}\frac{2\pi}{\lambda z}(\mu x x' + y y')\right]\mathrm{d}x'\mathrm{d}y' = \mu U_1(\mu x, y).$$

$$(5.3.2)$$

这表明,当孔沿某一方向按比例 $\mu:1$ 均匀拉伸时,则夫琅和费图样在同一方向按比例 $1:\mu$ 收缩(见图 5.11),同时新图样上各点的强度是原图样的 μ^2 倍.我们利用这个结果,可从圆孔或方孔的夫琅和费衍射图,立刻确定出椭圆孔或矩孔的夫琅和费衍射.

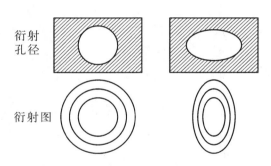

图 5.11　一个圆形孔和一个椭圆孔的夫琅和费衍射图的比较

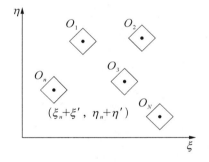

图 5.12　大量形状相同、取向一致的通光孔的夫琅和费衍射

　　下面讨论另一种重要的衍射情况即屏上包括大量形状相同、取向一致的通光孔.换句话说,可通过一个孔的平移来实现全部光孔,如图 5.12 所示.设 O_1,O_2,$\cdots$,O_N 是各孔上位置相应的点,其坐标分别为 (ξ_1, η_1),(ξ_2, η_2),$\cdots$,(ξ_N, η_N),那么第 n 个孔中任意点的坐标则为 $(\xi_n + \xi', \eta_n + \eta')$.那么,这大量孔径的夫琅和费衍射图的光分布为

$$U(x, y) = C\sum_n \int_{\Sigma} \exp\left\{-\mathrm{j}\frac{2\pi}{\lambda z}[(\xi_n + \xi')x + (\eta_n + \eta')y]\right\}\mathrm{d}\xi'\mathrm{d}\eta'$$

$$= C\sum_n \exp\left[-\mathrm{j}\frac{2\pi}{\lambda z}(\xi_n x + \eta_n y)\right]\int_{\Sigma} \exp\left\{-\mathrm{j}\frac{2\pi}{\lambda z}(\xi' x + \eta' y)\right\}\mathrm{d}\xi'\mathrm{d}\eta',$$

$$(5.3.3)$$

其中 Σ 为单个孔径,上式只对单孔作积分,式中求和表示各单孔衍射图的相干叠加.
如把单孔衍射的振幅分布记为 $u^{(0)}(x,y)$,其强度分布为 $I^{(0)}(x,y)$,则(5.3.3)式为

$$
\begin{aligned}
U(x,y) &= C\sum_n \exp\left[-\mathrm{j}\frac{2\pi}{\lambda z}(\xi_n x + \eta_n y)\right]u^{(0)}(x,y)\\
&= Cu^{(0)}(x,y)\sum_n \exp(-\mathrm{j}k\Delta_n),
\end{aligned} \tag{5.3.4}
$$

其中 $\Delta_n = \dfrac{\xi_n x + \eta_n y}{z}$. 则衍射图的光强度分布为

$$
\begin{aligned}
I(x,y) &= I^{(0)}(x,y)\left|\sum_n \cos(k\Delta_n) - \mathrm{j}\sum_n \sin(k\Delta_n)\right|^2\\
&= I^{(0)}(x,y)\left\{\left[\sum_n \cos(k\Delta_n)\right]^2 + \left[\sum_n \sin(k\Delta_n)\right]^2\right\}\\
&= I^{(0)}(x,y)\left\{\sum_{n=1}^N \left[\cos^2(k\Delta_n) + \sin^2(k\Delta_n)\right] + 2\sum_{n\neq m}\cos k(\Delta_n - \Delta_m)\right\}\\
&= I^{(0)}(x,y)\left\{N + 2\sum_{n\neq m}\cos k(\Delta_n - \Delta_m)\right\}. \tag{5.3.5}
\end{aligned}
$$

如果屏上为大量无规则分布的孔,则(5.3.5)式中的第二项,由于 m,n 取值
无规则分布,使 $\cos[k(\Delta_n - \Delta_m)]$ 的数值在 $+1$ 与 -1 之间无规则地涨落,致使求
和的结果为零.因此有

$$
I(x,y) = NI^{(0)}(x,y). \tag{5.3.6}
$$

由这个结果似乎可以得出,N 个不规则分布的孔的衍射图与单个孔的衍射图
相同,只是光强为单孔的 N 倍.然而,事实上对衍射图进行仔细的观察表明,这种
衍射图显示一种颗粒状的结构.首先,对于中心点 $x = y = 0$,所有孔的 $\Delta_n = 0$,故
(5.3.5)式中第二项求和不为零.所以,我们在衍射图的中心可以看到很亮的小斑.
在远离轴的地方,位相差 $k(\Delta_n - \Delta_m)$ 取 0 到 2π 之间的任意值.因此,衍射图上会
叠加上颗粒状的不规则光分布.

如果光孔的分布是有规则的,则结果完全不同.对于有周期分布的光孔 $\xi_n -$
$\xi_m = l_{mn}T_x$,$\eta_n - \eta_m = l'_{mn}T_y$,这里 l_{mn} 与 l'_{mn} 为整数,T_x 与 T_y 为 x 与 y 方向
的周期.这时,对于某些 x 和 y 的值,m 和 n 可满足下述关系

$$
(\xi_n - \xi_m)x + (\eta_n - \eta_m)y = 2k\pi,
$$

其中 k 为整数. 那么, 在(5.3.5)式中 $m \neq n$ 项对衍射可有显著的贡献. 因为对这些 x, y 点, 所有 $m \neq n$ 项的位相都是 2π 的整数倍, 它们的和等于 $N(N-1)$, 因而当 N 很大时, 它接近于 N^2. 光强度在某些特殊方向上有巨大的增加. 这就是下一节要讨论的光栅(周期性的狭缝)的情况. 用这种方法可以求出矩形光栅的衍射图分布.

5.4　双缝和多缝的夫琅和费衍射

在本节中, 我们讨论双缝和多缝的夫琅和费衍射. 从本节的讨论可以看出, 干涉和衍射都是光的波动性的表现. 它们之间有着必然的联系, 可以用衍射的统一方法来处理.

5.4.1　双缝的夫琅和费衍射

假定有两个宽度为 b 的长缝, 它们之间的距离为 a, 其复振幅透过率可表示为

$$t(x_0, y_0) = \text{rect}\left(\frac{x_0 - a/2}{b}\right) + \text{rect}\left(\frac{x_0 + a/2}{b}\right). \tag{5.4.1}$$

孔径用一个单位振幅的单色平面波垂直入射照明, 则其夫琅和费衍射为

$$
\begin{aligned}
U(x, y) &= \frac{\exp(\mathrm{j}kz)}{\mathrm{j}\lambda z}\exp\left[\mathrm{j}\frac{k}{2z}(x^2 + y^2)\right]\int_{-\infty}^{\infty} t(x_0, y_0)\exp\left(-\mathrm{j}\frac{2\pi x x_0}{\lambda z}\right)\mathrm{d}x_0 \\
&= C\int_{-\frac{a}{2}-\frac{b}{2}}^{-\frac{a}{2}+\frac{b}{2}}\exp\left(-\mathrm{j}\frac{2\pi x x_0}{\lambda z}\right)\mathrm{d}x_0 + C\int_{\frac{a}{2}-\frac{b}{2}}^{\frac{a}{2}+\frac{b}{2}}\exp\left(-\mathrm{j}\frac{2\pi x x_0}{\lambda z}\right)\mathrm{d}x_0 \\
&= Ca\,\text{sinc}\left(\frac{bx}{\lambda z}\right)\left[\exp\left(\mathrm{j}\frac{\pi a}{\lambda z}x\right) + \exp\left(-\mathrm{j}\frac{\pi a}{\lambda z}x\right)\right] \\
&= Ca\,\text{sinc}\left(\frac{bx}{\lambda z}\right)\cos\left(\frac{\pi a}{\lambda z}x\right),
\end{aligned}
\tag{5.4.2}
$$

其中 $C = \dfrac{\exp(\mathrm{j}kz)}{\mathrm{j}\lambda z}\exp\left[\mathrm{j}\dfrac{k}{2z}(x^2 + y^2)\right]$. 如令 $\alpha = \dfrac{\pi a}{\lambda z}x$, $\beta = \dfrac{bx}{\lambda z}$, 那么衍射图的光

强度分布为

$$I(x, y) = |U(x, y)|^2 = \frac{b^2}{\lambda^2 z^2}\operatorname{sinc}^2 \beta \cos^2 \alpha = I_0 \operatorname{sinc}^2 \beta \cos^2 \alpha.$$

$$(5.4.3)$$

可见,双狭缝的衍射图为两个无限窄的狭缝的杨氏干涉图与一个有限宽度的狭缝的衍射图的乘积.如图 5.13 所示,它是单缝衍射图调制了两个无限窄狭缝所造成的干涉条纹.因此,可以说,这是一种干涉与衍射的综合效应.图 5.14 为单缝和双缝的衍射图的照片,可以清楚地看出这种效应.

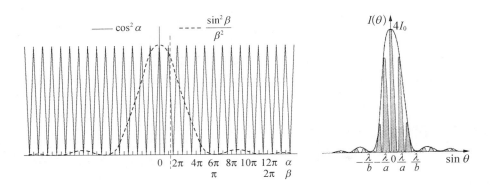

图 5.13　双狭缝的衍射图是单缝衍射图调制了两个无限窄狭缝所造成的干涉条纹

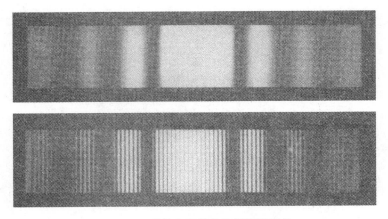

图 5.14　单缝和双缝的衍射图的照片

5.4.2　多缝的夫琅和费衍射

现在考虑有 N 个长的、平行的狭缝的衍射,狭缝的宽度是 b,它们之间的距离为 a,如图 5.15 所示.

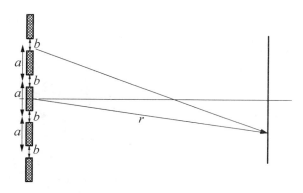

图 5.15　多缝的夫琅和费衍射

其复振幅透过率可表示为

$$t(x_0, y_0) = \sum_{p=1}^{N/2}\left[\text{rect}\left(\frac{x_0 - (2p-1)a/2}{b}\right)\right.$$
$$\left. + \text{rect}\left(\frac{x_0 + (2p-1)a/2}{b}\right)\right].$$

用与(5.4.2)式类似的计算,可以得到

$$U(x, y) = \frac{\exp(\mathrm{j}kz)}{\mathrm{j}\lambda z}\exp\left[\mathrm{j}\frac{k}{2z}(x^2 + y^2)\right]\int_{-\infty}^{\infty}t(x_0, y_0)\exp\left(-\mathrm{j}\frac{2\pi x x_0}{\lambda z}\right)\mathrm{d}x_0$$

$$= C\sum_{p=1}^{N/2}\left[\int_{(2p-1)\frac{a}{2}-\frac{b}{2}}^{(2p-1)\frac{a}{2}+\frac{b}{2}}\exp\left(-\mathrm{j}\frac{2\pi x x_0}{\lambda z}\right)\mathrm{d}x_0 + \int_{-(2p-1)\frac{a}{2}-\frac{b}{2}}^{-(2p-1)\frac{a}{2}+\frac{b}{2}}\exp\left(-\mathrm{j}\frac{2\pi x x_0}{\lambda z}\right)\mathrm{d}x_0\right]$$

$$= Ca\,\text{sinc}\left(\frac{bx}{\lambda z}\right)\frac{\sin\left(N\frac{\pi a}{\lambda z}x\right)}{\frac{\pi a}{\lambda z}x}, \tag{5.4.4}$$

其中 $C = \dfrac{\exp(\mathrm{j}kz)}{\mathrm{j}\lambda z}\exp\left[\mathrm{j}\dfrac{k}{2z}(x^2 + y^2)\right]$. 同样令 $\alpha = \dfrac{\pi a}{\lambda z}x$, $\beta = \dfrac{bx}{\lambda z}$, 那么多缝的夫琅和费衍射图的光强度分布为

$$I(x,\ y) = |\ U(x,\ y)\ |^2 = I_0\ \mathrm{sinc}^2\beta\ \dfrac{\sin^2(N\alpha)}{\alpha}. \tag{5.4.5}$$

图 5.16 给出了当 $N = 6, a = 4b$ 时的多缝的夫琅和费衍射图的细节. 可以看出, 它是单缝衍射图调制了六个无限窄狭缝所造成的干涉条纹.

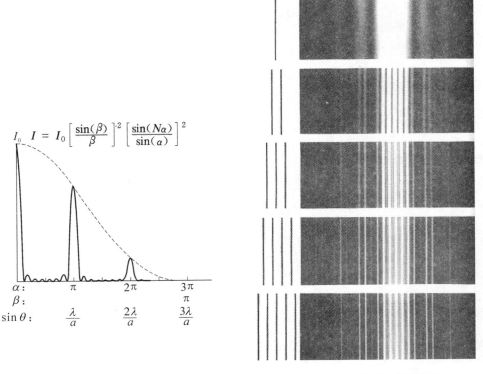

图 5.16 当 $N = 6, a = 4b$ 时的多缝的夫琅和费衍射图的细节

图 5.17 一个到五个狭缝的夫琅和费衍射图

图 5.17 给出了一个到五个狭缝的夫琅和费衍射图以及图 5.18 为两个到十个狭缝的夫琅和费衍射图的扫描曲线. 可以看出, 狭缝的数目越多, 衍射图的条纹越细. 如果狭缝的数目很大, 这是下节要讨论的衍射光栅.

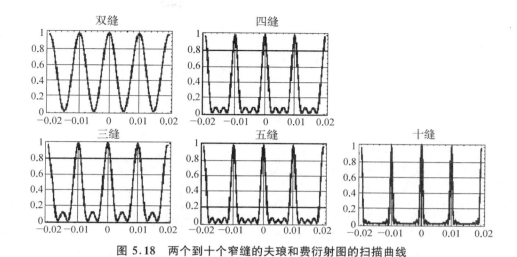

图 5.18　两个到十个窄缝的夫琅和费衍射图的扫描曲线

5.5　光栅的夫琅和费衍射

任何一种物,只要它能对入射光的振幅或位相,或振幅与位相二者形成一个周期性的空间调制,就称之为衍射光栅.它在光学中占有重要地位.我们可以在给定孔径内引入一个预先给定的振幅透过率函数 $t(x,y)$.例如,可以通过一张照相底片来产生空间振幅的调制,使 $t(x,y)$ 可实现 0 到 1 之间的全部数值.也可以通过厚度可变的透明片,来实现空间的位相调制.因此,具有振幅及位相变化的复值透过率函数如仅为实的周期性函数,就是振幅型光栅.如为纯虚数的周期性函数,就是位相型光栅.在讨论各种光栅的衍射之前,先介绍一下与卷积积分有关的列阵定理.

5.5.1　列阵定理

如上节所述,对于可通过一个孔的平移来实现多个光孔的情况,在数学上可用列阵定理来表示.

先讨论周期函数的情况.一周期函数可表示为一孤立函数与梳状函数的卷积(梳状函数的定义见附录).如图 5.19 所示,$f(x)$ 是周期为 T 的无界周期函数.我们可以认为函数 $f(x)$ 是通过孤立函数 $\tilde{f}(x)$ 平移 T 的整数倍而得到的.因为卷积

是一个平移运算过程,故一周期函数 $f(x)$ 可表示为

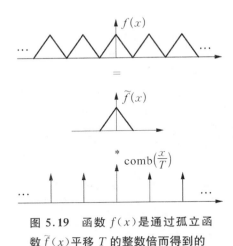

图 5.19 函数 $f(x)$ 是通过孤立函数 $\widetilde{f}(x)$ 平移 T 的整数倍而得到的

$$f(x) = \widetilde{f}(x) * \sum_{n=-\infty}^{\infty} \delta(x - nT).$$

(5.5.1)

对于上述无规则分布的孔,其透过率函数可表示为

$$t(x, y) = t_0(x, y) * \sum_{n=1}^{N} \delta(x - \xi_n, y - \eta_n).$$

(5.5.2)

对(5.5.1)式两边同时作傅里叶变换,可得

$$F(f_x) = \widetilde{F}(f_x) * \sum_{n=-\infty}^{\infty} \delta\left(f_x - \frac{n}{T}\right).$$

(5.5.3)

可见,周期函数 $f(x)$ 的谱 $F(f_x)$ 为振幅受孤立函数 $\widetilde{f}(x)$ 的傅里叶变换 $\widetilde{F}(f_x)$ 调制的周期为 $1/T$ 的分立谱.换言之,对于具有相同形状孔径构成的列阵,其夫琅和费衍射分布(频谱)等于单个孔径的衍射分布与排成同样组态的点源列阵的衍射分布的乘积.这种方法便于分别分析由单个孔径与列阵所引起的衍射效应.

5.5.2 正弦型振幅光栅的衍射

正弦型振幅光栅的振幅透过率函数为

$$t(x_0, y_0) = \left[\frac{1}{2} + \frac{m}{2}\cos(2\pi f_0 x_0)\right] \text{rect}\left(\frac{x_0}{l}\right) \text{rect}\left(\frac{y_0}{l}\right), \quad (5.5.4)$$

其中 f_0 为光栅的空间频率.(5.5.4)式中后面两个矩形函数因子表示光栅处于一个宽度为 l 的方孔内.参数 m 表示振幅透过率的调制度.图 5.20 表示(5.5.4)式光栅的透过率变化情况.

假定该光栅用一个单位振幅的单色平面波垂直照明,求该光栅的夫琅和费衍射分布就是求它的空间频谱分布,可用卷积定理来计算它.如我们以

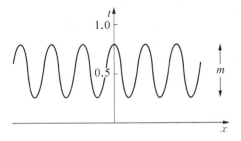

图 5.20 正弦型振幅光栅的振幅透过率函数

$T(f_x, f_y) = \mathrm{F.T.}\{t(x, y)\}$ 表示对函数 $t(x, y)$ 的傅里叶变换,则有

$$T(f_x, f_y) = \mathrm{F.T.}\left\{\frac{1}{2} + \frac{m}{2}\cos(2\pi f_0 x_0)\right\} * \mathrm{F.T.}\left\{\mathrm{rect}\left(\frac{x_0}{l}\right)\mathrm{rect}\left(\frac{y_0}{l}\right)\right\}.$$

$$(5.5.5)$$

其中

$$\mathrm{F.T.}\left\{\frac{1}{2} + \frac{m}{2}\cos(2\pi f_0 x_0)\right\} = \frac{1}{2}\delta(f_x, f_y) + \frac{m}{4}\delta(f_x - f_0, f_y)$$
$$+ \frac{m}{4}\delta(f_x + f_0, f_y),$$

以及

$$\mathrm{F.T.}\left\{\mathrm{rect}\left(\frac{x_0}{l}\right)\mathrm{rect}\left(\frac{y_0}{l}\right)\right\} = l^2\,\mathrm{sinc}(lf_x)\mathrm{sinc}(lf_y).$$

所以

$$T(f_x, f_y) = \frac{l^2}{2}\mathrm{sinc}(lf_y)\left\{\mathrm{sinc}(lf_x) + \frac{m}{2}\mathrm{sinc}[l(f_x + f_0)] + \frac{m}{2}\mathrm{sinc}[l(f_x - f_0)]\right\},$$

$$(5.5.6)$$

则夫琅和费衍射图的复振幅分布为

$$U(x, y) = \frac{1}{\mathrm{j}\lambda z}\exp(\mathrm{j}kz)\exp\left[\mathrm{j}\frac{k}{2z}(x^2 + y^2)\right]T(f_x, f_y)\Big|_{f_x = \frac{x}{\lambda z}, f_y = \frac{y}{\lambda z}}$$
$$= \frac{l^2}{2\mathrm{j}\lambda z}\exp(\mathrm{j}kz)\exp\left[\mathrm{j}\frac{k}{2z}(x^2 + y^2)\right]\mathrm{sinc}\left(\frac{ly}{\lambda z}\right)$$
$$\cdot \left\{\mathrm{sinc}\left(\frac{lx}{\lambda z}\right) + \frac{m}{2}\mathrm{sinc}\left[\frac{l}{\lambda z}(x + f_0\lambda z)\right] + \frac{m}{2}\mathrm{sinc}\left[\frac{l}{\lambda z}(x - f_0\lambda z)\right]\right\}.$$

$$(5.5.7)$$

　　对上式取平方,就得到相应的光强度分布.由 sinc 函数的分布可知,每个 sinc 函数主瓣的宽度比例于 $\lambda z/l$.而由上式可见,这三个 sinc 函数主瓣之间的距离为 $f_0\lambda z$.因此,若光栅频率 f_0 比 $1/l$ 大得多,即光栅的周期 $d = 1/f_0$ 比光栅的尺寸 l 小得多(这对一般情况是满足的),那么三个 sinc 函数之间不存在交叠,即对 (5.5.7)式取平方时,其中的交叉项为零.那么

$$I(x, y) = \left(\frac{l^2}{2\lambda z}\right)^2\mathrm{sinc}^2\left(\frac{ly}{\lambda z}\right)\left\{\mathrm{sinc}^2\left(\frac{lx}{\lambda z}\right) + \frac{m^2}{4}\mathrm{sinc}^2\left[\frac{l}{\lambda z}(x + f_0\lambda z)\right]\right.$$

$$+ \frac{m^2}{4} \mathrm{sinc}^2 \left[\frac{l}{\lambda z}(x - f_0 \lambda z) \right] \Big\}, \tag{5.5.8}$$

这个强度分布示于图 5.21.由图看出,用平面波照明的光栅后方的光能量重新分布,其能量只集中在三个衍射级上.其中央衍射峰称为 0 级衍射,两旁次峰为 ± 1 级衍射.0 级与 1 级衍射间的距离为 $f_0 \lambda z$,每个衍射峰的宽度为 $\lambda z / l$.用频谱分析的语言来说,夫琅和费衍射就是透过率函数的频谱.我们把(5.5.4)式改写为

$$\begin{aligned} t(x_0, y_0) &= \frac{1}{2} + \frac{m}{2} \cos(2\pi f_0 x_0) \\ &= \frac{1}{2} + \frac{m}{4} \exp(\mathrm{j}2\pi f_0 x_0) + \frac{m}{4} \exp(-\mathrm{j}2\pi f_0 x_0). \end{aligned}$$

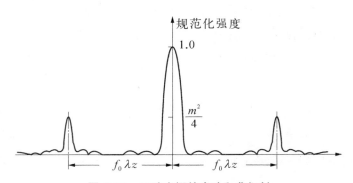

图 5.21 正弦光栅的夫琅和费衍射

上式第一项的傅里叶变换为 0 频分量,第二、三项的傅里叶变换分别为 ± 1 级频率分量.0 频分量往往是无用的.因为它不反映物的任何结构,不携带物的任何信息,但它决定了物像的对比度.

如果光栅为无限大,即 $l \to \infty$,则(5.5.7)式中的 sinc 函数将过渡为 δ 函数.事实上,在卷积积分(5.5.5)式中的第一个因子决定了各衍射级的大小和位置,第二个因子决定了各衍射级的宽度.显然,当 $l \to \infty$ 时,后一个因子宽度趋于 0.

正弦光栅的夫琅和费衍射也可以用角谱的方法来推导.垂直入射的平面波的角谱为

$$A_i(f_x, f_y) = \delta(f_x, f_y),$$

以及

$$T(f_x, f_y) = \frac{1}{2} \delta(f_x, f_y) + \frac{m}{4} \delta(f_x - f_0, f_y) + \frac{m}{4} \delta(f_x + f_0, f_y).$$

则孔径出射波的角谱为

$$A_t(f_x, f_y) = \delta(f_x, f_y) * T(f_x, f_y)$$

$$= \frac{1}{2}\delta(f_x, f_y) + \frac{m}{4}\delta(f_x - f_0, f_y) + \frac{m}{4}\delta(f_x + f_0, f_y).$$

而衍射图的复振幅分布为出射波角谱的傅里叶变换,这里,$f_x = \dfrac{x_0}{\lambda z}$,$f_y = \dfrac{y_0}{\lambda z}$ 即

$$U(x, y) = \mathrm{F.T.}\{A_t(f_x, f_y)\}$$

$$= \iint A_t\left(\frac{x_0}{\lambda z}, \frac{y_0}{\lambda z}\right)\exp\left[-\mathrm{j}\frac{2\pi}{\lambda z}(x_0 x + y_0 y)\right]\mathrm{d}x_0 \mathrm{d}y_0$$

$$= \delta(y)\left[\frac{1}{2}\delta(x) + \frac{m}{4}\delta(x + f_0\lambda z) + \frac{m}{4}\delta(x - f_0\lambda z)\right]$$

$$= \frac{\delta(y)}{2}\left[\delta(x) + \frac{m}{2}\delta(x + f_0\lambda z) + \frac{m}{2}\delta(x - f_0\lambda z)\right]. \quad (5.5.9)$$

由此可见,计算结果相同,但推导似乎更为简便.

5.5.3　周期开孔光栅的衍射

下面讨论一种一维光栅的衍射.它由无限多个等距的矩孔(为简单计,或为狭缝)组成,其透过率函数为

$$t(x_0) = \mathrm{rect}\left(\frac{x_0}{a}\right) * \mathrm{comb}\left(\frac{x_0}{d}\right), \quad (5.5.10)$$

则其夫琅和费衍射图为

$$U(x) = \mathrm{F.T.}\left\{\mathrm{rect}\left(\frac{x_0}{a}\right)\right\} \cdot \mathrm{F.T.}\left\{\mathrm{comb}\left(\frac{x_0}{d}\right)\right\}$$

$$= \mathrm{sinc}\left(\frac{ax}{\lambda z}\right)\sum_{n=-\infty}^{\infty}\delta\left(x - \frac{n\lambda z}{d}\right), \quad (5.5.11)$$

其光强度分布则为

$$I(x) = \mathrm{sinc}^2\left(\frac{ax}{\lambda z}\right)\sum_{n=-\infty}^{\infty}\delta\left(x - \frac{n\lambda z}{d}\right). \quad (5.5.12)$$

可见,其衍射图是由以 sinc 函数的平方为包络的分立谱组成.

而实际的光栅大小总是有限的,若光栅由 N 个狭缝组成,容易证明其衍射图复振幅分布为

$$U(x) = \mathrm{sinc}\left(\frac{ax}{\lambda z}\right)\frac{\sin\frac{Ndx}{2\lambda z}}{\sin\frac{dx}{2\lambda z}}\exp\left[-\mathrm{j}(N-1)\frac{dx}{2\lambda z}\right], \qquad (5.5.13)$$

则其光强度分布为

$$I(x) = \mathrm{sinc}^2\left(\frac{ax}{\lambda z}\right)\left(\frac{\sin\frac{Ndx}{2\lambda z}}{\sin\frac{dx}{2\lambda z}}\right)^2. \qquad (5.5.14)$$

图 5.22 示出了(5.5.14)式的衍射图分布. 由此可见, 当由无限多个狭缝组成的光栅过渡到有限狭缝组成的情况时, 其衍射图将从前者的精细结构中的 δ 函数扩展为有一定宽度的函数. N 越小, 其宽度越大, 可一直过渡到(5.3.3)式的双狭缝的情况. 若对振幅透过率为周期性的矩形脉冲函数作傅里叶频谱分析, 可以知道矩形脉冲函数包含了许多高频成分. 这也是为什么这种光栅的衍射图包括了许多衍射级, 而不像正弦光栅那样只有三个衍射级的原因.

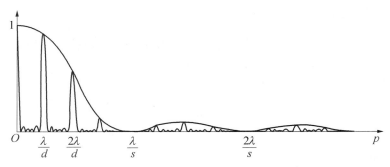

图 5.22 周期开孔光栅的衍射图分布

5.5.4 正弦型位相光栅的衍射

若用银盐底片记录下正弦型振幅变化的分布, 经漂白工艺可把这种振幅变化转变为位相变化, 这就制成了正弦型位相光栅. 另一种做法是使透明材料表面形成起伏, 当光通过这种材料时, 因材料厚度不同而引起光程变化, 从而达到位相调制的目的.

正弦型位相光栅的振幅透过率函数为

$$t(x_0, y_0) = \exp\left[\mathrm{j}\frac{m}{2}\sin(2\pi f_0 x_0)\right]\mathrm{rect}\left(\frac{x_0}{l}\right)\mathrm{rect}\left(\frac{y_0}{l}\right). \qquad (5.5.15)$$

为了求它的夫琅和费衍射，要利用数学上的一个恒等式：

$$\exp\left[j\frac{m}{2}\sin(2\pi f_0 x_0)\right] = \sum_{q=-\infty}^{\infty} J_q\left(\frac{m}{2}\right)\exp(j2\pi q f_0 x_0), \qquad (5.5.16)$$

式中 J_q 为第一类贝塞尔函数. 则有

$$\mathrm{F.T.}\left\{\exp\left[j\frac{m}{2}\sin\left(2\pi f_0 x_0\right)\right]\right\} = \sum_{q=-\infty}^{\infty} J_q\left(\frac{m}{2}\right)\delta(f_x - q f_0 x_0, f_y).$$

那么

$$U(x,y) = \frac{\exp(jkz)\exp\left[j\frac{k}{2z}(x^2+y^2)\right]}{j\lambda z}\sum_{q=-\infty}^{\infty}\int_{-l/2}^{l/2}\int_{-l/2}^{l/2}J_q\left(\frac{m}{2}\right)$$

$$\cdot\exp(j2\pi q f_0 x_0)\exp\left[j\frac{2\pi}{\lambda z}(xx_0+yy_0)\right]\mathrm{d}x_0\mathrm{d}y_0$$

$$= \frac{\exp(jkz)\exp\left[j\frac{k}{2z}(x^2+y^2)\right]}{j\lambda z}$$

$$\cdot\sum_{q=-\infty}^{\infty}J_q\left(\frac{m}{2}\right)\int_{-l/2}^{l/2}\int_{-l/2}^{l/2}\exp\left[j2\pi\left(q f_0+\frac{x}{\lambda z}\right)x_0\right]\exp\left(j\frac{2\pi}{\lambda z}yy_0\right)\mathrm{d}x_0\mathrm{d}y_0$$

$$= \frac{\exp(jkz)\exp\left[j\frac{k}{2z}(x^2+y^2)\right]}{j\lambda z}$$

$$\cdot\sum_{q=-\infty}^{\infty}l^2 J_q\left(\frac{m}{2}\right)\mathrm{sinc}\left[\frac{l}{\lambda z}(x-q f_0\lambda z)\right]\mathrm{sinc}\left(\frac{ly_0}{\lambda z}\right). \qquad (5.5.17)$$

仍假定 $f_0 \gg 1/l$，则各衍射项之间的交叠可以忽略. 其相应的衍射光强度为

$$I(x,y) = \left(\frac{l^2}{\lambda z}\right)^2\sum_{q=-\infty}^{\infty}J_q^2\left(\frac{m}{2}\right)\mathrm{sinc}^2\left[\frac{l}{\lambda z}(x-q f_0\lambda z)\right]\mathrm{sinc}^2\left(\frac{ly_0}{\lambda z}\right). \quad (5.5.18)$$

图 5.23 给出当 $m=8$ 时，一个正弦型位相光栅的夫琅和费衍射图. 可以看出，正弦位相光栅可以使高阶衍射分量获得更多的能量. 显然位相型光栅的衍射级数也增加了. 各衍射级之间的距离为 $f_0\lambda z$.

(5.5.18)式中不同的 q 值相应于不同的 q 阶衍射分量，其中第 q 阶分量的峰值强度为 $[l^2 J_q(m/2)/\lambda z]^2$. 因此，不同衍射级的强度取决于 $J_q^2(m/2)$ 的大小. 由 $J_q^2 - m$ 的曲线(图 5.24)可见，当 m 取不同数值时，各分量会有不同的强度. 如取 m 满足 $J_0(m/2)=0$，这时 0 级分量完全消失，± 1 级最强，± 2 级次之. 在工艺上

只要控制透明材料表面的起伏量来确定位相调制度 m,就可以达到使 0 级分量完全消失的目的.

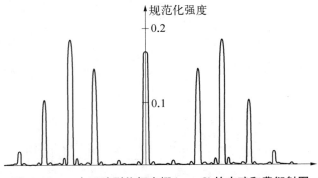

图 5.23 一个正弦型位相光栅($m=8$)的夫琅和费衍射图

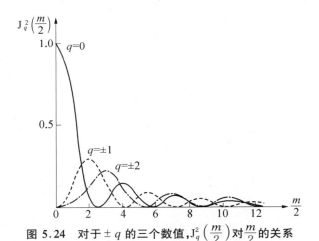

图 5.24 对于 $\pm q$ 的三个数值,$J_q^2\left(\dfrac{m}{2}\right)$ 对 $\dfrac{m}{2}$ 的关系

5.5.5 闪耀光栅

从上面的讨论知道,在大多数光栅的衍射图结构中,光能量主要集中在低衍射级上.而在光谱应用中,更重要的则是将尽可能多的光衍射到某一特定的高衍射序上,以获得更高的信噪比.为此,近代微细加工把光栅线槽刻成特定的形状,如图 5.25 所示.采用这种刻线光

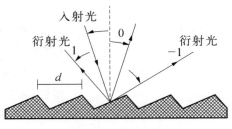

图 5.25 闪耀光栅

栅,可使大部分光能量集中在高衍射序上,称为闪耀光栅.

　　为讨论简单起见,假定闪耀光栅是由 N 个小棱镜周期排列而成.图 5.26(b)表示其中一个小棱镜的截面.如 α 为棱镜的顶角,n 为其折射率.设光线分别从 M 与 N 处入射到小棱镜上,则两束光的光程差为 $(n-1)\overline{MM'} = (n-1)\alpha x_0$,相应的位相差为 $k(n-1)\alpha x_0$,故一小棱镜引起的位相变化为

$$t_0(x_0) = \exp[\,\mathrm{j}\,k(n-1)\alpha x_0]\mathrm{rect}\left(\frac{x_0}{d}\right),$$

则闪耀光栅的透过率函数为

$$t(x_0) = \exp[\,\mathrm{j}\,k(n-1)\alpha x_0]\mathrm{rect}\left(\frac{x_0}{d}\right) * \sum_{m=1}^{N}\delta(x_0 - md). \quad (5.5.19)$$

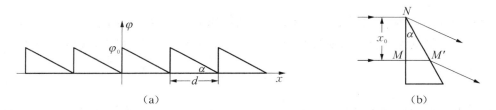

图 5.26　假定闪耀光栅是由 N 个小棱镜周期排列而成(a)及其中一个小棱镜的截面(b)

这样,可计算其夫琅和费衍射

$$
\begin{aligned}
U(x) &= \int t(x_0)\exp\left[-\,\mathrm{j}\,\frac{2\pi}{\lambda z}x x_0\right]\mathrm{d}x_0 \\
&= \int_{-d/2}^{d/2}\exp[\,\mathrm{j}\,k(n-1)\alpha x_0]\exp\left(-\,\mathrm{j}\,\frac{2\pi}{\lambda z}x x_0\right)\mathrm{d}x_0 \cdot \sum_m \delta\left(x - \frac{m\lambda z}{d}\right) \\
&= d\,\mathrm{sinc}\left[\frac{1}{\lambda}(n-1)\alpha d - \frac{xd}{\lambda z}\right] \cdot \sum_m \delta\left(x - \frac{m\lambda z}{d}\right). \quad (5.5.20)
\end{aligned}
$$

　　将(5.5.20)式与由无限多个平行狭缝构成的光栅的衍射(5.5.11)式相比较,可发现二者的唯一差别仅在于衍射图形的位移.因此,可选取 $\varphi_0 = k(n-1)\alpha x_0$,使其中心像集中在一边的一个序上,如光栅产生第 1 级谱,可称该光栅为第 1 级闪耀.由于能量集中在唯一的谱上,而不是分布在多个谱上,这就克服了其他类型光栅的缺点,使光谱的能量集中起来.实际上,实现这种光栅常为反射式,而不是透射式.

5.5.6　光栅的衍射效率

　　在光栅的应用中往往利用 ±1 级衍射.为此,我们可定义一物理量——衍射效

率——来描写不同光栅的衍射一级项的相对强度. 衍射效率定义为一级衍射能量 I_1 与入射光能量 I 之比, 即

$$\eta = \frac{I_1}{I}. \tag{5.5.21}$$

下面推导几种光栅的最大衍射效率.

1. 正弦型振幅光栅

从 (5.5.7) 式看出, 当 $m = 1$ 时衍射 1 级最强. 这时相应的振幅透过率函数为

$$
\begin{aligned}
t(x_0, y_0) &= \frac{1}{2} + \frac{1}{2}\cos(2\pi f_0 x_0) \\
&= \frac{1}{2} + \frac{1}{4}\exp(\mathrm{j}2\pi f_0 x_0) + \frac{1}{4}\exp(-\mathrm{j}2\pi f_0 x_0).
\end{aligned} \tag{5.5.22}
$$

因此, 通过光栅的透射波中第 1 级衍射波的振幅为入射波振幅的 1/4, 那么 1 级衍射波的能量就为入射波能量的 1/16. 所以, 正弦型振幅光栅的最大衍射效率为

$$\eta = \frac{1}{16} = 6.25\%.$$

振幅型光栅的衍射效率之所以很低, 主要是由于光栅的材料吸收了相当大部分的光能量. 而位相型材料不吸收光能量, 因此可大大提高其衍射效率.

2. 无限多个单狭缝光栅

$$
t(x_0) = \begin{cases} 1, & |x_0 - 2nd| \leqslant \dfrac{d}{2}; \\ 0, & |x_0 - (2n+1)d| \leqslant \dfrac{d}{2}. \end{cases} \tag{5.5.23}
$$

即其振幅透过率在一半方波周期内为 0, 在其余处为 1. 这种周期方波可作傅里叶级数展开, 其展开式的前两项为

$$
\begin{aligned}
t(x_0) &= \frac{1}{2} + \frac{2}{\pi}\cos(2\pi f_0 x_0) + \cdots \\
&= \frac{1}{2} + \frac{2}{\pi}\left[\exp(\mathrm{j}2\pi f_0 x_0) + \exp(-\mathrm{j}2\pi f_0 x_0)\right] + \cdots
\end{aligned} \tag{5.5.24}
$$

用以上同样的讨论方法可得

$$\eta = \left(\frac{1}{\pi}\right)^2 = 10.1\%.$$

3. 位相光栅

由(5.5.16)式可见,一个正弦型位相光栅可展开为

$$t(x_0) = \exp\left[\mathrm{j}\frac{m}{2}\sin(2\pi f_0 x_0)\right] = \sum_{q=-\infty}^{\infty} \mathrm{J}_q\left(\frac{m}{2}\right)\exp(\mathrm{j}2\pi q f_0 x_0),$$

1 级衍射的能量为 $\mathrm{J}_1^2(m/2)$. $\mathrm{J}_1^2(m/2)$ 的极大值为 0.339,故正弦型位相光栅的最大衍射效率为 33.9%.

对于方波型位相光栅,其振幅透过率为

$$t(x_0) = \exp[\mathrm{j}\varphi(x_0)],$$

其中

$$\varphi(x_0) = \begin{cases} 0, & |x_0 - 2nd| \leqslant \dfrac{d}{2}, \\ \pi, & |x_0 - (2n+1)d| \leqslant \dfrac{d}{2}. \end{cases}$$

则

$$t(x_0) = \begin{cases} 1, & |x_0 - 2nd| \leqslant \dfrac{d}{2}, \\ -1, & |x_0 - (2n+1)d| \leqslant \dfrac{d}{2}. \end{cases}$$

将上式展开成傅里叶级数有

$$t(x_0) = \frac{2}{\mathrm{j}\pi}\left[\exp(\mathrm{j}2\pi f_0 x_0) - \exp(-\mathrm{j}2\pi f_0 x_0) + \cdots\right].$$

由此可见,±1 级的最大衍射效率为

$$\eta = \left(\frac{2}{\pi}\right)^2 = 40.4\%.$$

在光谱及全息术中,往往使用第 1 级衍射分量.因此,衍射效率是一个十分有用的物理量.

第 6 章　菲 涅 耳 衍 射

本章讨论菲涅耳衍射.计算菲涅耳衍射图比起计算夫琅和费衍射图要困难得多,主要原因是积分难以计算.下面先介绍计算中要用到的菲涅耳积分式.

6.1　菲涅耳近似下角谱的传播和菲涅耳积分

6.1.1　菲涅耳近似下角谱的传播

在第 2 章中已推导了平面波角谱的传播问题.在平面 $z = z$ 处的角谱与在平面 $z = 0$ 处的角谱之间的关系由(2.4.8)式确定

$$A(f_x, f_y, z) = A_0(f_x, f_y)\exp\Big(\mathrm{j}\frac{2\pi z}{\lambda}\sqrt{1 - \lambda^2 f_x^2 - \lambda^2 f_y^2}\Big), \quad (2.4.8)$$

这是光在自由空间传播的角谱的相移效应.由于本章讨论菲涅耳衍射,下面推导在菲涅耳近似下的角谱的传播.

由于在(2.4.8)式中取了变量替换:

$$f_x = \frac{\cos\alpha}{\lambda}, \quad f_y = \frac{\cos\beta}{\lambda}, \quad f_z = \frac{\cos\gamma}{\lambda},$$

当光沿着靠近 z 轴传播时,为近轴近似.这时有 $\alpha \approx \pi/2, \beta \approx \pi/2, \gamma \approx 0$. 故有 $\lambda f_x \approx 0$ 和 $\lambda f_y \approx 0$. 所以在近轴近似下可以展开为

$$\sqrt{1 - \lambda^2 f_x^2 - \lambda^2 f_y^2} \approx 1 - \frac{1}{2}\lambda^2 (f_x^2 + f_y^2).$$

这样,(2.4.8)式为

$$A(f_x, f_y, z) = A_0(f_x, f_y)\exp(jkz)\exp[-j\pi\lambda z(f_x^2 + f_y^2)].\quad(6.1.1)$$

如将它表示为

$$A(f_x, f_y) = A_0(f_x, f_y)H(f_x, f_y)\quad(6.1.2)$$

时,则有

$$H(f_x, f_y) = \exp(jkz)\exp[-j\pi\lambda z(f_x^2 + f_y^2)].\quad(6.1.3)$$

(6.1.3)式称为光在自由空间中传播的传递函数,它表示在菲涅耳近似下的角谱传播的位相延迟效应.

今后计算菲涅耳衍射,只要求出在 $z = 0$ 处的角谱后,乘上(6.1.3)式的传递函数就得到在 $z = z$ 平面上的角谱,再作一个傅里叶逆变换就可以求得在 $z = z$ 平面上的复振幅分布.这在许多问题的计算中是十分方便的.

6.1.2　菲涅耳积分

我们在 4.3 节中曾讨论过菲涅耳积分,其定义为

$$F = \int_{-\infty}^{\infty} \exp(jax^2)dx$$
$$= C(\alpha) + jS(\alpha),$$

其中

$$C(\alpha) = \int_0^\alpha \cos\frac{\pi t^2}{2}dt,\quad(6.1.4)$$

$$S(\alpha) = \int_0^\alpha \sin\frac{\pi t^2}{2}dt.\quad(6.1.5)$$

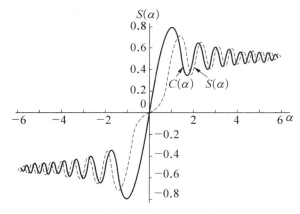

图 6.1　菲涅耳积分 $C(\alpha)$ 和 $S(\alpha)$

$C(\alpha)$ 和 $S(\alpha)$ 随 α 的变化关系示于图 6.1 中,由图容易看出,菲涅耳积分具有下列性质:

(1) $C(0) = S(0) = 0$;　　　　(2) $C(+\infty) = S(+\infty) = \dfrac{1}{2}$;

(3) $C(-\infty) = S(-\infty) = -\dfrac{1}{2}$;　　(4) $C(\alpha) = -C(-\alpha)$;

(5) $S(\alpha) = -S(-\alpha)$.

菲涅耳积分通常没有解析解,为了理解这两个积分的行为,通常采用科纽卷线图,如图 6.2 所示. α 为曲线线段的长度,图中横坐标为 α,纵坐标为 $C(\alpha)$ 和 $S(\alpha)$. 利用科纽卷线可以容易估计出与衍射积分有关的性质.可记

$$[C(\xi_2) - C(\xi_1)] + j[S(\xi_2) - S(\xi_1)] = B\exp(j\theta),$$

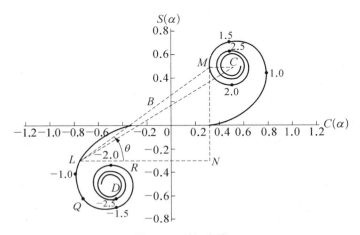

图 6.2 科纽卷线

则

$$C(\xi_2) - C(\xi_1) = B\cos\theta, \quad S(\xi_2) - S(\xi_1) = B\sin\theta.$$

在卷线上取 $L(\alpha = \alpha_1)$ 及 $M(\alpha = \alpha_2)$ 两点,显然有

$$\overline{LN} = C(\xi_2) - C(\xi_1) = B\cos\theta, \quad \overline{MN} = S(\xi_2) - S(\xi_1) = B\sin\theta.$$

那么,点 L 和 M 的连线长度为 B,它与横坐标的夹角为 θ.以下将看到,利用这种表示法容易求得衍射积分的值.

下面推导菲涅耳积分的渐近展开式,利用渐近式可以给出该积分的数值解.

当 α 值较小时,可以首先对(6.1.4)式及(6.1.5)式中的 $\cos\dfrac{\pi t^2}{2}$ 及 $\sin\dfrac{\pi t^2}{2}$ 作展开,然后逐项积分,可得到

$$C(\alpha) = \alpha\left[1 - \frac{1}{2!5}\left(\frac{\pi}{2}\alpha^2\right)^2 + \frac{1}{4!9}\left(\frac{\pi}{2}\alpha^2\right)^4 + \cdots\right], \quad (6.1.6)$$

以及

$$S(\alpha) = \alpha\left[\frac{1}{1!3}\left(\frac{\pi}{2}\alpha^2\right) - \frac{1}{3!7}\left(\frac{\pi}{2}\alpha^2\right)^3 + \frac{1}{5!11}\left(\frac{\pi}{2}\alpha^2\right)^5 + \cdots\right]. \quad (6.1.7)$$

对于较大的 α 值,可作分部积分得到以下的渐近展开式

$$C(\alpha) = \frac{1}{2} - \frac{1}{\pi\alpha}\left[P(\alpha)\cos\left(\frac{\pi}{2}\alpha^2\right) - Q(\alpha)\sin\left(\frac{\pi}{2}\alpha^2\right)\right], \quad (6.1.8)$$

以及

$$S(\alpha) = \frac{1}{2} - \frac{1}{\pi\alpha}\left[P(\alpha)\sin\left(\frac{\pi}{2}\alpha^2\right) + Q(\alpha)\cos\left(\frac{\pi}{2}\alpha^2\right)\right]. \quad (6.1.9)$$

其中

$$Q(\alpha) = 1 - \frac{1 \times 3}{(\pi\alpha^2)^2} + \frac{1 \times 3 \times 5 \times 7}{(\pi\alpha^2)^4} + \cdots,$$

$$P(\alpha) = \frac{1}{\pi\alpha^2} - \frac{1 \times 3 \times 5}{(\pi\alpha^2)^3} + \frac{1 \times 3 \times 5 \times 7 \times 9}{(\pi\alpha^2)^5} + \cdots.$$

利用(6.1.8)式和(6.1.9)式可计算出 $C(\alpha)$ 和 $S(\alpha)$ 的数值,在表 6.1 中给出菲涅耳积分的数值.

表 6.1　菲涅耳积分的数值

α	$C(\alpha)$	$S(\alpha)$	α	$C(\alpha)$	$S(\alpha)$
0.0	0.000 00	0.000 00	1.8	0.333 63	0.450 94
0.2	0.199 92	0.004 19	2.0	0.488 25	0.343 42
0.4	0.397 48	0.033 36	2.2	0.636 29	0.455 70
0.6	0.581 10	0.110 54	2.4	0.554 96	0.619 69
0.8	0.722 84	0.249 34	2.6	0.388 94	0.549 99
1.0	0.779 89	0.438 26	2.8	0.467 49	0.391 53
1.2	0.715 44	0.623 40	3.0	0.605 72	0.496 31
1.4	0.543 10	0.713 53	3.2	0.466 32	0.593 35
1.6	0.365 46	0.638 89	3.4	0.438 49	0.429 65

α	$C(\alpha)$	$S(\alpha)$	α	$C(\alpha)$	$S(\alpha)$
3.6	0.587 95	0.492 31	4.2	0.541 72	0.563 20
3.8	0.448 09	0.565 62	4.4	0.438 33	0.462 27
4.0	0.498 43	0.420 52	4.6	0.567 24	0.516 19

6.2　矩孔的菲涅耳衍射

本节讨论矩孔的菲涅耳衍射. 一个宽为 a, 长为 b 的矩孔的振幅透过率为

$$t(x_0,\ y_0) = \mathrm{rect}\left(\frac{x_0}{a}\right)\mathrm{rect}\left(\frac{y_0}{b}\right).$$

若用单位振幅的单色平面波垂直照明, 那么其菲涅耳衍射为

$$U(x,\ y) = \frac{\exp(\mathrm{j}kz)}{\mathrm{j}\lambda z}\int_{-a/2}^{a/2}\mathrm{d}x_0\int_{-b/2}^{b/2}\mathrm{d}y_0\,\exp\left\{\mathrm{j}\frac{k}{2z}\left[(x-x_0)^2+(y-y_0)^2\right]\right\}.$$

$$(6.2.1)$$

(6.2.1)式可分离为两个单变量积分的乘积:

$$U(x,\ y) = \frac{\exp(\mathrm{j}kz)}{\mathrm{j}\lambda z}\widetilde{I}(x)\ \widetilde{I}(y),$$

其中

$$\left.\begin{aligned}\widetilde{I}(x) &= \int_{-a/2}^{a/2}\exp\left[\mathrm{j}\frac{k}{2z}(x-x_0)^2\right]\mathrm{d}x_0,\\ \widetilde{I}(y) &= \int_{-b/2}^{b/2}\exp\left[\mathrm{j}\frac{k}{2z}(y-y_0)^2\right]\mathrm{d}y_0.\end{aligned}\right\}$$

$$(6.2.2)$$

对上式作变量替换

$$\xi = \sqrt{\frac{k}{\pi z}}(x-x_0),\quad \eta = \sqrt{\frac{k}{\pi z}}(y-y_0),$$

则(6.2.2)式的两个积分可以简化为菲涅耳积分的形式：

$$\left.\begin{aligned}
\widetilde{I}(x) &= \sqrt{\frac{\pi z}{k}} \int_{\xi_1}^{\xi_2} \exp\left(j\,\frac{\pi}{2}\xi^2\right) d\xi, \\
\widetilde{I}(y) &= \sqrt{\frac{\pi z}{k}} \int_{\eta_1}^{\eta_2} \exp\left(j\,\frac{\pi}{2}\eta^2\right) d\eta.
\end{aligned}\right\} \tag{6.2.3}$$

其中积分限为

$$\left.\begin{aligned}
\xi_1 &= -\sqrt{\frac{k}{\pi z}}\left(\frac{a}{2}+x\right), \quad \xi_2 = \sqrt{\frac{k}{\pi z}}\left(\frac{a}{2}-x\right), \\
\eta_1 &= -\sqrt{\frac{k}{\pi z}}\left(\frac{b}{2}+x\right), \quad \eta_2 = \sqrt{\frac{k}{\pi z}}\left(\frac{b}{2}-x\right).
\end{aligned}\right\} \tag{6.2.4}$$

这样,利用菲涅耳积分,(6.2.1)式为

$$\begin{aligned}
U(x,y) = \frac{\exp(jkz)}{2j}&\{[C(\xi_2)-C(\xi_1)]+j[S(\xi_2)-S(\xi_1)]\} \\
&\cdot \{[C(\eta_2)-C(\eta_1)]+j[S(\eta_2)-S(\eta_1)]\},
\end{aligned} \tag{6.2.5}$$

则衍射光强度为

$$\begin{aligned}
I(x,y) = \frac{1}{4}&\{[C(\xi_2)-C(\xi_1)]^2+[S(\xi_2)-S(\xi_1)]^2\} \\
&\cdot \{[C(\eta_2)-C(\eta_1)]^2+[S(\eta_2)-S(\eta_1)]^2\}.
\end{aligned} \tag{6.2.6}$$

下面分几种情况讨论.

6.2.1　过渡到自由空间的情况

如孔径为无限大,即 $a = b = \infty$,这相当于自由空间的传播,从(6.2.4)式有

$$\xi_1 = \eta_1 = -\infty, \quad \xi_2 = \eta_2 = \infty.$$

这样,利用菲涅耳积分的性质可以求得

$$U(x,y) = \frac{\exp(jkz)}{2j}(1+j)(1+j) = \exp(jkz).$$

这就是垂直入射的单位振幅平面波在自由空间中的传播情况,从而说明了上述公式的自洽性.

6.2.2　菲涅耳区深区

考虑离孔径很近的距离 z 处,但菲涅耳近似仍然成立时的情况.这个距离范围

称为菲涅耳区深处.

菲涅耳衍射公式(6.2.1)式还可表示为

$$U(x, y) = \frac{\exp(jkz)}{j\lambda z} \int_{-\infty}^{\infty} \mathrm{rect}\left(\frac{x_0}{a}\right) \exp\left[j\frac{k}{2z}(x - x_0)^2\right] \mathrm{d}x_0$$

$$\cdot \int_{-\infty}^{\infty} \mathrm{rect}\left(\frac{y_0}{b}\right) \exp\left[j\frac{k}{2z}(y - y_0)^2\right] \mathrm{d}y_0.$$

在该区内 z 很小,则 $k/(2z)$ 是一个非常大的数.这样在上述积分中除了稳相点附近之外,被积函数中的二次位相因子作快速振荡,正负项互相抵消,致使积分的主要贡献来自稳相点附近.因此可采用稳相法来计算(6.2.1)式.

这里相应于(4.3.3)式中的 g 与 f 分别为

$$g(x_0, y_0) = \mathrm{rect}\left(\frac{x_0}{a}\right)\mathrm{rect}\left(\frac{y_0}{b}\right),$$

$$f(x_0, y_0) = \frac{1}{2z}\left[(x - x_0)^2 + (y - y_0)^2\right].$$

显然,这时稳相点为 $x = x_0, y = y_0$. 采用稳相近似公式(4.3.8)式,我们有 $f(x_0) = f(y_0) = 0$,当 $x = x_0, y = y_0$,以及 $f''(x_0) = f''(y_0) = 1/z$,将它们代入(4.3.8)式,则有

$$U(x, y) = \left(\sqrt{\frac{2\pi z}{k}}\right)^2 \frac{\exp(jkz)}{j\lambda z} \cdot \mathrm{rect}\left(\frac{x}{a}\right)\mathrm{rect}\left(\frac{y}{b}\right)\exp\left(j\frac{\pi}{2}\right)$$

$$= \exp(jkz)\mathrm{rect}\left(\frac{x}{a}\right)\mathrm{rect}\left(\frac{y}{b}\right).$$

可见,在菲涅耳区深处的场分布就是孔径的几何投影,即这时几何光学描述成立.这在物理上很容易理解.衍射的发生需要一定的传播距离.传播距离越大,衍射现象就越明显.菲涅耳区深处是近场,由于传播距离太短,使得衍射现象来不及发生,因此,在菲涅耳区深处几何光学成立.

6.2.3 直边的菲涅耳衍射

现在考虑衍射屏为半无穷大平面的情况(图 6.3).取 x 轴平行于直边,由(6.2.4)式可知,这时

$$\xi_1 = -\infty, \quad \xi_2 = +\infty, \quad \eta_2 = +\infty.$$

而 η_1 的值则依赖于观察点的位置. 那么, (6.2.5)式为

$$U(x, y) = \frac{\exp(\mathrm{j}kz)}{2\mathrm{j}}\left\{\left[\frac{1}{2} - C(\eta_1)\right] + \mathrm{j}\left[\frac{1}{2} - S(\eta_1)\right]\right\}(1 + \mathrm{j}).$$

(6.2.7)

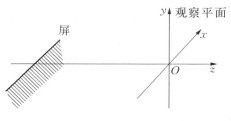

图 6.3　直边的菲涅耳衍射

下面讨论处于不同位置观察点上的光分布:

(1) 如观察点 P 在半无穷大平面的几何阴影的边界上, 则 $\eta_1 = 0$, 便有

$$U(x, y) = \frac{\exp(\mathrm{j}kz)}{2\mathrm{j}}\frac{1}{2}(1 + \mathrm{j})^2 = \frac{\exp(\mathrm{j}kz)}{2}.$$

则有 $I(x, y) = 1/4$. 这就是说, 在几何阴影边界上的光强度为无直边时的强度的四分之一.

(2) 当观察点 P 在阴影内的深处时, $\eta_1 = \infty$, 则有

$$U(x, y) = 0, \quad I(x, y) = 0.$$

(3) 观察点 M 在阴影之内, 这时相应的 η_1 为正值. 在卷线上(图 6.2)的 M 点相应于 $\alpha = \eta_1$ 而图中 C 点相应于 $\alpha = \infty$, 则

$$\left[\frac{1}{2} - C(\eta_1)\right] + \mathrm{j}\left[\frac{1}{2} - S(\eta_1)\right] = \overline{MC}\exp(\mathrm{j}\psi),$$

其中 ψ 为 $\overline{MC}$ 与横轴的夹角. 这样(6.2.7)式为

$$I(M) = \frac{1}{2}(\overline{MC})^2.$$

当观察点向阴影内移动时, η_1 的值随之增大, 则点 M 沿着卷线向 C 点移动. 容易看出, $\overline{MC}$ 的长度是均匀地减小, 一直下降到 0. 由图 6.4 可以看出, 光分布沿几何阴影边界向阴影区内逐渐下降到 0.

(4) 观察点 L 从阴影边缘向着照明区运动时, η_1 值成为负值, 则 L 点在科纽卷线的第三象限上. 容易看出

$$I(L) = \frac{1}{2}(\overline{LC})^2.$$

当 η_1 的值越来越负时,$\overline{LC}$ 的长度在到达 Q 点之前一直增加. Q 点相应于 $\eta_1 = 1.22$,这时光强度最大,$I = 1.37$. 当 η_1 的值再进一步变负,则在到达 R 点之前,$\overline{LC}$ 的长度减小,R 点相应于 $\eta_1 = 1.87$. 可见,$\overline{LC}$ 的长度趋于振荡变化,最后逐渐趋于一个固定值.因此,直边的菲涅耳衍射在照明区内的光分布不是像几何光学那样为均匀照明,而是呈干涉条纹状的分布,而在照明区深处为均匀照明,这是由于这时 $\eta_1 = -\infty$,则有 $I = 1$. 因此,用科纽卷线可以很好地说明直边的菲涅耳衍射的光强分布(图 6.4).

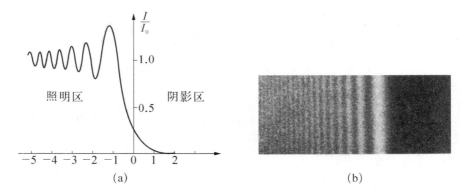

图 6.4　直边的菲涅耳衍射光强分布及其衍射图

6.2.4　长狭缝的菲涅耳衍射

当取 $a = \infty$ 时,可以从矩孔过渡到长狭缝的情况.这时有 $\xi_1 = -\infty$,$\xi_2 = +\infty$,则(6.2.5)式为

$$U(x, y) = \frac{\exp(jkz)}{2j}(1 + j)\{[C(\eta_2) - C(\eta_1)] + j[S(\eta_2) - S(\eta_1)]\}.$$

$$(6.2.8)$$

若令

$$\eta_2 - \eta_1 = b\sqrt{\frac{k}{\pi z}} = \eta_0,$$

则光强度为

$$I(x, y) = \frac{1}{4}\{[C(\eta_1 + \eta_0) - C(\eta_1)]^2 + [S(\eta_1 + \eta_0) - S(\eta_1)]^2\}.$$

$$(6.2.9)$$

η_0 的大小反映了孔径尺寸对于观察平面与孔径间距离的相对大小.可通过查菲涅耳积分表得到(6.2.9)式的 $I(x,y)$ 分布.图 6.5 给出了对于 $\eta_0 = 0.7$ 和 $\eta_0 = 8.0$ 时的菲涅耳衍射图.图中的虚线为几何阴影的边缘.由图可见,对于大的 η_0,相当于观察平面靠近孔径时,菲涅耳衍射图基本上由两个直边衍射图组成;对于小的 η_0,相当于观察平面距孔径较远,则菲涅耳衍射图就趋于夫琅和费衍射图.图 6.6 给出了长狭缝的菲涅耳衍射图.

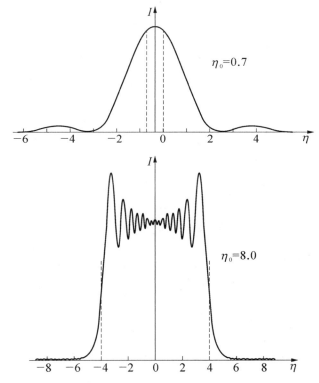

图 6.5　对于 $\eta_0 = 0.7$ 和 $\eta_0 = 8.0$ 时长狭缝的菲涅耳衍射图(图中的虚线为几何阴影的边缘)

图 6.6　长狭缝的菲涅耳衍射图

6.3　光栅的菲涅耳衍射

6.3.1　正弦光栅的菲涅耳衍射

首先讨论正弦光栅的菲涅耳衍射,它与夫琅和费衍射分布十分不同,具有一些十分独特的性质.正弦光栅的振幅透过率为

$$t(x_0,\ y_0) = \frac{1}{2} + \frac{m}{2}\cos(2\pi f_0 x_0).$$

它的菲涅耳衍射为

$$
\begin{aligned}
U(x,\ y) &= \frac{\exp(\mathrm{j}kz)}{\mathrm{j}\lambda z}\iint\left[\frac{1}{2} + \frac{m}{2}\cos(2\pi f_0 x_0)\right] \\
&\quad \cdot \exp\left\{\mathrm{j}\frac{k}{2z}\left[(x - x_0)^2 + (y - y_0)^2\right]\right\}\mathrm{d}x_0\mathrm{d}y_0 \\
&= t(x,\ y) * \exp\left[\mathrm{j}\frac{k}{2z}(x^2 + y^2)\right].
\end{aligned}
\tag{6.3.1}
$$

也就是说,菲涅耳衍射积分等于衍射物的振幅透过率 $t(x,\ y)$ 与菲涅耳衍射因子 $\exp\left[\mathrm{j}\dfrac{k}{2z}(x^2 + y^2)\right]$ 的卷积,由于卷积积分的傅里叶变换具有十分简单的运算关系,故可对(6.3.1)式两边同时作傅里叶变换,可以得到

$$
\begin{aligned}
\mathrm{F.T.}\{U(x,\ y)\} &= \mathrm{F.T.}\{t(x,\ y)\} \cdot \mathrm{F.T.}\left\{\exp\left[\mathrm{j}\frac{k}{2z}(x^2 + y^2)\right]\right\} \\
&= \left[\frac{1}{2}\delta(f_x) + \frac{m}{4}\delta(f_x - f_0) + \frac{m}{4}\delta(f_x + f_0)\right] \\
&\quad \cdot \mathrm{j}\lambda z\exp\left[-\mathrm{j}\pi\lambda z(f_x^2 + f_y^2)\right],
\end{aligned}
\tag{6.3.2}
$$

其中利用了傅里叶变换关系:

$$\mathrm{F.T.}\left\{\exp\left[\mathrm{j}\frac{k}{2z}(x^2 + y^2)\right]\right\} = \mathrm{j}\lambda z\exp\left[-\mathrm{j}\pi\lambda z(f_x^2 + f_y^2)\right].$$

再对(6.3.2)式两边同时作傅里叶变换,可以计算出菲涅耳衍射分布:

$$U(x , y) = \text{F. T.}^{-1}\{\text{F. T.}[U(x , y)]\}$$

$$= \int_{-\infty}^{\infty}\int_{-\infty}^{\infty}\left[\frac{1}{2}\delta(f_x) + \frac{m}{4}\delta(f_x - f_0) + \frac{m}{4}\delta(f_x + f_0)\right]$$

$$\cdot \,\mathrm{j}\lambda z\,\exp[-\,\mathrm{j}\pi\lambda z(f_x^2 + f_y^2)]\exp[\mathrm{j}2\pi(f_x x + f_y y)]\mathrm{d}f_x\mathrm{d}f_y$$

$$= \frac{1}{2} + \frac{m}{4}\exp(-\,\mathrm{j}\pi\lambda z f_0^2)[\exp(\mathrm{j}2\pi f_0 x) + \exp(-\,\mathrm{j}2\pi f_0 x)]$$

$$= \frac{1}{2} + \frac{m}{2}\exp(-\,\mathrm{j}\pi\lambda z f_0^2)\cos(2\pi f_0 x). \tag{6.3.3}$$

由上式可见,正弦光栅的菲涅耳衍射除了一个位相因子 $\exp(-\,\mathrm{j}\pi\lambda z f_0^2)$ 之外,与正弦光栅的振幅透过率完全相同.如果位相因子 $\exp(-\,\mathrm{j}\pi\lambda z f_0^2) = 1$,就会出现自成像的情况.也就是说,不用透镜在某个距离上将出现光栅的像.这个条件就是

$$\exp(-\,\mathrm{j}\pi\lambda z f_0^2) = \exp(-\,\mathrm{j}2n\pi) = 1, \quad n = 0, \pm 1, \pm 2,\cdots.$$

这要求

$$z = \frac{2nd^2}{\lambda}, \quad n = 0, \pm 1, \pm 2,\cdots, \tag{6.3.4}$$

其中 $d = 1/f_0$ 为光栅的周期.要求也就是说,当用准直单色光照明一个周期光栅时,它的像将出现在距离

$$\frac{2d^2}{\lambda}, \quad \frac{4d^2}{\lambda}, \quad \frac{6d^2}{\lambda}, \cdots$$

上.如果取 $d = 1/10\ \mathrm{mm}, \lambda = 1/200\ \mathrm{mm}$,则有 $2d^2/\lambda = 40\ \mathrm{mm}$.这个出现自成像的距离称为 Talbot 距离.

6.3.2　矩形光栅的菲涅耳衍射

对于矩形光栅也可以作类似的分析.如第 5 章讨论过的(5.5.24)式矩形光栅的振幅透过率的傅里叶级数可展开为

$$t(x) = \sum_{n=0}^{\infty} A_n\cos\left(\frac{2\pi n x}{d}\right), \tag{6.3.5}$$

其中 d 为光栅的周期, $A_0 = \frac{1}{2}, A_1 = \frac{2}{\pi},\cdots$. 如用单位平面波垂直入射照明,该光栅后的复振幅为

$$U(x, z = 0) = \sum_{n=0}^{\infty} A_n \cos\left(\frac{2\pi n x}{d}\right), \tag{6.3.6}$$

它相应的角谱为

$$A(f_x, f_y, 0) = \sum_{n=0}^{\infty} \frac{A_n}{2}\left[\delta\left(f_x - \frac{n}{d}\right) + \delta\left(f_x + \frac{n}{d}\right)\right]. \tag{6.3.7}$$

经 z 距离的传播后的角谱为

$$A(f_x, f_y, z) = \sum_{n=0}^{\infty} \frac{A_n}{2}\left[\delta\left(f_x - \frac{n}{d}\right) + \delta\left(f_x + \frac{n}{d}\right)\right] \exp(-j\pi\lambda z f_x^2). \tag{6.3.8}$$

这里利用了(6.1.3)式的在菲涅耳近似下的传递函数. 那么, 在距离 z 处的复振幅分布为(6.3.8)式的傅里叶反变换, 即

$$U(x, y, z) = \sum_{n=0}^{\infty} A_n \cos\left(\frac{2\pi n x}{d}\right) \exp\left[-j\pi\lambda z\left(\frac{n}{d}\right)^2\right]. \tag{6.3.9}$$

若(6.3.9)式中取

$$\pi\lambda z\left(\frac{n}{d}\right)^2 = 2k\pi, \quad k = 0, \pm 1, \pm 2, \cdots,$$

当距离满足以下关系

$$z = \frac{2\frac{k}{n^2}d^2}{\lambda} = \frac{2md^2}{\lambda}, \quad m = 0, \pm 1, \pm 2, \cdots \tag{6.3.10}$$

时, 则有 $U(x, y, z) = t(x)$. 这就是说, 在满足(6.3.10)式的距离上出现自成像关系. 这种自成像关系称为 Talbot 效应. 我们将在下一节中进行详细的讨论.

6.4 Talbot 效应——周期图形的菲涅耳衍射

6.4.1 Talbot 效应

当一束光从一个周期图形上透射或反射时, 将发现在某些特定的距离上会出

现该周期图形的像.这些图形可以是一维的(如传统的一维光栅),也可以是二维的(如印在照相底片上的二维周期图形).这种不用透镜就可以对周期物体成像的现象称为 Talbot 效应,或称为自成像(self-imaging),有时也称为傅里叶成像.当距离满足 $z = 2nd^2/\lambda$,$n = 0, \pm 1, \pm 2, \cdots$ 时,可以观察到自成像现象.这是泰保(Talbot)在 1836 年发现的一种效应,但直到近 20 年来才有人重新仔细地研究它,并在光学、电子衍射与电子显微镜等方面得到广泛应用.图 6.7 表示了一个光栅的 Talbot 自成像的位置.

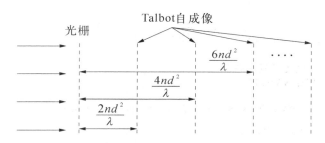

图 6.7　一个光栅的 Talbot 自成像的位置

　　图 6.8 是观察到的 Talbot 效应的一组记录.图(a)是开在不透明屏上的周期十字孔图形,孔间的距离是 $d = 60\lambda$,λ 是照明波长.(b)是在距离 $z = 7200\lambda$ 上观察到的像.

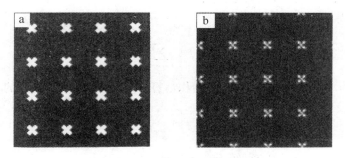

图 6.8　Talbot 效应观察到的自成像现象

6.4.2　Talbot 效应产生的物理原因

　　Talbot 效应产生的物理原因在于各衍射分量之间再次相互干涉而引起的成像关系.从下面的讨论可见,当(6.3.4)式满足时,即在 Talbot 距离上各衍射分量在叠加时的相互位相关系与该物体各频谱分量之间的位相关系相同,因此可以获得正确的"成像"关系,如图 6.9 所示,显然 Talbot 效应只发生在三个衍射分量互相交叠的区域内.由此可以决定(6.3.4)式中 n 的最大取值.由图可见,发生 Talbot 效应的最大距离 z_T 取决于光栅的宽度 $B = Nd$,其中 N 为光栅的周期数.则有

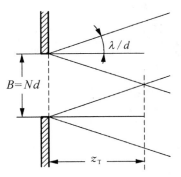

图 6.9 Talbot 效应只发生在三个衍射分量互相交叠的区域内

$$\frac{z_T \lambda}{d} = \frac{B}{2} = \frac{Nd}{2},$$

所以

$$z_T = \frac{Nd^2}{2\lambda}. \tag{6.4.1}$$

也就是说 n 的最大值为 $n_{max} = N/4$.如果 $B = 5$ mm,$N = 100$,$\lambda = 0.5 \times 10^{-3}$ mm,那么有 $z_T = 84$ mm.

6.4.3 具有周期结构的任意形状的物体的 Talbot 效应

在上一节中我们已经看到,光栅的菲涅耳衍射会出现自成像关系.其实,自成像关系不只局限于光栅结构的物体,凡具有周期结构的任意形状的物体都有 Talbot 效应.下面我们来证明这一点.

一般的周期函数可表示为

$$t(x) = t_0(x) * \sum_{n=-\infty}^{\infty} \delta(x - nd), \tag{6.4.2}$$

其中 $t_0(x)$ 为单个非周期图形,$*$ 为卷积运算.用单位平面波照明后的角谱为

$$A_0(f_x) = T_0(f_x) \sum_{n=-\infty}^{\infty} \delta\left(f_x - \frac{n}{d}\right), \tag{6.4.3}$$

其中 T_0 为 t_0 的傅里叶变换.经距离 z 传播后的角谱为

$$A(f_x, z) = T_0(f_x) \cdot \sum_{n=-\infty}^{\infty} \delta\left(f_x - \frac{n}{d}\right) \exp(-j\pi\lambda z f_x^2). \tag{6.4.4}$$

则在距离 z 处的复振幅为(6.4.4)式的傅里叶变换,即

$$U(x, y, z) = t_0(x) * \text{F.T.}\left\{\sum_{n=-\infty}^{\infty} \delta\left(f_x - \frac{n}{d}\right) \exp(-j\pi\lambda z f_x^2)\right\}, \tag{6.4.5}$$

而

$$\mathrm{F.T.} \left\{ \sum_{n=-\infty}^{\infty} \delta\left(f_x - \frac{n}{d}\right) \exp(-\mathrm{j}\pi\lambda z f_x^2) \right\}$$
$$= \sum_{n=-\infty}^{\infty} \exp\left(\mathrm{j}2\pi\,\frac{n}{d}x\right) \exp\left[-\mathrm{j}\pi\lambda z \left(\frac{n}{d}\right)^2\right]. \tag{6.4.6}$$

若有 $\pi\lambda z \left(\dfrac{n}{d}\right)^2 = 2k\pi$，即有

$$z = \frac{2\dfrac{k}{n^2}d^2}{\lambda} = \frac{2md^2}{\lambda}, \tag{6.4.7}$$

则(6.4.6)式等于

$$\sum_{n=-\infty}^{\infty} \exp\left(\mathrm{j}2\pi\,\frac{n}{d}x\right) = \sum_{n=-\infty}^{\infty} \delta(x - nd). \tag{6.4.8}$$

将(6.4.8)式代入(6.4.5)式,可以得到

$$U(x,y,z) = t_0(x) * \sum_{n=-\infty}^{\infty} \delta(x - nd) = t(x). \tag{6.4.9}$$

由此可见,任意形式的周期物体都可以产生 Talbot 效应.

此外应强调指出,Talbot 效应发生的一个重要条件是用相干光照明.这是由于 Talbot 效应要求各衍射分量之间有正确的位相关系,这一点只有在相干光照明下才有可能实现.另外,Talbot 效应不仅出现于可见光照明下,也可以在使用微波、红外,以至 X 射线照明下都可以观察到.

6.5　圆孔的菲涅耳衍射

圆孔的菲涅耳衍射的计算较为复杂.在本节中我们只考虑一个简单的特例,即只讨论在光轴上圆孔的菲涅耳衍射光强分布.如图 6.10(a)所示,在 (x_0, y_0) 平面上有一个无限大的不透光的屏,屏上开一个半径为 a 的圆孔,孔的中心与原点重合;在 z 轴上 P_0 处放置一个点光源,在 z 轴上的 P 点为观察点,A 为孔径上任意一点.下面定义以下的记号:

$$\overline{P_0A} = \rho, \quad \overline{P_0O} = \rho_0, \quad \overline{OP} = r_0, \quad \overline{OA} = R.$$

根据基尔霍夫衍射公式(4.4.3)式,P 点的场是

$$U(P) = \frac{1}{j\lambda}\iint_{\Sigma} U(A) \frac{\exp(jkr)}{r} \cos\theta \, d\sigma, \tag{6.5.1}$$

式中 $U(A)$ 为 P_0 处的点光源在 A 点光扰动的复振幅,显然有

$$U(A) = A_0 \frac{\exp(jk\rho)}{\rho}. \tag{6.5.2}$$

考虑到菲涅耳衍射的近似条件,$a \ll r$. 从而有 $\cos\theta \approx 1$. 代入(6.5.1)式得到

$$\begin{aligned} U(P) &= \frac{A_0}{j\lambda}\iint_{\Sigma} \frac{\exp[jk(r+\rho)]}{r\rho} d\sigma \\ &= \frac{A_0}{j\lambda}\int_0^{2\pi} d\varphi \int_0^a \frac{\exp[jk(r+\rho)]}{r\rho} R \, dR. \end{aligned} \tag{6.5.3}$$

由于旋转对称性,被积函数与 φ 角无关,因此有

$$U(P) = \frac{2\pi A_0}{j\lambda}\int_0^a \frac{\exp[jk(r+\rho)]}{r\rho} R \, dR. \tag{6.5.4}$$

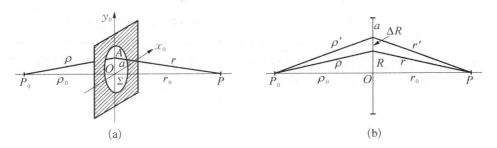

图 6.10　圆孔的菲涅耳衍射的计算

由图 6.10(b)有关系式:

$$R^2 = \rho^2 - \rho_0^2 = r^2 - r_0^2,$$

和

$$R \, dR = \rho \, d\rho = r \, dr.$$

从而有

$$d(r+\rho) = \left(\frac{1}{r} + \frac{1}{\rho}\right)R \, dR = \frac{r+\rho}{r\rho} R \, dR,$$

再设

$$\xi = r + \rho,$$

$$\xi_0 = r_0 + \rho_0,$$

$$\xi_1 = \sqrt{r_0^2 + a^2} + \sqrt{\rho_0^2 + a^2},$$

将上两式代入(6.5.4)式,可以得到

$$\begin{aligned} U(P) &= \frac{2\pi A_0}{\mathrm{j}\lambda} \int_{\xi_0}^{\xi_1} \frac{\exp(\mathrm{j}k\xi)}{\xi} \mathrm{d}\xi \approx \frac{2\pi A_0}{\mathrm{j}\lambda\xi_0} \int_{\xi_0}^{\xi_1} \exp(\mathrm{j}k\xi)\mathrm{d}\xi \\ &= U_0(P)\bigl[1 - \exp(\mathrm{j}\pi p)\bigr]. \end{aligned} \tag{6.5.5}$$

式中

$$U_0(P) = \frac{A_0 \exp\bigl[\mathrm{j}k(r_0 + \rho_0)\bigr]}{r_0 + \rho_0},$$

$$\frac{p\lambda}{2} = \xi_1 - \xi_0 = \sqrt{r_0^2 + a^2} + \sqrt{\rho_0^2 + a^2} - (r_0 + \rho_0).$$

可以看出 $U_0(P)$ 就是存在屏时 P 点的光场,而 $p\lambda/2$ 表示从 P_0 到 P 透过孔 Σ 传播的最大和最小光程之间的差.这样与(6.5.5)式的复振幅相应的光强为

$$I(P) = 4I_0 \sin^2\left(\frac{p\pi}{2}\right), \tag{6.5.6}$$

式中 I_0 为不存在屏时 P 点的光强度.由上式可见,当 p 为偶数时,$I(P)$ 为零.而当 p 为奇数时,$I(P)$ 达到极大值 $4I_0$.这就是说,在屏后面的轴上,将出现亮斑.这是由于在圆屏外面传播的光波在轴上相遇时,当 p 为奇数时,它们同相位,为相干叠加,故形成亮斑.这个现象是法国科学家 Poisson 在 18 世纪首先观察到的.图 6.11 给出了圆孔尺寸由小到大的菲涅耳衍射图.由图可见,当 p 为偶数时,中心为暗斑;而当 p 为奇数时,中心为亮斑.

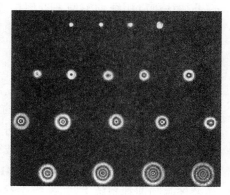

图 6.11　在某个距离上,圆孔尺寸由小到大的菲涅耳衍射图

第7章 衍射特论

7.1 光学成像系统的频谱分析

  光学系统的分析方法往往有两类：一类是运用基尔霍夫衍射积分公式来计算在光学系统中光场的分布；另一类是采用无线电与通信技术所熟悉的方法，就是采用"系统"的理论来描述光学系统.这是近几十年来光学和通信理论相结合而出现的成果.这就是光学成像系统的频谱分析方法.

  电子学所处理的信号一般是时间信号（例如调制的电压信号），而光学系统所处理的信号是空间信号（例如各种二维的空间图像）.然而在小信号近似下，这两种系统都具有线性性.这样，这两种系统在数学上都可以用线性系统理论来处理.线性系统理论在工程技术中具有重要意义，这是因为大多数工程技术问题在一定条件下往往可以用线性模型来近似描述.而求解线性系统问题有一套比较完整的理论和方法.本节将要用线性系统理论对光学成像系统作频谱分析.

7.1.1 光学系统的定义

  一个"物理的系统"，指的是任何类型的器件、部件或通常意义下的系统，当它受到外界的作用后，会表现出某种响应.外界作用称为系统的"输入"，而系统对外来作用的响应称为系统的"输出".对一个光学系统，输入可以是一个发光物体或一个被照明的物体.通过光学系统所成的像是系统的输出.在研究一个光学系统的性质时，我们不必知道系统内部的结构，只需要知道它的"终端特性"，即我们只关心当某种激励加到系统上时，系统会呈现怎样的响应.换句话说，我们仅关心系统的输出对系统的输入的依赖关系.

  图 7.1 是一个光学成像系统的示意图.Σ_0 和 Σ_i 分别表示物、像平面.设想一个光学系统为一个黑盒子，入射光瞳 Σ_1 和出射光瞳 Σ_2 是黑盒子的两个端面.我们

将把注意力集中于从 Σ_2 出射的光波与从 Σ_1 入射的光波之间的关系.

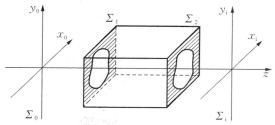

Σ_0：物平面　　Σ_i：像平面　　Σ_1：入射光瞳　　Σ_2：出射光瞳

图 7.1　一个光学成像系统的示意图

如果系统的输入信号是 g_{in}，系统对 g_{in} 的作用可以用算符 $\hat{S}$ 表示：

$$g_{\text{out}} = \hat{S}\{g_{\text{in}}\}, \tag{7.1.1}$$

这里 g_{out} 是所产生的输出. 我们说，系统把输入信号 g_{in} 变成输出信号 g_{out}.

7.1.2　线性系统

如果有多个输入信号 $g_{\text{in}}^1, g_{\text{in}}^2, g_{\text{in}}^3, \cdots$ 作用于一个系统，满足以下的关系：

$$\hat{S}\{A_1 g_{\text{in}}^1 + A_2 g_{\text{in}}^2 + A_3 g_{\text{in}}^3 + \cdots\} = \sum_{i=1}^{N} \hat{S}\{A_i g_{\text{in}}^i\} = \sum_{i=1}^{N} A_i \hat{S}\{g_{\text{in}}^i\},$$

$$\tag{7.1.2}$$

其中 $A_1, A_2, A_3, \cdots$ 为常数，则称该系统为线性系统.

线性系统的意义首先在于：同时存在两个或多个输入信号时，系统对它们的变换是互相独立、互不干扰的. 几个激励叠加在一起作为系统的输入所产生的总响应，等于各激励分别输入而引起系统响应之和. 物理上将这一性质称为叠加性. 也就是说，线性系统满足叠加原理. 其次，系统对于输入信号的变换作用不依赖于信号的强度. 这个性质称为均匀性.

因此，线性系统是具有叠加性和均匀性的系统. 严格的线性系统是不存在的. 但当信号幅度不大时，大部分系统都可以近似为线性系统. 本书中不涉及非线性系统的问题，所以我们讨论的光学系统一律假定是线性系统.

7.1.3　脉冲响应和叠加积分

在实际工作中常常用脉冲响应来检测系统的性能，即考察系统对点源函数的响应.例如在一个光学系统中,在物平面上放置一个点光源,探测该点光源在像平面上的像.这就是该光学系统的脉冲响应.

线性分析系统的好处在于:对于复杂输入信号的响应,可以用基元函数的响应来表示.为了实现这一点,首先要把复杂的激励分解为一系列基元激励之和.对于光学系统的输入信号而言,任意一个复杂的光源,或者任意一个复杂的输入图形,都可以看成是大量的具有不同强度(在相干成像的情况下,还要考虑具有不同的位相)的点光源的集合.

假定在输入(物)平面上 $x_1 = \xi, y_1 = \eta$ 处放置点光源,它用 δ 函数表示,即 $\delta(x_1 - \xi, y_1 - \eta)$,那么系统对它的响应是

$$h(x_2, y_2; \xi, \eta) = \hat{S}\{\delta(x_1 - \xi, y_1 - \eta)\}, \tag{7.1.3}$$

上式表示输入平面上位于 (ξ, η) 处的点源在输出平面上 (x_2, y_2) 处的响应. $h(x_2, y_2; \xi, \eta)$ 称为系统的脉冲响应函数.

根据 δ 函数的定义,可以用位移的 δ 函数把任意一个输入信号 g 表示为

$$g(x_1, y_1) = \int_{-\infty}^{\infty} \int_{-\infty}^{\infty} g(\xi, \eta) \delta(x_1 - \xi, y_1 - \eta) \mathrm{d}\xi \mathrm{d}\eta \tag{7.1.4}$$

上式的意义在于:选择 δ 函数作为基元函数,将输入信号 g 用它们的线性组合作展开.利用系统的线性性,用算符 $\hat{S}$ 作用于(7.1.4)式的两边,再交换算符和积分的次序,并利用(7.1.3)式,可以得到

$$g_{\mathrm{out}}(x_2, y_2) = \hat{S}\{g_{\mathrm{in}}\} = \int_{-\infty}^{\infty} \int_{-\infty}^{\infty} g_{\mathrm{in}}(\xi, \eta) \hat{S}\{\delta(x_1 - \xi, y_1 - \eta)\} \mathrm{d}\xi \mathrm{d}\eta$$

$$= \int_{-\infty}^{\infty} \int_{-\infty}^{\infty} g_{\mathrm{in}}(\xi, \eta) h(x_2, y_2; \xi, \eta) \mathrm{d}\xi \mathrm{d}\eta, \tag{7.1.5}$$

上式称为叠加积分.它表明对一个线性系统,只要知道该系统的脉冲响应,则任意输入信号的响应就完全确定了.

从物理上看,系统的脉冲响应就是点光源通过光学系统所成的衍射像.对于一个无像差的系统,脉冲响应就是点光源通过光学系统所成的夫琅和费衍射图的强度分布.对于一个有像差的光学系统,脉冲响应就是点光源通过该系统所成的有像差的衍射图的强度分布.

尽管线性系统的特性可以由它的脉冲响应函数来确定,但脉冲响应函数 $h(x_2, y_2; \xi, \eta)$ 一方面要随输入平面上点源的位置坐标 (ξ, η) 而变,另一方面,

在给定了(ξ, η)后，h还要随输出平面上考察点的坐标(x_2, y_2)而变.为了完全确定系统的性能，就得详尽地求得与(ξ, η)和(x_2, y_2)有关的各点的脉冲响应.或者说必须给出h作为(ξ, η)和(x_2, y_2)四个变元的函数.这相应于一个有像差的光学系统的情况.我们知道，对于一个有像差的光学系统，当光源放在光轴上和离轴上所成的像是不同的.也就是说，一个有像差的光学系统的脉冲响应与光源的位置和观察点的位置有关.因此，要确定四个变元的脉冲响应函数是困难而繁复的.

实际工作中遇到的相当一部分系统，其脉冲响应近似地只依赖于参考变量之间的坐标差$(x_2 - \xi, y_2 - \eta)$，即有

$$h(x_2, y_2; \xi, \eta) = h(x_2 - \xi, y_2 - \eta), \tag{7.1.6}$$

这个系统称为线性空间不变系统（Linear space-invariant system）.对于线性空间不变系统，由于各个不同位置上的脉冲响应函数具有相同的形式，因此只要得到任一个单独的脉冲响应，就可以了解整个系统的特性.这种系统相当于一个理想的无像差光学系统.不管点光源放在物平面的任何位置上，所成的像（响应）都是相同的.

将(7.1.6)式代入(7.1.5)式可以得到线性空间不变系统的叠加积分：

$$\begin{aligned} g_{\text{out}}(x_2, y_2) &= \int_{-\infty}^{\infty} \int_{-\infty}^{\infty} g_{\text{in}}(\xi, \eta) h(x_2 - \xi, y_2 - \eta) \mathrm{d}\xi \mathrm{d}\eta \\ &= g_{\text{in}}(x_2, y_2) * h(x_2, y_2), \end{aligned} \tag{7.1.7}$$

式中$*$为卷积符号.(7.1.7)式表明，线性空间不变系统的输出信号等于输入信号与脉冲响应的卷积.

7.1.4　线性空间不变系统的空间频率分析——传递函数

线性空间不变系统的空间频率分析有着十分简单的关系.我们对(7.1.7)式两边同时作傅里叶变换：

$$\mathrm{F.T.}\{g_{\text{out}}(x_2, y_2)\} = \mathrm{F.T.}\{g_{\text{in}}(x_2, y_2) * h(x_2, y_2)\}.$$

从傅里叶变换的性质可知，两个函数卷积的傅里叶变换等于这两个函数分别傅里叶变换的乘积，即

$$G_{\text{out}}(f_x, f_y) = G_{\text{in}}(f_x, f_y) H(f_x, f_y), \tag{7.1.8}$$

其中

$$G_{\text{out}}(f_x, f_y) = \int_{-\infty}^{\infty} \int_{-\infty}^{\infty} g_{\text{out}}(x_2, y_2) \exp[-\mathrm{j}2\pi(f_x x_2 + f_y y_2)] \mathrm{d}x_2 \mathrm{d}y_2,$$

$$\tag{7.1.9}$$

$$G_{in}(f_x, f_y) = \int_{-\infty}^{\infty}\int_{-\infty}^{\infty} g_{in}(x_2, y_2)\exp[-j2\pi(f_x x_2 + f_y y_2)]\mathrm{d}x_2\mathrm{d}y_2,$$

(7.1.10)

以及

$$H(f_x, f_y) = \int_{-\infty}^{\infty}\int_{-\infty}^{\infty} h(x_2, y_2)\exp[-j2\pi(f_x x_2 + f_y y_2)]\mathrm{d}x_2\mathrm{d}y_2.$$

(7.1.11)

(7.1.8)式中 $G_{out}(f_x, f_y)$ 是 g_{out} 的傅里叶变换谱,也就是输入信号的平面波角谱; $G_{in}(f_x, f_y)$ 是 g_{in} 的傅里叶变换谱,也就是输入信号的平面波角谱; $H(f_x, f_y)$ 是系统的脉冲响应 h 的傅里叶变换.它们之间有一个十分简单的关系[(7.1.8)式]. $G_{in}(f_x, f_y)$ 和 $H(f_x, f_y)$ 相乘意味着系统对不同的平面波角谱分量施加了不同的传递因子.传递函数所引起的效应是使各角谱分量的相对振幅和位相发生变化,从而得到输出平面上的角谱 $G_{out}(f_x, f_y)$. 因此,传递函数表示了系统对信号的空间频谱的传递特性.

我们知道,一个电子学放大器可以用它的(时间)频率来描述,即所谓频率响应曲线.类似地,一个光学成像系统可以用它的(空间)频率来描述.这就是光学系统的传递函数.

7.1.5 理想光学系统的传递函数

以上所讨论的问题是采用相干光照明的情况.我们在本节中不涉及非相干光照明的情况,有兴趣的读者可参阅 Goodman 的"傅里叶光学导论".

我们知道,一个光学系统的衍射效应是由其有限的光瞳大小而引起的.具有有限孔径的光学系统称为衍射受限的光学系统.这一看法是由 Abbe 在 1873 年提出的.根据他的理论,一个复杂物体所产生的衍射分量只有空间频率较低的分量能通过有限的入射(或出射)光瞳,而物体所产生的高空间频率衍射分量(即大角度的平面波角谱)被入射(或出射)光瞳挡住而不能通过.由于入射光瞳和出射光瞳互为几何透影关系,它们是等价的.这种衍射对成像的效应可从图 7.2 对光栅的成像过程清楚看出.

因此,由衍射效应引起的一个理想光学系统的脉冲响应是出射光瞳的夫琅和费衍射,即为

$$h(x_2, y_2) = \frac{A}{\lambda z_i}\int_{-\infty}^{\infty}\int_{-\infty}^{\infty} P(x_1, y_1)\exp\left[-j\frac{2\pi}{\lambda z_i}(x_1 x_2 + y_1 y_2)\right]\mathrm{d}x_1\mathrm{d}y_1,$$

(7.1.12)

式中 P 为出射光瞳,z_i 是像距.也就是说,一个理想光学系统的脉冲响应是出射光瞳的傅里叶变换.

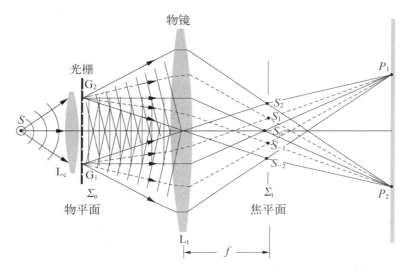

图 7.2 以光栅为例的 Abbe 成像过程

由(7.1.12)式,并根据(7.1.11)式对传递函数的定义,即对(7.1.12)两边同时作傅里叶变换,得到

$$H(f_x, f_y) = \text{F.T.}\left\{ \frac{A}{\lambda z_i}\int_{-\infty}^{\infty}\int_{-\infty}^{\infty} P(x_1, y_1)\exp\left[-j\frac{2\pi}{\lambda z_i}(x_1 x_2 + y_1 y_2)\right]dx_1 dy_1 \right\}$$
$$= (A\lambda z_i)P(-\lambda z_i f_x, -\lambda z_i f_y). \tag{7.1.13}$$

(7.1.13)的关系式有着十分重要的意义.它给出了一个衍射受限的光学系统在频率域中的行为.如果一个孔径函数在内为1,在孔径外为0,这意味着该光学系统在频率域中存在着一个有限的通带,在此通带内衍射受限的光学系统可以让所有空间频率的信号通过,而不引起任何附加的振幅或位相畸变.而在通带外的空间频率将完全被挡住.

为了说明一个衍射受限的光学系统的频率响应,考虑一个宽度为 $2w$ 的方孔径和一个直径为 $2w$ 的圆孔径,它们可分别表示为

$$P(x, y) = \text{rect}\left(\frac{x}{2w}\right)\text{rect}\left(\frac{y}{2w}\right),$$

和

$$P(x, y) = \text{circ}\left(\frac{\sqrt{x^2 + y^2}}{w}\right).$$

从(7.1.13)式可以得到相应的传递函数,它们是

$$H(f_x, f_y) = \text{rect}\left(\frac{\lambda z_i f_x}{2w}\right)\text{rect}\left(\frac{\lambda z_i f_y}{2w}\right), \tag{7.1.14}$$

和

$$H(f_x, f_y) = \text{circ}\left[\frac{\sqrt{f_x^2 + f_y^2}}{w/(\lambda z_i)}\right]. \tag{7.1.15}$$

以上两个函数表示在图 7.3 中.

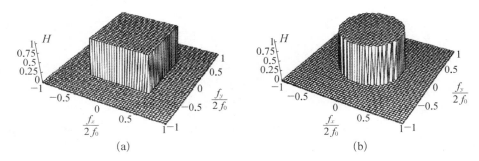

(a)   (b)

图 7.3 方孔和圆孔的传递函数

可以看出,在这两种情况下,都存在一个截止空间频率 f_0:

$$f_0 = \frac{w}{\lambda z_i}.$$

为了得到截止空间频率 f_0 的具体数值,我们假定 $w = 1\text{ cm}, \lambda = 10^{-4}\text{ cm}, z_i = 10\text{ cm}$,那么截止空间频率 f_0 为 100 线对/mm.

7.1.6 有像差光学系统的传递函数

所有实际的光学系统都不是理想的无像差系统.原则上,像差光学系统不属于空间不变系统.但作为一种近似,我们可以把一个像差系统分成一些小系统,这些小系统是空间不变的.所以,作为一种近似,我们可以在原来的理论框架下进行讨论,对理想情况下的传递函数作修正.

在理想光学系统中,从出射光瞳出射的光波是球面波.当系统存在像差时,出

射光波将异于球面,这种偏差称为系统的波差 $w(x, y)$,这相当于会聚球面波通过在出射光瞳上的一块相移板,其透过率为

$$\tilde{P}(x, y) = P(x, y)\exp[jkw(x, y)].$$

上式中 $P(x, y)$ 为原来意义下的光瞳函数,$\tilde{P}(x, y)$ 称为广义光瞳函数,是复数.这样一来,一个有像差的相干光学系统的脉冲响应 h 就是一个具有广义光瞳函数的孔径产生的夫琅和费衍射图.由(7.1.12)式,脉冲响应应是广义光瞳函数 $\tilde{P}(x, y)$ 的傅里叶变换.这样利用(7.1.13)式,可以得到像差光学系统的相干传递函数为

$$
\begin{aligned}
H(f_x, f_y) &= \tilde{P}(\lambda d_i f_x, \lambda d_i f_y) \\
&= P(\lambda d_i f_x, \lambda d_i f_y)\exp[jkw(\lambda d_i f_x, \lambda d_i f_y)].
\end{aligned}
$$

显然,像差的出现不影响系统的截止频率,截止频率仍由孔径的大小所限制.但是像差的效应表现在通频带内引入了相位畸变.由于各空间频率之间相位关系的改变,会对像质产生严重的影响.我们在这里不进行详细的讨论,有兴趣的读者可参考 Goodman 的书.

7.2 光学成像系统的分辨率

在 5.2 节中讨论的圆孔的夫琅和费衍射公式在计算光学成像系统的分辨率上有着重要的应用.在光谱仪中分辨率是分辨两根非常靠近的光谱线的能力的一种测量.在光学成像系统中,分辨率是分辨两个非常靠近的物体像的能力的一种测量.在无像差光学系统中,根据几何光学每一个点物将给出一个点像.然而,由于衍射效应,一个物点通过一个由透镜组成的光学系统后,其像为一个爱里斑.每一个像点由衍射引起的散开形成了对成像质量的最终限制.

7.2.1 光学系统分辨率的瑞利判据

首先讨论两个相等强度,非相干的点光源通过光学系统成像.例如,通过望远镜的物镜观察两个很靠近的行星.望远镜的入射孔径相应于衍射孔径.(5.2.19)式给出的爱里斑的直径为

$$\Delta d = 1.22 \frac{\lambda f}{a}.$$

这里 a 为入射孔径的直径，f 为透镜的焦距. 如果对两个行星的张角是 $\Delta\theta$，因为有以下关系式 $\Delta d / f = \sin\Delta\theta \approx \Delta\theta$，那么有 $\Delta\theta = 1.22\frac{\lambda}{a}$. 如图 7.4 所示，每个星所成的爱里斑将围绕其几何光学像点散开 $\Delta\theta$ 的半宽角. 如果两个星的角分离是 $\Delta\varphi$ 并且 $\Delta\varphi \gg \Delta\theta$，两个星所成的像将很容易分辨开.

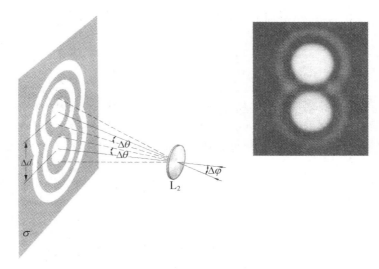

图 7.4　每个星所成的爱里斑不重叠，它们成的像可分辨

而当两个星靠近在一起，它们所形成的爱里斑将发生重叠. 当两个星靠得很近时，它们所成的像将不再能区分开，这称为不能分辨. 为此瑞利（Rayleigh）提出了一个瑞利判据：当一个物点的爱里斑的中心极大与另一个物点的爱里斑的第一个极小相重叠时，我们称这两个物点为刚刚可以分辨.

图 7.5 给出了两个重叠的点像瑞利判据的示意图. 最小可分辨角或角分辨率极限为

$$(\Delta\varphi)_{\min} = \Delta\theta = 1.22\frac{\lambda}{a}. \tag{7.2.1}$$

如果 Δd 是两个点像中心到中心的距离，那么分辨率极限为

$$(\Delta d)_{\min} = 1.22\frac{\lambda f}{a}. \tag{7.2.2}$$

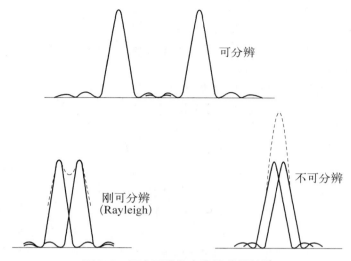

图 7.5　两个重叠的点像的瑞利判据

图 7.6 表示了分辨率极限的情况. 成像系统的分辨本领一般定义为 $1/(\Delta\varphi)_{\min}$ 或 $1/(\Delta d)_{\min}$.

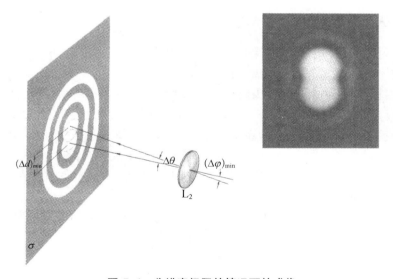

图 7.6　分辨率极限的情况下的成像

用数值孔径 N.A. 来表示一个透镜的指标是方便的. 由于 N.A. $\approx a/f$, 故 (7.2.2)式可写为

$$(\Delta d)_{\min} = 1.22 \frac{\lambda}{\text{N. A.}}. \tag{7.2.3}$$

由(7.2.2)式可见,为了提高成像系统的分辨率,可使用较短波长光的照明.例如在制作超大规模集成电路的光刻光学系统中,为了得到高分辨率,采用波长从20世纪90年代初的365 nm,到20世纪90年代末的248 nm,直到现在的193 nm的远紫外波长.在电子显微镜中所用的电子波长是可见光波长的$10^{-4} \sim 10^{-5}$.这样可以使分辨率提高$10^4 \sim 10^5$倍.另一方面,一个天文望远镜的分辨本领可以通过增加望远镜的直径来提高.例如在 Palomar 山上直径为 5 m 的望远镜,在550 nm的波长下,角分辨率为2.7×10^{-2}弧秒.人眼的瞳孔的直径大约为 2 mm,如果波长为 550 nm,那么$(\Delta \varphi)_{\min}$为 1 弧分.如果物体在 250 mm 处,$(\Delta d)_{\min}$为1/15 mm.

以上讨论的情况是,两个点光源是非相干的.因此两个爱里斑相重叠时是两个强度相加.而当用一束相干光(如激光)照明两个反射物体时,它们通过光学系统成的像不再是非相干的,而是相干的.当两个爱里斑相重叠时是两个复振幅相加.这时要考虑两个反射波之间的位相关系.如果它们之间有 180°的位相差,那么在两个爱里斑的重叠部分,两个波的振幅相减.在中心处总是出现凹陷.因此是可以分辨的.

7.2.2　光学成像系统的分辨率

以上讨论的是两个点物成像时能否分辨的情况.下面我们要讨论一个有复杂结构的物体,通过一个光学系统时的成像情况.

首先我们讨论一个光栅作为物函数的成像情况.该光栅用垂直入射的平面波照明,将有多个衍射级.如图 7.7 所示,如果除了 0 级和 1 级之外,其他的衍射光都超出了物镜的出射光瞳,该光学系统将不能对光栅成像.如果光栅的周期是 d,一级衍射的衍射角 θ 由式 $\sin \theta = \lambda / d$ 决定.这就是相干成像系统传递函数的截止频率 $f_{\text{cutoff}} = a/(\lambda z_{\text{i}})$ 的来源.也就是说,2 级以上的衍射波的平面波角谱的空间频率大于截止频率,将不能参与成像过程.

然而,如果用垂直入射的平面波照明一个正弦光栅,其振幅透过率为

$$t(x, y) = \frac{1}{2} + \frac{1}{2}\cos(2\pi f_0 x).$$

如果 f_0 大于系统传递函数的截止频率 f_{cutoff}.该光学系统将不能对此光栅成像.但如果用斜入射的平面波照明,如图 7.8 所示,使 0 级和 + 1 级衍射波能够通过光学系统.这样有可能在像平面上成像.下面可以证明,像的对比度将会下降.我

们知道,如果所有的衍射波都无畸变地通过光学系统,其像函数将与物函数相同,即

$$I(x, y) = \frac{1}{2} + \frac{1}{2}\cos(2\pi f_0 x).$$

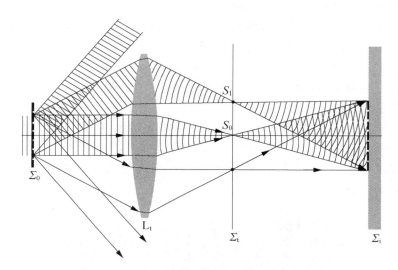

图 7.7   准直相干光照明的光栅成像

由对比度的定义可得

$$V = \frac{I_{max} - I_{min}}{I_{max} + I_{min}} = 1.$$

如果只有 0 级和 +1 级衍射波通过光学系统,则在像平面上得到的复振幅为

$$U(x) = \frac{1}{2} + \frac{1}{4}\exp(j2\pi f_0 x).$$

那么,像的光强度为

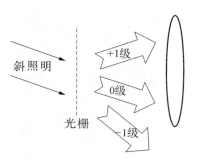

图 7.8   斜入射的平面波照明可以提高成像的分辨率

$$I_i(x) = | U(x) |^2 = \frac{5}{16} + \frac{1}{4}\cos(2\pi f_0 x).$$

容易求得,这时的对比度为 $4/5 = 80\%$.这个方法用于光刻系统中来提高光刻的分辨率.

  对于一个具有复杂结构的物体通过一个光学系统时的成像情况,也可以用类似的方法进行分析.我们可以将一个复杂的物函数分解为许多不同空间频率的平面波的角谱的组合(见第 2 章).只要空间频率小于该光学系统的截止频率的平面波角谱分量都可以通过该光学系统.下面我们采用一个变频光栅的成像来说明,在物函数中某些空间频率的平面波角谱分量可以通过光学系统,而某些高空间频率的平面波角谱分量不能通过光学系统时,对成像质量有什么影响.变频光栅是由不同空间频率的正弦光栅构成.图 7.9(a)为所有空间频率分量都通过该光学系统的传递函数所成的像.其像保持与原来的物函数相同的全对比度.图 7.9(b)是只有 50% 的空间频率分量通过该光学系统,对比度降为原来的一半.图 7.9(c)、(d)、(e)分别为 10%,5% 和 2% 的空间频率分量通过该光学系统时的成像对比度.由图可见,2% 的情况相当于只有零级衍射通过光学系统所得到的均匀照明的情况.

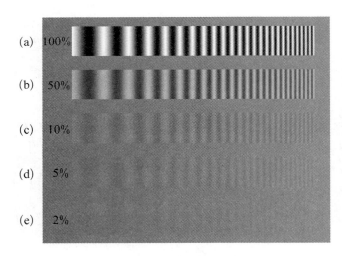

图 7.9　变频光栅的成像

　　图(a)为 100% 空间频率分量都通过该光学系统的传递函数所成的像.其像保持与原来的物函数相同的全对比度

　　图(b)是只有 50% 的空间频率分量通过该光学系统,对比度降为原来的一半

　　图(c)、(d)、(e)分别为 10%,5% 和 2% 的空间频率分量通过该光学系统时的成像对比度

7.3 焦点附近的光场分布

如果将一个点光源放在一个无像差透镜的轴上的一倍焦距以外,那么从透镜出射的波将是一个会聚球面波.本节将计算这样一个会聚球面波在焦点附近的三维光场分布状态.这对于估计成像系统中接收平面的装配公差,在超大规模集成电路的光刻系统和高分辨率的光盘的读写头的设计中将十分有用.

考虑如图 7.10 所示的系统,将一个直径为 $2a$,焦距为 f 的透镜放在 $z = 0$ 处(坐标为 x_0,y_0).要计算在距离透镜为 f 的焦点处的光分布.假定入射波为平面波,则在透镜后的出射会聚球面波为

$$U(x_0,\ y_0) = \frac{A}{f}\exp\left[-\mathrm{j}\,\frac{k(x_0^2 + y_0^2)}{2f}\right]. \qquad (7.3.1)$$

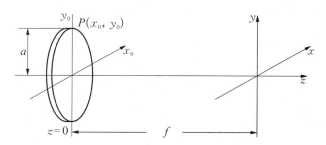

图 7.10　计算焦点附近的光场分布的坐标系

经菲涅耳衍射通过距离 $(f + z)$ 传播到透镜后焦面附近的光场为

$$U(x,\ y) = \frac{A\exp[\mathrm{j}\,k(f + z)]}{\mathrm{j}\lambda(f + z)}$$

$$\cdot \frac{1}{f}\iint \mathrm{d}\,x_0\,\mathrm{d}\,y_0\exp\left[-\mathrm{j}\,\frac{k(x_0^2 + y_0^2)}{2f}\right]$$

$$\cdot \exp\left\{\mathrm{j}\,\frac{k}{2(f + z)}\left[(x - x_0)^2 + (y - y_0)^2\right]\right\}. \qquad (7.3.2)$$

由于仅仅关心场的径向分布,所以我们用 $U(x,\ y)$ 表示光场,而只把 z 看成是一个参数.此外,因为我们只对焦点附近的光场有兴趣,故所取坐标 $(x,\ y,\ z)$ 在焦点

附近只有很小的数值.可在积分中略去所有(x, y, z)的二次因子,而且和在近轴近似中所取的一样,在积分号前系数的分母中取$f + z \approx f$. 那么,(7.3.2)式成为

$$U(x, y) = \frac{A \exp[j k(f + z)]}{j \lambda f^2} \iint \exp\left[- j \frac{k(x_0^2 + y_0^2)}{2}\left(\frac{1}{f} - \frac{1}{f + z}\right)\right]$$

$$\cdot \exp\left[- j \frac{k}{f}(xx_0 + yy_0)\right] \mathrm{d} x_0 \mathrm{d} y_0. \tag{7.3.3}$$

而 $\frac{1}{f} - \frac{1}{f + z} \approx \frac{z}{f^2}$,这时(7.3.3)式为

$$U(x, y) = \frac{A \exp[j k(f + z)]}{j \lambda f^2} \iint\limits_{\Sigma} \exp\left\{- j \frac{kz}{2f^2}(x_0^2 + y_0^2) - j \frac{k}{f}(xx_0 + yy_0)\right\} \mathrm{d} x_0 \mathrm{d} y_0. \tag{7.3.4}$$

下面引入新的坐标

$$\begin{cases} x_0 = a\tau \cos \theta, \\ y_0 = a\tau \sin \theta, \end{cases} \quad \text{以及} \quad \begin{cases} x = \sigma \cos \psi, \\ y = \sigma \sin \psi, \end{cases}$$

注意式中 τ 为无量纲的量.这样(7.3.4)式化简为

$$U(x, y) = \frac{Aa^2}{j \lambda f^2} \exp[j k(f + z)]$$

$$\cdot \int_0^1 \int_0^{2\pi} \exp\left[- j \frac{ka^2}{2f^2}z\tau^2 - j \frac{k}{f}a\tau\sigma \cos(\theta - \psi)\right]\tau \mathrm{d}\tau \mathrm{d}\theta. \tag{7.3.5}$$

再引入无量纲的变量 ω, ν:

$$\omega = k\left(\frac{a}{f}\right)^2 z \quad \text{和} \quad \nu = k\left(\frac{a}{f}\right)\sigma = k\left(\frac{a}{f}\right)\sqrt{x^2 + y^2},$$

则(7.3.5)式可表示为

$$U(x, y) = \frac{Aa^2}{j \lambda f^2} \exp\left[j\left(\frac{f}{a}\right)^2 \omega\right] \int_0^1 \exp\left(- j \frac{\omega\tau^2}{2}\right)$$

$$\cdot \left\{\int_0^{2\pi} \exp[j\nu\tau \cos(\theta - \psi)]\mathrm{d}\theta\right\}\tau \mathrm{d}\tau. \tag{7.3.6}$$

注意贝塞尔函数有积分表达式

$$\frac{1}{2\pi}\int_0^{2\pi} \exp[- j\nu\tau \cos(\theta - \psi)]\mathrm{d}\theta = \mathrm{J}_0(\nu\tau),$$

其中 J_0 为零阶贝塞尔函数,这样最后可得

$$U(x, y) = \frac{2\pi Aa^2}{\mathrm{j}\lambda f^2}\exp\left[\mathrm{j}\left(\frac{f}{a}\right)^2\omega\right]\int_0^1 J_0(\nu\tau)\exp\left(-\mathrm{j}\frac{\omega}{2}\tau^2\right)\tau\mathrm{d}\tau. \quad (7.3.7)$$

下面讨论几种特殊情况:

(1) 沿 z 轴上的强度分布,即 $x = y = 0$,则有 $\nu = 0$,所以(7.3.7)式为

$$U(x, y) = \frac{2\pi Aa^2}{\mathrm{j}\lambda f^2}\exp\left[\mathrm{j}\left(\frac{f}{a}\right)^2\omega\right]\int_0^1 \exp\left(\mathrm{j}\frac{\omega}{2\tau^2}\right)\tau\mathrm{d}\tau$$

$$= \frac{\pi Aa^2}{\mathrm{j}\lambda f^2}\exp\left[\mathrm{j}\left(\frac{f}{a}\right)^2\omega\right]\exp\left(\mathrm{j}\frac{\omega}{4}\right)\frac{\sin\frac{\omega}{4}}{\frac{\omega}{4}}. \quad (7.3.8)$$

那么,在轴上的光强度分布为

$$I(0,0,z) = I_0\left(\frac{\sin\frac{\omega}{4}}{\frac{\omega}{4}}\right)^2, \quad (7.3.9)$$

式中

$$I_0 = \left(\frac{\pi Aa^2}{\lambda f^2}\right)^2 \quad (7.3.10)$$

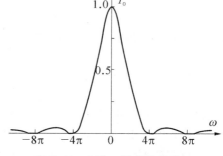

为焦点的光强.图 7.11 给出 I 随 ω 的变化
曲线.由图可见,第一个极小值出现在

图 7.11　I 随 ω 的变化曲线

$$z_0 = \pm 2\lambda\left(\frac{f}{a}\right)^2 \quad (7.3.11)$$

处.通常认为,强度比像斑中心降低 20% 是允许的.当接收面从中心位置 $\omega = 0$ 移
到 $\omega = 3.2$ 时,强度大约下降 20%,因此焦点公差(又称"焦深",depth of field,
DOF)可表示为

$$\mathrm{DOF} \approx \pm 3.2\frac{\lambda}{2\pi}\left(\frac{f}{a}\right)^2, \quad (7.3.12)$$

上式是波动光学的焦深表达式.当 $\lambda = 6 \times 10^{-5}\,\mathrm{cm}$,$f = 20\,\mathrm{cm}$,$a = 2\,\mathrm{cm}$ 时,焦深
大约为 $\pm 0.3\,\mathrm{mm}$.我们可以近似地用(a/f)表示数值孔径 N. A..这样我们有

$$\mathrm{DOF} = \pm 0.5\frac{\lambda}{(\mathrm{N.\,A.})^2}. \quad (7.3.13)$$

由(7.2.3)式,一个透镜的分辨率为 $0.61\lambda/\mathrm{N.A.}$,它是反比例于数值孔径.为了提高一个光学系统的分辨率要用大数值孔径的透镜,例如,如果取波长 $\lambda = 0.193\ \mu m$,$\mathrm{N.A.} = 0.7$ 时,分辨率可以高达 $0.17\ \mu m$.但是由(7.3.13)式可以看出焦深反比例于透镜的数值孔径的平方.这时焦深只有 $0.4\ \mu m$.这就要求严格的对焦,否则将会出现离焦像,这将在例如超大规模集成电路的光刻系统中带来困难.从以上讨论知道,提高一个光学系统的数值孔径(N.A.)将会提高系统的分辨率,然而降低了焦深(DOF).图 7.12 给出了它们的关系的示意图.

大N.A.形成小的焦深　　　　　　　　　　小N.A.形成大的焦深

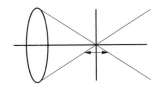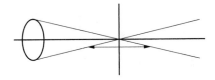

图 7.12　数值孔径和焦深的关系的示意图

(2) 焦平面上的光分布,即 $z = 0$,相当于 $\omega = 0$.(7.3.7)式为

$$U(x,\ y) = \frac{2\pi A a^2}{\mathrm{j}\lambda f^2}\int_0^1 \mathrm{J}_0(\nu\tau)\tau\mathrm{d}\tau = \frac{2\sqrt{I_0}}{\mathrm{j}} \cdot \frac{\mathrm{J}_1(\nu)}{\nu}. \qquad (7.3.14)$$

这就是以前得到的圆孔的夫琅和费衍射的爱里斑.

(3) 焦点附近的位相异常

首先研究焦平面上光场的位相情况.(7.3.14)式也可表示为

$$U(x,\ y) = \sqrt{I_0}\exp\left(-\mathrm{j}\frac{\pi}{2}\right) \cdot \frac{2\mathrm{J}_1(\nu)}{\nu}. \qquad (7.3.15)$$

当 $\nu = 3.833, 7.016, 10.174, \cdots$ 时将出现暗环;当 $0 < \nu < 3.833$ 时,$\mathrm{J}_1(\nu)$ 是正的,位相为 $-\pi/2$;而当 $3.833 < \nu < 7.016$ 时,$\mathrm{J}_1(\nu)$ 是负的.因此,在第一个暗环处,位相经历过一个 π 突变,即中心亮斑与第一个暗环的位相差为 π.这样,惠更斯的次级波构造法在焦点附近完全不适用.

其次,我们研究当观察点沿着通过焦点的每条光线移动时,光场的位相如何改变.为了看清位相变化的情况,可将(7.3.7)式的实部与虚部分开来,即令

$$2\int_0^1 \mathrm{J}_0(\nu\tau)\exp\left(-\mathrm{j}\frac{\omega}{2}\tau^2\right)\tau\mathrm{d}\tau = C(\omega,\ \nu) - \mathrm{j}S(\omega,\ \nu), \qquad (7.3.16)$$

其中

$$C(\omega, \nu) = 2\int_0^1 J_0(\nu\tau)\cos\left(\frac{\omega}{2}\tau^2\right)\tau d\tau,$$
$$S(\omega, \nu) = 2\int_0^1 J_0(\nu\tau)\sin\left(\frac{\omega}{2}\tau^2\right)\tau d\tau.$$

(7.3.17)

则(7.3.15)式可改写为

$$U(x, y, z) = \frac{\pi A a^2}{\lambda f^2}\exp\left(-j\frac{\pi}{2}\right)\exp\left[j\left(\frac{f}{a}\right)^2\omega\right]\left[C(\omega, \nu) - jS(\omega, \nu)\right].$$

(7.3.18)

现在可以讨论 $U(x, y, z)$ 的位相部分,即

$$\varphi(\omega, \nu) = \left(\frac{f}{a}\right)^2\omega - \chi(\omega, \nu) - \frac{\pi}{2},$$

(7.3.19)①

其中

$$\tan\chi = \frac{S(\omega, \nu)}{C(\omega, \nu)}.$$

显然,χ 值与孔径的形状和入射光的方向有关,因此在各种情况中是不同的. 当与光轴成 θ 角的光入射到圆透镜($F/3.5$)上时,求出其焦点附近的 C 与 S, 然后作出图形,如图 7.13 所示.可见,位相在焦点附近连续变化,而在焦点前后改变 π.

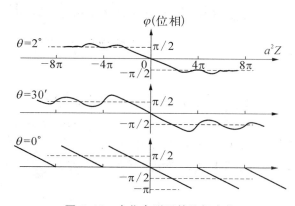

图 7.13 在焦点附近的位相变化

---

① 该方程两边可差一常数 $2m\pi$(m 为整数)

也可作仔细的计算,求出透镜后的等相位面,如图 7.14 所示,在远离焦点时,这些面和几何光学的球面波阵面相重合.但在靠近焦点区时,这些面的畸变就越来越厉害.而在贴近焦点时,等相面近似为平面,即在焦点处球面波变成了平面波.在焦点后,球面波的曲率向相反方向变化.因此,在焦点前后,等相位面由正曲率到负曲率的变化是连续渐变的,而不是突变的.

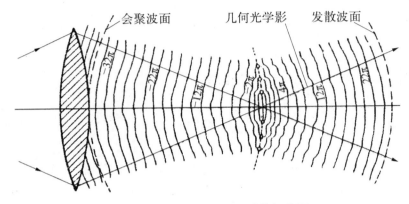

图 7.14　在靠近焦点附近的等相位面

7.4　无衍射光束——Bessel 光束

7.4.1　无衍射光束

在第 4 章中我们曾指出,平面波和球面波都是电磁波动方程的解.当一个光波通过一个孔径后都会发生光束传播方向的发散.这就是衍射现象.在 13.2 节中将讨论高斯激光束的传播.衍射也同样会使在自由空间传播的高斯光束发散.瑞利(Rayleigh)距离 Z_R 是对一个单色高斯光束发散的一种度量[见(13.2.12)式]. Z_R 是由下式

$$Z_R = \frac{\pi w_0}{\lambda} \qquad (7.4.1)$$

定义,其中 w_0 是高斯光束的束腰.

Durnin[①] 在 1987 年发现,波动方程在自由空间还有一个解,这个解具有一个令人吃惊的特性——它在传播时不发散,故称为无衍射光束(diffraction-free beam).

首先,我们知道具有圆柱对称性沿着 z 方向传播的平面波有以下的形式

$$U(x,y,z;t) = f(\rho)\exp[j(\beta z - \omega t)], \tag{7.4.2}$$

其中 $\rho = \sqrt{x^2 + y^2}$, β 是沿着 z 方向的传播常数.将(7.4.2)式代入波动方程

$$\nabla^2 U(x,y,z;t) = \frac{1}{c^2}\frac{\partial^2 U(x,y,z;t)}{\partial t^2},$$

可以得到

$$\frac{d^2 f(\rho)}{d\rho^2} + \frac{1}{\rho}\frac{d f(\rho)}{d\rho} + (\alpha^2 - \beta^2)f(\rho) = 0, \tag{7.4.3}$$

这里 $\alpha^2 + \beta^2 = (\omega/c)^2$.我们注意到(7.4.3)式是零阶 Bessel 函数的微分方程,故有解

$$f(\rho) = J_0(\alpha\rho), \tag{7.4.4}$$

式中 J_0 是零阶贝塞尔函数, $\alpha^2 + \beta^2 = (\omega/c)^2 = k^2$.由(7.4.4)式可以引入一个参数 ϑ,使得

$$\alpha = k\sin\vartheta \quad 和 \quad \beta = k\cos\vartheta. \tag{7.4.5}$$

这样满足波动方程的圆柱平面波为

$$U(x,y,z;t) = J_0(k\sin\vartheta\rho)\exp[j(kz\cos\vartheta - \omega t)], \tag{7.4.6}$$

这就是 Bessel 光束.该光束的强度分布为

$$I(x,y,z;t) = |U(x,y,z;t)|^2 = J_0^2(k\sin\vartheta\rho). \tag{7.4.7}$$

由(7.4.7)式可见,这个光强度完全与它的传播距离 z 无关.这就是说,理想的 Bessel 光束的横截面光强度随着距离的增加不发生变化.这就是说,随着传播距离的增加,光束不发散,这就是无衍射光束.

图 7.15 给出记录的 Bessel 光束横向光强度分布图.这个光强度分布图有一个窄的中心亮斑,其直径为 $2.045/\alpha$,中心亮斑的外面是一组同心环.每个环携带与中心亮斑几乎相同的光能量.图 7.16 为在 $z = 0$ 的平面上,具有相同的光斑尺寸(半峰全宽度为 $70\ \mu m$)的 J_0 光束和高斯光束在不同传播距离 z 上的横向光强度分布.由图可见,随着距离的增加,中心光斑的尺寸没有变化.

① J. Durnin, *Journal of Optical Society*, 4 (1987), 651.

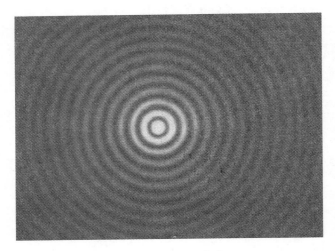

图 7.15   Bessel 光束

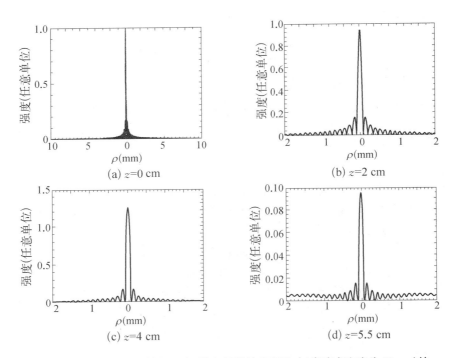

图 7.16   在 $z = 0$ 的平面上,具有相同的光斑尺寸(半峰全宽度为 $70\ \mu m$)的 J_0 光束和高斯光束在不同传播距离 z 上的横向光强度分布

图 7.17 给出了 Bessel 光束的传播(实线)与高斯光束的传播(虚线)的比较.由图可见,J_0 光束沿着 z 轴传播时其光束宽度是不变的.而高斯光束呈现通常的衍射发散,从而峰值强度快速地下降.当 $\lambda = 0.632\,8\ \mu m$ 时,在以下距离:(a) $z = 0\ cm$,(b) $z = 10\ cm$,(c) $z = 100\ cm$,(d) $z = 120\ cm$ 上的光分布如图 7.17 所示.为了清楚起见,高斯光束的强度在(b) $z = 10\ cm$,(c) $z = 100\ cm$,(d) $z = 120\ cm$ 处已分别放大了 10 倍、100 倍和 1 000 倍.

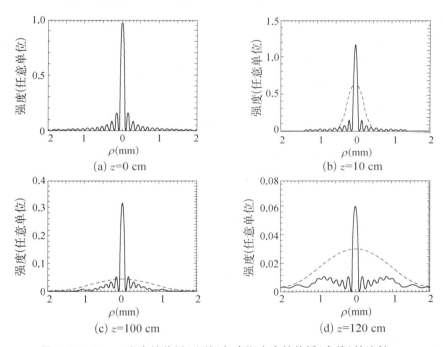

图 7.17　Bessel 光束的传播(实线)与高斯光束的传播(虚线)的比较

7.4.2　无衍射光束的特性

下面讨论 Bessel 光束与一般圆孔衍射产生的光束的区别.由圆孔衍射的(5.2.17)式

$$I(r) = \left(\frac{k\,l^2}{2z}\right)^2 \left[\frac{2J_1\left(\dfrac{k\,l\,r}{z}\right)}{\dfrac{k\,l\,r}{z}}\right]^2$$

和图 5.8 看出,圆孔衍射的光强度的第一个极大值为中心强度的 1.75%.而 Bessel

光束的第一个极大值与中心强度的比超过 10%. 换句话说, Bessel 光束的旁瓣比圆孔衍射的旁瓣要高出 10 倍. 因此, 不可能用 Bessel 光束进行成像.

如果 $\alpha = 0$, 则 (7.4.4) 式成为 $f(\rho) = J_0(0) = 1$. 那么波动方程的解 (7.4.6) 式为

$$U(x, y, z; t) = \exp[j(\beta z - \omega t)],$$

这就是我们所熟悉的平面波解. 由于中心亮斑其直径为 $2.045/\alpha$, 当 $\alpha = 0$ 时, 其直径成为无限大. 这就是平面波的情况. 因此, 我们也可以说, 波动方程的平面波解是 (7.4.5) 式解的一个特例.

7.4.3 产生无衍射光束的物理原因

下面我们讨论产生无衍射光束的物理原因. 我们知道, Bessel 函数具有其积分形式

$$J_0(a) = \frac{1}{2\pi} \int_0^{2\pi} \exp(ja \cos \phi) d\phi.$$

我们可以将式改写为

$$
\begin{aligned}
U(x, y, z; t) &= J_0(k \sin \vartheta \rho) \exp[j(kz \cos \vartheta - \omega t)] \\
&= \frac{1}{2\pi} \int_0^{2\pi} d\phi \exp[j(kx \sin \vartheta \cos \phi + ky \sin \vartheta \sin \phi \\
&\quad + kz \cos \vartheta - \omega t)] \\
&= \frac{1}{2\pi} \int_0^{2\pi} d\phi \exp[j(\boldsymbol{q} \cdot \boldsymbol{r} - \omega t)], \quad (7.4.8)
\end{aligned}
$$

其中波矢 $\boldsymbol{q}$ 由下式给出

$$\boldsymbol{q} \equiv k(\sin \vartheta \cos \phi, \sin \vartheta \sin \phi, \cos \vartheta), \quad (7.4.9)$$

该波矢与 z 轴的夹角为 θ. 这样由 (7.4.7) 式可以看出, 把所有与 z 轴成 θ 角, 具有相同振幅和共同位相的平面波叠加起来就可以获得 Bessel 光束.

图 7.18 给出了一种产生 Bessel 光束的实验装置. 一个直径为几个毫米, 宽度为 $10~\mu m$ 的圆环, 用波长为 λ 的平面波照明. 该圆环放在半径为 R 的透镜的前焦面上. 圆环上的每一点相当于产生一个球面波. 这样圆环上的每个球面波通过透镜后形成与 z 轴成 θ 角的平面波. θ 角为

$$\vartheta = \arctan\left(\frac{a}{2f}\right). \quad (7.4.10)$$

如(7.4.7)式所示,与 z 轴成 θ 角的平面波的叠加形成了 Bessel 光束.这就说明了产生无衍射光束的物理原因是圆锥光束的干涉现象引起的.

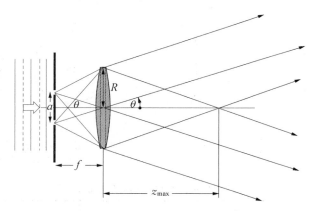

图 7.18 一种产生 Bessel 光束的实验装置

无衍射束的传播存在一个理论上的最大距离 $Z_{\max}$.如图 7.18 所示,当传播距离大于

$$Z_{\max} = \frac{2Rf}{a} \tag{7.4.11}$$

时,这些圆锥光束不再相遇,不能产生干涉.因此,不满足(7.4.8)式,不能形成 Bessel 光束.Durnin 等采用圆环直径 $a = 2.5\,\mathrm{mm}$,$R = 3.5\,\mathrm{mm}$,$f = 305\,\mathrm{mm}$,得到 $Z_{\max} = 85.4\,\mathrm{cm}$.与前述的瑞利(Rayleigh)距离 Z_{R}(7.4.1)式

$$Z_{\mathrm{R}} = \frac{\pi w_0^2}{\lambda} = \frac{\pi \times (25\,\mu\mathrm{m})^2}{0.632\,8\,\mu\mathrm{m}} = 3.1\,\mathrm{mm}$$

相比较,可见 $Z_{\max} \gg Z_{\mathrm{R}}$.

7.4.4 类 Bessel 光束

无衍射光束实际上是一种焦深很长的光束.在许多实际应用中希望光束有长的焦深.例如在光盘的读写头中,如果光束有长的焦深,就可以降低伺服系统的对准要求.用 Bessel 光束可以达到长焦深.然而它却有很高的旁瓣,这会引起相邻通道间的串音.因此,希望在焦深、旁瓣和光束宽度(分辨率)之间进行某种优化,以达到某种妥协.我[1]采用了一种类 Bessel 光束的结构,可以达到以上的目的.

---

[1]　G. Yang, *Optics Communications*, 159(1999), 19.

如图 7.20 所示,可以采用图 7.19 的结构的位相片产生类 Bessel 光束.表 7.1 给出了采用位相片 1 和 2 的实验结果.实验中透镜的 N.A.＝0.5,波长为 0.530 nm.

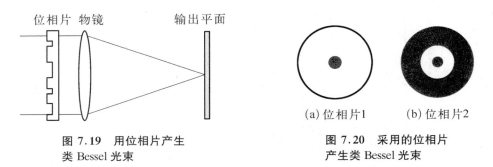

图 7.19　用位相片产生
类 Bessel 光束

图 7.20　采用的位相片
产生类 Bessel 光束

表 7.1　采用位相片 1 和 2 的实验结果

光 学 系 统	光斑尺寸(μm)	焦深(DOF)	旁瓣(%)
透　　镜	0.56(100%)	±0.75(100%)	1.6
透镜＋位相片 1	0.67(120%)	±3.20(420%)	8.1
透镜＋位相片 2	0.46(82%)	±1.80(420%)	19.0

7.5　全 息 照 相 术

自从 1900 年以来,人类已经开始利用照相来记录和保存人眼所接收到的信息.而在这之前,已清楚地了解了透镜以及光学成像过程.透镜与照相术的结合,使得记录星相图、光谱图、显微照片以及大量图像数据的存储成为可能.因此,至今照相科学仍然作为一门十分重要的学科在发展着.

然而,科学的发展却引出了一种新的光学成像方法——全息照相术.它已发展成一门新的学科,在科学技术、工业、医疗等方面获得了广泛的应用.它虽与通常的照相过程有相似之处,但在本质上是完全不同的.为此,我们先了解一下普通照相过程.

7.5.1 普通照相过程的特点

当物体被照明时,物体将反射照明光,即物体将发出一个光波,称为物体光波. 一般情况下,可表示为

$$O(x, y) = | O(x, y) | \exp[j\varphi(x, y)]. \tag{7.5.1}$$

由于底片只探测光的强度,故只记录下光强度的信息,即

$$I(x, y) = | O(x, y) |^2. \tag{7.5.2}$$

因此,在普通照明过程中丢失了物体光波的位相信息.然而,实际上在光波信息的保存中,位相具有特别的重要性.下面将对此进行讨论.

普通照相过程是,物体经透镜成像,用底片记录下该物体的像.因物与像在成像过程中有点—点对应关系,故相片记录的像与物体也是点—点对应的.这是普通照相的另一特点.

7.5.2 位相的重要性

首先,我们举一个简单的例子来说明位相的重要性.一个球面波与一个平面波分别对一底片曝光.由于它们的振幅均为常数,故得到的都是均匀的强度分布.无法从照片上判断记录的光波是具有球面的还是具有平面的等相位面.显然,这两种光波是十分不同的,它们的特点保存在其位相信息之中.

从 X 射线晶体学中知道,晶体结构的细节是从 X 射线的衍射数据中得到的. 其过程是,首先用底片记录 X 射线衍射图,然后对衍射图作傅里叶变换(相当于作一次夫琅和费衍射),就可以得到晶体结构的知识.这是一个两步衍射过程.如果通过衍射数据的振幅,而取 0 位相值进行傅里叶综合,并不能得到晶体结构的知识. 但如对振幅归一,而取校正的位相值作傅里叶综合,却反映了正确的晶体结构.这些例子强烈地支持了这样一个事实,即位相包含了信号中更基本的信息.

奥本海姆(Oppenheim)[1]用数字图像处理的方法进行了位相与振幅信息对于图像形成的重要性的实验比较,他将一幅图像 $f(x, y)$[图 7.21(a)]作傅里叶变换后有下式:

$$F(u, v) = | F(u, v) | \exp[j\varphi(u, v)].$$

---

[1] A. V. Oppenheim and J. S. Lim, 'The Impotrance of Phasein Signals', *Proceeding of IEEE*, 5 (1981), 529.

若令 $\varphi(u, v) = 0$，只保留振幅信息，对 $|F(u, v)|$ 作傅里叶逆变换，结果信息完全丢失，不能恢复原图像［见图 7.21(b)］. 若令 $|F(u, v)| = 1$，只对 $\exp[j\varphi(u, v)]$ 作逆变换，结果原图像的细节仍可辨认［见图 7.21(c)］. 若取一系列图像的傅里叶逆变换振幅的平均，与 $\exp[j\varphi(u, v)]$ 相乘，再作逆变换，结果得到比较清晰的图像［见图 7.21(d)］. 因此，这是一个令人信服的计算机实验，证明了位相信息的重要性. 其实，在物理学中位相的重要性是一个普适的物理学规律，在量子力学和核物理中也是如此[①].

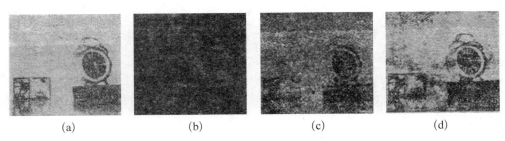

(a)	(b)	(c)	(d)

图 7.21 Oppenheim 证明位相重要性的计算机实验

从以上分析知道，普通照相术未能记录位相，把物光波中最重要的信息丢失了. 这是普通片不具有三维立体感的主要原因. 而全息照相记录了物体光波本身，保存了物光波的振幅与位相的全部信息，因此形成了一种崭新的方法. 这也是"全息照相术"（holography）一词的由来. holos 是希腊文"全部"的意思，相当于英文中的 whole.

7.5.3　历史

在讨论全息照相术的基本原理之前，先介绍一下全息照相术的发展历史是很有意义的.

全息照相术是英籍匈牙利科学家盖伯（D. Gabor）发明的. 1947 年时他从事电子显微镜的研究，当时电子显微镜的理论分辨率极限是 0.4 nm，实际只达 1.2 nm，比分辨原子晶格所要求的分辨率 0.2 nm 差得很多. 这主要是由于电子透镜的像差比光学透镜要大得多，从而限制了分辨率的提高.

为此，盖伯设想为什么不能记录一张不经任何透镜的电子曝光照片，使它能保存物体的振幅和相位的全部信息，然后用可见光来再现物体光波. 由于光

---

① 李华钟, 量子力学相位因子, 物理, 11(2001).

波波长比电子波长高 5 个数量级,这样再现时物体的放大率 $M = \lambda_光 / \lambda_{电子}$. 因此,十分自然地获得 10^5 的放大率,而不会出现任何像差. 为此,在 1948 年他提出了一种用光波记录物体光波的振幅和位相的方法,尽管至今,他的这个想法在电子显微镜上未能实现,却开辟了光学中的一个崭新领域,而使他获得了 1971 年的诺贝尔奖.

然而,盖伯的记录方法并不实用,主要是所谓"孪生像"问题,不能获得好的全息像. 直到 1962 年美国科学家利思(E. Leith)和乌帕德尼克斯(J. Upatnieks)利用了通信论中载频的概念,推广到空域中,而发展了空间载波法——离轴全息,并利用了激光,获得了高质量的全息像. 从而使全息术在沉睡了十几年后得到了新生. 他们的经验是来自于另一个领域——旁视雷达. 实际上,旁视雷达记录的信号就是电磁波全息图.

正如盖伯在他的诺贝尔奖演说中指出的,利思在雷达中用的电磁波波长是光波波长的 10^5 倍,而盖伯本人在电子显微镜中用的电子波长是光波波长的 10^{-5}. 他们分别在相差 10^{10} 倍波长的两个方向上发展了全息照相术. 这说明科学的发展是互相渗透、互相影响的.

7.5.4 全息照相原理

1. 振幅与位相的记录

全息照相的基本方法是同时记录物体光波的振幅与位相. 但是现在的所有记录介质只响应于光强度,因此必须把位相信息转换成强度变化才有可能记录下来. 从干涉理论知道,干涉图的强度分布对于参与干涉的光波的位相是十分敏感的. 这样,可以用一个振幅与位相已知的光波(称为参考光波)与物体光波进行相干叠加,所记录的干涉

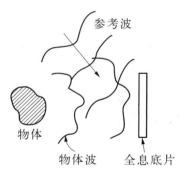

图 7.22 全息图的记录

图(即全息图)就是对物体光波的振幅与位相的一种编码记录(如图 7.22 所示).

若物体光波为

$$O(x, y) = | O(x, y) | \exp[j\varphi(x, y)], \tag{7.5.1}$$

参考光波为

$$R(x, y) = | R(x, y) | \exp[j\psi(x, y)], \tag{7.5.3}$$

则干涉图的强度分布为

$$I(x, y) = |O(x, y) + R(x, y)|^2 = |O|^2 + |R|^2 + R^*O + RO^*$$
$$= |O(x, y)|^2 + |R(x, y)|^2 + 2|O(x, y)||R(x, y)|$$
$$\cdot \cos[\psi(x, y) - \varphi(x, y)]. \qquad (7.5.4)$$

由此可见,上式中第三项用强度变化代表了物光波与参考光波之间的相对位相关系.

如果记录底片把曝光的入射光强线性地转换为显影后的振幅透过率变化,则显影后的胶片振幅透过率为

$$t(x, y) = \beta(|O|^2 + |R|^2 + R^*O + O^*R), \qquad (7.5.5)$$

其中 β 为与胶片处理有关的常数.对负片, $\beta < 0$;对正片, $\beta > 0$. (7.5.5)式描写了全息图的振幅透过率.

2. 物体光波的再现

当光波被记录下来后,要用适当的方法来再现它.这时可用参考光波来照明,则透过底片的光为

$$R(x, y)t(x, y) = \beta|O|^2R + \beta|R|^2R + \beta|R|^2O + \beta RRO^*. \qquad (7.5.6)$$

通常,取参考光波为倾斜入射平面波(图7.23),即

$$R(x, y) = A \exp\left(-j\frac{2\pi}{\lambda}y\sin\theta\right). \qquad (7.5.7)$$

这样(7.5.6)式为

$$R(x, y)t(x, y) = \beta\left[(|O|^2 + A^2)A \exp\left(-j\frac{2\pi}{\lambda}y\sin\theta\right)\right.$$
$$\left. + A^2O(x, y) + A^2O^*(x, y)\exp\left(-j\frac{4\pi}{\lambda}y\sin\theta\right)\right]. \qquad (7.5.8)$$

(7.5.8)式中的三项是空间上互相分离的三个光波(图7.23).第一项是沿着照明光方向的光波,相当于0级衍射波,不携带物光波的任何信息.第二项是+1级衍射波,它是原来记录的物体光波的准确再现(只差一个均匀的常数因子),这正是我们盼望得到的对物体光波信息的全部记录的复现.由于在底片后面可以观察到与物体位于底片前面原处时所发出的相同光波,因此它形成一个虚像.第三项相当于-1级衍射级,它是物体光波的共轭波.所谓共轭波就是指其位相取值为原波

的相反符号. 对于球面波来说, 发散球面波
的共轭波就是会聚球面波. 因此, 共轭物光
波形成物体的实像. 由此可见, 全息照相是
二步衍射成像方法.

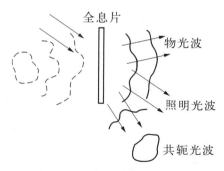

图 7.23 全息图再现物光波

　　由于全息照相再现的是物体光波, 因
此不管这个光波有多么复杂, 我们仍然可
以得到原来的物光波. 如果原来的物体是
一个有三维结构的物体, 全息再现的像也
具有原来的三维结构. 这就是说, 我们得到
的全息再现像具有与原来物体一样的性质. 因此, 全息照相是一种完全的三维照
相. 它与以前的立体电影不同. 立体电影是利用了人的两个眼睛的视差而产生一种
立体感, 不是真正的三维成像. 例如, 如果成像的物体由两个一前一后的物体组成,
当人眼与两个物体在一条直线上时, 前面的物体将挡住后面的物体. 当人眼从两物
体的连线上移开时, 人眼就可以避开前面的物体而看到后面的物体. 这就是真正的
三维效应. 全息照相所产生的再现像就具有这种三维效应.

　　如果假定物光波也是一个平面波, 可以对利思提出的空间载波的概念看得更
清楚. 两个平面波的干涉图就是正弦光栅图. 当正弦光栅用平面波照明时, 显然会
出现三个衍射波, 即是 (7.5.8) 式中的三项. 当物光波偏离平面波时, 根据物波的不
同位相情况, 全息图是某种调制了的变形光栅结构. 也就是说, 把物光波的位相调
制在这种空间载波上. 载波的空间频率取决于参考光与物光波间的夹角, 即

$$f_0 = \frac{2}{\lambda} \sin \frac{\theta}{2}.$$

通常 f_0 要高达每毫米 1 000 线对以上. 要记录一个全息图, 记录底片的分辨率一般
要高于每毫米 1 000 线对. 普通照相底片的分辨率仅为每毫米 50 线对左右. 因此,
不能用于全息记录. 全息照相要有高分辨率的所谓全息底片.

第8章　部分相干光理论

8.1　相干性的基本概念

通常,描述光场的干涉、衍射和成像等现象用严格的相干或非相干光理论,完全忽略了部分相干态的存在.事实上,严格的相干或非相干光只是一种数学上的理想情况,实际光源总是部分相干的.在 3.5 节中曾讨论过发生干涉的相干条件,曾引入过相干面积和相干长度的概念.本章中将对相干性的基本概念进行详细的讨论.

理想的相干光源是单色点光源.而实际光源,即使是最锐的光谱线也具有一定的谱线宽度,并且也不可能是一个点光源.它是由大量的辐射振子组成,具有一定的广延性.这样,我们讨论一个辐射场(光场)的相干性问题,必然与光源的时间特性(光谱分布)与空间特性(扩展分布)相联系.因此,存在两类相干性问题,即时间相干性与空间相干性.

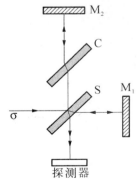

图 8.1　迈克尔逊干涉仪示意图

首先讨论光场的时间特性.对一个严格的单色光场,其振幅为不随时间变化的常量,而位相随时间作线性变化.这时光振荡在时间分布上是从 $-\infty$ 到 $+\infty$,即在时间上是无限的.为了研究光场的时间特性,要运用一类属于振幅分割的干涉装置,其典型的实验是迈克尔逊干涉实验(图 8.1).假定从一光源 σ 发出的光经干涉仪分成两束,在通过一段光程延迟 $\Delta s = c\Delta t$ 之后,又重新会合在一起.如 Δs 不太大,则在观察平面 P 上可以形成干涉条纹.由于干涉条纹的对比度依赖于两束光的时间延迟,故可以把干涉条纹的出现看作是光束的时间相干性的体现.通常,只有满足条件

$$\Delta t \cdot \Delta \nu \leqslant 1, \tag{8.1.1}$$

干涉条纹才能观察到,其中 $\Delta \nu$ 为光源的有效光谱宽度.满足上式的时间延迟

$$\Delta t = \tau_{\mathrm{c}} = \frac{1}{\Delta \nu} \tag{8.1.2}$$

称为光的相干时间.其对应的长度

$$L_{\mathrm{c}} = c\tau_{\mathrm{c}} = \frac{\lambda_0^2}{\Delta \lambda} \tag{8.1.3}$$

称为相干长度,其中 λ_0 为中心波长,$\Delta \lambda$ 为光源的有效光谱波长宽度,c 为光速.

　　显然,时间相干性的概念与两个相互有一定延迟光束形成干涉条纹的能力联系了起来.如干涉仪两臂之间的光程差小于相干长度,则干涉总是可以发生的.换句话说,如果光场中两个点上光振动的时间差小于光场的相干时间,它们之间总是存在相关性.因此,相干时间(或相干长度)是光场时间相干性的一种度量,由(8.1.2)式可见,时间相干性与光源的光谱分布直接有关.

　　其次,讨论扩展准单色光源所产生的光场中两个空间点所产生的光扰动之间的相关性,这将涉及光场的空间相干性问题.研究光的空间特性,其最方便的装置就是杨氏实验(图 8.2),即采用波前分割装置.这时用线度为 Δs 的准单色光源照明.当两孔间距 d、光源的线度 Δs 以及针孔平面与光源间距离 D 满足 $d \ll D$, $\Delta s \ll D$ 时,由第 3 章的讨论可知,在观察平面上将看到干涉条纹.由于干涉条纹的对比度与两针孔之间距离 d 有关,故干涉条纹可以看作是 P_1 和 P_2 点处的光场之间空间相干性的体现.只有当

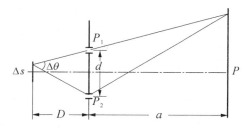

图 8.2　用于讨论光源的空间
相干性的杨氏实验

$$\Delta \theta \cdot \Delta s \leqslant \lambda_0 \tag{8.1.4}$$

时,才可能在平面 P 呈现有较好对比度的干涉条纹,其中 $\Delta \theta = d/D$ 为光源对 $\overline{P_1 P_2}$ 的张角.为了能在观察平面上观察到干涉条纹,两针孔的位置必须限制在围绕 O 点的一定面积以内,即

$$A_{\mathrm{c}} \approx (D \Delta \theta)^2 = \left(\frac{D\lambda_0}{\Delta s}\right)^2 = \frac{(D\lambda_0)^2}{S}, \tag{8.1.5}$$

这里，$S=|\Delta s|^2$ 为光源的面积，A_c 称为相干面积. 它是光源空间相干性的度量. 它表示光场中处于相干面积内任意两点处的光场总是相关的. 由(8.1.5)式可见，光场的空间相干性与光源的空间扩展程度相联系.

从以上讨论可知，时间相干性是讨论在空间某一点，在两个不同时刻光场之间的相关性. 而空间相干性是讨论在同一时刻，在空间中两点上光场之间的相关性. 对于一般情况，显然需要对场中不同时刻、不同地点的振动之间的相关性引入某种度量. 这种度量与来自这两点的振动合成得到的干涉条纹的锐度密切相关. 当它们高度相关时，必然出现锐条纹，称为相干. 当不存在相关时，必定完全没有干涉条纹，称为非相干. 在一般情况下，这两种情况都不出现，而处于部分相干状态. 本章将讨论部分相干光的描述方法及其传播、衍射与成像规律.

由于自然界中存在的光场是由许多不相关的元辐射体产生的，具有一定的统计特征，因此是一种统计动力学系统. 所以，一般说来相干性理论与电磁场的统计描述有关. 这样，对于该系统的物理量要引入一种求平均的过程，并且只有这种平均量才是能够被测量的. 因此，在部分相干理论中将要引用概率统计中的相关函数作为基本物理量来描述一个部分相干光系统. 原则上，部分相干性问题可以用经典或量子的观点进行处理. 对前者，相干性理论是建立在麦克斯韦方程和随机函数理论的基础之上的；而对后者，需要用量子电动力学的方法来讨论. 本书中将只涉及经典的方法，这是由于对大多数的光学现象的处理，经典理论已经足够了.

现在，部分相干性理论已愈来愈成为现代光学的重要理论基础，在讨论像的形成、照明对显微镜分辨率的影响、射电天文学中的相关检测等领域时都是不可缺少的工具.

8.2 多色场的解析信号表示

在讨论单色波场时，若把实光波函数表示成复函数，在许多问题的讨论中是十分方便的. 本节将涉及多色场，多色场的复数表示法是盖伯(Gabor)提出的解析信号表示法. 在这之前，先分析一下单色信号复数表示.

8.2.1 单色信号的复数表示

一个单色实信号 $u^r(t)$ 可表示为

$$u^{\mathrm{r}}(t) = A\cos(2\pi\nu_0 t - \varphi),\qquad\qquad(8.2.1)$$

其相应的复数表示为

$$u(t) = A\exp[\mathrm{j}(2\pi\nu_0 t - \varphi)].\qquad\qquad(8.2.2)$$

应指出,复数表示的虚部不是任意加上去的,这一点在频域中可以看得更清楚.实信号(8.2.1)式可以用复数表示为

$$u^{\mathrm{r}}(t) = \frac{A}{2}\exp[\mathrm{j}(2\pi\nu_0 t - \varphi)] + \frac{A}{2}\exp[-\mathrm{j}(2\pi\nu_0 t - \varphi)].\qquad(8.2.3)$$

对上式作傅里叶变换,在频域中得到

$$u^{\mathrm{r}}(\nu) = \frac{A}{2}\delta(\nu + \nu_0)\exp(-\mathrm{j}\varphi) + \frac{A}{2}\delta(\nu - \nu_0)\exp(\mathrm{j}\varphi).\qquad(8.2.4)$$

而对(8.2.2)式的复信号作傅里叶变换,可得

$$u(\nu) = A\delta(\nu - \nu_0)\exp(\mathrm{j}\varphi).\qquad\qquad(8.2.5)$$

比较(8.2.4)与(8.2.5)式可见,在频域中二者的差别在于,复信号完全去掉了负频率成分,并将正频率成分加倍.因此,复信号与实信号间的关系可用一个一般式表示,即

$$u(t) = 2\int_0^\infty u^{\mathrm{r}}(\nu)\exp(-\mathrm{j}2\pi\nu t)\mathrm{d}\nu.\qquad\qquad(8.2.6)$$

8.2.2　实多色场的解析信号表示

假定空间的任意一点 $\boldsymbol{r}$ 和时间 t 的多色光场可以用一个实标量函数 $V^{\mathrm{r}}(\boldsymbol{r}, t)$ 来描述.为书写方便,今后将略去空间变量,记为 $V^{\mathrm{r}}(t)$.它的傅里叶变换为

$$V^{\mathrm{r}}(t) = \int_{-\infty}^\infty \widetilde{V}^{\mathrm{r}}(\nu)\exp(-\mathrm{j}2\pi\nu t)\mathrm{d}\nu.\qquad\qquad(8.2.7)$$

由反演定理给出

$$\widetilde{V}^{\mathrm{r}}(\nu) = \int_{-\infty}^\infty V^{\mathrm{r}}(t)\exp(\mathrm{j}2\pi\nu t)\mathrm{d}t.\qquad\qquad(8.2.8)$$

而(8.2.7)式可写为

$$V^{\mathrm{r}}(t) = \int_{-\infty}^0 \widetilde{V}^{\mathrm{r}}(\nu)\exp(-\mathrm{j}2\pi\nu t)\mathrm{d}\nu + \int_0^\infty \widetilde{V}^{\mathrm{r}}(\nu)\exp(-\mathrm{j}2\pi\nu t)\mathrm{d}\nu.$$

$$(8.2.9)$$

在上式积分中取 $\nu = -\nu$，并由函数的实数性质有

$$\left[\widetilde{V}^{\mathrm{r}}(\nu)\right]^* = \widetilde{V}^{\mathrm{r}}(-\nu), \tag{8.2.10}$$

其中 * 表示复共轭.这样(8.2.9)式可重写为

$$V^{\mathrm{r}}(t) = 2\mathrm{Re}\left[\int_0^\infty \widetilde{V}^{\mathrm{r}}(\nu)\exp(-\mathrm{j}2\pi\nu t)\mathrm{d}\nu\right]. \tag{8.2.11}$$

(8.2.11)式表明,$\widetilde{V}^{\mathrm{r}}(\nu)$ 的负频率分量载有与正频率分量相同的信息.也就是说,仅正频(或负频)分量就携带了实函数的全部信息.因此(8.2.11)式中只用正频分量不会丧失场的任何信息,这一点与前面讨论的单色场的复数表示在频域中的行为相同.

如我们取

$$\widetilde{V}^{\mathrm{r}}(\nu) = a(\nu)\exp[\mathrm{j}\varphi(\nu)], \tag{8.2.12}$$

其中 $a(\nu)$ 和 $\varphi(\nu)$ 均为实函数,则

$$V^{\mathrm{r}}(t) = \int_0^\infty 2a(\nu)\cos[\varphi(\nu) - 2\pi\nu t]\mathrm{d}\nu. \tag{8.2.13}$$

现在我们引入另一个实函数 $V^{\mathrm{i}}(t)$,它是通过 $V^{\mathrm{r}}(t)$ 的每个谱分量的位相改变 $\pi/2$ 而获得的,即

$$V^{\mathrm{i}}(t) = \int_0^\infty 2a(\nu)\sin[\varphi(\nu) - 2\pi\nu t]\mathrm{d}\nu. \tag{8.2.14}$$

这样,相应于实函数 $V^{\mathrm{r}}(t)$ 的解析信号 $V(t)$ 可定义为

$$V(t) = V^{\mathrm{r}}(t) + \mathrm{j}V^{\mathrm{i}}(t), \tag{8.2.15}$$

或为

$$V(t) = \int_0^\infty 2a(\nu)\exp\{\mathrm{j}[\varphi(\nu) - 2\pi\nu t]\}\mathrm{d}\nu = \int_0^\infty \widetilde{V}(\nu)\exp(-\mathrm{j}2\pi\nu t)\,\mathrm{d}\nu, \tag{8.2.16}$$

其中 $\widetilde{V}(\nu) = 2\widetilde{V}^{\mathrm{r}}(\nu)$.

从(8.2.16)式可见,解析信号表示是单色场的复数表示法对多色场的推广.应指出,解析信号只包含了正频分量,这保证了 $V(t)$ 作为复变量 t 的函数的每个分量在下半复平面上是解析与正则的.这就是解析信号一词的由来.

对实函数存在着两种等价的解析信号表示法.以上是第一种方法,它强调了表示法的物理意义.第二种方法对于进一步的数学运算更为方便.

假定实函数 $V^r(t)$ 存在希尔伯特(Hilbert)变换,其希尔伯特变换 $V^i(t)$ 可表示为

$$V^i(t) = \frac{1}{\pi}P\int_{-\infty}^{\infty} \frac{V^r(t')}{t'-t}\mathrm{d}t', \tag{8.2.17}$$

其中 P 表示在 $t=t'$ 处的柯西主值.同样存在逆变换关系:

$$V^r(t) = -\frac{1}{\pi}P\int_{-\infty}^{\infty} \frac{V^i(t')}{t'-t}\mathrm{d}t'. \tag{8.2.18}$$

如用符号 H 表示希尔伯特变换,则可定义解析信号为

$$V(t) = V^r(t) + jH[V^r(t)]. \tag{8.2.19}$$

下面证明,(8.2.19)式与(8.2.15)式是两个等价的表达式.为此,取

$$t = z = x + jy,$$

对(8.2.13)式作希尔伯特变换,并用复指数函数表示余弦函数,则有

$$V^i(z) = \frac{1}{2\pi}\int_0^{\infty} 2a(\nu)P\int_{-\infty}^{\infty} \frac{\exp\{j[\varphi(\nu)-2\pi\nu z']\}}{z'-z}\mathrm{d}z'\mathrm{d}\nu. \tag{8.2.20}$$

先对 z' 积分,该积分为线积分,如图 8.3 所示.这时,主值积分为

$$P\int_{-\infty}^{\infty} \frac{V^r(z')}{z'-z}\mathrm{d}z' = \frac{1}{2}\left[\int_{c_+} \frac{V^r(z')}{z'-z}\mathrm{d}z' + \int_{c_-} \frac{V^r(z')}{z'-z}\mathrm{d}z'\right]. \tag{8.2.21}$$

在(8.2.21)式右边的第一个积分中,积分回路取实轴以上的路径 c_+,在无穷远处闭合;而在第二个积分中,积分回路取实轴以下路径 c_-,在无穷远处闭合.

由留数定理可得

$$V^i(t) = \int_0^{\infty} 2a(\nu)\sin[\varphi(\nu)-2\pi\nu t]\mathrm{d}\nu. \tag{8.2.22}$$

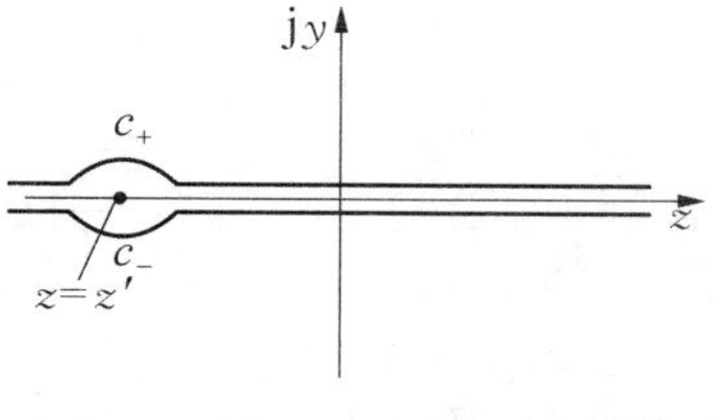

这样就证明了两种方法的等价性.

8.2.3　准单色光的解析信号表示

图 8.3　作主值积分时的积分回路

准单色光是经常遇到的一种典型情况,在准单色光情况下解析信号表示具有简单的形式.准单色条件为

$$\frac{\Delta\nu}{\nu_0} \ll 1,$$

式中 $\Delta\nu$ 为准单色光的频谱宽度,ν_0 为中心频率. 这时把解析信号表示成下述形式

$$V(t) = A(t)\exp\{j[\varphi(t) - 2\pi\nu_0 t]\}, \tag{8.2.23}$$

其中

$$A(t)\exp[j\varphi(t)] = \int_0^\infty \tilde{V}(\nu)\exp[-j2\pi(\nu - \nu_0)t]d\nu.$$

令 $\mu = \nu - \nu_0$,$g(\mu) = \tilde{V}(\mu + \nu_0)$,则有

$$A(t)\exp[j\varphi(t)] = \int_0^\infty g(\mu)\exp(-j2\pi\mu t)d\mu. \tag{8.2.24}$$

准单色条件要求,谱振幅只有在 $\nu \approx \nu_0$ 附近才显著不为 0,即(8.2.24)式积分是低频分量的叠加. 再者,准单色条件要求 $\Delta\nu \ll \nu_0$,故 $A(t)$ 与 $\varphi(t)$ 和 $\cos(2\pi\nu_0 t)$ 与 $\sin(2\pi\nu_0 t)$ 相比变化缓慢. 所以,在准单色条件下,可以把 $A(t)$ 看成是一个振幅包络,它调制了一个频率为 ν_0 的波. 也就是说,在与 $1/\nu_0$ 相当的时间间隔内,$A(t)$ 与 $\varphi(t)$ 只有微小的变化. 然而,在 $\tau_c \approx 1/\Delta\nu$ 的时间间隔内,它将有显著的变化. 因此,相干时间表示准单色光复振幅的振幅和位相基本上保持不变的时间间隔的上限. 在这种含义下,准单色光的解析信号表示(8.2.23)式才具有与单色光相类似的性质与表达式.

8.3 互相干函数

为了讨论涉及一个具有有限大小,并具有有限光谱范围的光源发出的光场的相干性问题,必须确定波场中任意两点的振动之间可能存在的相关性. 这两束光可以在不同时刻从空间同一点发出(迈克尔逊干涉仪),也可以在同一时刻从两个不同的空间点发出(杨氏实验装置中的对称位置),或在不同时刻从不同的空间点发出(杨氏实验装置中的一般位置). 通过对双光束干涉实验的分析,提供了对这种相关性的一种适当的度量.

然而,实际光场在本质上是某种涨落现象. 热光源发出的光是由组成光源的不

同独立辐射振子发生的. 因此 $V^r(t)$ 是大量互相独立的傅里叶分量的叠加,它是时间涨落的函数. 对于激光光源,虽然受激辐射使辐射场的原子彼此耦合,但各傅里叶分量不完全独立. 并且由于自发辐射的存在,不可避免地总存在着无规则涨落. 由于光振动周期小于目前最快的光探测器的时间分辨率,故实标量函数 $V^r(t)$ 不是实验上可测量的量,必须取对时间的平均. 所以,这种涨落场要用统计的方法来描述.

在随机过程理论中,通常把函数 $V^r(t)$ 看作是表征过程统计性质的函数系综中的一个典型成员. 而通常光学中遇到的系统,可假定是平衡的和各态历经的. 平衡性意味着所有系综的平均都与时间原点无关,而各态历经性意味着系综平均等于时间平均.

下面引入描述部分相干光场的基本物理量——互相干函数. 它描述具有一定的相对时间延迟,位于两个空间点上的光场之间的相关性.

8.3.1　互相干函数

假定有一扩展的多色光源 σ,它发出的光照射到图 8.4 的杨氏装置上. 这样,在观察平面上 Q 点的干涉光强度分布就反映了上述光场中各点之间的相关性.

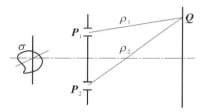

图 8.4　用扩展光源的杨氏实验

取由光源 σ 引起的在时刻 t 针孔 $P_s\,(s=1$ 或 2)处光场的解析信号为 $V(P_s,\ t)$,则由这两点引起的在观察平面上 Q 点的光场

$$V(Q,\ t) = K_1 V_1\left(P_1,\ t-\frac{\rho_1}{c}\right) + K_2 V_2\left(P_2,\ t-\frac{\rho_2}{c}\right), \qquad (8.3.1)$$

其中 ρ_1/c 与 ρ_2/c 分别是从 P_1 到 Q 与从 P_2 到 Q 光传播所需的时间. 由惠更斯-菲涅耳原理知道,从 P_1 和 P_2 发出的次波的位相比入射波超前 $\pi/2$,故(8.3.1)式中的 K_1 和 K_2 为纯虚数. 这样可以求得观察强度为

$$I(Q) = \langle V(Q,\ t)V^*(Q,\ t)\rangle. \qquad (8.3.2)$$

其中 $\langle\ \rangle$ 表示对时间取平均,即为

$$\langle V(Q,\ t)V^*(Q,\ t)\rangle = \lim_{T\to\infty}\int_{-T}^{T} V(Q,\ t)V^*(Q,\ t)\mathrm{d}t. \qquad (8.3.3)$$

则 Q 点的光强度为

$$I(\boldsymbol{Q}) = |K_1|^2 \left\langle V_1\left(\boldsymbol{P}_1,\ t - \frac{\rho_1}{c}\right) V_1^*\left(\boldsymbol{P}_1,\ t - \frac{\rho_1}{c}\right) \right\rangle$$

$$+ |K_2|^2 \left\langle V_2\left(\boldsymbol{P}_2,\ t - \frac{\rho_2}{c}\right) V_2^*\left(\boldsymbol{P}_2,\ t - \frac{\rho_2}{c}\right) \right\rangle$$

$$+ K_1 K_2^* \left\langle V_1\left(\boldsymbol{P}_1,\ t - \frac{\rho_1}{c}\right) V_2^*\left(\boldsymbol{P}_2,\ t - \frac{\rho_2}{c}\right) \right\rangle$$

$$+ K_1^* K_2 \left\langle V_1^*\left(\boldsymbol{P}_1,\ t - \frac{\rho_1}{c}\right) V_2\left(\boldsymbol{P}_2,\ t - \frac{\rho_2}{c}\right) \right\rangle. \qquad (8.3.4)$$

考虑到场的平稳性,在取平均时可以移动时间原点,得到

$$\left\langle V_1\left(\boldsymbol{P}_1,\ t - \frac{\rho_1}{c}\right) V_1^*\left(\boldsymbol{P}_1,\ t - \frac{\rho_1}{c}\right) \right\rangle = \langle V_1(t) V_1^*(t)\rangle = I_1,$$

同样有

$$\left\langle V_2\left(\boldsymbol{P}_1,\ t - \frac{\rho_1}{c}\right) V_2^*\left(\boldsymbol{P}_1,\ t - \frac{\rho_1}{c}\right) \right\rangle = \langle V_2(t) V_2^*(t)\rangle = I_2,$$

这里,I_1 和 I_2 分别是 $\boldsymbol{P}_1$ 与 $\boldsymbol{P}_2$ 点处的光强. 对(8.3.4)式的第三、四项也施以同样的时间平移后,(8.3.4)式成为

$$I(\boldsymbol{Q}) = |K_1|^2 I_1 + |K_2|^2 I_2 + 2|K_1 K_2| \Gamma_{12}^{\mathrm{r}}(\tau), \qquad (8.3.5)$$

其中 $\tau = (\rho_1 - \rho_2)/c$,$\Gamma_{12}^{\mathrm{r}}(\tau)$ 是函数 $\Gamma_{12}(\tau)$ 的实部,这里

$$\Gamma_{12}(\tau) = \langle V_1(t + \tau) V_2^*(t)\rangle$$
$$= \lim_{T\to\infty} \frac{1}{2T} \int_{-T}^{T} V_1(t + \tau) V_2^*(t)\mathrm{d}t. \qquad (8.3.6)$$

按上式定义的 $\Gamma_{12}(\tau)$ 称为光束的互相干函数. 在部分相干性理论中它是一个基本物理量,它表示在 $\boldsymbol{P}_1$ 与 $\boldsymbol{P}_2$ 处相隔时间间隔为 τ 的光辐射场之间的相关性.

当 $\boldsymbol{P}_1$ 与 $\boldsymbol{P}_2$ 点重合时,有

$$\Gamma_{11}(\tau) = \langle V_1(t + \tau) V_1^*(t)\rangle, \qquad (8.3.7)$$

$\Gamma_{11}(\tau)$ 称为自相干函数. 如取 $\tau = 0$,则它为光强度:

$$\Gamma_{11}(0) = I_1, \quad \Gamma_{22}(0) = I_2.$$

显然，$|K_1|^2 I_1$ 是当 P_1 处的孔单独打开时在 Q 点的光强度 $I_1(Q)$. 同样有

$$|K_2|^2 I_2 = I_2(Q).$$

如引入一个归一化函数

$$\gamma_{12}(\tau) = \frac{\Gamma_{12}(\tau)}{[\Gamma_{11}(0)\Gamma_{22}(0)]^{1/2}}, \qquad (8.3.8)$$

则 (8.3.5) 式可改写为

$$I(Q) = I_1(Q) + I_2(Q) + 2\sqrt{I_1(Q)I_2(Q)}\,\gamma_{12}^{\mathrm{r}}(\tau). \qquad (8.3.9)$$

(8.3.8) 式所定义的 $\gamma_{12}(\tau)$ 称为复相干度, 容易证明

$$0 \leqslant |\gamma_{12}(\tau)| \leqslant 1, \qquad (8.3.10)$$

并有

$$\gamma_{12}(\tau) = |\gamma_{12}(\tau)| \exp[j\varphi_{12}(\tau)]. \qquad (8.3.11)$$

利用 (8.3.11) 式可将 (8.3.9) 式改写为

$$I(Q) = I_1(Q) + I_2(Q) + 2\sqrt{I_1(Q)I_2(Q)}\,|\gamma_{12}(\tau)|\cos\varphi_{12}(\tau). \qquad (8.3.12)$$

这样, 复相干度直接与可测量的干涉条纹的可见度联系起来了. 可以求得条纹的可见度函数为

$$\nu = \frac{2\sqrt{I_1(Q)I_2(Q)}}{I_1(Q) + I_2(Q)}|\gamma_{12}(\tau)|. \qquad (8.3.13)$$

当 $I_1 = I_2$ 时, 有

$$\nu = |\gamma_{12}(\tau)|. \qquad (8.3.14)$$

如取极端情况, 即 $|\gamma_{12}(\tau)| \approx 1$ 时, 这时在观察平面上有高对比度的条纹. 我们说 P_1 与 P_2 点处, 相隔时间为 τ 的两个光场之间是互为相干的. 如 $|\gamma_{12}(\tau)| \approx 0$, 则观察不到干涉条纹, 我们称这时为互不相干. 在一般情况下, $|\gamma_{12}(\tau)|$ 描写部分相干态.

此外, (8.3.11) 式中的复相干度的幅角 $\varphi_{12}(\tau)$ 也有明确的物理意义. 我们可将复相干度写成如下的形式:

$$\gamma_{12}(\tau) = |\gamma_{12}(\tau)| \exp\{j[\alpha_{12}(\tau) - 2\pi\nu_0\tau]\}, \qquad (8.3.15)$$

其中定义

$$\alpha_{12}(\tau) = 2\pi\nu_0\tau + \varphi_{12}(\tau). \qquad (8.3.16)$$

则(8.3.12)式为

$$I(Q) = I_1(Q) + I_2(Q) + 2\sqrt{I_1(Q)I_2(Q)}\,|\gamma_{12}(\tau)|\cos[\alpha_{12}(\tau) - \delta],$$
$$(8.3.17)$$

其中 $\delta = 2\pi\nu_0\tau = \dfrac{2\pi}{\lambda_0}(\rho_2 - \rho_1) = \dfrac{2\pi}{\lambda_0}\Delta L$, ΔL 为两束光之间的光程差.从(8.3.17)式可见,干涉条纹强度极大值的位置由下列条件给出

$$\alpha_{12}(\tau) - 2\pi\nu_0\tau = 2m\pi, \quad m = 0, \pm 1, \pm 2, \cdots \qquad (8.3.18)$$

与此相应,如用完全相干光照明,在观察平面上的光强度分布为

$$I(Q) = I_1(Q) + I_2(Q) + 2\sqrt{I_1(Q)I_2(Q)}\,|\gamma_{12}(\tau)|\cos\delta, \qquad (8.3.19)$$

其中 $\delta = 2\pi\nu_0\tau = \dfrac{2\pi}{\lambda_0}\Delta L$. 比较(8.3.17)式与(8.3.19)式可以看出,部分相干光照明所给出的强度极大值的位置,就好像两个孔都受到频率为 ν_0 的完全相干光照射时所出现的情况一样,只不过 P_1 点的位相比 P_2 点的位相增加了一个延迟量 $\alpha_{12}(\tau)$.因此,$\alpha_{12}(\tau)$ 可以看作是部分相干光引起的有效位相延迟.

8.3.2 互谱密度函数

根据维纳-辛钦(Wiener-Khinchin)定理,自相关函数与功率谱密度之间存在着傅里叶变换关系.为此,我们讨论互相干函数的傅里叶变换——互谱密度函数.

首先要说明实标量函数 $V^r(t)$ 的傅里叶变换的存在性.我们知道,傅里叶变换的存在条件是,该函数在整个无限空间中绝对平方面积为不等于零的有限值,也就是要求

$$\lim_{T\to\infty}\frac{1}{2T}\int_{-T}^{T}|V^r(t)|^2\mathrm{d}t = \left\langle|V^r(t)|^2\right\rangle \qquad (8.3.20)$$

为不等于零的有限值.这在物理上总是满足的,因为(8.3.20)式就是光场的总光强度,只要有辐射存在,它总是等于不为 0 的有限值.因此,对于实际的物理问题,不必学院式地讨论其傅里叶变换的存在性.在这里傅里叶变换的适用性自然成立.

由(8.3.6)式,要求 $\Gamma_{12}(\tau)$ 的傅里叶变换式,须先计算下式:

$$\int_{-\infty}^{\infty} V_1(t+\tau)V_2^*(t)\mathrm{d}t = \int_{-\infty}^{\infty} V_2^*(t)\mathrm{d}t\int_0^\infty \widetilde{V}_1(\nu)\exp[-\mathrm{j}2\pi\nu(t+\tau)]\mathrm{d}\nu$$
$$= \int_0^\infty\left[\int_{-\infty}^{\infty} V_2^*(t)\exp(-\mathrm{j}2\pi\nu t)\mathrm{d}t\right]\widetilde{V}_1(\nu)$$

$$\cdot \exp(-\mathrm{j}2\pi\nu\tau)\mathrm{d}\nu$$

$$= \int_0^\infty \widetilde{V}_1(\nu)\,V_2^*(\nu)\exp(-\mathrm{j}2\pi\nu\tau)\mathrm{d}\nu,$$

其中 $\widetilde{V}(\nu)$ 为 $V(t)$ 的傅里叶变换. 那么

$$\Gamma_{12}(\tau) = \int_0^\infty \mathrm{d}\nu \exp(-\mathrm{j}2\pi\nu\tau)\lim_{T\to\infty}\left[\frac{\widetilde{V}_1(\nu)\,\widetilde{V}_2^*(\nu)}{2T}\right]$$

$$= \int_0^\infty G_{12}(\nu)\exp(-\mathrm{j}2\pi\nu\tau)\mathrm{d}\nu, \tag{8.3.21}$$

其中

$$G_{12}(\nu) = \lim_{T\to\infty}\left[\frac{\widetilde{V}_1(\nu)\,\widetilde{V}_2^*(\nu)}{2T}\right]. \tag{8.3.22}$$

函数 $G_{12}(\nu)$ 称为在 P_1 与 P_2 点处光振动的互谱密度函数.

类似地,存在下列逆变换关系:

$$G_{12}(\nu) = \begin{cases} \displaystyle\int_{-\infty}^\infty \Gamma_{12}(\tau)\exp(\mathrm{j}2\pi\nu\tau)\mathrm{d}\tau, & \nu > 0, \\ 0, & \nu < 0. \end{cases} \tag{8.3.23}$$

这是由于互相干函数也是解析信号,$\Gamma_{12}(\tau)$ 的谱在负频率区域应为 0.

当 P_1 与 P_2 点相重合时,自相关函数 $\Gamma_{11}(\tau)$ 的傅里叶变换 $G_{11}(\nu)$ 称为 $V_1(t)$ 的功率谱,即频谱密度函数.

对复相干度也有类似的关系

$$\gamma_{12}(\tau) = \int_0^\infty g_{12}(\nu)\exp(-\mathrm{j}2\pi\nu\tau)\mathrm{d}\nu,$$

其中

$$g_{12}(\nu) = \frac{G_{12}(\nu)}{\sqrt{\Gamma_{11}(0)\,\Gamma_{22}(0)}}. \tag{8.3.24}$$

相应地有

$$\gamma(\tau) = \gamma_{11}(\tau) = \int g(\nu)\exp(-\mathrm{j}2\pi\nu\tau)\mathrm{d}\nu, \tag{8.3.25}$$

其中 $g(\nu) = g_{11}(\nu)$ 为归一化的谱密度函数. 它具有如下性质:

$$\int_0^\infty g(\nu)\exp(-\mathrm{j}2\pi\nu\tau)\mathrm{d}\nu = 1. \tag{8.3.26}$$

8.4 互相干函数的极限形式

本节将讨论互相干函数在完全相干、完全非相干及准单色光情况下的表达形式.

8.4.1 相干极限下的互相干函数

所谓完全相干意味着,对于空间中任意两点及任意的时间延迟,光场都存在着高度的相关性,其表现是高对比度的干涉条纹的出现.完全相干情况用相干度表示为,对所有点对 r_1 和 r_2 以及对所有实值 $\tau(-\infty < \tau < +\infty)$,存在

$$|\gamma_{12}(\tau)| \equiv 1. \tag{8.4.1}$$

要讨论在这种情况下的互相干函数的形式,我们将不加证明地引用梅特(Mehta)和沃耳夫(Wolf)[①]提出的几个定理.

定理 1: 假如对固定点 R 和所有实值 $\tau(-\infty < \tau < +\infty)$,存在 $|\gamma(R, R, \tau)| \equiv 1$,则 $\gamma(R, R, \tau) = \exp(-j2\pi\nu_0\tau)$,其中 ν_0 为正实常数.

根据定理 1,可有以下推论:

如果 r 为空间中任意点,那么

$$\gamma(r, R, \tau) = \gamma(r, R, 0)\exp(-j2\pi\nu_0\tau),$$

以及

$$\gamma(R, r, \tau) = \gamma(R, r, 0)\exp(-j2\pi\nu_0\tau).$$

定理 2: 假如对空间两个任意固定点 R_1 和 R_2 和所有实值 $\tau(-\infty < \tau < +\infty)$,存在 $|\gamma(R_1, R_2, \tau)| \equiv 1$,则 $\gamma(R_1, R_2, \tau) = \exp[j(\beta - 2\pi\nu_0\tau)]$,其中 β 为实常数.

据此可有以下推论:

$$\gamma(R_1, R_2, \tau) = \gamma(R_2, R_1, \tau) = \exp(-j2\pi\nu_0\tau),$$

---

① C. L. Mehta, E. Wolf and A. P. Balachandran, *J. Math. Phys.*, 1(1966), 133.

以及

$$\gamma(\boldsymbol{r}, \boldsymbol{R}_2, \tau) = \gamma(\boldsymbol{R}_1, \boldsymbol{R}_2, 0)\gamma(\boldsymbol{r}, \boldsymbol{R}_1, \tau).$$

下面给出的定理 3 涉及复相干度的最一般情况,即对空间中的任意点的情况.

定理 3:假如对空间中所有点对 $\boldsymbol{r}_1$,$\boldsymbol{r}_2$ 和所有实值 $\tau(-\infty < \tau < +\infty)$,存在 $|\gamma(\boldsymbol{r}_1, \boldsymbol{r}_2, \tau)| \equiv 1$,则

$$\gamma(\boldsymbol{r}_1, \boldsymbol{r}_2, \tau) = \exp\{\mathrm{j}[\alpha(\boldsymbol{r}_1) - \alpha(\boldsymbol{r}_2) - 2\pi\nu_0\tau]\}, \tag{8.4.2}$$

其中 $\alpha(\boldsymbol{r})$ 是 $\boldsymbol{r}$ 的实函数.

由(8.4.2)式,根据互相干函数的定义可以导出完全相干极限下的互相干函数为

$$\Gamma(\boldsymbol{r}_1, \boldsymbol{r}_2, \tau) = U(\boldsymbol{r}_1)U^*(\boldsymbol{r}_2)\exp(-\mathrm{j}2\pi\nu_0\tau), \tag{8.4.3}$$

其中

$$U(\boldsymbol{r}) = \sqrt{\Gamma(\boldsymbol{r}, \boldsymbol{r}, 0)}\exp[\mathrm{j}\alpha(\boldsymbol{r})] = \sqrt{\overline{\langle V(\boldsymbol{r}, t)V^*(\boldsymbol{r}, t)\rangle}}\exp[\mathrm{j}\alpha(\boldsymbol{r})]. \tag{8.4.4}$$

显然,$U(\boldsymbol{r})$ 是亥姆霍兹方程的解.其相应的互谱密度函数可表示为

$$G(\boldsymbol{r}_1, \boldsymbol{r}_2, \nu) = U(\boldsymbol{r}_1)U^*(\boldsymbol{r}_2)\delta(\nu - \nu_0). \tag{8.4.5}$$

(8.4.3)式意味着,相干极限下的互相干函数可表示为两个互相共轭函数的乘积,每个函数只依赖于一个空间点坐标.反之,如果一个光场的互相干函数能表示为(8.4.3)式的形式,则该场一定是完全相干光场.因此(8.4.3)式是表示完全相干光场的充分必要条件.并且,由(8.4.5)式可见,只有严格的单色光场才是完全相干的.

实际上,我们发现非严格单色的光场也可具有相当好的相干性.(8.4.1)式的要求对于实用来说是过于苛刻了.下面我们将放松这种要求,同时保持它应具有的一般特性.

8.4.2　准单色光近似

1. 准单色近似下的完全相干条件

(1) 窄带光,即

$$\Delta\nu/\nu_0 \ll 1; \tag{8.4.6}$$

(2) 光程差小,即光程差小于相干长度:

$$(r_2 - r_1) \ll c\tau_c,$$

或

$$\Delta\nu\,|\,\tau\,| \ll 1. \tag{8.4.7}$$

在准单色近似下,曼德(Mandel)和沃耳夫[1]提出一个较弱的,然而更为实际的完全相干条件,即:对光场中所有点对 P_1 和 P_2,存在一个时间延迟 τ_{12},τ_{12} 是 P_1 和 P_2 的函数,使 $|\gamma_{12}(\tau_{12})| \equiv 1$,则称该光场是完全相干的.

用数学式可表示为,对所有点对 P_1 和 P_2 以及 τ,满足不等式(8.4.7)的情况下,有

$$\mathrm{Max}_\tau\,|\,\gamma_{12}(\tau)\,| \equiv 1, \tag{8.4.8}$$

其中 Max_τ 表示取关于 τ 的极大值.

与证明梅特的三个定理相类似,可以导出:如果辐射场是准单色的,则完全相干场的充分必要条件是,对光场中的任意点对 r_1 和 r_2,$\Gamma_{12}(\tau)$ 可写成如下形式:

$$\Gamma_{12}(\tau) = U(r_1)U^*(r_2)\exp(-\,\mathrm{j}2\pi\nu_0\tau). \tag{8.4.9}$$

上式与(8.4.3)式相同,这说明相干极限下的互相干函数应表示为只依赖于一个空间点坐标的两个函数的乘积,要强调指出,准单色条件 $\Delta\nu/\nu_0 \ll 1$ 并不意味着是完全相干的.只有(8.4.7)式同时满足,即光程差小于相干长度的情况下,准单色光才有与严格单色光相类似的性质.在违反(8.4.7)式的情况下,$|\gamma_{12}(\tau)|$ 有可能为 0,即完全不相干.

2. 准单色近似下的互相干函数——互强度

准单色光具有这样的性质,即其互谱密度函数只有满足不等式 $|\nu - \nu_0| < \Delta\nu$ 的频谱分量才不为 0,可将互相干函数改写为

$$\Gamma_{12}(\tau) = \exp(-\,\mathrm{j}2\pi\nu_0\tau)\int_0^\infty G_{12}(\nu)\exp[-\,\mathrm{j}2\pi(\nu - \nu_0)\tau]\mathrm{d}\nu. \tag{8.4.10}$$

由准单色光条件(8.4.7)式,可将(8.4.10)式积分号中的指数因子近似为 1,那么,(8.4.10)式可改写为

$$\Gamma_{12}(\tau) = \exp(-\,\mathrm{j}2\pi\nu_0\tau)\int_0^\infty G_{12}(\nu)\,\mathrm{d}\nu = \Gamma_{12}(0)\exp(-\,\mathrm{j}2\pi\nu_0\tau). \tag{8.4.11}$$

---

[1] L. Mandel and E. Wolf, *J. Opt. Soc. Am.*, 51(1961),815.

因此有

$$|\Gamma_{12}(\tau)| = |\Gamma_{12}(0)| = |J_{12}|, \tag{8.4.12}$$

相应地有

$$|\gamma_{12}(\tau)| = |\gamma_{12}(0)| = |\mu_{12}|, \tag{8.4.13}$$

其幅角为

$$|\alpha_{12}(\tau)| = |\alpha_{12}(0)| = \beta_{12}. \tag{8.4.14}$$

所以有

$$\gamma_{12}(\tau) = |\mu_{12}|\exp[j(\beta_{12} - 2\pi\nu_0\tau)] = \mu_{12}\exp(-j2\pi\nu_0\tau), \tag{8.4.15}$$

以及

$$\Gamma_{12}(\tau) = |J_{12}|\exp[j(\beta_{12} - 2\pi\nu_0\tau)] = J_{12}\exp(-j2\pi\nu_0\tau). \tag{8.4.16}$$

因此,只要两干涉光束间光程差比相干长度小得多,则干涉定律为

$$I(Q) = I_1(Q) + I_2(Q) + 2\sqrt{I_1(Q)I_2(Q)}\,|\mu_{12}|\cos(\beta_{12} - \delta). \tag{8.4.17}$$

(8.4.17)式是准单色光的部分相干性理论的基本公式.在准单色条件下,表示波场中空间任意两点的振动之间的相关,可用一个取决于两点位置,而与时间延迟 τ 无关的量来表征,即 $J_{12} = \Gamma_{12}(0)$,这称为互强度.与其相应的 μ_{12} 称为复相干因子.

8.4.3 非相干极限下的互相干函数

与相干极限正好相反,完全非相干条件可表述为:对于空间非 0 的光场分布,对所有的点对 P_1 和 $P_2(P_1 \neq P_2)$,以及对所有的时间延迟 $\tau(-\infty < \tau < +\infty)$,完全非相干条件为

$$|\gamma_{12}(\tau)| \equiv 0. \tag{8.4.18}$$

我们也可以用互谱密度函数给出完全非相干场的另一种定义方法:若在空间中存在一个非零的完全非相干光场,则有

$$\begin{cases} G(\boldsymbol{r}_1, \boldsymbol{r}_2, \nu) \equiv 0, & \text{当 } \boldsymbol{r}_1 \neq \boldsymbol{r}_2 \text{ 时,} \\ G(\boldsymbol{r}_1, \boldsymbol{r}_2, \nu) \not\equiv 0, & \text{当 } \boldsymbol{r}_1 = \boldsymbol{r}_2 \text{ 时.} \end{cases} \tag{8.4.19}$$

对(8.4.19)式中的第二式,由于 $G(\boldsymbol{r}_1, \boldsymbol{r}_2, \nu)$ 为光源的谱密度函数,对于一个非零的光场,显然它不应为 0.这样 (8.4.19)式可用 δ 函数表示为

$$G(\boldsymbol{r}_1, \boldsymbol{r}_2, \nu) = \beta G(\boldsymbol{r}_1, \boldsymbol{r}_2, \nu)\delta(\boldsymbol{r}_1 - \boldsymbol{r}_2), \qquad (8.4.20)$$

其中 β 为常数,且 $|\beta| = 1$.

由以上定义的完全非相干性,将会引出来一个令人难以理解的结论,这就是帕伦特(Parrent)定理[①].由互相干函数的传播定理(见 8.6 节),在 Σ_1 面上已知的互相干函数 $\Gamma(\boldsymbol{P}_1, \boldsymbol{P}_2, \tau)$ 可以推出经传播后在另一个 Σ_2 面上的 $\Gamma(\boldsymbol{Q}_1, \boldsymbol{Q}_2, \tau)$,即

$$\Gamma(\boldsymbol{Q}_1, \boldsymbol{Q}_2, \tau) = \iint\limits_{\Sigma_1}\iint\limits_{\Sigma_1} \Gamma\left(\boldsymbol{P}_1, \boldsymbol{P}_2, \tau + \frac{r_2 - r_1}{c}\right)\frac{K(\theta_1)}{\lambda r_1}\frac{K(\theta_2)}{\lambda r_2}\mathrm{d}s_1\mathrm{d}s_2.$$

$$(8.4.21)$$

在完全非相干情况下,由(8.4.18)式有

$$\Gamma\left(\boldsymbol{P}_1, \boldsymbol{P}_2, \tau + \frac{r_2 - r_1}{c}\right) = 0, \qquad 当 \boldsymbol{P}_1 \neq \boldsymbol{P}_2 时.$$

代入(8.4.21)式可得

$$\Gamma(\boldsymbol{Q}_1, \boldsymbol{Q}_2, \tau) = 0. \qquad (8.4.22)$$

如取 $\tau = 0$,$\boldsymbol{Q}_1 = \boldsymbol{Q}_2$,则(8.4.22)式为 $I(\boldsymbol{Q}) = 0$.这就是说,按照以上定义的完全非相干场不能从 Σ_1 面传播到 Σ_2 面.因此,帕伦特定理表述为:在(8.4.18)式意义下的完全非相干场在自由空间不存在.其推论是:完全非相干光源表面无辐射.这就是令人吃惊的结论! 这种似乎没有物理意义的结果的物理解释是来自于消逝波现象.因为按照(8.4.18)式和(8.4.19)式所定义的完全非相干条件,即便在光源上,当 $|r_2 - r_1| < \lambda$ 时,$|\gamma_{12}(\tau)|$ 仍为 0.这说明完全非相干场有小于一个波长的无限精细的结构.而空间结构小于一个波长的场相应于不传播的消逝波.因此,在这种意义下的完全非相干光源是不辐射的.

然而,由相干性理论知道,如果在一个非相干光源上取两点,这两点间的距离小于一个波长,则这两点发生的辐射应是相干的.因为这时从光源中这两点发出的光波经干涉仪的光程差之间的差别也将小于一个波长.那么,它们各自形成的干涉条纹不会移动一个条纹间距,故总是可以观察到干涉条纹.因此按(8.4.18)式或(8.4.19)式定义的完全非相干光源是不存在的,是真实的非相干光源的抽象.

为此,我们可以适当放宽完全非相干条件(8.4.19)式,取有一定空间宽度分布的尖峰函数去代替其中的 δ 函数.例如可取

---

① M. Beran and G. Parrent, *Theory of Partial Coherence*,(Englewood Cliffs, NJ, Prentice-Hall, 1964).

$$G(\boldsymbol{r}_1, \boldsymbol{r}_2, \nu) = G(\boldsymbol{r}_1, \boldsymbol{r}_1, \nu) \frac{2J_1(k\,|\,r_1 - r_2\,|)}{k\,|\,r_1 - r_2\,|}, \qquad (8.4.23)$$

或

$$G(\boldsymbol{r}_1, \boldsymbol{r}_2, \nu) = G(\boldsymbol{r}_1, \boldsymbol{r}_1, \nu)\mathrm{sinc}[k(x_1 - x_2)]\mathrm{sinc}[k(y_1 - y_2)], \qquad (8.4.24)$$

也可取为

$$G(\boldsymbol{r}_1, \boldsymbol{r}_2, \nu) = G(\boldsymbol{r}_1, \boldsymbol{r}_1, \nu)\exp\{-k^2[(x_1 - x_2)^2 + k(y_1 - y_2)^2]\}. \qquad (8.4.25)$$

这三个尖峰函数的分布如图 8.5 所示.

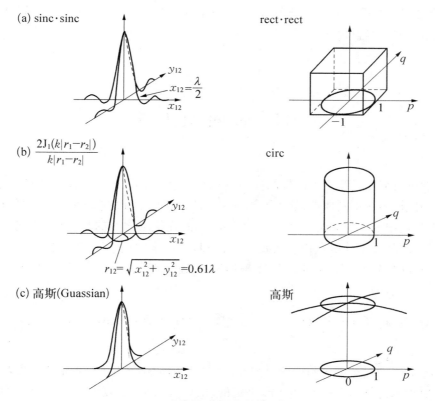

图 8.5　三个典型的尖峰函数和它们的谱

　　由于(8.4.23)～(8.4.25)式中的尖峰函数有一定的宽度 ε,在 ε 内,$G(\boldsymbol{r}_1$, $\boldsymbol{r}_2, \nu)\neq0$.这样从光源上某一点 $\boldsymbol{r}_1$ 发出的光可看作与它邻近的 ε 内所有的 $\boldsymbol{r}_2$ 点

发出的光是相干的.这种情况符合实际的物理存在.在做了这种处理后,就避免了消逝波的出现,非相干场是辐射场.

实际上,如果让这种光通过一个光学系统,这个光学系统的分辨率比 ε 大的话,则该系统不能分辨这么小的相干面积.这样 $\Gamma(r_1,r_2,\tau)$ 的确切形式是无关紧要的.可以取 $(8.4.23)\sim(8.4.25)$ 式中的任一种形式.这时,可把 δ 函数理解为 $(8.4.23)\sim(8.4.25)$ 式中的尖峰函数的极限形式,对实际结果不会有影响,故为方便起见,在准单色的完全非相干光情况下,互相干函数为

$$J(P_1,P_2)=\beta I(P_1)\delta(x_1-x_2,y_1-y_2),\qquad(8.4.26)$$

其中 (x_1,y_1) 与 (x_2,y_2) 分别为 P_1 与 P_2 点的坐标.可以说,这是较弱的非相干场,也是实际有用的非相干场表达式.为简单计,取 $\beta=1$,对于互强度空间结构的分析结果不会有影响.

8.5 时间相干性

通过研究光场互相干函数的性质,可分析光场的相干特性.在一般情况下,互相干函数描述在不同地点,处于不同时刻的两个光场之间的相关性.本节要讨论的是,在光场中的一个固定点上,两个不同时刻的光扰动之间的相关性.这就是时间相干性,时间相干性由自相干函数 $\Gamma_{11}(\tau)$ 和复相干因子 $\gamma_{11}(\tau)$ 来描述.

研究时间相干性的典型装置是迈克尔逊干涉仪.这时相应的干涉定律为 $(8.3.17)$ 式,即

$$I(Q)=I_1(Q)+I_2(Q)+2\sqrt{I_1(Q)I_2(Q)}\,|\gamma_{11}(\tau)|\cos[\alpha_{11}(\tau)-2\pi\nu_0\tau]$$
$$(8.5.1)$$

其中 τ 为光通过干涉仪两臂的时间差.由此可见,迈克尔逊干涉仪的干涉图特性是由发射光源的复相干因子 $\gamma_{11}(\tau)$ 决定的.由 $(8.3.25)$ 式,复相干因子与光源的功率谱密度之间存在着直接的关系,根据这种关系,我们很容易从光源的功率谱密度函数得到干涉图的分布.下面对不同光谱分布的光源计算其相应的复相干因子,并由此研究不同光源的时间相干性.

8.5.1　高斯线型光源

低压气体放电管的单谱线加宽机制是由于运动辐射振子发光的多普勒位移引起的多普勒加宽,其谱密度函数为高斯分布函数:

$$g(\nu) = \frac{2\sqrt{\ln 2}}{\sqrt{\pi}\Delta\nu}\exp\left[-\left(2\sqrt{\ln 2}\,\frac{\nu-\nu_0}{\Delta\nu}\right)^2\right], \tag{8.5.2}$$

其中 $\Delta\nu$ 为谱线的半宽度. 由(8.3.25)式容易求出

$$\gamma(\tau) = \exp\left[-\left(\frac{\pi\Delta\nu}{2\sqrt{\ln 2}}\tau\right)^2\right]\exp(-\mathrm{j}2\pi\nu_0\tau), \tag{8.5.3}$$

将上式与(8.5.1)式比较可见,这时 $\alpha(\tau)=0$.

8.5.2　洛伦兹线型光源

高压气体放电管的谱线加宽机制是辐射的原子或分子的碰撞引起的碰撞加宽,其谱密度函数为洛伦兹线型

$$g(\nu) = \frac{2(\pi\Delta\nu)^{-1}}{1+\left(2\dfrac{\nu-\nu_0}{\Delta\nu}\right)^2}. \tag{8.5.4}$$

其相应的复相干因子为

$$\gamma(\tau) = \exp(-\pi\Delta\nu\,|\,\tau\,|)\exp(-\mathrm{j}2\pi\nu_0\tau), \tag{8.5.5}$$

同样有 $\alpha(\tau)=0$.

8.5.3　矩形谱密度光源

在理论上假定矩形功率谱密度是方便的,即

$$g(\nu) = \frac{1}{\Delta\nu}\mathrm{rect}\left(\frac{\nu-\nu_0}{\Delta\nu}\right), \tag{8.5.6}$$

则

$$\gamma(\tau) = \mathrm{sinc}(\Delta\nu\tau)\exp(-\mathrm{j}2\pi\nu_0\tau). \tag{8.5.7}$$

由于 sinc 函数在某些区域取负值,故有

$$\alpha(\tau) = \begin{cases} 0, & 2n<|\,\Delta\nu\tau\,|<2n+1, \\ \pi, & 2n+1<|\,\Delta\nu\tau\,|<2n+2, \end{cases} \quad n=1,2,3,\cdots. \tag{8.5.8}$$

图 8.6 与图 8.7 分别给出以上三种情况下的 $g(\nu)$ 和 $|\gamma(\tau)|$ 曲线.

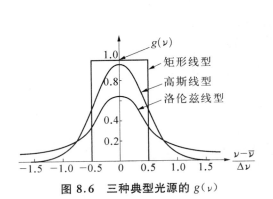

图 8.6　三种典型光源的 $g(\nu)$　　　图 8.7　三种典型光源的 $\gamma(\tau)$

这样,利用复相干度可精确定义相干时间,不像(8.1.2)式那样只给出一个数量级的大小.存在几种不同的定义方法,其中一种最简单明了的方法是将相干时间定义为 $|\gamma(\tau_c)| = 1/\sqrt{2}$ 时所相应的两束光的时间差.这只要在图 8.7 中作 $1/\sqrt{2}$ 的平行于横轴的直线,它与各曲线相交点所对应的 τ_c 值就是不同光源相应的相干时间.

而曼德的定义[①]

$$\tau_c = \int_{-\infty}^{\infty} |\gamma(\tau)|^2 d\tau. \tag{8.5.9}$$

容易证明,这种定义下的 τ_c 与 $1/\Delta\nu$ 有相同的数量级.下表给出根据以上两种不同定义方法所对应的相干时间.

表 8.1　不同线型光源的相干时间

线　型	高　斯	洛伦兹	矩　形
曼德定义的 τ_c	$\dfrac{0.664}{\Delta\nu}$	$\dfrac{0.318}{\Delta\nu}$	$\dfrac{1}{\Delta\nu}$
$\dfrac{1}{\sqrt{2}}$ 定义的 τ_c	$\dfrac{0.32}{\Delta\nu}$	$\dfrac{0.11}{\Delta\nu}$	$\dfrac{0.44}{\Delta\nu}$

---

① L. Mandel, *Proc. Phys. Soc.*, 74(1959),223.

8.5.4　激光的时间相干性

激光器的纵模频率为

$$\nu_n = \frac{nc}{2l}, \quad n = 1, 2, 3, \cdots, \tag{8.5.10}$$

其中 c 为光速，l 为激光器腔长. 如果激光器为单纵模振荡，由于激光的线宽很窄，因此其相应的相干时间较长. 但大多数激光器如不采取特殊的措施，一般都为多纵模输出. 假定激光器有两个纵模振荡，其谱密度函数为

$$g(\nu) = I_n \delta(\nu - \nu_n) + I_{n+1} \delta(\nu - \nu_{n+1}). \tag{8.5.11}$$

则可求得

$$\gamma(\tau) = \exp(j2\pi\nu_n\tau)\left[a_n + a_{n+1}\exp\left(j\frac{\pi c\tau}{l}\right) \right], \tag{8.5.12}$$

其中

$$a_n = \frac{I_n}{I_n + I_{n+1}}, \quad a_{n+1} = \frac{I_{n+1}}{I_n + I_{n+1}}.$$

则

$$|\gamma(\tau)| = \left[a_n^2 + a_{n+1}^2 + 2a_n a_{n+1}\cos\left(\frac{\pi c\tau}{l}\right) \right]^{1/2}. \tag{8.5.13}$$

由图 8.8 可见，$|\gamma(\tau)|$ 是一个周期函数. 参数 b 为 $|\gamma(\tau)|$ 的最小值，$b = |a_{n+1} - a_n|$. 当光程差为两倍腔长的整数倍时，即 $\Delta L = c\tau = 2kl$（$k = 0, 1, 2, \cdots$）时，$\gamma(2kl/c) = 1$. 这时，总能观察到高对比度的条纹，在这些位置附近时间相干性很好.

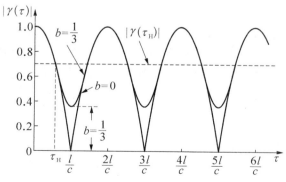

图 8.8　两个纵模的激光器的 $|\gamma(\tau)|$

可以证明,如激光器有 N 个纵模振荡,则

$$|\gamma(\tau)| = \left| \frac{\sin \dfrac{Nc\tau}{2l}}{N\sin \dfrac{\pi c\tau}{2l}} \right|. \tag{8.5.14}$$

图 8.9 给出当 $N=1,2,3,4$ 时的 $\gamma(\tau)$ 曲线.可见,不管有多少纵模振荡,光程差等于两倍腔长的整数倍时总能获得对比度好的条纹.

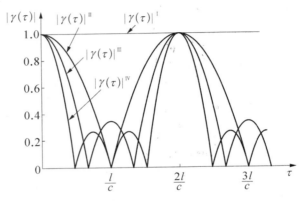

图 8.9 N 个纵模的激光器的 $|\gamma(\tau)|$

8.5.5 傅里叶变换光谱学

由于光源的光谱分布和自相关函数之间存在着傅里叶变换关系.因此,原则上可以从测量干涉条纹的可见度函数,计算出光源的光谱分布,这就是傅里叶变换光谱学.

它是以迈克尔逊干涉仪为基要装置,固定其中一个反射镜不动.连续移动另一个反射镜,光探测器测得干涉图分布 $I(\tau)$,其中 $\tau = 2d/c$,d 为移动的反射镜距离零光程差时的位移.这样,相对延迟为 τ 的两束光相叠加的光场为

$$V = V_1(t) + V_1(t+\tau),$$

则干涉场的光场强度为

$$I(\tau) = \langle [V_1(t) + V_1(t+\tau)][V_1^*(t) + V_1^*(t+\tau)] \rangle$$

$$= 2I_1 + \Gamma_{11}(\tau) + \Gamma_{11}^*(\tau), \tag{8.5.15}$$

其中 $I_1 = \Gamma_{11}(0)$ 为一束光强度. 而 $\Gamma_{11}(\tau)$ 的傅里叶变换为

$$\Gamma_{11}(\tau) = \int_0^\infty G(\nu)\exp(-\mathrm{j}2\pi\nu\tau)\mathrm{d}\nu.$$

这样, (8.5.15)式可表示为下述形式:

$$I(\tau) - 2I_1 = 2\int_0^\infty G(\nu)\cos(2\pi\nu\tau)\mathrm{d}\nu. \tag{8.5.16}$$

这是典型的余弦变换, 通过其反变换可得其功率谱 $G(\nu)$ 及其镜像, 即

$$\int_{-\infty}^\infty \left[I(\tau) - 2I_1 \right]\cos(2\pi\nu\tau)\mathrm{d}\tau = G(\nu) + G(-\nu). \tag{8.5.17}$$

(8.5.17)式表明, 在干涉图的强度分布中包含着光源光谱分布的信息, 只要作余弦傅里叶变换就可以将这一信息提取出来. 图 8.10 给出一典型的干涉图及其余弦变换所得的功率谱结果.

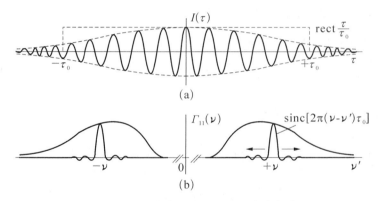

图 8.10　一个典型的干涉图及其功率谱

与采用棱镜光谱仪、法布里-珀罗干涉仪、光栅光谱仪等传统光谱技术相比较, 傅里叶变换光谱技术虽然不是一种直接的方法, 但却有着明显的优点. 一般光谱仪采用狭缝光源, 光能量较弱, 在某一瞬间只能记录一种光谱线. 而傅里叶变换光谱仪取消了狭缝限制, 可以使用扩展光源, 可获得很大的辐射通量. 并由于同时能记录全部光谱成分, 光能输出要大得多. 因而它具有更高的灵敏度和信噪比. 而且, 光谱仪的分辨率取决于可动反射镜的最大移动距离, 因此可以得到很高的分辨率.

正是这些优点使傅里叶变换光谱技术从 20 世纪 60 年代初发展以来受到高度重视, 它已成为从近红外到远红外, 甚至毫米波段的最有力的光谱分析方法. 近年来, 它正扩展到可见光和紫外区, 将显示新的应用可能性.

8.6　互相干函数的传播

　　光场在空间传播时要发生变化,与此相似,互相干函数在传播时也同样要经受某种变化.在这个意义上说,如果已知在空间某一个面 Σ_1 上的互相干函数,要求在空间另一个面 Σ_2 上相应的互相干函数问题,称为互相干函数的传播问题.由于光扰动是按照标量波动方程传播的,因此互相干函数也应服从波动方程的规律传播.下面首先证明互相干函数服从一对标量波动方程,再讨论互相干函数服从的基本传播定理.

8.6.1　决定互相干函数传播的波动方程

　　自由空间的光场为一实数场 $V^{\mathrm{r}}(\boldsymbol{P},\,t)$,它服从波动方程

$$\nabla^2 V^{\mathrm{r}}(\boldsymbol{P},\,t) - \frac{1}{c^2}\frac{\partial^2}{\partial t^2}V^{\mathrm{r}}(\boldsymbol{P},\,t) = 0, \tag{8.6.1}$$

其中 ∇^2 为拉普拉斯算子.对(8.6.1)式作希尔伯特变换后得

$$\nabla^2 V^{\mathrm{i}}(\boldsymbol{P},\,t) - \frac{1}{c^2}\frac{\partial^2}{\partial t^2}V^{\mathrm{i}}(\boldsymbol{P},\,t) = 0. \tag{8.6.2}$$

所以,解析信号 $V(\boldsymbol{P},\,t) = V^{\mathrm{r}}(\boldsymbol{P},\,t) + \mathrm{j}V^{\mathrm{i}}(\boldsymbol{P},\,t)$ 也服从波动方程.
　　而

$$\begin{aligned}\nabla_1^2 \Gamma_{12}(\tau) &= \nabla_1^2 \langle V_1(t+\tau) V_2^*(t)\rangle \\ &= \langle \nabla_1^2 V_1(t+\tau) V_2^*(t)\rangle,\end{aligned} \tag{8.6.3}$$

且

$$\nabla_1^2 V_1(t+\tau) = \frac{1}{c^2}\frac{\partial^2}{\partial \tau^2}V_1(t+\tau). \tag{8.6.4}$$

　　将(8.6.4)式代入(8.6.3)式可得

$$\nabla_1^2 \Gamma_{12}(\tau) - \frac{1}{c^2}\frac{\partial^2}{\partial \tau^2}\Gamma_{12}(\tau) = 0.$$

同样可证明

$$\nabla_2^2 \Gamma_{12}(\tau) - \frac{1}{c^2}\frac{\partial^2}{\partial \tau^2}\Gamma_{12}(\tau) = 0. \tag{8.6.5}$$

这说明,互相干函数满足波动方程.

可以证明,在准单色光情况下,与单色光场服从亥姆霍兹方程一样,互强度服从以下方程

$$\left.\begin{aligned}\nabla_1^2 J_{12} + k_0^2 J_{12} &= 0,\\ \nabla_2^2 J_{12} + k_0^2 J_{12} &= 0,\end{aligned}\right\} \tag{8.6.6}$$

其中 $k_0 = 2\pi/\lambda_0$ 为平均波数.

同样,互谱密度也满足亥姆霍兹方程

$$\left.\begin{aligned}\nabla_1^2 G_{12}(\nu) + k_0^2 G_{12}(\nu) &= 0,\\ \nabla_2^2 G_{12}(\nu) + k_0^2 G_{12}(\nu) &= 0.\end{aligned}\right\} \tag{8.6.7}$$

8.6.2　互强度的传播

我们在准单色光情况下来讨论互相干函数的传播定理.可以从惠更斯-菲涅耳原理出发来讨论互强度传播的效应.如图 8.11 所示,假定具有任意相干特性的波从左向右传播.已知在 Σ_1 上的互相干函数为 $\Gamma(P_1, P_2, \tau)$.我们希望求出在经过传播后的另一个面 Σ_2 上的 $\Gamma(Q_1, Q_2, \tau)$.用形象语言来说,当知道处于 Σ_1 上所有可能的在 P_1 和 P_2 开孔的杨氏干涉实验的结果,如何预言经过一定传播距离后,在 Σ_2 面上的 Q_1 和 Q_2 处开孔所完成的杨氏实验的结果.

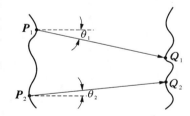

图 8.11　互强度的传播

因非单色场可看作是单色扰动的线性组合,对每一频率为 ν 的单色光,从 Σ_1 传播到 Σ_2 面的规律满足惠更斯-菲涅耳原理,即

$$\left.\begin{aligned}U(Q_1, \nu) &= \frac{1}{j\lambda}\int_{\Sigma_1} U(P_1, \nu)\frac{K(\theta_1)}{r_1}\exp(jkr_1)\mathrm{d}s_1,\\ U(Q_2, \nu) &= \frac{1}{j\lambda}\int_{\Sigma_1} U(P_2, \nu)\frac{K(\theta_2)}{r_2}\exp(jkr_2)\mathrm{d}s_2.\end{aligned}\right\} \tag{8.6.8}$$

而

$$U(\boldsymbol{Q}_1, t) = \int_0^\infty U(\boldsymbol{Q}_1)\exp(-\mathrm{j}2\pi\nu t)\mathrm{d}\nu$$

$$= \int_{\Sigma_1} \frac{K(\theta_1)}{\mathrm{j}cr_1}\int_0^\infty \nu U(\boldsymbol{P}_1, \nu)\exp\left[-\mathrm{j}2\pi\nu\left(t - \frac{r_1}{c}\right)\right]\mathrm{d}\nu\mathrm{d}s_1. \quad (8.6.9)$$

在准单色条件 $\Delta\nu \ll \bar{\nu}$ 下,(8.6.9)式可近似表示为

$$U(\boldsymbol{Q}_1, t) = \int_{\Sigma_1} \frac{\bar{\nu}}{\mathrm{j}cr_1}\left\{\int_0^\infty U(\boldsymbol{P}_1, \nu)\exp\left[-\mathrm{j}2\pi\nu\left(t - \frac{r_1}{c}\right)\right]\mathrm{d}\nu\right\}K(\theta_1)\mathrm{d}s_1$$

$$= \frac{1}{\mathrm{j}\bar{\lambda}}\int_{\Sigma_1} U\left(\boldsymbol{P}_1, t - \frac{r_2}{c}\right)\frac{K(\theta_1)}{r_1}\mathrm{d}s_1, \quad (8.6.10)$$

同样有

$$U(\boldsymbol{Q}_2, t) = \frac{1}{\mathrm{j}\bar{\lambda}}\int_{\Sigma_1} U\left(\boldsymbol{P}_2, t - \frac{r_2}{c}\right)\frac{K(\theta_2)}{r_2}\mathrm{d}s_2. \quad (8.6.11)$$

在 Σ_2 面上的互相干函数为

$$\Gamma(\boldsymbol{Q}_1, \boldsymbol{Q}_2, \tau) = \langle U(\boldsymbol{Q}_1, t+\tau)U^*(\boldsymbol{Q}_2, t)\rangle. \quad (8.6.12)$$

将(8.6.10)式与(8.6.11)式代入(8.6.12)式有

$$\Gamma(\boldsymbol{Q}_1, \boldsymbol{Q}_2, \tau) = \iint_{\Sigma_1\Sigma_1}\left\langle U\left(\boldsymbol{P}_1, t+\tau-\frac{r_1}{c}\right)U^*\left(\boldsymbol{P}_2, t-\frac{r_2}{c}\right)\right\rangle$$

$$\cdot \frac{K(\theta_1)}{\bar{\lambda}r_1}\frac{K(\theta_2)}{\bar{\lambda}r_2}\mathrm{d}s_1\mathrm{d}s_2$$

$$= \iint_{\Sigma_1\Sigma_1}\Gamma\left(\boldsymbol{P}_1, \boldsymbol{P}_2, \tau+\frac{r_2-r_1}{c}\right)\frac{K(\theta_1)}{\bar{\lambda}r_1}\frac{K(\theta_2)}{\bar{\lambda}r_2}\mathrm{d}s_1\mathrm{d}s_2.$$

$$(8.6.13)$$

在准单色光下互相干函数可用互强度表示.由(8.4.16)式有

$$\Gamma\left(\boldsymbol{P}_1, \boldsymbol{P}_2, \frac{r_2-r_1}{c}\right) = J(\boldsymbol{P}_1, \boldsymbol{P}_2)\exp\left[-\mathrm{j}\frac{2\pi}{\bar{\lambda}}(r_2-r_1)\right].$$

将上式代入(8.6.13)式可得

$$J(\boldsymbol{Q}_1, \boldsymbol{Q}_2) = \iint_{\Sigma_1\Sigma_1}J(\boldsymbol{P}_1, \boldsymbol{P}_2)\exp\left[-\mathrm{j}\frac{2\pi}{\bar{\lambda}}(r_2-r_1)\right]\frac{K(\theta_1)}{\bar{\lambda}r_1}\frac{K(\theta_2)}{\bar{\lambda}r_2}\mathrm{d}s_1\mathrm{d}s_2,$$

$$(8.6.14)$$

这就是互强度的传播定理.

在上式中,如取 $Q_1 = Q_2 = Q$,可得在 Σ_2 面上的光强度分布

$$I(Q) = \iint\limits_{\Sigma_1 \Sigma_1} J(P_1, P_2) \exp\left[-\mathrm{j}\frac{2\pi}{\lambda}(r_2 - r_1)\right] \frac{K(\theta_1)}{\bar{\lambda} r_1} \frac{K(\theta_2)}{\bar{\lambda} r_2} \mathrm{d}s_1 \mathrm{d}s_2.$$

$$(8.6.15)$$

以上的讨论是假定从 Σ_1 到 Σ_2 之间的传播为自由空间传播的情况. 如果在其中插入一个光学系统,如图 8.12 所示,这时对(8.6.14)式要做些修改. 我们知道,对于线性光学系统,其输出的复振幅为输入复振幅与系统脉冲响应的卷积. 这时代替(8.6.10)式和(8.6.11)式,有

$$U(Q_1) = \int\limits_{\Sigma_1} U(P_1) h(P_1, Q_1) \mathrm{d}s_1,$$

$$(8.6.16)$$

和

$$U(Q_2) = \int\limits_{\Sigma_1} U(P_2) h(P_2, Q_2) \mathrm{d}s_2,$$

$$(8.6.17)$$

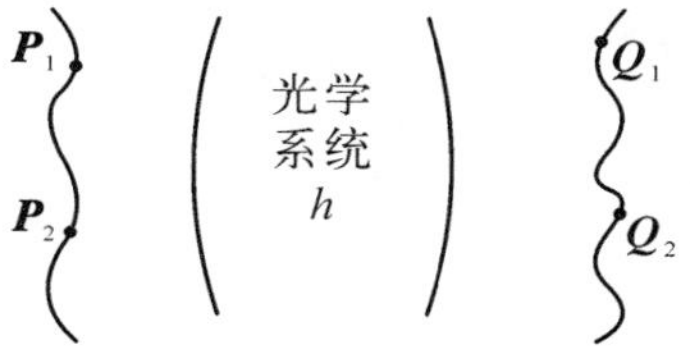

图 8.12　互强度通过光学系统的传播

其中 $h(P, Q)$ 为光学系统的脉冲响应. 这样,通过光学系统的互强度传播定律为

$$J(Q_1, Q_2) = \iint\limits_{\Sigma_1 \Sigma_1} J(P_1, P_2) h(P_1, Q_1) h^*(P_2, Q_2) \mathrm{d}s_1 \mathrm{d}s_2. \qquad (8.6.18)$$

对于线性空间不变系统,系统的脉冲响应为坐标差的函数,也就是说,有

$$h(x, y; x', y') = h(x - x', y - y'),$$

这时(8.6.18)式可写为

$$J(x_1, y_1; x_2, y_2) = \iint\limits_{\Sigma_1 \Sigma_1} J(x_1', y_1'; x_2', y_2') h(x_1 - x_1', y_1 - y_1')$$

$$\cdot h^*(x_2 - x_2', y_2 - y_2') \mathrm{d}x_1' \mathrm{d}y_1' \mathrm{d}x_2' \mathrm{d}y_2'. \quad (8.6.19)$$

这就是部分相干准单色光成像的基本公式.

8.6.3　多色光情况下的互相干函数的传播定律

多色光场可表示成各单色成分的叠加,即

$$U(\boldsymbol{Q},\ t) = \int_0^\infty U(\boldsymbol{Q},\ \nu)\exp(-\,\mathrm{j}2\pi\nu t)\mathrm{d}\nu, \tag{8.6.20}$$

其中 $U(\boldsymbol{Q},\ \nu)$ 为频率 ν 的单色波复振幅,满足单色光的衍射公式:

$$U(\boldsymbol{Q},\ \nu) = \frac{\nu}{\mathrm{j}c}\int_\Sigma U(\boldsymbol{P},\ \nu)\frac{\exp\left(\mathrm{j}\dfrac{2\pi\nu}{c}r\right)}{r}K(\theta)\mathrm{d}s. \tag{8.6.21}$$

将(8.6.21)式代入(8.6.20)式,有

$$U(\boldsymbol{Q},\ t) = \int_\Sigma \frac{K(\theta)}{2\pi cr}\int_0^\infty (-\,\mathrm{j}2\pi\nu)U(\boldsymbol{P},\ \nu)\exp\left[-\,\mathrm{j}2\pi\nu\left(t-\frac{r}{c}\right)\right]\mathrm{d}\nu\mathrm{d}s. \tag{8.6.22}$$

另外,我们注意到以下关系式:

$$\begin{aligned}\frac{\mathrm{d}}{\mathrm{d}t}U(\boldsymbol{P},\ t) &= \frac{\mathrm{d}}{\mathrm{d}t}\int_0^\infty U(\boldsymbol{P},\ \nu)\exp(-\,\mathrm{j}2\pi\nu t)\mathrm{d}\nu \\ &= -\int_0^\infty \mathrm{j}2\pi\nu U(\boldsymbol{P},\ \nu)\exp(-\,\mathrm{j}2\pi\nu t)\mathrm{d}\nu. \end{aligned} \tag{8.6.23}$$

利用(8.6.23)式,可将(8.6.22)式改写为

$$U(\boldsymbol{Q},\ t) = \int_\Sigma \frac{K(\theta)}{2\pi cr}\frac{\mathrm{d}}{\mathrm{d}t}U\left(\boldsymbol{P},\ t-\frac{r}{c}\right)\mathrm{d}s. \tag{8.6.24}$$

由此可见,多色场在 $\boldsymbol{Q}$ 点的扰动正比于孔径上各点 $\boldsymbol{P}$ 的扰动的时间微商.由于光从 $\boldsymbol{P}$ 点传播到 $\boldsymbol{Q}$ 点经历了 r/c 时间,故入射波的时间延迟为 $t-r/c$.这样,根据互相干函数的定义,可以求得在多色场情况下的互相干函数的传播定律为

$$\Gamma(\boldsymbol{Q}_1,\ \boldsymbol{Q}_2,\ \tau) = \iint_{\Sigma_1\Sigma_1} \frac{\partial^2}{\partial\tau^2}\Gamma\left(\boldsymbol{P}_1,\ \boldsymbol{P}_2,\ \tau+\frac{r_2-r_1}{c}\right)\frac{K(\theta_1)}{2\pi cr_1}\frac{K(\theta_2)}{2\pi cr_2}\mathrm{d}s_1\mathrm{d}s_2.$$

$$\tag{8.6.25}$$

8.7 空间相干性和范西特-泽尼克定理

8.7.1 空间相干性的说明

实际的热光源都是由大量独立的辐射振子构成的扩展光源.当进行杨氏实验

时,每个振子都向两个小孔 P_1,P_2 发出辐射.由于每个振子的辐射是独立的,也就是说它们的位相是随机变化的.因此,某一振子在 P_1 处贡献的场与另一振子在 P_2 处贡献的场不具有相关性.所以,热光源是空间完全不相干的.然而,当辐射振子之间距离为辐射平均波长 $\bar{\lambda}$ 量级时,场将是空间相干的.但如 8.4 节所述,若光学系统不能分辨光源上相距为 $\bar{\lambda}$ 的两个辐射振子,则在此意义上可说,热光源在总体上是不相干的.

　　然而,即使是这样的非相干光源,当它的辐射经过相当长距离的传播后,也可以获得一定的空间相干性.便如一个发光的星体是一个典型的热光源,但在地球上通过天文望远镜可以观察到星的衍射像.这说明光通过传播过程产生了一定的空间相干性.下面用沃耳夫[①]的一个直观图像来说明这一点.

　　考虑两个独立的点光源 S_1 和 S_2,并在光场中的 P_1 和 P_2 点来考察光场的行为.如图 8.13 所示.波列 A_1 与 A_2 是从 S_1 到达 P_1 和 P_2 的波,而波列 B_1 与 B_2 是从 S_2 到达 P_1 与 P_2 的波.由于 S_1 和 S_2 是独立的点光源,它们的辐射是不相关的.用公式表示为

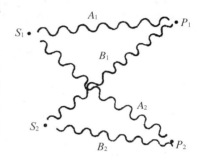

图 8.13　非相干光源的辐射经过相当长距离的传播后,也可以获得一定的空间相干性

$$\langle A_i B_j \rangle = 0, \quad i,j = 1,2$$

其中 $\langle\ \rangle$ 表示对时间的平均.当传播距离很远时,我们可以认为 $S_1 P_1 \approx S_1 P_2$,$S_2 P_1 \approx S_2 P_2$,则有 $A_1 \approx A_2$,$B_1 \approx B_2$.而在 P_1 点的场为 $V_1 = A_1 + B_1$,在 P_2 点的场为 $V_2 = A_2 + B_2$.显然,这时有 $V_1 \approx V_2$.这就说明在 P_1 与 P_2 点的光涨落非常相似.也就是说,尽管两个点光源是完全不相关的.但经长距离传播后,在 P_1 和 P_2 点处的场却有高度的空间相干性.很容易将这个结论[②]推广到大量的独立点光源的情况,即扩展的非相干光源的情况,这就是将要讨论的范西特–泽尼克(Vancittert–Zernike)定理.

8.7.2　范西特–泽尼克定理

　　这个定理是用严格的数学方法推导出扩展非相干光源与它所发射的光场的空间相干性之间的关系.为了讨论空间相干性,在问题的研究中必须避免时间相干效应.为此在这里讨论准单色扩展非相干光源.这样便可利用互强度的传播定律

①② E. Wolf, 'Coherence and Radiometry', *J. Opt. Soc. Am.*, 68(1978),6–17.

(8.6.14)式.对非相干光源,(8.4.26)式为互强度的极限形式,将之代入(8.6.14)式得

$$J(\boldsymbol{Q}_1, \boldsymbol{Q}_2) = \frac{\beta}{\lambda^2} \int_{\Sigma} I(\boldsymbol{P}_1) \exp\left[-j\frac{2\pi}{\bar{\lambda}}(r_2 - r_1)\right] \frac{K(\theta_1)}{r_1} \frac{K(\theta_2)}{\lambda r_2} ds, \quad (8.7.1)$$

式中的 $I(\boldsymbol{P}_1)$ 为光源上的光强度分布.(8.7.1)式说明,单色扩展光源的强度分布确定了光场的互强度,即确定了光场的空间相干性.这就是范西特-泽尼克定理,它是经典的部分相干光理论的一条基本定理.

为了简化(8.7.1)式,可取近轴近似,即假定光源与观察区域的尺寸比光源到观察平面的距离小得多,如图 8.14 所示,这时有以下的近似关系成立:

$$\frac{1}{r_1}\frac{1}{r_2} \approx \frac{1}{z^2}, \quad K(\theta_1) \approx K(\theta_2) \approx 1,$$

以及

$$r_1 \approx z + \frac{(x_1 - \xi)^2 + (y_1 - \eta)^2}{2z}, \quad r_2 \approx z + \frac{(x_2 - \xi)^2 + (y_2 - \eta)^2}{2z}.$$

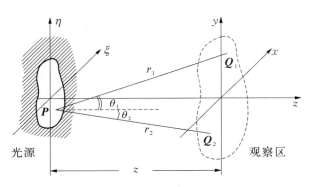

图 8.14 近轴近似

显然,在光源外 $I(\boldsymbol{P}_1) = 0$,因此可以将(8.7.1)式的积分限取为 $(-\infty, \infty)$,并令 $\Delta x = x_2 - x_1$, $\Delta y = y_2 - y_1$. 这样在近轴近似下,(8.7.1)式变为

$$J(\Delta x, \Delta y) = \frac{\beta \exp(j\psi)}{(\bar{\lambda} z)^2} \int_{-\infty}^{\infty} \int_{-\infty}^{\infty} I(\xi, \eta) \exp\left[j\frac{2\pi}{\bar{\lambda} z}(\Delta x \xi - \Delta y \eta)\right] d\xi d\eta,$$

$$(8.7.2)$$

其中

$$\psi = \frac{\pi}{\bar{\lambda} z}\left[(x_1^2 + y_1^2) - (x_2^2 + y_2^2)\right].$$

也可将(8.7.2)式表示为复相干因子的表达式

$$\mu(\Delta x, \Delta y) = \frac{\exp(\mathrm{j}\psi) \displaystyle\int_{-\infty}^{\infty} \int_{-\infty}^{\infty} I(\xi, \eta) \exp\left[\mathrm{j}\frac{2\pi}{\lambda z}(\Delta x\xi - \Delta y\eta)\right] \mathrm{d}\xi\mathrm{d}\eta}{\displaystyle\int_{-\infty}^{\infty} \int_{-\infty}^{\infty} I(\xi, \eta)\,\mathrm{d}\xi\mathrm{d}\eta}. \qquad (8.7.3)$$

(8.7.2)式与(8.7.3)式是在近轴近似下的范西特－泽尼克定理.这个定理指出,在观察平面上的复相干因子等于非相干光源的光强度公布的二维傅里叶变换.这个规律与孔径的夫琅和费衍射公式十分相似.但应指出,(8.7.3)式的二维傅里叶变换关系的获得并未采用远场条件.而在推导夫琅和费衍射公式中,除了采用近轴近似以外,还要有远场条件.

从范西特-泽尼克定理容易导出非相干扩展光源的度量——相干面积,我们考虑一个光强均匀分布的矩形非相干光源,可表示为

$$I(\xi, \eta) = I_0 \mathrm{rect}\left(\frac{\xi}{a}\right)\mathrm{rect}\left(\frac{\eta}{b}\right),$$

由(8.7.3)式可得

$$\mu(\Delta x, \Delta y) \propto \mathrm{sinc}\left(\frac{\pi a \Delta x}{\bar{\lambda} z}\right)\mathrm{sinc}\left(\frac{\pi a \Delta y}{\bar{\lambda} z}\right). \qquad (8.7.4)$$

由 sinc 函数的性质容易看出,只有在以下条件

$$\frac{a\Delta x}{\bar{\lambda} z} \leqslant 1, \qquad \frac{b\Delta y}{\bar{\lambda} z} \leqslant 1, \qquad (8.7.5)$$

同时成立时,μ_{12} 才有显著值,也就是说,当光源的尺寸给定时,满足(8.7.5)式的 Δx 与 Δy 范围内的两个点的光场总是相关的,存在着空间相干性.因此,相干面积为

$$A_{\mathrm{c}} = \Delta x\Delta y = \frac{(\bar{\lambda} z)^2}{ab} = \frac{(\bar{\lambda} z)^2}{A_{\mathrm{s}}}, \qquad (8.7.6)$$

其中 A_{s} 为光源的面积.

同样,如果是均匀分布的圆形光源,即

$$I(\xi, \eta) = I_0 \mathrm{circ}\left(\frac{\sqrt{\xi^2 + \eta^2}}{\rho}\right).$$

由(8.7.3)式可求得

$$\mu(\Delta x, \Delta y) \propto \frac{2J_1\left(\frac{2\pi\rho}{\overline{\lambda}z}\sqrt{(\Delta x)^2 + (\Delta y)^2}\right)}{\frac{2\pi\rho}{\overline{\lambda}z}\sqrt{(\Delta x)^2 + (\Delta y)^2}}. \tag{8.7.7}$$

8.7.3 应用举例

例 1 如图 8.15 所示，σ_0 是一个尺寸为 ρ_0 的准单色非相干光源，经过透镜 L 成像在一个半径为 ρ_1 的小孔 σ_1 上($\rho_0 > \rho_1$)，求距小孔 σ_1 为 z 处的 σ_2 平面的光场的空间相干性.

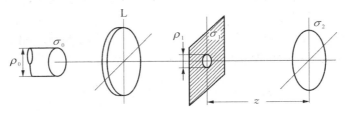

图 8.15 求距小孔 σ_1 为 z 处的 σ_2 平面的光场的空间相干性

先假定光源 σ_0 为点光源，那么它将在 σ_1 平面的几何像点附近产生相干照明. 此相干照明面积的大小为经透镜 L 形成的爱里斑 σ_A. 由一个有限大小的非相干初级光源 σ_0 在 σ_1 平面内形成的光分布，可以认为是由许多这样的爱里斑的非相干叠加组成的. 因 $\rho_0 > \rho_1$，并假定 $\sigma_A \ll \sigma_1$(图 8.16)，可以认为在针孔内的光是由无限多个独立光源构成的照明. 在这种情况下仍可将次级光源 σ_1 看作是一个非相干光源. 因此可采用范西特－泽尼克定理，由(8.7.7)式可求得

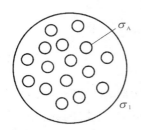

图 8.16 可将次级光源 σ_1 看作是一个非相干光源

$$\mu = \frac{J_1\left(\frac{2\pi\rho_1}{\overline{\lambda}}\theta\right)}{\frac{\pi\rho_1}{\overline{\lambda}}\theta}, \tag{8.7.8}$$

其中 $\theta = \sqrt{\Delta x^2 + \Delta y^2}/z$.

根据某种实验条件，要求张角在某一范围内的平面 σ_2 上具有空间相干性，可由(8.7.8)式求出相应的针孔 σ_1 的大小 ρ_1. 例如，要求在张角 $\theta = 15°$ 内具有空间相干性，取 $\overline{\lambda} = 0.5$ mm，按 $\mu_{12} \geqslant 1/\sqrt{2}$ 为具有相干性来定义. 由 $\rho_1/\overline{\lambda} \approx 0.25$，可求得 $\rho_1 \approx 1\,\mu m$. 因此，通过针孔来限制光源的大小可以从非相干光源中选出所要求的空间相干性.

例 2 汤姆逊-沃耳夫(Thompson–Wolf)实验

这个实验在部分相干性理论中具有重要意义,因为它通过修改的杨氏实验验证了部分相干态的各种特性,它可作为一种称之为衍射计的仪器来使用.

其实验装置如图 8.17 所示,它由半径为 a_0 的非相干光源以及在两个具有相同焦距 f 的透镜之间插入一个开有两个圆孔的屏组成,两孔的半径均为 a,相距 d,对称分布,光源位于透镜的前焦面,在透镜的后焦面 P_2 上观察干涉图.

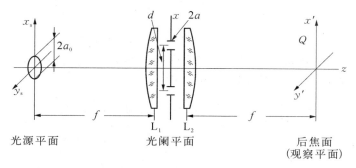

图 8.17 汤姆逊-沃耳夫(Thompson–Wolf)实验装置

为了研究在观察平面上的空间相干性,在实验中要改变两小孔的距离.计算在透镜 L_2 后焦面上的光分布,其步骤如下,首先应用范西特-泽尼克定理计算在透镜 L_1 孔径上的互相干函数,因 L_1 和 L_2 靠在一起,故可认为在中间屏上的空间相干性与 L_1 孔径上相同.然后,将该互相干函数与屏函数(开有两个小孔的屏函数)相乘就给出屏后的互相干函数.最后,透镜 L_2 实现了在屏后的光的空间傅里叶变换,从而完成了整个计算过程.

这样,在屏平面上的复相干因子为

$$\mu_{12} = \frac{J_1\left(\dfrac{2\pi a_0 r_{12}}{\bar{\lambda} f}\right)}{\dfrac{\pi a_0 r_{12}}{\bar{\lambda} f}}, \tag{8.7.9}$$

其中 $r_{12} = \sqrt{(x_1 - x_2)^2 + (y_1 - y_2)^2}$,$(x_1, y_1)$ 与 (x_2, y_2) 分别为屏上两个圆孔内的点的坐标,当取中心到中心的距离时,$r_{12} = d$,两个圆孔函数可表示为

$$c_{\pm}(x, y) = \text{circ}\left[\frac{\left(x \mp \dfrac{d}{2}\right)^2 + y^2}{a}\right]. \tag{8.7.10}$$

则孔径函数为

$$M(x, y) = c_+(x, y) + c_-(x, y). \tag{8.7.11}$$

那么,在屏后的互相干函数可表示为屏上的互相干函数与在两个点上的孔径函数的乘积[详见(8.8.2)式的证明],即

$$
\begin{aligned}
\mu(x_1, y_1; x_2, y_2) &= \mu_{12}(x_1, y_1)M^*(x_2, y_2) \\
&= \mu_{12}[c_+(x_1, y_1)c_+(x_2, y_2) \\
&\quad + c_+(x_1, y_1)c_-(x_2, y_2) \\
&\quad + c_-(x_1, y_1)c_+(x_2, y_2) \\
&\quad + c_-(x_1, y_1)c_-(x_2, y_2)]
\end{aligned} \tag{8.7.12}
$$

透镜 L_2 对屏后的光场进行傅里叶变换,由此可证明,正薄透镜对于在前后焦面上的互强度也构成一个四维傅里叶变换对,即

$$
\begin{aligned}
\mu(x, y; x', y') = \frac{1}{(\bar{\lambda}f)^2}\int_{-\infty}^{\infty}\int_{-\infty}^{\infty}\int_{-\infty}^{\infty}\int_{-\infty}^{\infty} \mathrm{d}x_1\mathrm{d}y_1\mathrm{d}x_2\mathrm{d}y_2\, \mu(x_1, y_1; x_2, y_2) \\
\cdot \exp[\mathrm{j}2\pi(x_1 x + y_1 y + x_2 x' + y_2 y')].
\end{aligned} \tag{8.7.13}
$$

而复相干因子 μ_{12} 的分布一般比小孔直径 $2a$ 要宽得多,故可假定互相干函数在两个小孔上基本上为常数, $\mu_{12} = \mu_{12}(d)$. 而 $c_\pm$ 的傅里叶变换为

$$\tilde{c}_\pm\left(\frac{x'}{\bar{\lambda}f}, \frac{y'}{\bar{\lambda}f}\right) = \pi a^2 \left[\frac{2\mathrm{J}_1\left(\frac{2\pi ar'}{\bar{\lambda}f}\right)}{\frac{2\pi ar'}{\bar{\lambda}f}}\right]\exp\left(\mp\mathrm{j}\pi\frac{dx'}{\bar{\lambda}f}\right), \tag{8.7.14}$$

式中 $r' = \sqrt{(x')^2 + (y')^2}$. 这样最后求得观察平面上一点 (x', y') 的光强为

$$I(x', y') = \left[\frac{\mathrm{J}_1\left(\frac{2\pi ar'}{\bar{\lambda}f}\right)}{\frac{\pi ar'}{\bar{\lambda}f}}\right]^2\left[1 + \frac{\mathrm{J}_1\left(\frac{2\pi a_0 d}{\bar{\lambda}f}\right)}{\frac{\pi a_0 d}{\bar{\lambda}f}}\cos\left(\frac{2\pi d}{\bar{\lambda}f}x'\right)\right]. \tag{8.7.15}$$

图 8.18 给出了利用上式对不同双孔距离 d 计算出来的理论曲线和观察到的图形,其中 $\beta(d) = \arg[\mu_{12}(d)]$. 观察到的图样照片与理论结果符合得很好. 图中虚线包络分别为

$$I_{\max} = \left[\frac{\mathrm{J}_1\left(\frac{2\pi ar'}{\bar{\lambda}f}\right)}{\frac{\pi ar'}{\bar{\lambda}f}}\right]^2\left[1 + \frac{\mathrm{J}_1\left(\frac{2\pi a_0 d}{\bar{\lambda}f}\right)}{\frac{\pi a_0 d}{\bar{\lambda}f}}\right],$$

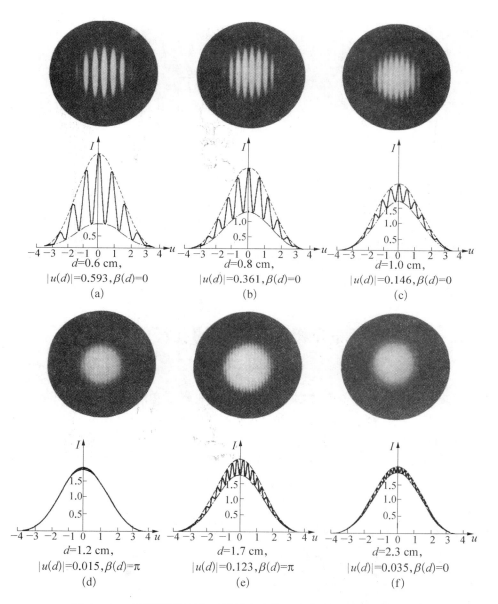

图 8.18　对不同双孔距离 d 计算出来的理论曲线和观察到的图形

图中横坐标 $u = \dfrac{\rho}{\lambda z}\sqrt{(\Delta x)^2 + (\Delta y)^2}$

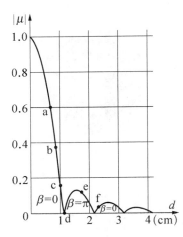

图 8.19　复相干度与两个孔径间距离 d 的关系

和

$$I_{\min} = \left[\frac{\mathrm{J}_1\left(\frac{2\pi a r'}{\bar{\lambda} f} \right)}{\frac{\pi a r'}{\bar{\lambda} f}} \right]^2 \left[1 - \frac{\mathrm{J}_1\left(\frac{2\pi a_0 d}{\bar{\lambda} f} \right)}{\frac{\pi a_0 d}{\bar{\lambda} f}} \right].$$

相干度随双孔距离 d 的变化曲线如图 8.19所示,在图中与图 8.18 各曲线对应的 6 种情形已用相应的英文字母标明.显然,复相干度为

$$| \mu(d) | = \left[\frac{\mathrm{J}_1\left(\frac{2\pi a_0 d}{\bar{\lambda} f} \right)}{\frac{\pi a_0 d}{\bar{\lambda} f}} \right]. \qquad (8.7.16)$$

8.8　部分相干光照明的孔径的衍射

在基尔霍夫衍射理论中,要求衍射孔径上的照明为相干光照明.而实际的光源总是部分相干的,因此本节研究在部分相干照明下孔径的衍射效应.

如图 8.20 所示,假定用一准单色的部分相干光照明一个屏上的开孔,要计算在距孔径 z 处的平面上的光强度分布 $I(x, y)$.该计算是谢尔(Shell)在他的博士

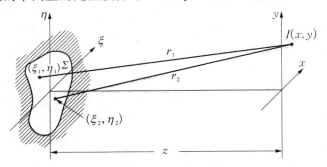

图 8.20　用一准单色的部分相干光照明一个屏上的开孔,计算在距孔径 z 处的平面上的光强度分布 $I(x, y)$

论文中解决的,称为谢尔定理.

谢尔定理

衍射孔径由振幅透过率函数表示,即

$$t_\Sigma(\xi,\ \eta) = \begin{cases} 1, & \text{在 } \Sigma \text{ 内}, \\ 0, & \text{在 } \Sigma \text{ 外}. \end{cases}$$

当然,如孔径内有振幅与位相变化的情况,则 t_Σ 为复函数. 如入射光的互强度为 $J_i(\xi_1,\eta_1;\ \xi_2,\eta_2)$,下面要求透过孔径后的透射光的互强度 $J_t(\xi_1,\eta_1;\ \xi_2,\eta_2)$.

从 8.2 节知道,一个准单色光可表示为

$$V(P,\ t) = A(P,\ t)\exp(-\mathrm{j}2\pi\bar{\nu}t),$$

其中 $A(P,\ t)$ 为复振幅包络. 那么,入射光的复振幅包络为 $A_i(\xi,\eta;\ t)$. 透射光的复振幅包络为 $A_t(\xi,\eta;\ t)$. 假定衍射孔径有无限薄的厚度. 可以忽略光经过孔径的时间延迟,则有

$$A_t(\xi,\ \eta;\ t) = t_\Sigma(\xi,\ \eta)A_i(\xi,\ \eta;\ t). \tag{8.8.1}$$

而

$$\begin{aligned} J_t(\xi_1,\ \eta_1;\ \xi_2,\ \eta_2) &= \langle A_t(\xi_1,\ \eta_1;\ t)A_t^*(\xi_2,\ \eta_2;\ t)\rangle \\ &= t_\Sigma(\xi_1,\ \eta_1)\,t_\Sigma^*(\xi_2,\ \eta_2)\langle A_i(\xi_1,\ \eta_1;\ t)A_i^*(\xi_2,\ \eta_2;\ t)\rangle \\ &= t_\Sigma(\xi_1,\ \eta_1)t_\Sigma^*(\xi_2,\ \eta_2)J_i(\xi_1,\ \eta_1;\ \xi_2,\ \eta_2). \end{aligned} \tag{8.8.2}$$

再利用(8.6.15)式求出观察平面上的光强度分布

$$I(x,\ y) = \frac{1}{(\bar{\lambda}z)^2}\int_{-\infty}^{\infty}\int_{-\infty}^{\infty}\int_{-\infty}^{\infty}\int_{-\infty}^{\infty} J_t(\xi_1,\ \eta_1;\ \xi_2,\ \eta_2)$$

$$\cdot \exp\left[-\mathrm{j}\frac{2\pi}{\bar{\lambda}}(r_2 - r_1)\right]\mathrm{d}\xi_1\mathrm{d}\xi_2\mathrm{d}\eta_1\mathrm{d}\eta_2. \tag{8.8.3}$$

这时如取孔径函数为 $P(\xi,\ \eta)$,利用(8.8.2)式,则上式成为

$$I(x,\ y) = \frac{1}{(\bar{\lambda}z)^2}\int_{-\infty}^{\infty}\int_{-\infty}^{\infty}\int_{-\infty}^{\infty}\int_{-\infty}^{\infty} P(\xi_1,\ \eta_1)P^*(\xi_2,\ \eta_2)J_i(\xi_1,\ \eta_1;\ \xi_2,\ \eta_2)$$

$$\cdot \exp\left[-\mathrm{j}\frac{2\pi}{\bar{\lambda}}(r_2 - r_1)\right]\mathrm{d}\xi_1\mathrm{d}\xi_2\mathrm{d}\eta_1\mathrm{d}\eta_2.$$

$$\tag{8.8.4}$$

为了简化(8.8.4)式,考虑均匀照明情况,如显微镜照明系统中的柯勒(Kohler)照明[①]入射光的互强度可表示为

$$J_i(\xi_1, \eta_1; \xi_2, \eta_2) = I_0 \mu_i(\xi_2 - \xi_1, \eta_2 - \eta_1).\tag{8.8.5}$$

即使对于某些非均匀照明的情况,如显微镜中的临界照明[②],(8.8.5)式也同样成立.因此,这是实际感兴趣的一种情况.

再取近轴近似有

$$r_2 - r_1 \approx \frac{1}{2z}\big[(\xi_2^2 + \eta_2^2) - (\xi_1^2 + \eta_1^2) - 2(x\Delta\xi + y\Delta\eta)\big]$$

$$= \frac{1}{z}\big[\bar{\xi}\Delta\xi + \bar{\eta}\Delta\eta - x\Delta\xi - y\Delta\eta\big],\tag{8.8.6}$$

其中

$$\Delta\xi = \xi_2 - \xi_1, \bar{\xi} = \frac{\xi_1 + \xi_2}{2}; \quad \Delta\eta = \eta_2 - \eta_1, \bar{\eta} = \frac{\eta_1 + \eta_2}{2}.$$

将(8.8.5)式与(8.8.6)式代入(8.8.4)式可得

$$I(x, y) = \frac{I_0}{(\bar{\lambda}z)^2}\int_{-\infty}^{\infty}\int_{-\infty}^{\infty}\int_{-\infty}^{\infty}\int_{-\infty}^{\infty}\mathrm{d}\bar{\xi}\mathrm{d}\bar{\eta}\mathrm{d}(\Delta\xi)\mathrm{d}(\Delta\eta)P\Big(\bar{\xi} - \frac{\Delta\xi}{2}, \bar{\eta} - \frac{\Delta\eta}{2}\Big)$$

$$\cdot P^*\Big(\bar{\xi} + \frac{\Delta\xi}{2}, \bar{\eta} + \frac{\Delta\eta}{2}\Big)\mu_i(\Delta\xi, \Delta\eta)$$

$$\cdot \exp\Big[-\mathrm{j}\frac{2\pi}{\lambda z}(\bar{\xi}\Delta\xi + \bar{\eta}\Delta\eta)\Big]$$

$$\cdot \exp\Big[\mathrm{j}\frac{2\pi}{\lambda z}(x\Delta\xi + y\Delta\eta)\Big].\tag{8.8.7}$$

与讨论用相干光照明的孔径的夫琅和费衍射一样,可研究部分相干光照明下孔径的夫琅和费衍射问题.这时可对(8.8.7)式取远场近似,即

$$z \gg \frac{\bar{\xi}\Delta\xi}{\bar{\lambda}}, \quad z \gg \frac{\bar{\eta}\Delta\eta}{\bar{\lambda}}.\tag{8.8.8}$$

这样,(8.8.7)式简化为

$$I(x, y) = \frac{I_0}{(\bar{\lambda}z)^2}\int_{-\infty}^{\infty}\int_{-\infty}^{\infty}C(\Delta\xi, \Delta\eta)\mu_i(\Delta\xi, \Delta\eta)$$

①② M. Born and E. Wolf, *Principles of Optics*, PERGAMON PRESS, (1980), 524.

$$\cdot \exp\left[\mathrm{j} \frac{2\pi}{\bar{\lambda} z}(x\Delta\xi + y\Delta\eta) \right] \mathrm{d}(\Delta\xi)\mathrm{d}(\Delta\eta), \qquad (8.8.9)$$

其中 $C(\Delta\xi, \Delta\eta)$ 为复孔径函数的自相关函数,

$$C(\Delta\xi, \Delta\eta) = \int_{-\infty}^{\infty}\int_{-\infty}^{\infty} P\left(\bar{\xi} - \frac{\Delta\xi}{2}, \ \bar{\eta} - \frac{\Delta\eta}{2} \right) P^*\left(\bar{\xi} + \frac{\Delta\xi}{2}, \ \bar{\eta} + \frac{\Delta\eta}{2} \right) \mathrm{d}\bar{\xi}\mathrm{d}\bar{\eta}.$$

$$(8.8.10)$$

上面(8.8.9)式就是谢尔定理. 它说明在准单色部分相干光照明下孔径的夫琅和费衍射图光强度分布与孔径自相关函数和孔径上复相干度乘积的傅里叶变换成比例.

对(8.8.8)式的近似条件可以进行这样的分析. 由于

$$\sqrt{\xi^2 + \eta^2} \ \big|_{\max} = D,$$

D 为孔径尺寸, 而 $\bar{\xi}$ 与 $\sqrt{\xi^2 + \eta^2}$ 有相同的量级, 故可认为

$$\bar{\xi} \approx D.$$

再考虑到(8.8.9)式积分号内的孔径上的复相干度 $\mu_i(\Delta\xi, \Delta\eta)$ 只在相干面积内有显著值, 故

$$\sqrt{(\Delta\xi)^2 + (\Delta\eta)^2} \ \bigg|_{\max} \sim d_c,$$

这里 d_c^2 为相干面积. 而 $\Delta\xi$ 与 $\sqrt{(\Delta\xi)^2 + (\Delta\eta)^2}$ 有相同的量级, 故 $\Delta\xi \sim d_c$. 这样 (8.8.8)式的近似条件可写为

$$z \gg \frac{Dd_c}{\bar{\lambda}}, \qquad (8.8.11)$$

这是部分相干光情况下的夫琅和费条件.

谢尔定理给出了计算部分相干光衍射的一般方法. 肖(Shore)[①]用数值方法计算了在不同相干度情况下圆孔衍射的光强度分布. 为了给部分相干度以适当的度量, 可引入一个量 c, 它的平方等于在孔径内包含的相干面积数, 即

$$c^2 = \frac{\pi D^2}{A_c}. \qquad (8.8.12)$$

---

① R. A. Shore, *J. Opt. Soc. Am*, 56(1966), 733.

图 8.21 给出了各种不同 c 值的缝光源照明的狭缝的夫琅和费衍射图. 由图可见, 当 c 值小时, 相干性好, 衍射条纹有明显的条纹分布, 对比度好, 接近于相干光照明狭缝时的夫琅和费衍射图. 当 c 逐渐增大时, 相干性变差, 衍射条纹趋于平滑化. 当 c 较大时, 相当于非相干光照明的情况, 衍射效应趋于消失. 从谢尔定理容易看出, $I(x, y)$ 依赖于 $c\mu_i$ 的傅里叶变换. 由卷积定理可知, 后者等于 c 与 μ_i 各自的傅里叶变换的卷积. 卷积效应使衍射图样平滑化.

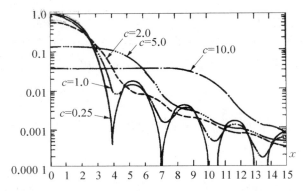

图 8.21 各种不同 c 值的缝光源(部分相干光) 照明的狭缝的夫琅和费衍射图

对这种平滑化过程可以在物理上给予直观的解释. 由于非相干光源可看作是大量点光源的集合, 而每个点光源对孔径给出完全相干的照明, 相应于不同点光源的衍射图的中心取决于点源的位置. 因此, 对于非相干光源, 所有衍射图样按强度叠加, 造成了合成衍射图的平滑化. 显然, 当光源面积小时, 即空间相干性好, 各衍射图样错位小, 故可以得到对比度较好的衍射条纹分布.

8.9 部分相干光的成像

我们总是寻求利用线性理论来描述光学系统. 要实现这一点, 就要利用取决于该系统照明光相干性的特征物理量来描写. 在相干光照明情况下, 系统对于光波的复振幅是线性的. 而非相干光系统是对光强度进行线性变换. 但对多色部分相干光情况, 系统对于物、像的互谱密度函数是线性的. 因此, 复振幅、光强度以及互谱密度函数(或互相干函数)分别是上述三种不同的光学系统的特征物理量.本节将对这三种情况分别进行讨论.

8.9.1 多色部分相干光的成像

假定讨论的是平面物体,在多色部分相干光照明下,它由互相干函数 $\Gamma_0(\xi_1,$ $\eta_1; \xi_2, \eta_2; \tau)$ 描述.本节要解决的中心问题是,用与光学系统有关的函数去建立物函数与像函数 Γ_i 之间的关系.对于多色场问题,用互谱密度函数 $G(\xi_1, \eta_1; \xi_2, \eta_2; \nu)$ 来讨论是方便的,因为它只涉及多色场中的一个频率分量.

由 8.6 节知,$G(\xi_1, \eta_1; \xi_2, \eta_2; \nu)$ 满足波动方程(8.6.7)式,即

$$\nabla_i^2 G(\xi_1, \eta_1; \xi_2, \eta_2; \nu) + k^2 G(\xi_1, \eta_1; \xi_2, \eta_2; \nu) = 0, \quad (8.9.1)$$

其中 $i=1,2$.解(8.9.1)式中的第一个方程($i=1$),我们可以得到在典型的物点 (ξ_2, η_2) 的场与像点 (x_1, y_1) 的场之间的互谱密度 $G_{io}(\xi_1, \eta_1; \xi_2, \eta_2; \nu)$.下标 io 表示该函数依赖于物空间的一点与像空间的一点.

另一方面,容易证明与(8.6.18)式相似的关系式,即

$$G_{io}(x_1, y_1; \xi_2, \eta_2; \nu) = \iint G_o(\xi_1, \eta_1; \xi_2, \eta_2; \nu)$$
$$\cdot h(x_1, y_1; \xi_1, \eta_1)\mathrm{d}\xi_1\mathrm{d}\eta_1, \quad (8.9.2)$$

其中 $h(x_1, y_1; \xi_1, \eta_1)$ 为该系统的脉冲响应.注意,在上式的积分中只包括了一个 h 因子,这是由于(8.9.2)式只完成由物空间一点 (ξ_1, η_1) 到像空间一点 (x_1, y_1) 之间的传递.

再继续解(8.9.1)式的第二个方程($i=2$),为了不失一般性,假定这时光学系统的脉冲响应为 $h'(x_2, y_2; \xi_2, \eta_2)$,那么可以得到像的互谱密度函数为

$$G_i(x_1, y_1; x_2, y_2; \nu) = \iint G_{io}(x_1, y_1; \xi_2, \eta_2; \nu)$$
$$\cdot h'(x_2, y_2; \xi_2, \eta_2)\mathrm{d}\xi_2\mathrm{d}\eta_2. \quad (8.9.3)$$

将(8.9.2)式代入(8.9.3)式得到

$$G_i(x_1, y_1; x_2, y_2; \nu) = \iiiint \mathrm{d}\xi_1\mathrm{d}\eta_1\mathrm{d}\xi_2\mathrm{d}\eta_2 G_o(\xi_1, \eta_1; \xi_2, \eta_2; \nu)$$
$$\cdot h'(x_2, y_2; \xi_2, \eta_2) \cdot h(x_1, y_1; \xi_1, \eta_1),$$
$$(8.9.4)$$

同样有

$$
\begin{aligned}
G_{\mathrm{i}}(x_2,\ y_2;\ x_1,\ y_1;\ \nu) &= \iiiint \mathrm{d}\xi_1 \mathrm{d}\eta_1 \mathrm{d}\xi_2 \mathrm{d}\eta_2 G_{\mathrm{o}}(\xi_2,\ \eta_2;\ \xi_1,\ \eta_1;\ \nu) \\
&\quad \cdot h(x_2,\ y_2;\ \xi_2,\ \eta_2) h'(x_1,\ y_1;\ \xi_1,\ \eta_1).
\end{aligned}
$$
(8.9.5)

下面证明 h 与 h' 之间存在着简单的关系. 由于

$$
\left.
\begin{aligned}
G_{\mathrm{i}}(x_2,\ x_1;\ \nu) &= G_{\mathrm{i}}^{*}(x_1,\ x_2;\ \nu), \\
G_{\mathrm{o}}(x_2,\ x_1;\ \nu) &= G_{\mathrm{o}}^{*}(x_1,\ x_2;\ \nu),
\end{aligned}
\right\}
$$
(8.9.6)

将(8.9.4)式与(8.9.5)式相比较,可证明有

$$
\begin{aligned}
&\left[h(x_1,\ y_1;\ \xi_1,\ \eta_1) h'(x_2,\ y_2;\ \xi_2,\ \eta_2) \right]^{*} \\
&= h(x_2,\ y_2;\ \xi_2,\ \eta_2) h'(x_1,\ y_1;\ \xi_1,\ \eta_1).
\end{aligned}
$$
(8.9.7)

要使(8.9.7)式成立,要求

$$
h'(x_1,\ y_1;\ \xi_1,\ \eta_1) = h^{*}(x_1,\ y_1;\ \xi_1,\ \eta_1),
$$
(8.9.8)

最后得到

$$
\begin{aligned}
G_{\mathrm{i}}(x_1,\ y_1;\ x_2,\ y_2;\ \nu) &= \iiiint h(x_1,\ y_1;\ \xi_1,\ \eta_1) h^{*}(x_2,\ y_2;\ \xi_2,\ \eta_2) \\
&\quad \cdot G_{\mathrm{o}}(\xi_1,\ \eta_1;\ \xi_2,\ \eta_2;\ \nu) \mathrm{d}\xi_1 \mathrm{d}\eta_1 \mathrm{d}\xi_2 \mathrm{d}\eta_2.
\end{aligned}
$$
(8.9.9)

这是多色部分相干光系统成像的基本关系式.它用物的互谱密度函数与表征成像系统特性的脉冲响应函数来表示像的互谱密度函数.显然,这时该系统对于互谱密度函数是线性的.

对于准单色光,(8.6.18)式成立,即

$$
\begin{aligned}
J_{\mathrm{i}}(x_1,\ y_1;\ x_2,\ y_2) &= \iiiint J_{\mathrm{o}}(\xi_1,\ \eta_1;\ \xi_2,\ \eta_2) h(x_1,\ y_1;\ \xi_1,\ \eta_1) \\
&\quad \cdot h^{*}(x_2,\ y_2;\ \xi_2,\ \eta_2) \mathrm{d}\xi_1 \mathrm{d}\eta_1 \mathrm{d}\xi_2 \mathrm{d}\eta_2.
\end{aligned}
$$
(8.9.10)

这时系统对于互强度是线性的.

对于线性不变系统,存在以下关系:

$$
h(x,\ y;\ \xi,\ \eta) = h(x - \xi,\ y - \eta),
$$

那么,(8.9.9)式为

$$G_i(x_1, y_1; x_2, y_2; \nu) = \iiiint d\xi_1 d\eta_1 d\xi_2 d\eta_2 h(x_1 - \xi_1, y_1 - \eta_1)$$
$$\cdot h^*(x_2 - \xi_2, y_2 - \eta_2) G_o(\xi_1, \eta_1; \xi_2, \eta_2; \nu).$$
$$(8.9.11)$$

8.9.2　严格相干与非相干意义下的成像关系

利用(8.9.9)式以及8.4节推导的互相干函数的极限形式,我们可以求得在严格相干与非相干意义下的成像关系.

1. 严格相干意义下的成像关系

在相干极限下的互相干函数具有形式:

$$\Gamma(\xi_1, \xi_2; \tau) = U(\xi_1) U^*(\xi_2) \exp(-j2\pi\nu_0\tau).$$ (8.4.3)

为简单起见,采用一维表示,并有

$$G(\xi_1, \xi_2; \nu) = U(\xi_1) U^*(\xi_2) \delta(\nu - \nu_0),$$ (8.4.5)

则(8.9.9)式为

$$G_i(x_1, x_2; \nu) = \iint h(x_1; \xi_1) h^*(x_2; \xi_2) G_o(\xi_1, \xi_2; \nu) d\xi_1 d\xi_2. \quad (8.9.12)$$

因为我们关心的是像面上的光强度分布,故可在上式中取 $x_1 = x_2$,并将(8.4.5)式代入可得

$$U_i(x_1) U_i^*(x_1) \delta(\nu - \nu_0)$$
$$= \iint h(x_1, \xi_1) h^*(x_1, \xi_2) U_o(\xi_1) U_o^*(\xi_2) \delta(\nu - \nu_0) d\xi_1 d\xi_2.$$

对上式两边分别对变量 ν 作傅里叶变换后得到

$$U_i(x_1) U_i^*(x_1) \exp(j2\pi\nu_0\tau)$$
$$= \exp(j2\pi\nu_0\tau) \iint h(x_1, \xi_1) h^*(x_1, \xi_2) U_o(\xi_1) U_o^*(\xi_2) d\xi_1 d\xi_2.$$

注意等式右边积分号内变量 ξ_1 与 ξ_2 为对称形式,故有

$$I_i(x) = |U_i(x)|^2 = \left| \int h(x, \xi) U_o(\xi) d\xi \right|^2.$$

最后得到

$$U_i(x) = \int h(x, \xi) U_o(\xi) d\xi. \quad (8.9.12)$$

在二维情况下有关系式：

$$U_i(x, y) = \iint h(x, y; \xi, \eta) U_o(\xi, \eta) d\xi d\eta. \quad (8.9.13)$$

从上式可见，相干光的成像过程对复振幅是线性的，这是相干光成像的主要特点．在物理上不难理解这一点．如在物面上放一点 $\delta(\xi, \eta)$，则在像面上像的复振幅为 $h(x, y; \xi, \eta)$．当采用相干光照明时，因物面上各点之间有固定的位相差，因此物面上各点相应的像之间应按复振幅叠加，从而形成相干光成像．

2. 严格非相干意义下的成像关系

非相干极限下的互相干函数是

$$G(x_1, x_2; \nu) = \beta G(x_1, x_2; \nu) \delta(x_1 - x_2). \quad (8.4.20)$$

将它代入(8.9.9)式，并取 $x_1 = x_2$，有

$$I_i(x_1, \nu) = \iint h(x_1, \xi_1) h^*(x_1, \xi_2) I_o(\xi_1, \nu) \delta(\xi_1 - \xi_2) d\xi_1 d\xi_2$$

$$= \int h(x_1, \xi_1) h^*(x_1, \xi_1) I_o(\xi_1, \nu) d\xi_1. \quad (8.9.14)$$

对上式两边同样对变量 ν 作傅里叶变换可得

$$I_i(x) = \int |h(x, \xi)|^2 I_o(\xi) d\xi. \quad (8.9.15)$$

对于二维情况有

$$I_i(x, y) = \int |h(x, y; \xi, \eta)|^2 I_o(\xi, \eta) d\xi d\eta. \quad (8.9.16)$$

由此可见，用非相干光照明时，成像系统对强度进行线性变换．并且，这一强度变换的脉冲响应简单地正比于相干光照明下的脉冲响应的模的平方．

这一点在物理上也容易理解，用非相干光照明时，物面上各点间的位相差是随时间变化的，而观察的光强度是平均量，任何随时间变化的干涉效应都将被平均掉．因此，在像平面上脉冲响应必然按强度叠加．

综上所述，对相干光系统其特征量是光场的复振幅，对非相干光系统是光强度，而对部分相干光系统是互相干函数．因此，用不同相干度的光照明一个光学系统时，将呈现不同的成像特性．

第 9 章　光的偏振效应和
琼斯矩阵表示

在第 1 章我们指出:光波是电磁波,用电场强度矢量 E、电位移矢量 D、磁场强度矢量 H 和磁感应强度 B 描述.电磁理论指出:在无源、无限扩展的均匀各向同性介质(即"自由空间")中传播的光波为横波,电磁场的振动与其传播方向垂直.由于光波与物质的相互作用与电场强度有直接的关系,通常用电场强度矢量 E 来描述光场,其余三个矢量则可以通过麦克斯韦方程和物质方程由电场强度矢量 E 来表示,如第 1 章(1.1.1)式所示.

注意光波的横波性是有条件的,在自由空间传播的光波才具备横波性,当这些条件被破坏时光波就可能有纵分量.例如在波导中就有 TE 波(电场为横分量,磁场有纵分量)及 TM 波(磁场为横分量,电场有纵分量)之分.

偏振是矢量光波的基本特征,规定某一矢量波的恰当矢量称为场矢量(filed vector).在波场中一个给定空间位置观察到场矢量随时间的变化称为偏振.波动分为纵波和横波两种,标量波为纵波,波场分布围绕传播方向具有旋转对称性;矢量波则必然具有横向分量,该分量破坏了旋转对称性形成偏振.因此偏振是横波的固有特性.

通常有五种偏振态:平面偏振光(线偏振光)、椭圆偏振光、圆偏振光、部分偏振光和自然光.本章第 1 节讨论前三种偏振光的琼斯矩阵表示,第 2 节讨论常用偏振器件的变换矩阵,第 3、4 节讨论折射、散射的偏振效应,最后一节介绍准单色光的偏振效应.

9.1 光波偏振态的琼斯矩阵表示

9.1.1 定义

在讨论涉及光波的偏振态问题时,必须采用矢量波来描述光场. 沿 z 方向传播的简谐平面波,可以用分量形式表示如下:

$$\left.\begin{array}{l} E_x = \alpha_x \cos(\tau + \delta_x), \\ E_y = \alpha_y \cos(\tau + \delta_y), \\ E_z = 0, \end{array}\right\} \tag{9.1.1}$$

光波振幅为 α,相位为 $\tau = \omega t - \boldsymbol{k} \cdot \boldsymbol{r}$. 该平面波还可以表示为琼斯矩阵:

$$\hat{\boldsymbol{J}} = \begin{pmatrix} \alpha_x \exp(\mathrm{j}\delta_x) \\ \alpha_y \exp(\mathrm{j}\delta_y) \end{pmatrix} = \begin{pmatrix} J_x \\ J_y \end{pmatrix}, \tag{9.1.2}$$

这是一个复数 2×1 矩阵. $E_x(t)$,$E_y(t)$ 与 J_x,J_y 的关系为

$$\left.\begin{array}{l} E_x(t) = \mathrm{Re}[J_x \exp(-\mathrm{j}\omega t)], \\ E_y(t) = \mathrm{Re}[J_y \exp(-\mathrm{j}\omega t)]. \end{array}\right\} \tag{9.1.3}$$

琼斯矩阵包含了偏振态的全部信息. 本书中我们用符号"^"表示琼斯矩阵.

如果仅仅关心偏振的状态,不管光波的振幅,可以引用归一化的琼斯矩阵,它应满足

$$\hat{\boldsymbol{J}}^+ \hat{\boldsymbol{J}} = 1. \tag{9.1.4}$$

平面偏振光可表示为

$$\hat{\boldsymbol{J}} = \begin{pmatrix} \cos \psi \\ \sin \psi \end{pmatrix} \quad \left(-\frac{\pi}{2} \leqslant \psi < \frac{\pi}{2} \right), \tag{9.1.5}$$

式中 ψ 为偏振光的振动平面与 xz 平面的夹角,即方位角,参见图 9.1. 将 ψ 用 $\psi + \pi/2$ 代替,就得到与上述平面偏振光正交的偏振态

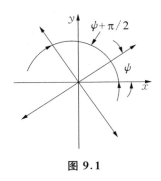

图 9.1

$$\hat{J}' = \begin{bmatrix} -\sin\psi \\ \cos\psi \end{bmatrix}. \tag{9.1.6}$$

9.1.2　基本的琼斯矩阵与偏振的基态

在(9.1.5)式中,当 ψ 分别为 0 和 $\pi/2$ 时,构成一对正交的偏振态:

$$\hat{J} = \hat{e}_x = \begin{bmatrix} 1 \\ 0 \end{bmatrix}, \quad \hat{J} = \hat{e}_y = \begin{bmatrix} 0 \\ 1 \end{bmatrix}, \tag{9.1.7}$$

它们分别表示沿 x 轴和沿 y 轴的单位矢量.

右旋和左旋的圆偏振光的琼斯矩阵为

$$\hat{e}_R = \frac{1}{\sqrt{2}}\begin{bmatrix} 1 \\ j \end{bmatrix}, \quad \hat{e}_L = \frac{1}{\sqrt{2}}\begin{bmatrix} 1 \\ -j \end{bmatrix}, \tag{9.1.8}$$

$\hat{e}_R$ 和 $\hat{e}_L$ 互相正交:

$$\hat{e}_R^+ \cdot \hat{e}_L = \frac{1}{2}(1, -j)\begin{bmatrix} 1 \\ -j \end{bmatrix} = 0. \tag{9.1.9}$$

显然,$(\hat{e}_x, \hat{e}_y)$ 或 $(\hat{e}_L, \hat{e}_R)$ 均可作为二维琼斯矢量空间的正交归一化的基矢,它们可以互相表示如下:

$$\hat{e}_R = \frac{1}{\sqrt{2}}(\hat{e}_x + j\hat{e}_y), \tag{9.1.10}$$

$$\hat{e}_L = \frac{1}{\sqrt{2}}(\hat{e}_x - j\hat{e}_y), \tag{9.1.11}$$

$$\hat{e}_x = \frac{1}{\sqrt{2}}(\hat{e}_R + \hat{e}_L), \tag{9.1.12}$$

$$\hat{e}_y = -\frac{1}{\sqrt{2}}(\hat{e}_R - \hat{e}_L), \tag{9.1.13}$$

前两式表示:圆偏振光可由一对相位差为 $\pm\pi/2$ 的平面偏振光组合而成;后两式表示:一对圆偏振光可组成平面偏振光.

一任意偏振态 $\hat{E}_{xy}$ 可表示为 $(\hat{e}_x, \hat{e}_y)$ 或 $(\hat{e}_R, \hat{e}_L)$ 的线性组合:

$$\hat{E}_{xy} = \begin{bmatrix} E_x \\ E_y \end{bmatrix} = E_x\begin{bmatrix} 1 \\ 0 \end{bmatrix} + E_y\begin{bmatrix} 0 \\ 1 \end{bmatrix} = E_x\hat{e}_x + E_y\hat{e}_y, \tag{9.1.14}$$

$$\hat{E}_{xy} = \frac{E_\mathrm{r}}{\sqrt{2}} \begin{pmatrix} 1 \\ \mathrm{j} \end{pmatrix} + \frac{E_\mathrm{l}}{\sqrt{2}} \begin{pmatrix} 1 \\ -\mathrm{j} \end{pmatrix} = E_\mathrm{r}\,\hat{e}_\mathrm{R} + E_\mathrm{l}\,\hat{e}_\mathrm{L}. \tag{9.1.15}$$

表象 $\begin{pmatrix} E_\mathrm{l} \\ E_\mathrm{r} \end{pmatrix}$ 和 $\begin{pmatrix} E_x \\ E_y \end{pmatrix}$ 之间的关系是幺正变换:

$$\hat{E}_{xy} = \begin{pmatrix} E_x \\ E_y \end{pmatrix} = \frac{1}{\sqrt{2}} \begin{pmatrix} 1 & 1 \\ -\mathrm{j} & \mathrm{j} \end{pmatrix} \begin{pmatrix} E_\mathrm{l} \\ E_\mathrm{r} \end{pmatrix} = \boldsymbol{F}\,\hat{E}_\mathrm{lr}, \tag{9.1.16}$$

式中

$$\boldsymbol{F} = \frac{1}{\sqrt{2}} \begin{pmatrix} 1 & 1 \\ -\mathrm{j} & \mathrm{j} \end{pmatrix}, \tag{9.1.17}$$

$$\hat{E}_\mathrm{lr} = \begin{pmatrix} E_\mathrm{l} \\ E_\mathrm{r} \end{pmatrix}, \tag{9.1.18}$$

$\boldsymbol{F}$ 为幺正矩阵,有 $\boldsymbol{F}^+ = \boldsymbol{F}^{-1}$.(9.1.16)式的逆变换为:

$$\hat{E}_\mathrm{lr} = \frac{1}{\sqrt{2}} \begin{pmatrix} 1 & \mathrm{j} \\ 1 & -\mathrm{j} \end{pmatrix} \begin{pmatrix} E_x \\ E_y \end{pmatrix} = \boldsymbol{F}^+\,\hat{E}_{xy}, \tag{9.1.19}$$

一个单位振幅、零相位($\delta = \delta_x - \delta_y = 0$)、零方位角($\psi = 0$)的椭圆偏振态可表示为:

$$\hat{E}_{xy} = \begin{pmatrix} \cos\varepsilon \\ \mathrm{j}\sin\varepsilon \end{pmatrix}, \tag{9.1.20}$$

它显然也可表示为

$$\hat{E}_\mathrm{lr} = \boldsymbol{F}^+\,\hat{E}_{xy} = \frac{1}{\sqrt{2}} \begin{pmatrix} 1 & \mathrm{j} \\ 1 & -\mathrm{j} \end{pmatrix} \begin{pmatrix} \cos\varepsilon \\ \mathrm{j}\sin\varepsilon \end{pmatrix} = \frac{1}{\sqrt{2}} \begin{pmatrix} \cos\varepsilon - \sin\varepsilon \\ \cos\varepsilon + \sin\varepsilon \end{pmatrix}, \tag{9.1.21}$$

其中 ε 如图 9.2 所示,定义 $\tan\varepsilon$ 为椭圆率,$\varepsilon > 0$ 表示右旋,$\varepsilon < 0$ 表示左旋.在上式中取 $\varepsilon = \pm\pi/4$ 分别得到右旋和左旋圆偏振光:

$$\hat{E}_\mathrm{lr} = \begin{pmatrix} 0 \\ 1 \end{pmatrix} \ \text{及} \ \hat{E}_\mathrm{lr} = \begin{pmatrix} 1 \\ 0 \end{pmatrix}. \tag{9.1.22}$$

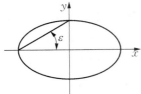

图 9.2 椭圆率 $\tan\varepsilon$

应注意,(9.1.8)式是 $\hat{e}_\mathrm{R}$ 和 $\hat{e}_\mathrm{L}$ 在直角坐标表象($\hat{e}_x$, $\hat{e}_y$)中的表示,而(9.1.22)式则是它们在自身表象中的表示,矩阵 $\boldsymbol{F}$ 正是两个表象之间的变换,以 $\boldsymbol{F}^+$

左乘(9.1.8)式就得到(9.1.22)式.$(\hat{\boldsymbol{e}}_x，\hat{\boldsymbol{e}}_y)$和$(\hat{\boldsymbol{e}}_L，\hat{\boldsymbol{e}}_R)$均为琼斯空间中的基矢，或者说琼斯空间是由$(\hat{\boldsymbol{e}}_x，\hat{\boldsymbol{e}}_y)$或$(\hat{\boldsymbol{e}}_L，\hat{\boldsymbol{e}}_R)$张成.

9.1.3　在坐标变换(旋转)下琼斯矩阵的变换

上节已指出，$(\hat{\boldsymbol{e}}_x，\hat{\boldsymbol{e}}_y)$和$(\hat{\boldsymbol{e}}_L，\hat{\boldsymbol{e}}_R)$均为琼斯空间中的基矢，它们之间由变换矩阵联系.如将坐标旋转 ψ，可得到新的基矢$(\hat{\boldsymbol{e}}_\xi，\hat{\boldsymbol{e}}_\eta)$，如图 9.3 所示.任意偏振态在$(\hat{\boldsymbol{e}}_\xi，\hat{\boldsymbol{e}}_\eta)$下的表示$\begin{bmatrix} E_\xi \\ E_\eta \end{bmatrix}$以及在$(\hat{\boldsymbol{e}}_x，\hat{\boldsymbol{e}}_y)$下的表示$\begin{bmatrix} E_x \\ E_y \end{bmatrix}$之间的关系为

$$\hat{\boldsymbol{E}}_{\xi\eta} = \begin{bmatrix} E_\xi \\ E_\eta \end{bmatrix} = \begin{bmatrix} \cos\psi & \sin\psi \\ -\sin\psi & \cos\psi \end{bmatrix} \begin{bmatrix} E_x \\ E_y \end{bmatrix} = \boldsymbol{R}(\psi)\,\hat{\boldsymbol{E}}_{xy}, \qquad (9.1.23)$$

式中

$$\boldsymbol{R}(\psi) = \begin{bmatrix} \cos\psi & \sin\psi \\ -\sin\psi & \cos\psi \end{bmatrix}. \qquad (9.1.24)$$

(9.1.23)式表征了坐标旋转时琼斯矩阵的变换，$\boldsymbol{R}(\psi)$也是幺正矩阵，满足

$$\boldsymbol{R}^{-1}(\psi) = \boldsymbol{R}^{+}(\psi) = \boldsymbol{R}(-\psi), \qquad (9.1.25)$$

$$\boldsymbol{R}(\psi_1)\,\boldsymbol{R}(\psi_2) = \boldsymbol{R}(\psi_1 + \psi_2), \qquad (9.1.26)$$

其中(9.1.26)式表示连续旋转两次.

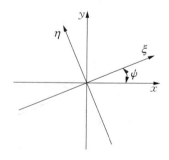

图 9.3　坐标变换

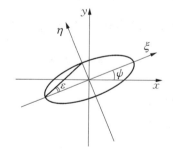

图 9.4　椭圆偏振光

9.1.4　任意椭圆偏振光的琼斯矩阵

利用坐标系的旋转，可以计算一个斜椭圆偏振光的琼斯矩阵.如图 9.4 所示，

先假设在 $\xi\eta$ 坐标系中有一个正椭圆偏振态,参见(9.1.20)式.再将 $\xi\eta$ 坐标系连同椭圆偏振态一起逆时针旋转 ψ.斜椭圆偏振态在 xy 坐标系的表示则由(9.1.23)式得到

$$\hat{\boldsymbol{E}}_{xy} = \boldsymbol{R}(-\psi)\,\hat{\boldsymbol{E}}_{\xi\eta} = \begin{pmatrix} \cos\psi & -\sin\psi \\ \sin\psi & \cos\psi \end{pmatrix} \begin{pmatrix} \cos\varepsilon \\ \mathrm{j}\sin\varepsilon \end{pmatrix}$$

$$= \begin{pmatrix} \cos\psi\cos\varepsilon - \mathrm{j}\sin\psi\sin\varepsilon \\ \sin\psi\cos\varepsilon + \mathrm{j}\cos\psi\sin\varepsilon \end{pmatrix}. \tag{9.1.27}$$

作为逆问题,让我们考虑生成斜椭圆的问题.在 xy 坐标系中,一对正交的偏振光分量具有相位差:

$$\begin{pmatrix} E_x \\ E_y \end{pmatrix} = \begin{pmatrix} \mathrm{e}^{-\mathrm{j}\phi} \\ 1 \end{pmatrix}, \tag{9.1.28}$$

将坐标系旋转 $45°$,得到 $\xi\eta$ 坐标系中的琼斯矩阵:

$$\hat{\boldsymbol{E}}_{\xi\eta} = \begin{pmatrix} E_\xi \\ E_\eta \end{pmatrix} = \frac{1}{\sqrt{2}} \begin{pmatrix} 1 & 1 \\ -1 & 1 \end{pmatrix} \begin{pmatrix} \mathrm{e}^{-\mathrm{j}\phi} \\ 1 \end{pmatrix} = \sqrt{2}\,\mathrm{e}^{-\mathrm{j}\phi/2} \begin{pmatrix} \cos(\phi/2) \\ \mathrm{j}\sin(\phi/2) \end{pmatrix}, \tag{9.1.29}$$

上式表示一个正椭圆,其长、短轴的光强分别为 $(1+\cos\phi)/2$ 和 $(1-\cos\phi)/2$.显然,椭圆率为 $\tan(\phi/2)$.

9.1.5　偏振光的强度

由(9.1.14)式,光强可表示为

$$I = \hat{\boldsymbol{E}}^+\,\hat{\boldsymbol{E}} = (E_x^*\ \ E_y^*) \begin{pmatrix} E_x \\ E_y \end{pmatrix} = |E_x|^2 + |E_y|^2. \tag{9.1.30}$$

如设光波通过器件后的琼斯矩阵为 $\hat{E}'$,

$$\hat{\boldsymbol{E}}'_{xy} = \begin{pmatrix} E'_x \\ E'_y \end{pmatrix}, \tag{9.1.31}$$

则器件的透过率为

$$T = \frac{\hat{\boldsymbol{E}}'^+\,\hat{\boldsymbol{E}}'}{\hat{\boldsymbol{E}}^+\,\hat{\boldsymbol{E}}} = \frac{|E'_x|^2 + |E'_y|^2}{|E_x|^2 + |E_y|^2}. \tag{9.1.32}$$

9.2　基本偏振器件的变换矩阵

9.2.1　偏振镜

第一类基本偏振器件为偏振镜,又称偏振器(例如偏振片、冰洲石格兰–泰勒棱镜),它有一对互相正交的通光轴和消光轴,其功能在于将任意偏振态的光波变换为沿偏振镜的通光轴方向的平面偏振光. 偏振镜的琼斯矩阵为

$$\hat{\boldsymbol{P}}_x = \begin{bmatrix} 1 & 0 \\ 0 & 0 \end{bmatrix}, \text{通光轴沿 } x \text{ 方向} \tag{9.2.1}$$

$$\hat{\boldsymbol{P}}_y = \begin{bmatrix} 0 & 0 \\ 0 & 1 \end{bmatrix}, \text{通光轴沿 } y \text{ 方向} \tag{9.2.2}$$

当一个任意偏振光通过光轴沿 x 方向的偏振片后,偏振态的变换为

$$\begin{bmatrix} 1 & 0 \\ 0 & 0 \end{bmatrix} \begin{bmatrix} E_x \\ E_y \end{bmatrix} = \begin{bmatrix} E_x \\ 0 \end{bmatrix}. \tag{9.2.3}$$

当输入的平面偏振光振动沿 x 方向时,琼斯矩阵正是基本的琼斯矩阵 $\hat{\boldsymbol{e}}_x$. 该偏振光通过通光轴沿 ψ 方向的偏振镜时的作用可如下计算:将坐标系 xy 旋转 ψ 角得到新的坐标系 $\xi\eta$, ξ, η 是偏振镜的主轴,在该新坐标系中偏振镜的琼斯矩阵 $\hat{\boldsymbol{P}}_\xi$ 具有(9.2.1)式的形式,偏振镜的效应为

$$\hat{\boldsymbol{J}}_{\xi\eta} = \hat{\boldsymbol{P}}_\xi \boldsymbol{R}(\psi)\hat{\boldsymbol{e}}_x = \begin{bmatrix} 1 & 0 \\ 0 & 0 \end{bmatrix} \begin{bmatrix} \cos\psi & \sin\psi \\ -\sin\psi & \cos\psi \end{bmatrix} \begin{bmatrix} 1 \\ 0 \end{bmatrix} = \begin{bmatrix} \cos\psi \\ 0 \end{bmatrix}, \quad (9.2.4)$$

表示输出的偏振光振动方向沿 ξ 轴,光强变成 $\cos^2\psi$. 如需回到 xy 坐标系中,整个计算过程为

$$\begin{aligned} \hat{\boldsymbol{J}}_{xy} &= \boldsymbol{R}(-\psi)\hat{\boldsymbol{P}}_\xi \boldsymbol{R}(\psi)\,\hat{\boldsymbol{e}}_x \\ &= \begin{bmatrix} \cos^2\psi & \sin\psi\cos\psi \\ \sin\psi\cos\psi & \sin^2\psi \end{bmatrix} \begin{bmatrix} 1 \\ 0 \end{bmatrix} = \begin{bmatrix} \cos^2\psi \\ \sin\psi\cos\psi \end{bmatrix}. \end{aligned} \tag{9.2.5}$$

由上式可知一个与 x 轴夹角为 ψ 的偏振镜在 xy 坐标系中的矩阵为 $\boldsymbol{R}(-\psi)\hat{\boldsymbol{P}}_\xi \boldsymbol{R}(\psi)$.

9.2.2　波片

另一类重要的偏振器件为晶体相位器件,即波片.沿它的两个主轴 ξ,η 传播的偏振光是晶体的本征态,通过器件后得到相位差 Γ,在主轴坐标系中相位器件的琼斯矩阵为

$$\hat{\boldsymbol{W}}_{\xi\eta} = \begin{pmatrix} \mathrm{e}^{\mathrm{j}\Gamma/2} & 0 \\ 0 & \mathrm{e}^{-\mathrm{j}\Gamma/2} \end{pmatrix}. \tag{9.2.6}$$

当 $\Gamma = \pi/2$ 时我们得到四分之一波片,当 $\Gamma = \pi$ 时得到半波片.当 $\Gamma > 0$ 时两个主轴 ξ,η 分别称为快轴和慢轴.

设快半波片轴与 x 轴交角为 ψ,让我们考虑波片对沿 x 方向振动的平面偏振光(基态 $\boldsymbol{e}_x$)的变换.在 $\xi\eta$ 坐标系中半波片的琼斯矩阵 $\hat{\boldsymbol{W}}_{\xi\eta}$ 如表 9.1 所示,变换可表示为

$$\hat{\boldsymbol{J}}_{\xi\eta} = \hat{\boldsymbol{W}}_{\xi\eta}\hat{\boldsymbol{e}}_{\xi\eta} = \hat{\boldsymbol{W}}_{\xi\eta}\boldsymbol{R}(\psi)\,\hat{\boldsymbol{e}}_{xy}.$$

将变换结果还原到 xy 坐标系中,得到表 9.1 最后一列的结果:

$$\hat{\boldsymbol{J}}_{xy} = \boldsymbol{R}(-\psi)\,\hat{\boldsymbol{J}}_{\xi\eta}\hat{\boldsymbol{W}}_{\xi\eta}\boldsymbol{R}(\psi)\,\hat{\boldsymbol{e}}_{xy} = \left[R(-\psi)\right]^2 \hat{\boldsymbol{W}}_{\xi\eta}\hat{\boldsymbol{e}}_{xy}$$

$$= \begin{pmatrix} \mathrm{e}^{\mathrm{j}\pi/2}\cos 2\psi & -\mathrm{e}^{-\mathrm{j}\pi/2}\sin 2\psi \\ \mathrm{e}^{\mathrm{j}\pi/2}\sin 2\psi & -\mathrm{e}^{-\mathrm{j}\pi/2}\cos 2\psi \end{pmatrix}\begin{pmatrix} 1 \\ 0 \end{pmatrix} = \mathrm{e}^{\mathrm{j}\pi/2}\begin{pmatrix} \cos 2\psi \\ \sin 2\psi \end{pmatrix}, \tag{9.2.7}$$

上式表示输出信号仍然是平面偏振光,其偏振方向旋转了 2ψ.因此快轴与 x 轴夹角为 ψ 的半波片在 xy 坐标系中的矩阵为 $\boldsymbol{R}(-\psi)\hat{\boldsymbol{W}}_{\xi\eta}\boldsymbol{R}(\psi)$.

常用偏振器件的琼斯矩阵如表 9.1 所示.

表 9.1　常用偏振器件的琼斯矩阵

偏　振　镜		四分之一波片		半　波　片	
光轴沿 x 方向	光轴沿 y 方向	快轴沿 x 方向	快轴沿 y 方向	快轴沿 x 方向	快轴与 x 轴交角为 ψ
$\begin{pmatrix} 1 & 0 \\ 0 & 0 \end{pmatrix}$	$\begin{pmatrix} 0 & 0 \\ 0 & 1 \end{pmatrix}$	$\begin{pmatrix} \mathrm{e}^{\frac{\mathrm{j}\pi}{4}} & 0 \\ 0 & \mathrm{e}^{-\frac{\mathrm{j}\pi}{4}} \end{pmatrix}$	$\begin{pmatrix} \mathrm{e}^{-\frac{\mathrm{j}\pi}{4}} & 0 \\ 0 & \mathrm{e}^{\frac{\mathrm{j}\pi}{4}} \end{pmatrix}$	$\begin{pmatrix} \mathrm{e}^{\frac{\mathrm{j}\pi}{2}} & 0 \\ 0 & \mathrm{e}^{-\frac{\mathrm{j}\pi}{2}} \end{pmatrix}$	$\begin{pmatrix} \mathrm{e}^{\frac{\mathrm{j}\pi}{2}}\cos 2\psi & -\mathrm{e}^{-\frac{\mathrm{j}\pi}{2}}\sin 2\psi \\ \mathrm{e}^{\frac{\mathrm{j}\pi}{2}}\sin 2\psi & -\mathrm{e}^{-\frac{\mathrm{j}\pi}{2}}\cos 2\psi \end{pmatrix}$

9.2.3 波片消光比计算

作为实例,让我们来计算波片的相位延迟误差对消光比的影响.对于任何偏振器件,其通光方向的光强与消光方向光强之比定义为消光比.理想的偏振器件的消光比为无穷大,但材料的不均匀性、残余应力和加工的误差使实际器件的消光比下降.例如薄膜拉伸形成的偏振片的消光比在一百到一千的量级,冰洲石偏振棱镜的消光比较高,达到 $10^4 \sim 10^5$.

理想半波片仅使平面偏振光旋转 2ψ 角;理想的四分之一波片将圆偏振光转换为平面偏振光,输出的仍然是平面偏振光.实际的半波片由两片快慢轴相对,厚度相差为 $\lambda/2$ 的水晶制造,称"零级波片".由于厚度的加工误差,输出光为长椭圆偏振光,其长轴和短轴之比的平方就是消光比.

半波片的相移

$$\Gamma = \Gamma_0 + \Delta\Gamma = \Gamma_0 + \frac{2\pi}{\lambda_0}\left(\frac{\lambda_0}{N}\right) = \Gamma_0 + \frac{2\pi}{N}, \tag{9.2.8}$$

其中第二项 $\Delta\Gamma$ 代表波片的相位延迟误差,其光程差通常表示为 (λ_0/N) 的形式,λ_0 为真空中的波长.这样一来,波片在其主轴坐标系中的表示即为

$$\hat{\boldsymbol{W}} = \begin{bmatrix} e^{j\Gamma/2} & 0 \\ 0 & e^{-j\Gamma/2} \end{bmatrix} = \begin{bmatrix} e^{j(\Gamma_0+\Delta\Gamma)/2} & 0 \\ 0 & e^{-j(\Gamma_0+\Delta\Gamma)/2} \end{bmatrix}. \tag{9.2.9}$$

一个在 x 方向振动的平面偏振光可表示为

$$\hat{\boldsymbol{J}}_{xy} = \begin{pmatrix} 1 \\ 0 \end{pmatrix}, \tag{9.2.10}$$

在半波片主轴坐标系 $\xi\eta$ 中变换成

$$\hat{\boldsymbol{J}}_{\xi\eta} = \begin{bmatrix} \cos\psi & \sin\psi \\ -\sin\psi & \cos\psi \end{bmatrix}\begin{bmatrix} 1 \\ 0 \end{bmatrix} = \begin{pmatrix} \cos\psi \\ -\sin\psi \end{pmatrix}, \tag{9.2.11}$$

经过波片的相位延迟作用,再回到 xy 坐标系:

$$\hat{\boldsymbol{J}}_{xy} = \boldsymbol{R}(-\psi)\,\hat{\boldsymbol{W}}\hat{\boldsymbol{J}}_{\xi\eta} = \begin{bmatrix} \cos\psi & -\sin\psi \\ \sin\psi & \cos\psi \end{bmatrix}\begin{bmatrix} e^{j(\Gamma_0+\Delta\Gamma)/2} & 0 \\ 0 & e^{-j(\Gamma_0+\Delta\Gamma)/2} \end{bmatrix}\begin{pmatrix} \cos\psi \\ -\sin\psi \end{pmatrix}$$

$$= e^{j\Gamma_0/2}\begin{pmatrix} e^{j\Delta\Gamma/2}\cos^2\psi - e^{-j\Delta\Gamma/2}\sin^2\psi \\ \sin\psi\cos\psi(e^{j\Delta\Gamma/2} + e^{-j\Delta\Gamma/2}) \end{pmatrix}, \tag{9.2.12}$$

当 $\psi = 45°$，$\Gamma = \pi$(半波片)时上式化简为

$$\hat{J}_{xy} = \frac{1}{2}e^{j\Gamma_0/2}\begin{pmatrix} e^{j\Delta\Gamma/2} - e^{-j\Delta\Gamma/2} \\ e^{j\Delta\Gamma/2} + e^{-j\Delta\Gamma/2} \end{pmatrix} = e^{j\Gamma_0/2}\begin{pmatrix} j\sin(\Delta\Gamma/2) \\ \cos(\Delta\Gamma/2) \end{pmatrix}$$

$$\approx e^{j\Gamma_0/2}\begin{pmatrix} j\Delta\Gamma/2 \\ 1 \end{pmatrix} = e^{j\Gamma_0/2}\begin{pmatrix} j(\pi/N) \\ 1 \end{pmatrix}, \tag{9.2.13}$$

消光比显然就是

$$\eta = \left(\frac{N}{\pi}\right)^2. \tag{9.2.14}$$

再考虑四分之一波片对圆偏振光的变换. 在波片的主轴坐标系中圆偏振光可表示为

$$\hat{J}_{\xi\eta} = \frac{1}{\sqrt{2}}\begin{pmatrix} e^{j\pi/4} \\ e^{\pm j\pi/4} \end{pmatrix}, \tag{9.2.15}$$

四分之一波片对圆偏振光的变换为

$$\hat{J}'_{\xi\eta} = \frac{1}{\sqrt{2}}\begin{pmatrix} e^{j\Gamma/2} & 0 \\ 0 & e^{-j\Gamma/2} \end{pmatrix}\begin{pmatrix} e^{j\pi/4} \\ e^{-j\pi/4} \end{pmatrix} = \frac{1}{\sqrt{2}}\begin{pmatrix} e^{j(\Gamma_0+\Delta\Gamma)/2}e^{j\pi/4} \\ e^{-j(\Gamma_0+\Delta\Gamma)/2}e^{-j\pi/4} \end{pmatrix}$$

$$= j\frac{1}{\sqrt{2}}\begin{pmatrix} e^{j(\Delta\Gamma)/2} \\ -e^{-j(\Delta\Gamma)/2} \end{pmatrix}, \tag{9.2.16}$$

回到 xy 坐标系, 得到

$$\hat{J}'_{xy} = \frac{j}{2}\begin{pmatrix} 1 & -1 \\ 1 & 1 \end{pmatrix}\begin{pmatrix} e^{j(\Delta\Gamma)/2} \\ -e^{-j(\Delta\Gamma)/2} \end{pmatrix} = \begin{pmatrix} j\cos(\Delta\Gamma/2) \\ -\sin(\Delta\Gamma/2) \end{pmatrix}$$

$$\approx \begin{pmatrix} j \\ -(\pi/N) \end{pmatrix}, \tag{9.2.17}$$

消光比同样可表示为

$$\eta = \left(\frac{N}{\pi}\right)^2. \tag{9.2.18}$$

例如, 当相位延迟 $\Delta\Gamma$ 对应的光程差等于 $\lambda_0/100$($N = 100$, 较低精度)时 $\eta \approx 10^3$, 光程差等于 $\lambda_0/300$($N = 300$, 较高精度)时 $\eta \approx 10^4$.

9.3　折射、反射的偏振效应和相位异常

9.3.1　光波在介质表面的反射和折射,反射定律和折射定律

　　设均匀各向同性绝缘介质 1 和 2 充满半无穷空间,其界面为一无限大平面(在这里,"无穷空间"、"无限大平面"物理上表示线度比入射波长大得多的尺度),不考虑折射反射的色散现象和边界的衍射.取 $z = 0$ 的平面为界面.设入射波为平面电磁波,自介质 1 射向界面,入射面可取为 $y = 0$ 的面,参见图 9.5.

　　边界是物理常数发生突变之处,在入射电磁波的作用下,介质中束缚电荷和电流(包括介质内部的体诱导电流和表面上的面诱导电流和面束缚电荷)的改变引起次电磁波发射.次波在介质 1 中形成反射波,在介质 2 与原来的入射波叠加而成为折射波.当界面线度比波长大得多时,反射波和折射波也都是平面波,入射波、反射波和折射波在它们各自存在的区域内可分别表示为

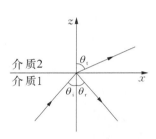

图 9.5　光波在介质
表面的反射和折射

$$
\left.
\begin{aligned}
\boldsymbol{E}^{(q)} &= \boldsymbol{E}_0^{(q)} \exp[j(\omega^{(q)} t - \boldsymbol{k}^{(q)} \cdot \boldsymbol{r})], \\
\boldsymbol{H}^{(q)} &= \boldsymbol{H}_0^{(q)} \exp[j(\omega^{(q)} t - \boldsymbol{k}^{(q)} \cdot \boldsymbol{r})].
\end{aligned}
\right\}
\tag{9.3.1}
$$

其中 $q = i, r$ 和 t,分别代表入射波、反射波和折射波.平面波满足横场条件:

$$
\left.
\begin{aligned}
\boldsymbol{k}^{(q)} \cdot \boldsymbol{E}_0^{(q)} &= 0, \\
\boldsymbol{H}_0^{(q)} &= \frac{1}{\omega^{(q)} \mu} \boldsymbol{k}^{(q)} \times \boldsymbol{E}_0^{(q)}, \\
k^{(q)} &= \frac{\omega^{(q)}}{c} n^{(q)},
\end{aligned}
\right\}
\tag{9.3.2}
$$

式中 $n^{(i)} = n^{(r)} = \sqrt{\varepsilon_1 \mu_1} \approx \sqrt{\varepsilon_1} = n_1$, $n^{(t)} = \sqrt{\varepsilon_2 \mu_2} \approx \sqrt{\varepsilon_2} = n_2$ 为两种介质的折射率,$\mu \approx 1$(在光波情况,对于所有介质即使是铁磁介质,μ 也非常接近于 1).(9.3.1)式和(9.3.2)式分别在介质 1 和介质 2 中满足麦克斯韦方程组.

设 $\boldsymbol{\gamma}$ 为 z 方向单位矢量,边界条件要求电场强度和磁场强度的切向分量连续,可以用矢量积的形式表为

$$\left.\begin{array}{l}\boldsymbol{\gamma} \times (\boldsymbol{E}_1 - \boldsymbol{E}_2) = 0, \\ \boldsymbol{\gamma} \times (\boldsymbol{H}_1 - \boldsymbol{H}_2) = 0,\end{array}\right\} \tag{9.3.3}$$

上式相当于

$$\left.\begin{array}{l}(\boldsymbol{\gamma} \times \boldsymbol{E}_0^{(i)})\exp[\mathrm{j}(\omega^{(i)} t - k_x^{(i)} x)] + (\boldsymbol{\gamma} \times \boldsymbol{E}_0^{(r)})\exp[\mathrm{j}(\omega^{(r)} t - k_x^{(r)} x - k_y^{(r)} y)] \\ \quad = (\boldsymbol{\gamma} \times \boldsymbol{E}_0^{(t)})\exp[\mathrm{j}(\omega^{(t)} t - k_x^{(t)} x - k_y^{(t)} y)], \\ (\boldsymbol{\gamma} \times \mathrm{H}_0^{(i)})\exp[\mathrm{j}(\omega^{(i)} t - k_x^{(i)} x)] + (\boldsymbol{\gamma} \times \mathrm{H}_0^{(r)})\exp[\mathrm{j}(\omega^{(r)} t - k_x^{(r)} x - k_y^{(r)} y)] \\ \quad = (\boldsymbol{\gamma} \times \mathrm{H}_0^{(t)})\exp[\mathrm{j}(\omega^{(t)} t - k_x^{(t)} x - k_y^{(t)} y)],\end{array}\right\}$$

$$\tag{9.3.4}$$

上述边值关系在任何时刻、在界面上任意位置均须满足,即对所有的时间和空间变量 t,x,y 都成立,称为边界条件的时间性和空间性,故必须有

$$k_x^{(i)} = k_x^{(r)} = k_x^{(t)}, \quad k_y^{(r)} = k_y^{(t)} = 0, \quad \omega^{(i)} = \omega^{(r)} = \omega^{(t)} = \omega. \tag{9.3.5}$$

由上式可知:① 边界条件的时间性要求入射波、折射波和反射波在边界上任何一点都有同步的振动,反射波与折射波的频率和入射波相同,因而是相干的;② 边界条件的空间性则要求:反射光和折射光都在入射面内,这从对称性就可以事先看出;③ 由(9.3.2)第3式和(9.3.5)式的结果,得到

$$k^{(r)} = k^{(i)}, \quad k^{(t)} = (n_2/n_1) k^{(i)}. \tag{9.3.6}$$

设入射角、反射角和折射角各为 θ_i,θ_r 和 θ_t,则由于

$$k_x^{(i)} = k^{(i)} \sin \theta_i, \quad k_x^{(r)} = k^{(r)} \sin \theta_r, \quad k_x^{(t)} = k^{(t)} \sin \theta_t,$$

由以上两式得到

$$\theta_r = \theta_i, \quad n_1 \sin \theta_i = n_2 \sin \theta_t, \tag{9.3.7}$$

(9.3.7)式和以上①、②正是反射定律和折射定律的内容,这两个定律适用于任何偏振态的入射波.

9.3.2 菲涅耳公式

下面再讨论反射波和折射波的振幅、相位和偏振的问题. 从(9.3.3)式中消去相同的因子后得到

$$\boldsymbol{\gamma} \times (\boldsymbol{E}_0^{(\mathrm{i})} + \boldsymbol{E}_0^{(\mathrm{r})}) = \boldsymbol{\gamma} \times \boldsymbol{E}_0^{(\mathrm{t})}, \tag{9.3.8}$$

$$\boldsymbol{\gamma} \times (\boldsymbol{H}_0^{(\mathrm{i})} + \boldsymbol{H}_0^{(\mathrm{r})}) = \boldsymbol{\gamma} \times \boldsymbol{H}_0^{(\mathrm{t})}. \tag{9.3.9}$$

以(9.3.2)第 2 式代入上式,运用矢量积的公式 $\boldsymbol{a} \times (\boldsymbol{b} \times \boldsymbol{c}) = (\boldsymbol{a} \cdot \boldsymbol{c})\boldsymbol{b} - (\boldsymbol{a} \cdot \boldsymbol{b})\boldsymbol{c}$ 得到

$$\left[E_{0z}^{(\mathrm{i})} \boldsymbol{k}^{(\mathrm{i})} - k^{(\mathrm{i})} \boldsymbol{E}_0^{(\mathrm{i})} \cos \theta_{\mathrm{i}} \right] + \left[E_{0z}^{(\mathrm{r})} \boldsymbol{k}^{(\mathrm{r})} + k^{(\mathrm{r})} \boldsymbol{E}_0^{(\mathrm{r})} \cos \theta_{\mathrm{r}} \right]$$
$$= E_{0z}^{(\mathrm{t})} \boldsymbol{k}^{(\mathrm{t})} - k^{(\mathrm{t})} \boldsymbol{E}_0^{(\mathrm{t})} \cos \theta_{\mathrm{t}}. \tag{9.3.10}$$

入射平面内的振动称为 p 分量,与入射面正交的分量称为 s 分量.由于界面两边都是各向同性的均匀介质,从对称性就可以预先知道入射波的 p 分量只能激发反射波及折射波的 p 分量,s 分量只能激发 s 分量.通常构建 s-p-k 正交系统,表示入射、反射和折射光的 s 分量、p 分量和波矢量的关系,如图 9.6 所示.分别考虑两种情况:

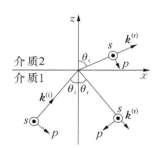

图 9.6　s-p-k 正交系统定义

(1) $\boldsymbol{E}^{(\mathrm{i})}$ 仅有 s 分量,记为 $\boldsymbol{E}_s^{(\mathrm{i})}$,$\boldsymbol{E}^{(\mathrm{r})}$ 和 $\boldsymbol{E}^{(\mathrm{t})}$ 也只有 s 分量,分别记为 $\boldsymbol{E}_s^{(\mathrm{r})}$ 和 $\boldsymbol{E}_s^{(\mathrm{t})}$.由 (9.3.8) 式和 (9.3.10) 式解出 s 分量的复数透过率和复数反射率:

$$\left. \begin{array}{l} t_s = \dfrac{E_s^{(\mathrm{t})}}{E_s^{(\mathrm{i})}} = \dfrac{E_{0y}^{(\mathrm{t})}}{E_{0y}^{(\mathrm{i})}} = \dfrac{2n_1 \cos \theta_{\mathrm{i}}}{n_2 \cos \theta_{\mathrm{t}} + n_1 \cos \theta_{\mathrm{i}}}, \\[3mm] r_s = \dfrac{E_s^{(\mathrm{r})}}{E_s^{(\mathrm{i})}} = \dfrac{E_{0y}^{(\mathrm{r})}}{E_{0y}^{(\mathrm{i})}} = \dfrac{n_1 \cos \theta_{\mathrm{i}} - n_2 \cos \theta_{\mathrm{t}}}{n_1 \cos \theta_{\mathrm{i}} + n_2 \cos \theta_{\mathrm{t}}} = \dfrac{\sin(\theta_{\mathrm{t}} - \theta_{\mathrm{i}})}{\sin(\theta_{\mathrm{t}} + \theta_{\mathrm{i}})}. \end{array} \right\} \tag{9.3.11}$$

注意图中 s 的正方向沿 $-y$ 方向,这选择并不影响透过率和反射率的表达式.

(2) $\boldsymbol{E}^{(\mathrm{i})}$ 平行于入射面情况,此时 $E_y^{(\mathrm{i})} = 0$.注意这种情况下 p 的方向与固定坐标系并不一致.解出 p 分量的复数透过率和复数反射率:

$$\left. \begin{array}{l} r_p = \dfrac{E_p^{(\mathrm{r})}}{E_p^{(\mathrm{i})}} = \dfrac{n_2 \cos \theta_{\mathrm{i}} - n_1 \cos \theta_{\mathrm{t}}}{n_2 \cos \theta_{\mathrm{i}} + n_1 \cos \theta_{\mathrm{t}}} = \dfrac{\tan(\theta_{\mathrm{i}} - \theta_{\mathrm{t}})}{\tan(\theta_{\mathrm{i}} + \theta_{\mathrm{t}})}, \\[3mm] t_p = \dfrac{E_p^{(\mathrm{t})}}{E_p^{(\mathrm{i})}} = \dfrac{2n_1 \cos \theta_{\mathrm{i}}}{n_2 \cos \theta_{\mathrm{i}} + n_1 \cos \theta_{\mathrm{t}}}. \end{array} \right\} \tag{9.3.12}$$

(9.3.11)式和(9.3.12)式即菲涅耳公式,普遍情况即为上述两种情况的叠加.s 分量和 p 分量不同的定义可能造成不同的结果,为了避免混淆,我们再给出相对于固定坐标系 x-y-z 的反射率和透射率:

$$r_x = \frac{E_x^{(r)}}{E_x^{(i)}} = -r_p, \qquad r_y = r_s, \quad r_z = \frac{E_z^{(r)}}{E_z^{(i)}} = r_p,$$

$$t_x = \frac{E_x^{(t)}}{E_x^{(i)}} = t_p \frac{\cos\theta_t}{\cos\theta_i}, \quad t_y = t_s, \quad t_z = \frac{E_z^{(t)}}{E_z^{(i)}} = t_p \frac{\sin\theta_t}{\sin\theta_i}. \qquad (9.3.13)$$

菲涅耳公式给出复振幅的反射率和透过率,相应的光强反射率和透过率为

$$R_s = |r_s|^2, \quad R_p = |r_p|^2, \quad T_s = |t_s|^2, \quad T_p = |t_p|^2. \qquad (9.3.14)$$

9.3.3 反射、折射时的偏振,布儒斯特角

由菲涅耳公式可知,在反射和折射过程中 p,s 两个分量互相独立,即反射光、折射光中的 p 分量只和入射光中的 p 分量有关,s 分量只和 s 分量有关.除了正入射以外,p 分量和 s 分量的反射率和透过率不同,反射光在界面上还可能发生相位跃变,即半波损.因此,反射和折射都可能改变光的偏振态.如果入射光为自然光,反射光和折射光均为部分偏振光;如果入射光是圆偏振光,反射光和折射光均为椭圆偏振光.

从(9.3.12)式可以看出,当入射角和反射角合起来正好为 $\pi/2$($\theta_i + \theta_t = \pi/2$)时,即条件

$$\theta^{(i)} = \theta_B = \tan^{-1}(n_2/n_1) \qquad (9.3.15)$$

满足时 $E_p^{(r)} = 0$,入射波中的 p 分量将完全不反射,全部光波都折射到介质中去.当自然光入射时,反射光是完全偏振的 s 分量,即为布儒斯特定律,θ_B 称布儒斯特角,又称全偏振角.对于折射率为 1.516 的玻璃,$\theta_B \approx 56.58°$.

图 9.7(a)给出光从空气到玻璃(折射率 1.516)的光强反射率随入射角变化的

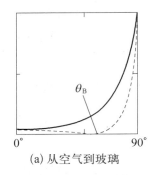

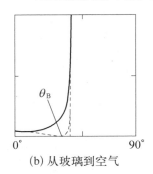

(a) 从空气到玻璃   (b) 从玻璃到空气

图 9.7 光强反射率曲线

横坐标为入射角 θ_i,纵轴为光强反射率,实线为 R_s,虚线为 R_p

曲线.可以看出 s 分量随入射角 θ_i 的增大单调上升,但 p 分量的反射率首先下降,在布儒斯特角 θ_B 处降到 0,然后上升.当入射角接近 90° 时 p 分量和 s 分量的反射率都急剧增加到 100%.图 9.7(b) 给出光从玻璃到空气的相应曲线,$\theta_B\approx33.41°$,当入射角继续增至 41.27° 时发生全反射,下文还要谈到.

9.3.4　半波损

所谓"半波损",指在界面附近反射波对于入射波发生 π 的相位突变,即通常所说的光波通过界面时电矢量的反向.事实上,仅当光线接近正入射或接近掠入射时,电矢量的"反向"才有意义,在倾斜入射时"反向"的含义并不明确.首先讨论光从光疏媒质(例如空气)射到光密媒质(例如玻璃)的情况.从物理学的观点来看,边界本来就是物理参数发生突变的区域,下面的计算表明折射光不存在半波损.由于 $s-p-k$ 正交系统的定义有不确定性,容易产生歧义,我们在固定坐标系 $x-y-z$ 中讨论半波损问题.

当 $n_1<n_2$,且入射角接近于 0(正入射)时光波大体沿 z 轴传播,入射光、反射光和折射光都近似在 xy 平面内偏振,我们只需考察 x,y 分量,根据(9.3.13)式,$r_x=-r_p$,$r_y=r_s$.由(9.3.11)、(9.3.12)式,透射率 t_s,t_p 均不变号,从而 t_x,t_y 也不变号,表明折射波没有半波损.然而反射率 r_s 变号,r_p 不变号,可知 r_x 和 r_y 均变号,所以有 $\boldsymbol{E}^{(r)}\approx-\boldsymbol{E}^{(i)}$,我们确实看到了电矢量的反向.这意味着反射波相对于入射波有一个 π 的相位差,也就是"半波损",参见图 9.8(a).

在掠入射时可设光波大体沿 x 轴传播,y 分量和 z 分量近似为横分量,$r_y=r_s$,$r_z=r_p$.反射时 r_s 变号引起 r_y 变号;又因为掠入射时 θ_i 接近 90°,$\theta_i+\theta_t>\pi/2$,$\tan(\theta_i+\theta_t)<0$,从而 r_p 变号,引起 r_z 变号,可知 r_y 和 r_z 均变号,所以有 $\boldsymbol{E}^{(r)}\approx-\boldsymbol{E}^{(i)}$,存在半波损,参见图 9.8(b).容易证明,折射波不存在半波损.

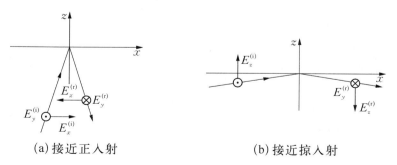

(a)接近正入射　　　　　　(b)接近掠入射

图 9.8　半波损

9.3.5 相位突变和全反射

(9.3.11)、(9.3.12)式给出 s 分量和 p 分量的复振幅反射率和透过率,相应的相位函数定义为

$$\left.\begin{aligned}
\phi_{rs} &= -\arg r_s, \\
\phi_{ts} &= -\arg t_s, \\
\phi_{rp} &= -\arg r_p, \\
\phi_{tp} &= -\arg t_p,
\end{aligned}\right\} \tag{9.3.16}$$

可以看出 ϕ_{ts} 和 ϕ_{tp} 都是实数(全反射情况除外),但 ϕ_{rs} 的 ϕ_{rp} 情况比较复杂.我们分两种情况进行讨论.

(1) 光从光疏媒质(例如空气)到光密媒质(例如玻璃)

$n_1 < n_2$ 时 ϕ_{rs} 恒为 π.在入射角较小时 ϕ_{rp} 为 0,当 $\theta = \theta_B$ 时 ϕ_{rp} 从 0 突变到 π,参见图 9.9(a).

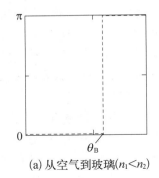
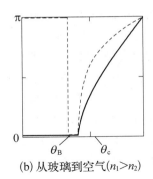

(a) 从空气到玻璃($n_1 < n_2$) (b) 从玻璃到空气($n_1 > n_2$)

图 9.9 相位变化曲线

横坐标为入射角 θ_i,纵轴为相位,实线为 ϕ_{rs},虚线为 ϕ_{rp}

(2) 光从光密媒质(例如玻璃)到光疏媒质(例如空气)

全反射的临界角定义为

$$\theta_i = \theta_c = \arcsin(n_2/n_1), \tag{9.3.17}$$

对于折射率为 1.516 的玻璃,$\theta_c \approx 41.27°$.

为了研究入射角大于临界角后的相位变化,将(9.3.11)、(9.3.12)式的第二式改写为

$$
\left.
\begin{aligned}
r_s &= \frac{n_1 \cos\theta_i - \mathrm{j}n_2 \sqrt{(n_1/n_2)^2\sin^2\theta_i - 1}}{n_1 \cos\theta_i + \mathrm{j}n_2 \sqrt{(n_1/n_2)^2\sin^2\theta_i - 1}}, \\
r_p &= \frac{n_2 \cos\theta_i - \mathrm{j}n_1 \sqrt{(n_1/n_2)^2\sin^2\theta_i - 1}}{n_2 \cos\theta_i + \mathrm{j}n_1 \sqrt{(n_1/n_2)^2\sin^2\theta_i - 1}},
\end{aligned}
\right\}
\tag{9.3.18}
$$

从而相应的相位函数可表示为

$$
\left.
\begin{aligned}
\phi_s &= 2\arctan\left[\frac{n_2 \sqrt{\left(\dfrac{n_1}{n_2}\right)^2\sin^2\theta_i - 1}}{n_1 \cos\theta_i}\right], \\
\phi_p &= 2\arctan\left[\frac{n_1 \sqrt{(n_1/n_2)^2\sin^2\theta_i - 1}}{n_2 \cos\theta_i}\right].
\end{aligned}
\right\}
\tag{9.3.19}
$$

当入射角小于布儒斯特角时,ϕ_{rs} 为 0,ϕ_{rp} 为 π. 当入射角等于布儒斯特角时 ϕ_{rp} 从 π 突变到 0,当入射角接近临界角时折射角 θ_t 趋于 $90°$,R_s 和 R_p 急遽趋向于 1,$\theta_i \geqslant \theta_c$ 后第二介质中不再存在折射光,形成全反射,参见图 9.7(b). 当 $\theta_i \geqslant \theta_c$ 后,ϕ_{rs} 和 ϕ_{rp} 都单调增加,图 9.9(b) 给出相位的变化曲线. 在第 12.1 节还要用到 (9.3.19) 式的结果.

在全反射情况下,第二介质内光波振幅沿 z 方向以指数规律迅速衰减,光波只存在于贴近边界的薄层中(约一个波长量级). M. 玻恩和 E. 沃耳夫在经典著作《光学原理》(杨葭荪译,北京,电子工业出版社,2005)中对全反射效应进行了精辟的论述.

9.4　散射的偏振效应

9.4.1　瑞利散射和米氏散射

从微观上来看,物质都是由原子、分子构成,局部总是不均匀的,在光波电磁场中每个粒子都可能成为散射的次波源. 如果在一个波长尺度内粒子的统计平均密度处处均匀,则理论上可以证明,所有粒子的散射次波相干叠加的效果只剩下遵从几何光学的光线,其余方向的光波互相抵消. 我们称这样的介质为光学均匀介质.

光波通过均匀介质时不产生散射光.

如果光学均匀性被破坏,介质局部出现尺度达到或接近一个波长的不均匀的小块,其光学参数(如复数折射率)偏离平均值,则当光波通过这样的光学非均匀介质时,从小块的不同"点"散射的次波的振幅和初始相位不同,到达空间各点时就会产生显著的光程差,形成不能互相抵消的次波,即散射现象.

即使是均匀的介质,由于分子热运动的存在,总会造成粒子数密度的局部涨落,其等效尺度远小于光波波长,称瑞利散射,又称分子散射.光波电磁场较弱,只会使介质分子成为电偶极子,更高阶的电矩可以忽略,偶极子激发的球面波场强

$$e \sim \omega^2 p/r = 4\pi^2 p/(\lambda^2 r), \qquad (9.4.1)$$

式中 ω 和 λ 分别为光波角频率和介质中的波长,p 为偶极子的电偶极矩,r 是观察点与点源的距离.散射波的光强

$$i \sim \omega^4 p^2/r^2 = 16\pi^4 p^2/(\lambda^4 r^2).$$

分子的热涨落具有随机性,散射源的初相位是时间的随机变量,因而散射源之间不具备相关性,总的散射光强度应是各偶极子激发散射光强度的和.如设参与散射的次波源数(即电偶极子数)为 N,总的散射光强为

$$I \sim 16\pi^4 Np^2/(\lambda^4 r^2). \qquad (9.4.2)$$

上式表示瑞利散射的强度与波长的四次方成反比,在短波段(蓝光、紫光或紫外)通常出现强烈的瑞利散射.

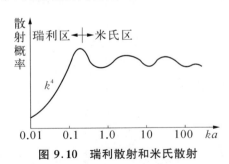

图 9.10　瑞利散射和米氏散射

米和德拜在一般情况下导出球形粒子散射的解,并指出,当 $ka = 2\pi a/\lambda < 0.3$ 时,散射现象基本符合瑞利散射规律,式中 a 为球的半径,当上述条件违背时散射光强度与波长的关系违背了以上规律,见图9.10所示.波长较长时的散射又称米氏散射,主要由介质中尺度大于十分之一波长的散射微粒引起,例如光通过空气中的灰尘和云层中的水滴形成的散射,这样一来,电磁波段可大体分成以瑞利散射为主的"瑞利区"和以米氏散射为主的"米氏区".从整个波段来考察,两类散射的划分是相对的.

我们不打算细致严格地讨论散射问题,只给出一些与散射光偏振效应有关的

结论.本节主要参考了金仲辉、梁德余等的著作《大学基础物理学》(北京,科学出版社,2000)和赵凯华的著作《光学》(北京,高等教育出版社,2004).

9.4.2　散射光的偏振效应

　　设在 x 方向振动的平面偏振光沿 z 轴传播到散射介质(图 9.11 中原点 O 处),根据电磁理论,由光波激发的偶极子也在 x 方向振动.设散射介质是均匀各向同性的,分布在无限扩展的空间,按照我们在本章开头所述,由该偶极子激发的散射波应当是平面偏振的球面波,只有横分量,亦即只有 x 方向的振动分量而没有 y 方向的振动分量,沿着不同方向的散射波的偏振态如图 9.11(a)所示.注意沿 x 方向散射光的强度为零,因为该方向散射光的横向分量为零.

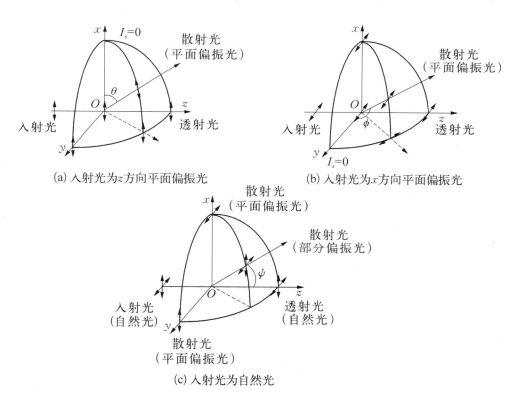

(a) 入射光为 z 方向平面偏振光　　　(b) 入射光为 x 方向平面偏振光

(c) 入射光为自然光

图 9.11　散射光的偏振态

　　图 9.11(b)给出入射光振动方向为 y 的情况,在这种情况下沿 y 方向的散射光强度为零.当入射光为自然光时,直接透射光为自然光,在垂直于入射光方向的

x 轴和 y 轴的方向上散射光均为平面偏振光,而在一般倾斜方向上散射光为部分偏振光,如图 9.11(c)所示.

9.4.3　散射光的光强分布

理论上可以证明,散射波的振幅正比于散射波传播方向与入射波振动方向的夹角.在图 9.11(a)的情况下,散射波的振幅可表示为

$$E_\theta = \sigma_s E_0 \sin \theta, \tag{9.4.3}$$

式中 σ_s 是一个适当的系数;θ 为散射波传播方向与入射波振动方向(x 轴)的夹角.散射波的强度则为

$$I_\theta = \sigma_s^2 I_0 \sin^2 \theta. \tag{9.4.4}$$

在图 9.11(b)的情况下,散射波的强度为

$$I_\phi = \sigma_s^2 I_0 \sin^2 \phi, \tag{9.4.5}$$

ϕ 为散射波传播方向与入射波振动方向(y 轴)的夹角.如果入射波为自然偏振光,其分量在 xy 平面均匀分布,则可将它们分解为 x 和 y 方向的分量,从而沿图 9.11(c)所示方向散射光的强度可表示为

$$
\begin{aligned}
I_s &= \sigma_s^2 (I_\theta + I_\phi) = \frac{\sigma_s^2 I_0}{2} (\sin^2 \theta + \sin^2 \phi) \\
&= \frac{\sigma_s^2 I_0}{2} (1 + \cos^2 \psi),
\end{aligned} \tag{9.4.6}
$$

ψ 是入射光与散射光传播方向的夹角.在推导中用到 $\cos^2 \theta + \cos^2 \phi + \cos^2 \psi = 1$.

令 $\sigma_s^2 = 16\pi^4 Np^2 / (\lambda^4 r^2)$,代入上式得到瑞利散射的光强表达式

$$I = I_0 \frac{8N\pi^4 p^2}{\lambda^4 r^2} (1 + \cos^2 \psi). \tag{9.4.7}$$

在米氏散射和瑞利散射中散射光频率和入射光频率一致.此外,光子和介质相互作用时还产生布里渊散射和拉曼散射.在光纤通信中利用激光拉曼散射对光信号进行放大,有兴趣的读者请参考 J. A. Buck 的著作 Fundamentals of Optical Fibers (New Jersey,John Wiley & Sons,2004)和宋菲君、羊国光、余金中的著作《信息光子学物理》(北京,北京大学出版社,2006).

9.5　准单色光的偏振效应

单色平面波是在时间和空间上都无限扩展的波,它的时间频谱和空间频谱(角谱)都是 δ 函数,它是实际单色光波的抽象.

所谓准单色光波,是一个以 ω_0 为中心频率,频带宽度为 $\Delta\omega(\Delta\omega\ll\omega_0)$ 的大量单色波叠加而成的波包.由于这些单色波干涉的结果,形成一定的空间分布,其强度不显著为 0 的空间宽度为 $c/\Delta\omega,c$ 为光速.

我们可以把准单色光波记为

$$E_\alpha = \widetilde{E}_\alpha(t)\cos[\omega_0 t - \delta_\alpha(t)], \quad \alpha = x, y, z, \tag{9.5.1}$$

式中 $\widetilde{E}_\alpha(t)$ 和 $\delta_\alpha(t)$ 都是 t 的缓慢变化的函数,矢量 E 的端点在空间描绘出复杂而无规律的轨迹.令 $\tau = 4\pi/\Delta\omega,\tau$ 相当于波包持续的时间范围.设将 τ 分成 N 等分,当 N 充分大时,可以认为在时间间隔 $\Delta\tau = \tau/N$ 内 $\widetilde{E}_\alpha(t)$ 和 $\delta_\alpha(t)$ 大体上保持不变.由于 $\Delta\omega\ll\omega_0$,因此 $\Delta\tau\gg T(T$ 为光波的振动周期).在 $\Delta\tau$ 内,仍然可以用单色光波的理论来近似描述准单色波.

TE 波的情形比较简单,由于电场强度方向与传播方向正交,因此只需考虑 xy 平面上的场,我们仍然可以用琼斯矩阵来加以描述

$$E_{xy}(t) = \begin{bmatrix} \widetilde{E}_x(t)\exp[j\delta_x(t)] \\ \widetilde{E}_y(t)\exp[j\delta_y(t)] \end{bmatrix}\exp(-j\omega_0 t). \tag{9.5.2}$$

在任一时间间隔 $\Delta\tau$ 内,电场一般都是椭圆偏振的.引入复数

$$\chi(t) = \frac{\widetilde{E}_y(t)}{\widetilde{E}_x(t)}\exp j[\delta_y(t) - \delta_x(t)], \tag{9.5.3}$$

则椭圆偏振光的振幅由下式给出:

$$A(t) = \sqrt{\widetilde{E}_x^2(t) + \widetilde{E}_y^2(t)}, \tag{9.5.4}$$

其方位角、椭圆率则由下式给出:

$$\left.\begin{aligned}\tan(2\psi) &= \frac{2\mathrm{Re}(\chi)}{1-|\chi|^2},\\ \sin(2\varepsilon) &= \frac{2\mathrm{Im}(\chi)}{1-|\chi|^2},\end{aligned}\right\} \tag{9.5.5}$$

这两个式子可以由(9.1.27)式导出. $E_x(t)$ 和 $E_y(t)$ 的相关度决定了光波的偏振状态通常有三种情况：

（1）$E_x(t)$ 和 $E_y(t)$ 完全不相关，则在充分大的时间间隔中各种椭圆偏振态出现的概率相等，光波为自然光，不表现出任何偏振特性.

（2）$E_x(t)$ 和 $E_y(t)$ 有一定的相关性，则 ψ 和 ε 的取值有择优的倾向，光波为部分偏振光. 偏振态既可能是椭圆偏振光，亦可为平面偏振光或圆偏振光.

（3）当条件

$$\frac{\widetilde{E}_y(t)}{\widetilde{E}_x(t)} = \eta, \quad \delta_y(t) - \delta_x(t) = -\varphi \tag{9.5.6}$$

同时满足时，η，φ 均为常数，此时 $E_x(t)$ 和 $E_y(t)$ 完全相关，由(9.5.5)式，光波的偏振方位和椭圆率完全确定，也就是说归一化的偏振态是完全确定的. 在偏振光学系统中，满足条件(9.5.6)的准单色光的行为和严格单色光没有区别. 事实上，所有的激光都有一定的带宽，即使经过复杂的稳频处理的 He-Ne 激光也有千赫兹量级的带宽，并不存在严格意义下的单色光.

参考文献：

［1］ 赵凯华,钟锡华.光学[M].北京：北京大学出版社,1984.
［2］ 曹昌祺.电动力学[M].第2版.北京：人民教育出版社,1962.
［3］ 金仲辉,梁德余.大学基础物理学[M].北京：科学出版社,2000.

第 10 章　晶 体 光 学

　　光学性质、光学常数依赖于光波传播方向和偏振状态的物质称为光学各向异性介质. 由于大部分晶体表现出光学各向异性, 所以常简称各向异性介质为晶体. 自然界的和人造的许多物质都具有光学各向异性, 例如冰洲石(又称方解石)、水晶、磷酸二氢钾(又称 KDP)、铌酸锂、二氧化碲、液晶等. 它们表现出奇异的光学现象如双折射、圆锥折射、光学活性(自然旋光性)、电-光效应、磁-光效应、声-光效应、扭曲效应等. 借助于这些光学效应制成各种特殊的光学器件, 如各类偏振棱镜、偏振片、波片、电光、磁光和声光调制器、光开关、偏转器、环行器、路由器、空间光调制器等, 在现代光学和光电子仪器、显示系统、光通信系统中有极为重要的应用.

　　在本章中, 为简单起见, 假定所讨论的是绝缘介质($\sigma = 0$), 并且是不可磁化的, $\mu = \mu_0$, 这里 μ_0 为真空中的磁导率. 在本书中, 我们采用 MKSA 单位制, 即实用单位制. 在该单位制中, 设 ε_0 为真空中的介电常数, 且有 $\varepsilon_0\mu_0 = 1/c^2$, c 为真空中的光速.

10.1　介 电 张 量

　　在各向同性介质中, 电位移矢量 $\boldsymbol{D}$ 和电场强度矢量 $\boldsymbol{E}$ 的方向相同, 它们之间存在简单的关系:

$$\boldsymbol{D} = \varepsilon\boldsymbol{E}. \tag{10.1.1}$$

ε 为介电常数. 在各向异性介质中, 除特殊方向外, $\boldsymbol{D}$ 和 $\boldsymbol{E}$ 的关系如下:

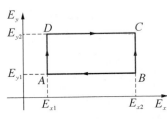

$$\begin{pmatrix} D_x \\ D_y \\ D_z \end{pmatrix} = \begin{pmatrix} \varepsilon_{xx} & \varepsilon_{xy} & \varepsilon_{xz} \\ \varepsilon_{yx} & \varepsilon_{yy} & \varepsilon_{yz} \\ \varepsilon_{zx} & \varepsilon_{zy} & \varepsilon_{zz} \end{pmatrix} \begin{pmatrix} E_x \\ E_y \\ E_z \end{pmatrix}. \tag{10.1.2}$$

表明 $\boldsymbol{D}$ 和 $\boldsymbol{E}$ 的方向一般并不相同,因而(ε_{xy})称为介电张量(dielectric tensor),它的全部分量都是物质常数.上式的分量形式为:

$$D_\alpha = \sum_\beta \varepsilon_{\alpha\beta} E_\beta \quad (\alpha, \beta = x, y, z). \tag{10.1.3}$$

在各向异性介质中,电能和磁能密度推广为

$$w_e = \int^D \boldsymbol{E} \cdot \mathrm{d}\boldsymbol{D}, \tag{10.1.4}$$

$$w_h = \int^B \boldsymbol{H} \cdot \mathrm{d}\boldsymbol{B} = \frac{1}{2} \boldsymbol{H} \cdot \boldsymbol{B} = \frac{\mu_0}{2} H^2. \tag{10.1.5}$$

将(10.1.3)式代入(10.1.4)式得到

$$w_e = \frac{1}{2} \sum_{\alpha,\beta} E_\alpha \varepsilon_{\alpha\beta} E_\beta = \frac{1}{2} \boldsymbol{E} \cdot \boldsymbol{D},$$

因而得到电磁能量密度的表达式

$$w = \frac{1}{2}(\boldsymbol{E} \cdot \boldsymbol{D} + \boldsymbol{H} \cdot \boldsymbol{B}). \tag{10.1.6}$$

图 10.1 二维空间(E_x, E_y)

让我们来考察 $\varepsilon_{\alpha\beta}$ 和 $\varepsilon_{\beta\alpha}$ 的关系.为不失一般性,考虑二维空间(E_x, E_y)如图 10.1 所示.设介质没有吸收,体系为保守系统,故积分(10.1.4)式与路径无关.选择 ABC,ADC 两条积分路线,分别算出电能密度如下:

$$w_e \bigg|_{ABC} = \frac{1}{2} \left(\frac{\varepsilon_{xx} \Delta E_x^2}{2} + \frac{\varepsilon_{yy} \Delta E_y^2}{2} + \varepsilon_{xy} E_{x2} \Delta E_y + \varepsilon_{yx} E_{y1} \Delta E_x \right),$$

$$w_e \bigg|_{ADC} = \frac{1}{2} \left(\frac{\varepsilon_{xx} \Delta E_x^2}{2} + \frac{\varepsilon_{yy} \Delta E_y^2}{2} + \varepsilon_{xy} E_{x1} \Delta E_y + \varepsilon_{yx} E_{y2} \Delta E_x \right),$$

式中 $\Delta E_x = E_{x2} - E_{x1}$,$\Delta E_x^2 = E_{x2}^2 - E_{x1}^2$,等等.令两式相等,即得

$$\varepsilon_{xy} = \varepsilon_{yx}. \tag{10.1.7}$$

在某些场合下(例如在旋光介质中)，$\varepsilon_{\alpha\beta}$为复数，(10.1.7)式应进一步推广成为

$$\varepsilon_{\alpha\beta} = \varepsilon_{\beta\alpha}^* \quad (\alpha, \beta = x, y, z).\tag{10.1.8}$$

保守的电磁场能量要求介电张量为厄米型的，在常见情况下，介电张量为实对称型，只有 6 个独立的元素．根据普遍的数学定律，我们总可以找到一个主轴坐标系 xyz，在其中介电张量成为对角型，仅含三个主对角元 $\varepsilon_\alpha = \varepsilon_{\alpha\alpha}(\alpha = x, y, z)$．由于介电常数变成张量，一般情况下电位移矢量与电场强度矢量方向不同，仅当电场强度矢量沿着主轴方向振动时，电位移矢量的方向才与电场强度方向一致．这些主轴称为介电主轴(principal dielectric axes)．若考虑到晶体的对称性，独立的元素还可能进一步减少．

如介质中 $\varepsilon_x = \varepsilon_y = \varepsilon_z$，称它为各向同性晶体，光波在其中的传播规律和在各向同性介质中的规律完全相同；如 $\varepsilon_x = \varepsilon_y \neq \varepsilon_z$，称为单轴晶体；如 ε_x，ε_y，ε_z 各不相同，则称为双轴晶体．在下文中谈到晶体时，通常指的是后两种情形．表 10.1 给出三种主要的晶体类别和对称点群．

表 10.1　晶体的主要类别和点群

光学对称性	晶体类别	点　群	介　电　张　量
各向同性晶体	立方晶系	$\overline{4}3m$ 432 $m3$ $m3m$	$\dfrac{\boldsymbol{\varepsilon}}{\varepsilon_0} = \begin{pmatrix} n^2 & 0 & 0 \\ 0 & n^2 & 0 \\ 0 & 0 & n^2 \end{pmatrix}$
单轴晶体	四方晶系	4 $\overline{4}$ $4/m$ 422 $4mm$ $\overline{4}2m$ $4/mmm$	$\dfrac{\boldsymbol{\varepsilon}}{\varepsilon_0} = \begin{pmatrix} n_o^2 & 0 & 0 \\ 0 & n_o^2 & 0 \\ 0 & 0 & n_e^2 \end{pmatrix}$
	六角晶系	6 $\overline{6}$ $6/m$ 622 $6mm$ $\overline{6}m2$ $6/mmm$	

光学对称性	晶体类别	点 群	介 电 张 量
单轴晶体	三角晶系	3 $\bar{3}$ 32 622 $3m$ $\bar{3}m$	$\dfrac{\boldsymbol{\varepsilon}}{\varepsilon_0} = \begin{pmatrix} n_o^2 & 0 & 0 \\ 0 & n_o^2 & 0 \\ 0 & 0 & n_e^2 \end{pmatrix}$
双轴晶体	三斜晶系	1 $\bar{1}$	$\dfrac{\boldsymbol{\varepsilon}}{\varepsilon_0} = \begin{pmatrix} n_x^2 & 0 & 0 \\ 0 & n_y^2 & 0 \\ 0 & 0 & n_z^2 \end{pmatrix}$
	单斜晶系	2 m $2/m$	
	菱形(斜方)晶系	222 $2mm$ mmm	

表中 n_o，n_e，$n_\alpha (\alpha = x, y, z)$ 等为主轴坐标系中的折射率.

10.2　平面波在晶体中的传播

10.2.1　光线系统和法线系统的分离

各向异性介质的特殊介电特性，引起在其中传播的光波的行为与各向同性介质的情形有了实质性的区别. 在各向异性介质中，光波相速度不仅随方向的变化而变化，而且与光波的偏振状态有关. 给定一个光波传播方向，一般说来存在两个本征模，具有不同的速度和偏振方向，这是麦克斯韦方程和各向异性的介电性质的共同结果.

在无源的均匀各向异性介质中，麦克斯韦方程组可表示为

$$\left.\begin{array}{l} \nabla \times \boldsymbol{E} = -\dfrac{\partial \boldsymbol{B}}{\partial t}, \\[2mm] \nabla \times \boldsymbol{H} = \dfrac{\partial \boldsymbol{D}}{\partial t}, \\[2mm] \nabla \cdot \boldsymbol{D} = 0, \\[2mm] \nabla \cdot \boldsymbol{H} = 0. \end{array}\right\} \qquad (10.2.1)$$

考虑简谐平面波

$$\boldsymbol{E} = \boldsymbol{E}_0 \exp[\mathrm{j}(\omega t - \boldsymbol{k} \cdot \boldsymbol{r})], \qquad (10.2.2)$$

$$\boldsymbol{H} = \boldsymbol{H}_0 \exp[\mathrm{j}(\omega t - \boldsymbol{k} \cdot \boldsymbol{r})]. \qquad (10.2.3)$$

将(10.2.2)式和(10.2.3)式代入(10.2.1)的前两式,得到

$$\boldsymbol{D} = -\frac{1}{\omega} \boldsymbol{k} \times \boldsymbol{H}, \qquad (10.2.4)$$

$$\boldsymbol{H} = \frac{1}{\omega \mu_0} \boldsymbol{k} \times \boldsymbol{E}, \qquad (10.2.5)$$

由以上两式可以看出:$\boldsymbol{D}$,$\boldsymbol{H}$ 和波矢量 $\boldsymbol{k}$ 构成右旋正交系统,如图 10.2 所示,这一点与各向同性介质没有实质性的区别. $\boldsymbol{D}$ 和 $\boldsymbol{H}$ 没有纵场这一现象也可以由横场条件——(10.2.1)的后两式——预先看出. 由(10.2.5)式还可知,$\boldsymbol{E}$ 和 $\boldsymbol{H}$ 正交,因此 $\boldsymbol{E}$ 和 $\boldsymbol{D}$,$\boldsymbol{k}$ 共面.

　　然而在各向异性介质中,由于电位移矢量 $\boldsymbol{D}$ 等于介电张量 $\boldsymbol{\varepsilon}$ 和电场强度矢量 $\boldsymbol{E}$ 的积,一般来讲,电场强度矢量 $\boldsymbol{E}$ 的方向和电位移矢量 $\boldsymbol{D}$ 的方向并不一致,因此 $\boldsymbol{E}$ 不一定是横向的.

　　我们可从波矢量 $\boldsymbol{k}$ 中分出真空中的波矢量因子 $k_0 = \omega/c$,并将 $\boldsymbol{k}$ 表示为

$$\boldsymbol{k} = k_0 n \boldsymbol{\kappa} = \frac{\omega}{c} n \boldsymbol{\kappa}, \qquad (10.2.6)$$

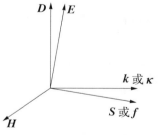

图 10.2　法线系统和光线系统

即 $\boldsymbol{\kappa}$ 是 $\boldsymbol{k}$ 方向的单位矢量,n 则表示介质中的波矢量的值与真空中波矢量值的比,它是方向 $\boldsymbol{\kappa}$ 的函数,虽然 n 也称为折射率,但它的意义与各向同性介质中的折射率已有了明显的区别. 利用(10.2.6)式,可将(10.2.4)式和(10.2.5)式写作

$$\boldsymbol{D} = -\frac{n}{c} \boldsymbol{\kappa} \times \boldsymbol{H}, \qquad (10.2.7)$$

$$H = \frac{n}{\mu_0 c}\boldsymbol{\kappa} \times \boldsymbol{E} \quad \text{或} \quad B = \frac{n}{c}\boldsymbol{\kappa} \times \boldsymbol{E}. \tag{10.2.8}$$

再来考虑一下各向同性介质中的能流密度. 将以上两式代入(10.1.6)式,得到

$$S = \boldsymbol{E} \times \boldsymbol{H} = \frac{n}{\mu_0 c}[E^2\boldsymbol{\kappa} - (\boldsymbol{E} \cdot \boldsymbol{\kappa})\boldsymbol{E}], \tag{10.2.9}$$

亦即 $\boldsymbol{E}$, $\boldsymbol{H}$ 和能流密度矢量 $\boldsymbol{S}$ 也构成右旋正交系统,由图 10.3 可知,能流方向和光线方向一致. 既然 $\boldsymbol{E}$ 不是横向的,亦即 $\boldsymbol{E}$ 和 $\boldsymbol{D}$ 不重合,就必然有 $\boldsymbol{E} \cdot \boldsymbol{\kappa} \neq 0$,这就

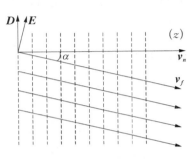

图 10.3 各向异性介质中平面波的传播,相速度和能流速度

（图中虚线代表等相面）

导致了能流密度矢量 $\boldsymbol{S}$ 与光波矢量 $\boldsymbol{k}$（或 $\boldsymbol{k}$ 的单位矢量 $\boldsymbol{\kappa}$）互相分离. 由(10.2.9)式,$\boldsymbol{S}$ 位于 $\boldsymbol{D}$ 和 $\boldsymbol{k}$ 构成的平面中,记它的单位矢量为 $\boldsymbol{f}$,设 $\boldsymbol{f}$ 和 $\boldsymbol{\kappa}$ 的夹角为 α,则 α 一般不等于 0.

能流密度 $\boldsymbol{S}$ 的方向 $\boldsymbol{f}$ 代表光线方向,而波矢量 $\boldsymbol{k}$ 的方向 $\boldsymbol{\kappa}$ 代表等相面的传播方向,于是我们就看到了各向异性介质中光波传播的特殊图像(图 10.3):光波的等相面和能量向着不同方向传播,亦即法线方向和光线方向分离,晶体内各种特殊的光学效应都由此而起. 介电常数在各向异性介质中变成张量则是其根源.

这样一来,我们有了两个对应的右旋正交系统:$\boldsymbol{D}$-$\boldsymbol{H}$-$\boldsymbol{\kappa}$ 系统和 $\boldsymbol{E}$-$\boldsymbol{H}$-$\boldsymbol{f}$ 系统. 可称前者为法线系统,后者为光线系统,两个系统中的振动矢量分别为 $\boldsymbol{D}$ 和 $\boldsymbol{E}$（在有些书中分别称 $\boldsymbol{D}$ 和 $\boldsymbol{E}$ 为光波的电矢量和光矢量）,它们之间的关系由介电张量所决定. 在法线系统中,法线速度(相速度,phase velocity)v_n 和法线折射率 n 间的关系为

$$v_n = \frac{c}{n}, \tag{10.2.10}$$

应注意式中 v_n 和 n 都是方向的函数. 将(10.2.10)式代入(10.2.7)式、(10.2.8)式得到

$$\boldsymbol{D} = -\frac{1}{v_n}\boldsymbol{\kappa} \times \boldsymbol{H}, \tag{10.2.7a}$$

$$\boldsymbol{B} = \frac{1}{v_n}\boldsymbol{\kappa} \times \boldsymbol{E}. \tag{10.2.8a}$$

在光线系统中可引进相应的光线速度 v_f 及光线折射率 n_f,它们的关系为

$$v_f = \frac{c}{n_f}. \tag{10.2.11}$$

图 10.3 表示了 v_n 和 v_f 的关系.从无穷远处传播来的光线沿着相对于 z 轴(相速度方向)倾斜 α 角的方向传播,而等相面(图中虚线)却沿着 z 方向传播,

$$v_n = v_f \cos \alpha. \tag{10.2.12}$$

显然,等相面的传播速度不会超过能量的传播速度.

本章将以法线系统为主线展开讨论,在不同的场合下以适当的方式引入光线系统的结果.

10.2.2 场方程的本征模解和菲涅耳方程式,折射率曲面和波矢面

现在我们来寻求各向异性介质中麦克斯韦方程组的平面波形式的本征模解.正如在傅里叶光学中所讨论过的,传播现象也可以看成是对场的变换.各向异性介质中的本征模,指的是这种形式的光波,它在传播过程中具有确定的偏振状态和折射率,因而也就有确定的相速度.下面我们将看到,本征模是本征方程的属于相应本征值(折射率或法线速度)的解.

由(10.2.4)和(10.2.5)两式消去 H,得到

$$D = -\frac{1}{\omega} k \times \left(\frac{1}{\omega \mu_0} k \times E \right) = -\frac{1}{\omega^2 \mu_0} [(k \cdot E)k - k^2 E]. \tag{10.2.13}$$

从本节开始,在没有特别说明的情况下,我们总是取晶体的主轴坐标系,其中物质方程式简化为 $D_\alpha = \varepsilon_\alpha E_\alpha$.于是(10.2.13)式可写成 E 的分量形式:

$$\sum_\beta \left[k_0^2 \left(\frac{\varepsilon_\beta}{\varepsilon_0} \right) \delta_{\alpha\beta} + k_\alpha k_\beta \right] E_\beta = k^2 E_\alpha, \quad \alpha = x, y, z, \tag{10.2.14}$$

也可引入归一化的介电张量 K:

$$K_\alpha = n_\alpha^2 = \varepsilon_\alpha / \varepsilon_0, \tag{10.2.15}$$

式中 n_α 称为主轴折射率,简称主折射率,并将(10.2.6)式代入,(10.2.14)式可写成齐次方程组:

$$\sum_\beta \left[(K_\beta / n^2 - \kappa^2) \delta_{\alpha\beta} + \kappa_\alpha \kappa_\beta \right] E_\beta = 0, \quad \alpha = x, y, z. \tag{10.2.16}$$

国外文献将 K 称为介电常数(dielectric constant),而将 ε 称为电容率(permittivity).

上式有非零解的条件是其特征多项式为 0:

$$\begin{vmatrix} K_x/n^2 - \kappa_y^2 - \kappa_z^2 & \kappa_x\kappa_y & \kappa_x\kappa_z \\ \kappa_y\kappa_x & K_y/n^2 - \kappa_z^2 - \kappa_x^2 & \kappa_y\kappa_z \\ \kappa_z\kappa_x & \kappa_z\kappa_y & K_z/n^2 - \kappa_x^2 - \kappa_y^2 \end{vmatrix} = 0, \quad (10.2.17)$$

将它展开并化简,得到菲涅耳方程式(Fresnel equation):

$$\begin{aligned} f(n^2, \boldsymbol{\kappa}) &= n^4(\kappa_x^2 K_x + \kappa_y^2 K_y + \kappa_z^2 K_z) - n^2 [\kappa_x^2 K_x(K_y + K_z) \\ &\quad + \kappa_y^2 K_y(K_z + K_x) + \kappa_z^2 K_z(K_x + K_y)] + K_x K_y K_z \\ &= n^4(\kappa_x^2 n_x^2 + \kappa_y^2 n_y^2 + \kappa_z^2 n_z^2) - n^2 [\kappa_x^2 n_x^2(n_y^2 + n_z^2) \\ &\quad + \kappa_y^2 n_y^2(n_z^2 + n_x^2) + \kappa_z^2 n_z^2(n_x^2 + n_y^2)] \\ &\quad + n_x^2 n_y^2 n_z^2 = 0, \end{aligned} \quad (10.2.18)$$

折射率 n 的六次项在行列式展开时已被消去,这是因为给定法线方向后只有两个独立的偏振分量而不是三个独立的偏振分量. 而一旦给定波矢量 $\boldsymbol{k}$ 的方向 $\boldsymbol{\kappa}$,即给定一组 κ_x, κ_y 和 κ_z 后,上式变为本征值 n 的四次方程,其中两个 $n>0$,对应于向前传播的波;另两个 $n<0$ 则对应于向后传播的波. 由(10.2.6)式,可以把自变量改为波矢量 $\boldsymbol{k}$,从而得到菲涅耳波矢面方程:

$$\begin{aligned} f(k^2, \boldsymbol{\kappa}) &= k^2(k_x^2 K_x + k_y^2 K_y + k_z^2 K_z) - k_0^2 [k_x^2 K_x(K_y + K_z) \\ &\quad + k_y^2 K_y(K_z + K_x) + k_z^2 K_z(K_x + K_y)] + k_0^4 K_x K_y K_z \\ &= 0. \end{aligned} \quad (10.2.19)$$

菲涅耳方程(10.2.18)式为 n 空间的三维曲面,称折射率曲面. (10.2.19)式以波矢量的值 k 作为变量,就称为波矢面(normal surface),它通常是双层曲面,并有两对交点,构成两个"法线轴". 由(10.2.6)式,对于给定的波长,折射率曲面和波矢面是几何缩放的关系,比例因子为 $\omega/c = 2\pi/\lambda_0$.

菲涅耳方程是晶体光学的基本方程,它的解给出波矢量的值 k 为其方向 $\boldsymbol{\kappa}$ 的函数. 另一方面,它又确定了色散关系:由于介电常数都是频率 ω 的函数,因此频率变化时波矢量的值(从而电场 $\boldsymbol{E}$)将随之变化. 在某些情况下,介电张量的主轴也会随频率变化,称为轴色散.

10.2.3　由菲涅耳方程式的解确定 $\boldsymbol{E}$ 和 $\boldsymbol{D}$ 的偏振

菲涅耳方程(10.2.18)还可以写成比较简单的形式. 先将它改写为

$$\frac{k_\alpha}{n^2 - K_\alpha}(\boldsymbol{k} \cdot \boldsymbol{E}) = k_0^2 E_\alpha, \quad (10.2.20)$$

用 k_α 乘上式的两边再对 α 求和,得到

$$
\begin{aligned}
\sum_\alpha \frac{\kappa_\alpha^2}{n^2 - K_\alpha} &= \frac{\kappa_x^2}{n^2 - K_x} + \frac{\kappa_y^2}{n^2 - K_y} + \frac{\kappa_z^2}{n^2 - K_z} \\
&= \frac{\kappa_x^2}{n^2 - n_x^2} + \frac{\kappa_y^2}{n^2 - n_y^2} + \frac{\kappa_z^2}{n^2 - n_z^2} \\
&= \frac{1}{n^2}.
\end{aligned}
\tag{10.2.21}
$$

n 确定后,从(10.2.14)式可以解出与 $\boldsymbol{\kappa}$ 相对应的电场强度 $\boldsymbol{E}$,除去一个常数因子外,可以把 $\boldsymbol{E}$ 写成

$$
\boldsymbol{E} \sim \left(\frac{\kappa_x}{n^2 - K_x}, \frac{\kappa_y}{n^2 - K_y}, \frac{\kappa_z}{n^2 - K_z} \right) = \left(\frac{\kappa_x}{n^2 - n_x^2}, \frac{\kappa_y}{n^2 - n_y^2}, \frac{\kappa_z}{n^2 - n_z^2} \right),
\tag{10.2.22}
$$

电位移矢量相应表达式为

$$
\boldsymbol{D} \sim \left(\frac{\kappa_x}{\dfrac{1}{n^2} - \dfrac{1}{K_x}}, \frac{\kappa_y}{\dfrac{1}{n^2} - \dfrac{1}{K_y}}, \frac{\kappa_z}{\dfrac{1}{n^2} - \dfrac{1}{K_z}} \right) = \left(\frac{\kappa_x}{\dfrac{1}{n^2} - \dfrac{1}{n_x^2}}, \frac{\kappa_y}{\dfrac{1}{n^2} - \dfrac{1}{n_y^2}}, \frac{\kappa_z}{\dfrac{1}{n^2} - \dfrac{1}{n_z^2}} \right).
\tag{10.2.23}
$$

10.2.4 由折射率曲面确定能流方向(光线方向)

给定波矢面后,还可以确定能流方向,即光线方向. 取(10.2.4)式和(10.2.5)式的变分,

$$
\delta \boldsymbol{k} \times \boldsymbol{E} + \boldsymbol{k} \times \delta \boldsymbol{E} = \delta \omega \cdot \mu_0 \boldsymbol{H} + \omega \mu_0 \delta \boldsymbol{H},
$$

$$
\delta \boldsymbol{k} \times \boldsymbol{H} + \boldsymbol{k} \times \delta \boldsymbol{H} = - \delta \omega \cdot \varepsilon \boldsymbol{E} - \omega \varepsilon \delta \boldsymbol{E}.
$$

为了使结果具有普遍性,我们把 ε 和 μ_0 都看成是张量. 分别用 $\boldsymbol{H}$ 和 $\boldsymbol{E}$ 点乘以上两式并相减,得到

$$
2\delta \boldsymbol{k} \cdot (\boldsymbol{E} \times \boldsymbol{H}) - \delta \omega (\boldsymbol{H} \cdot \mu_0 \boldsymbol{H} + \boldsymbol{E} \cdot \varepsilon \boldsymbol{E}) = 0,
\tag{10.2.24}
$$

在推导中再次用到(10.2.4)式和(10.2.5)式,以及矢量运算公式 $\boldsymbol{a} \cdot (\boldsymbol{b} \times \boldsymbol{c}) = (\boldsymbol{a} \times \boldsymbol{b}) \cdot \boldsymbol{c}$. 在定频情况下 $\delta \omega = 0$,上式变作

$$\delta \boldsymbol{k} \cdot \boldsymbol{S} = (\omega / c) n \delta \boldsymbol{\kappa} \cdot \boldsymbol{S} = 0, \tag{10.2.25}$$

式中 $\boldsymbol{S}$ 为能流密度矢量,$\delta \boldsymbol{\kappa}$ 则表示折射率曲面的切平面,因而上式表明能流(即光线)方向沿折射率曲面上给定面元的法线方向.

这样一来,当介质的光学参数(主介电常数 ε_{α} 或主折射率 n_{α},$\alpha = x$,y,z)已知时,对于波矢量 $\boldsymbol{k}$ 的一个给定方向 $\boldsymbol{\kappa}$,它与折射率曲面的交点与原点的距离确定一对折射率的大小 n',n'',由(10.2.22)、(10.2.23)式可分别确定对应的光矢量 $\boldsymbol{E}'$,$\boldsymbol{E}''$ 和电矢量 $\boldsymbol{D}'$,$\boldsymbol{D}''$ 的偏振方位,由(10.2.18)式可求出波矢量 $\boldsymbol{k}'$,$\boldsymbol{k}''$ 的大小,通过 (10.2.10)式确定法线速度 v_n',v_n'',并利用(10.2.25)式确定光线方向 $\boldsymbol{f}'$,$\boldsymbol{f}''$. 这样利用菲涅耳方程或折射率曲面就完全解决了晶体内部光波的传播及偏振问题. 以后我们还会看到,菲涅耳方程还可用来解决边界面上的双折射问题.

10.2.5 能流速度 (energy velocity)

在晶体空间中能流速度显然就是光线速度,我们重新定义如下: 参见图 10.4,

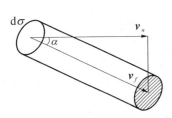

图 10.4 能流速度

在空间一个定点处取一个和能流密度矢量 $\boldsymbol{S}$ 正交的面元 $\mathrm{d}\sigma$,则每秒钟流过 $\mathrm{d}\sigma$ 的能量将充满一个元管,其长度就是能流速度(energy velocity)v_f 的值 v_f,$\boldsymbol{v}_f$ 的方向与 $\boldsymbol{S}$ 一致. 由能量守恒关系得到

$$\boldsymbol{S}\mathrm{d}\sigma = w\boldsymbol{v}_f\mathrm{d}\sigma,$$

式中 w 为电磁能量密度,上式还可表为

$$\boldsymbol{S} = w\boldsymbol{v}_f = wv_f\boldsymbol{f}. \tag{10.2.26}$$

以下我们再从能量的角度来证明 v_f 和 v_n 的关系(10.2.12)式. 由(10.2.26)式和能流密度矢量 $\boldsymbol{S}$ 的定义(10.2.9)式,得到

$$wv_f\boldsymbol{f} = \boldsymbol{E} \times \boldsymbol{H},$$

两边用 $\boldsymbol{\kappa}$ 点乘,经整理得

$$wv_f \cos \alpha = \frac{1}{2}\left[- \boldsymbol{E} \cdot (\boldsymbol{\kappa} \times \boldsymbol{H}) + \boldsymbol{H} \cdot (\boldsymbol{\kappa} \times \boldsymbol{E})\right],$$

在其中用到(10.2.7)、(10.2.8)式. 这样我们就证明了

$$v_f \cos \alpha = v_n = \frac{c}{2n}(\boldsymbol{E} \cdot \boldsymbol{D} + \boldsymbol{H} \cdot \boldsymbol{B}) = \frac{v_n}{2}(\boldsymbol{E} \cdot \boldsymbol{D} + \boldsymbol{H} \cdot \boldsymbol{B}) = wv_n.$$

$$\tag{10.2.27}$$

10.3 折射率椭球和晶体偏振化空间

10.3.1 折射率椭球

试考虑电能密度为常数 C 的方程

$$2w_e = \boldsymbol{D} \cdot \boldsymbol{E} = \sum_\alpha \frac{D_\alpha^2}{\varepsilon_\alpha} = \sum_\alpha \frac{D_\alpha^2}{\varepsilon_0 n_\alpha^2} = C, \qquad (10.3.1)$$

令 $\boldsymbol{r} = \boldsymbol{D}/\sqrt{2\varepsilon_0 w_e}$，上式变作

$$\frac{x^2}{n_x^2} + \frac{y^2}{n_y^2} + \frac{z^2}{n_z^2} = 1, \qquad (10.3.2)$$

这是 $\boldsymbol{D}$ 空间等能面方程式,称折射率椭球(index ellipsoid)方程,或称法线椭球方程,又称光率体.让我们来考察它的物理意义.

将(10.2.13)式改写为

$$\boldsymbol{D} = \varepsilon_0 n^2 (\boldsymbol{E} - \boldsymbol{E}_{//}) = \varepsilon_0 n^2 \boldsymbol{E}_\perp, \qquad (10.3.3)$$

式中 $\boldsymbol{E}_{//}$ 和 $\boldsymbol{E}_\perp$ 分别为电场的纵分量和横分量,又由(10.3.1)式得到

$$\boldsymbol{D} \cdot \boldsymbol{E} = \boldsymbol{D} \cdot \boldsymbol{E}_\perp = D^2/\varepsilon_0 n^2 = 2w_e.$$

可见

$$\boldsymbol{r} = \frac{\boldsymbol{D}}{\sqrt{2\varepsilon_0 w_e}} = n\left(\frac{\boldsymbol{D}}{D}\right), \qquad (10.3.4)$$

上式表明折射率椭球的矢径 $\boldsymbol{r}$ 的大小等于折射率 n,方向与 $\boldsymbol{D}$ 一致.给定方向 $\boldsymbol{\kappa}$, $\boldsymbol{D}$ 位于与 $\boldsymbol{\kappa}$ 正交的平面内.设该平面过原点,则它与法线椭球相交成椭圆,称作 $\boldsymbol{\kappa}$ 所属的截面椭圆,参见图 10.5.

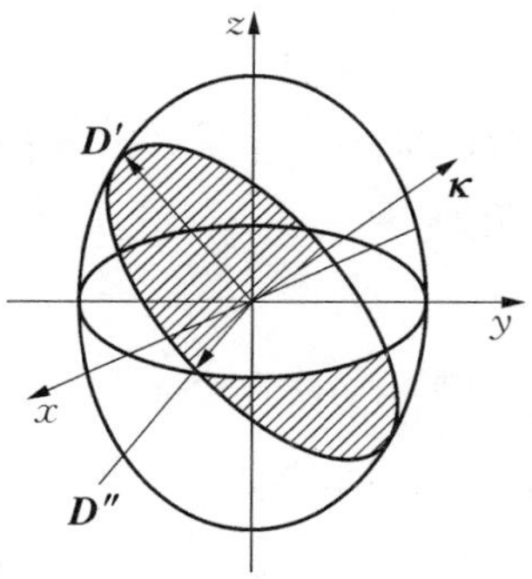

图 10.5 折射率椭球
(法线椭球)

10.3.2 晶体偏振化空间

从对称性立即可看出 $\boldsymbol{D}$ 应在椭圆的长、短轴方向振动.由(10.3.4)式可知,半

长轴和半短轴的长度决定了折射率 n' 和 n'',从而决定了光波的相速度 v_n' 和 v_n''. 显然,这一对电位移矢量是正交的. 下面给出这一结论的严格证明.

引入介电张量 $\boldsymbol{\varepsilon}$ 的逆张量 $\boldsymbol{\eta}$,它满足

$$E_\alpha = \sum_\beta (\eta_{\alpha\beta}/\varepsilon_0) D_\beta, \tag{10.3.5}$$

选择坐标系 $\xi_1\xi_2\xi_3$,令 ξ_3 与 $\boldsymbol{\kappa}$ 方向一致时,则(10.3.3)式的横向分量给出

$$D_\alpha = n^2 \sum_\beta \eta_{\alpha\beta} D_\beta \quad (\alpha, \beta = 1, 2), \tag{10.3.6}$$

上式可改写成本征方程的形式:

$$\begin{bmatrix} \eta_{11} & \eta_{12} \\ \eta_{21} & \eta_{22} \end{bmatrix} \begin{bmatrix} D_1 \\ D_2 \end{bmatrix} = \frac{1}{n^2} \begin{bmatrix} D_1 \\ D_2 \end{bmatrix}, \tag{10.3.7}$$

在坐标系 $\xi_1\xi_2\xi_3$ 中,折射率椭球方程式(10.3.2)可表示为

$$\sum_{\alpha, \beta} \eta_{\alpha\beta} \xi_\alpha \xi_\beta = 1, \tag{10.3.8}$$

在上式中令 $\xi_3 = 0$ 就得到截面椭圆方程式

$$\eta_{11}\xi_1^2 + \eta_{22}\xi_2^2 + (\eta_{12} + \eta_{21})\xi_1\xi_2 = 1,$$

上式可表示为二次型的标准式

$$(\xi_1, \xi_2) \begin{bmatrix} \eta_{11} & \eta_{12} \\ \eta_{21} & \eta_{22} \end{bmatrix} \begin{bmatrix} \xi_1 \\ \xi_2 \end{bmatrix} = 1, \tag{10.3.9}$$

围绕 ξ_3 轴旋坐标系,使 ξ_1, ξ_2 与椭圆的长、短轴方向一致时,二次型(10.3.9)式化为对角型:

$$(\xi_1, \xi_2) \begin{bmatrix} \eta_{11}^{(0)} & 0 \\ 0 & \eta_{22}^{(0)} \end{bmatrix} \begin{bmatrix} \xi_1 \\ \xi_2 \end{bmatrix} = 1, \tag{10.3.10}$$

这一变换同时使本征方程(10.3.9)式对角化,解得本征值:

$$\left(\frac{1}{n'}\right)^2 = \eta_{11}^{(0)}, \quad \left(\frac{1}{n''}\right)^2 = \eta_{22}^{(0)}, \tag{10.3.11}$$

相应的本征矢量为 $(D', 0)$ 和 $(0, D'')$,旋转后的 ξ_1, ξ_2 方向,即为截面椭圆长、短轴方向. 从而完成了证明.

容易发现两个特殊的方向. 当 $\varepsilon_1 < \varepsilon_2 < \varepsilon_3$ 时, 在 xz 平面内可找到两个方向 $\boldsymbol{\kappa}'$ 和 $\boldsymbol{\kappa}''$, 它们所属的截面椭圆化成圆, 相速度相等, $v_n' = v_n''$. 这里最引人注目的现象 是 $\boldsymbol{D}$ 简并, 即 $\boldsymbol{\kappa}'$ 或 $\boldsymbol{\kappa}''$ 所属的 $\boldsymbol{D}$ 振动方向是任意的, 一对正交的本征模退化为无限 多个平面波, 以相同的相速度传播. $\boldsymbol{\kappa}'$ 和 $\boldsymbol{\kappa}''$ 关于 z 轴对称, 称法线轴. 当 $\varepsilon_1 = \varepsilon_2$ 时, $\boldsymbol{\kappa}'$ 和 $\boldsymbol{\kappa}''$ 重合于 z 轴.

上述现象称为各向异性介质的偏振效应, 即: 除法线轴以外, 在晶体中任意确 定的方向上, 只允许传播一对独立的线偏振平面波, 即本征模, 它们的电位移矢量 互相正交. 换句话说, 晶体空间中除特别的方向以外, 不可能传播自然光. 在这个意 义上, 可以说晶体空间是光波的偏振化空间.

应注意波矢面、折射率曲面和折射率椭球的区别. 给定相速度的方向 $\boldsymbol{\kappa}$, 沿 $\boldsymbol{\kappa}$ 方向的直线与波矢面的交点与原点的距离确定波矢量的值, 从而确定法线折射率 的值; 与 $\boldsymbol{\kappa}$ 方向正交且过原点的平面与法线椭球相交而成的椭圆的长轴和短轴确 定 $\boldsymbol{D}$ 振动的方向, 相应矢径的大小确定法线折射率. $\boldsymbol{E}$ 振动和 $\boldsymbol{D}$ 振动的方向也可 以由 (10.2.22)、(10.2.23) 式导出.

10.3.3　光线椭球

在对应的光线系统中, 还可以定义光线椭球方程式

$$n_x^2 x^2 + n_y^2 y^2 + n_z^2 z^2 = 1, \tag{10.3.12}$$

其意义与法线椭球完全对应. 给定光线方向 $\boldsymbol{f}$, 过原点与 $\boldsymbol{f}$ 正交的平面与光线椭球 相交成椭圆, 称为 $\boldsymbol{f}$ 所属的截面椭圆, 其长轴和短轴的方向决定了 $\boldsymbol{E}$ 的振动方向, 长度等于 $1/n_f$, 从而正比于 v_f.

在光线椭球中存在两个特殊的方向 $\boldsymbol{f}'$ 和 $\boldsymbol{f}''$, 称为光线轴. 在这些方向传播的光 线具有相同的光线速度, 并且对 $\boldsymbol{E}$ 的振动方向没有限制.

在实际应用中应根据不同的要求选用不同的几何表象.

10.4　光波在单轴晶体中的传播

10.4.1　光波在单轴晶体(uniaxial crystal)中的传播

如 10.1 节中所述, 晶体的光学性质首先取决于介电张量的对称性. 单轴晶体

包括四方、六角、三角等晶系,它们的晶格结构都包含一个对称轴,其主折射率 $n_x = n_y = n_o$, $n_y = n_e$. 许多天然的和人造的晶体都属于单轴晶体. 表 10.2 给出一些重要的单轴晶体的数据. 绝大多数重要的晶体器件也是用单轴晶体制造的.

表 10.2 单轴晶体的折射率[①]

类别	单轴晶体	分 子 式	n_o	n_e
	冰	H_2O	1.309	1.310
	水晶(589.3 nm)	SiO_2	1.544 24	1.553 35
	钽酸锂(0.6 μm)	$LiTaO_3$	2.183 4	2.187 8
正单轴晶体	硫化锌	ZnS	2.356	2.378
	BBO	$Ba_3[B_3O_6]_2$	1.540[**]	1.655[**]
	硫化铬	CdS	1.705 8[**]	1.723 4[**]
	二氧化碲	TeO_2	2.18[**]	2.32[**]
	氟化镁(587.56 nm)	MgF_2	1.377 74	1.389 55
	锆石(Zircon)	$ZrO_2 \cdot SiO_2$	1.923	1.968
	氧化铍	BeO	1.717	1.732
	金红石(二氧化钛,Rutile)	TiO_2	2.621	2.908
负单轴晶体	蓝宝石	Al_2O_3	1.756[**]	1.748[**]
	钛酸钡	$BaTiO_3$	2.416 0	2.363 0[*]
	KDP	KH_2PO_4	1.507 37[*]	1.466 85[*]
	铌酸锂	$LiNbO_3$	2.214[**]	2.140[**]
	ADP	$NH_4H_2PO_4$	1.521 66[*]	1.476 85[*]

① 表 10.2 和后面的图 10.6、表 10.3 的资料来自:

北京大学地质博物馆;吴瑞华,汤云晖,电气石的电场效应及其在环境领域中的应用前景,中国地质大学;昆明理工大学矿物数字博物馆;NAME(ODonoghue90)PHYS. PROP.(Enc. of Minerals, 2nd ed., 1990)OPTICPROP.(Sinkankas66).

续表

类别	单 轴 晶 体	分 子 式	n_o	n_e
负单轴晶体	钼酸铅	$PbMoO_4$	2.132**	2.127**
	钛酸钙（589.3 nm）	$CaTiO_3$	1.584 8	1.336 0
	冰洲石（589.3 nm）	$CaCO_3$	1.658 35	1.486 40
	绿柱石（Beryl）	$Be_3Al_2[Si_6O_{18}]$	1.598	1.590
	电气石（Tourmaline）	+	1.638	1.618
	淡红银矿（Proustite）	$3Ag_2S \cdot As_2S_3$	3.019	2.739

* $\lambda_0 = 633$ nm；

** $\lambda_0 = \infty$；

\+ 电气石的化学分子式为：$XY_3Z_6[Si_6O_{16}][BO_3]_3(O,OH,F)_4$，其中：

（$X=Ca,K,Na；Y=Fe^{2-},Mg^{2+},Al,Li,Fe^{3+},Mn^{2+}；Z=Al,Cr^{3+},Fe^{3+}$）

一些晶体的矿石照片见图 10.6 所示.

图 10.6　晶体矿石

我们从基本的菲涅耳方程(10.2.18)式入手来讨论单轴晶体的光学性质.取 z 轴为对称轴,令 $n_x = n_y = n_o$,$n_z = n_e$,经简单的运算后得到

$$(n^2 - n_o^2)\left[n^2(\kappa_x^2 + \kappa_y^2)n_o^2 + n^2 n_e^2 \kappa_z^2 - n_o^2 n_e^2\right] = 0, \qquad (10.4.1)$$

这样一来,四次方程化为两个二次方程

$$\left.\begin{array}{l} n^2 = n_o^2, \\[2mm] \dfrac{n^2}{n_e^2}(\kappa_x^2 + \kappa_y^2) + \dfrac{n^2}{n_o^2}\kappa_z^2 = 1, \end{array}\right\} \qquad (10.4.2)$$

由上式可见单轴晶体的折射率曲面是双层曲面:半径为 n_o 的球面及以 z 轴为对称轴的旋转椭球面,两个曲面在 z 轴相切,z 轴是法线轴,又是光线轴,通常简称光轴.

当 $n_o < n_e (v_o > v_e)$时,球面在椭球面之内,单轴晶体为正晶体,如水晶、冰、硫化锌等;当 $n_o > n_e (v_o < v_e)$时,球面在椭球面外,单轴晶体为负晶体,如 KDP、冰洲石、铌酸锂等.如图 10.7 所示.

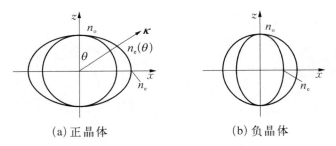

(a)正晶体　　　　　　　　　　　(b)负晶体

图 10.7　单轴晶体的折射率曲面

这样一来,对一给定的光波方向 $\boldsymbol{\kappa}$,有两种偏振光波,其折射率为 n_κ' 和 n_κ'',满足(10.4.2)式.其中 $n_\kappa' \equiv n_o$ 与 $\boldsymbol{\kappa}$ 无关,我们称它为属于 $\boldsymbol{\kappa}$ 的寻常光线或 o 光,由于寻常光的折射率曲面为球面,寻常光的光线方向 f 与法线方向 $\boldsymbol{\kappa}$ 一致,光线速度与法线速度相等,均为 v_o,在单轴晶体中,寻常光的行为就仿佛在各向同性介质中一般.

另一解 $n_\kappa''(\theta)$ 随着光线方向 $\boldsymbol{\kappa}$ 而变化,我们称它为属于 $\boldsymbol{\kappa}$ 的非常光或 e 光.非常光的情况要复杂得多.设 $\boldsymbol{\kappa}$ 和 z 轴的夹角为 θ,则(10.4.2)第二式可改写为

$$\frac{1}{n_e^2(\theta)} = \frac{\cos^2\theta}{n_o^2} + \frac{\sin^2\theta}{n_e^2}, \qquad (10.4.3)$$

即非常光折射率曲面方程.尽管法线方向 $\boldsymbol{\kappa}$ 与光线方向 $\boldsymbol{f}$ 一般不重合,但是从对称性可以预期,非常光的法线方向矢量 $\boldsymbol{\kappa}$ 也在 $\boldsymbol{f}$ 和 z 轴构成的平面内.通常定义光线和光轴所构成的平面为晶体的主截面,不失一般性,设该平面为 xz 平面(参见图 10.8).对于给定法线方向 $\boldsymbol{\kappa}$,我们来求相应的光线方向 $\boldsymbol{f}$.由于对称性,我们只需在主截面 xz 平面内求解,设非常光的法线方向矢量 $\boldsymbol{\kappa}$ 与折射率椭球交于 A 点,过 A 点作折射率曲面(图中为椭球)的切平面 T,过原点的光线方向矢量 $\boldsymbol{f}$ 与 T 正交.容易解得 $\boldsymbol{f}$ 与 z 轴得交角 θ' 满足:

$$\tan \theta' = \left(\frac{n_\mathrm{o}}{n_\mathrm{e}}\right)^2 \tan \theta, \tag{10.4.4}$$

式中 θ 为 $\boldsymbol{\kappa}$ 和 z 轴的夹角.仅仅沿光轴(z 轴)方向传播的波($\theta = \theta' = 0$),以及在 xy 平面内传播的波($\theta = \theta' = 90°$),光线方向 $\boldsymbol{f}$ 才与法线方向 $\boldsymbol{\kappa}$ 一致.

　　由非常光折射率曲面方程(10.4.3)可以看出,折射率 n(或法线速度 v_n)的值也与方向有关.当 $\theta = 0$(光波沿光轴方向传播)时 $n = n_\mathrm{o}$,当 $\theta = 90°$ 时 $n = n_\mathrm{e}$.在其余角度,n 值介于 n_o 和 n_e 之间.

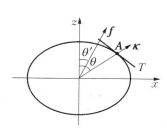

图 10.8　非常光的法线
方向 $\boldsymbol{\kappa}$ 和光线方向 $\boldsymbol{f}$

T 代表法线矢量和折射率
曲面交点处的切平面

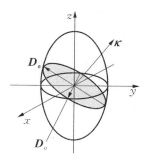

图 10.9　正单轴晶
体的折射率椭球

　　为了研究寻常光和非常光的偏振情况,让我们来考察单轴晶体的折射率椭球方程式:

$$\frac{x^2}{n_\mathrm{o}^2} + \frac{y^2}{n_\mathrm{o}^2} + \frac{z^2}{n_\mathrm{e}^2} = 1, \tag{10.4.5}$$

它也是一个以 z 轴为对称轴的旋转椭球(如图 10.9 所示).

　　不失一般性,设法线方向 $\boldsymbol{\kappa}$ 位于 yz 平面内,作它的截面椭圆,其半轴方向决定了两组光波电位移矢量 D 的方向,其中寻常光 D_o 永远在 xy 平面内,垂直于 yz 平面,称垂直分量,非常光 D_e 则在 yz 平面内,称平行分量.因半轴的长度与折射率成正比,故寻常光折射率恒等于 n_o,而非常光的折射率为 κ 的函数,与上面的结果一致.

当 κ 与 z 轴一致时,截面椭圆退化为圆,与 xy 平面重合,从而 xy 平面上任何方向的 D 振动都是允许的,其折射率恒等于 n_o.显然 z 轴就是法线轴,而且是唯一的法线轴.上面已说过沿 z 轴传播的光波的光线和法线方向一致,z 轴同时又是唯一的光线轴,简称光轴.在光轴方向上晶体对于光波的偏振化效应消失,因而在这一方向可以传播自然光.

10.4.2 双轴晶体(biaxial crystal)

双轴晶体包括三斜晶系、单斜晶系和菱形(斜方)晶系,晶格结构中不存在三重以上的旋转对称轴,三个主折射率 n_x,n_y 和 n_z 均不相等,云母、亚硝酸钠、石膏、长石等属于双轴晶体,参看表 10.3.

表 10.3　双轴晶体的折射率($\lambda_0 = 589.3$ nm)

晶体名称	分子式	n_x	n_y	n_z
钠长石(Albite)	$NaAlSi_3O_8$	1.527	1.532	1.534
云母		1.560 1[*]	1.593 6[*]	1.597 7[*]
亚硝酸钠	$NaNO_2$	1.344	1.411	1.651
硫	S_2	1.950 0[*]	2.043 0[*]	2.240 0[*]
黄玉矿、黄晶(Topaz)	$Al_2[SiO_4](F,OH)_2$	1.607~1.629	1.610~1.631	1.617~1.638
氧化铅	PbO	2.512[*]	2.610	2.710[*]
铌酸钾	$KNbO_3$	2.199[**]	2.233[**]	2.102[**]
石膏(Gypsum)	$Ca(H_2O)_2(SO_4)$	1.520 7	1.523 0	1.529 9

*　$\lambda_0 = 589$ nm,　**　$\lambda_0 = \infty$ 时的值.

在三斜晶系中只存在反演对称性,主介电轴的方位不与任何特定的晶体学方向有关,当光波的频率改变时,所有 $\varepsilon_{\alpha\beta}$ 的值及主介电轴的方位都将随之变化,称为轴色散;在单斜晶体中,有一个主介电轴与二重旋转对称轴重合(或与对称平面垂直),但另外两个主介点轴具有轴色散;菱形晶系的三个主介电轴的方位与三个互相垂直的二次对称轴重合,因而是完全固定的.

双轴晶体的波矢面、折射率曲面和光线曲面都是复杂的双层曲面,在其中传播的都是非常光,规律相当复杂,本书不打算讲述.对光波在双轴晶体中的传播及相关课题有兴趣的读者请参阅马科斯·玻恩、埃米尔·沃耳夫的著作《光学原理》(杨葭荪等译,北京,电子工业出版社,2005),A. Yariv 和 P. Yeh 的著作 *Optical Waves in Crystals* (New York,John Wiley & Sons,1984),或宋菲君、羊国光、余金中的著作《信息光子学物理》(北京,北京大学出版社,2006).

10.5 双 折 射 现 象

10.5.1 双折射的图解法

以上各节中我们讨论了平面光波在各向异性介质内部的传播规律.对于一个给定的方向(法线方向 κ 或光线方向 f),一般有两组本征模,分别具有不同的速度(v_n 或 v_f)及不同的偏振状态.

当平面波从真空或其他各向同性介质中射到晶体表面时,我们必须考虑边界条件.由于波矢面是双层曲面,因此一般来讲,在晶体中可能存在两个折射波,沿不同方向折射(在特殊情况下两个折射波的方向可能相同),而每一个折射波所属的两组本征模中,又只有一组满足边界条件.在单轴晶体中,折射波分别为寻常光(o光)和非常光(e光),在双轴晶体中两个折射光均为非常光.这样我们就看到属于不同方向的两个折射波,这就是双折射现象(double refraction).

设 k_i 是入射波矢量,k_r 是折射波矢量,则入射波和折射波可以分别表示为 $E_i \exp(-jk_i \cdot r)$ 和 $E_r \exp(-jk_r \cdot r)$ 的形式.由于 r 的任意性,我们可以取 r 沿界面,因此 k_i 和 k_r 的切向分量处处相等.这相当于要求 k_i 和 k_r 位于垂直于界面的同一平面内,该平面称为入射面,并有

$$k_i \sin \theta_i = k_r \sin \theta_r, \tag{10.5.1}$$

式中 θ_i 和 θ_r 分别是 $\boldsymbol{k}_i$ 和 $\boldsymbol{k}_r$ 与界面法线的夹角,即入射角和折射角.

因波矢面是双层曲面,对于同一个入射波,有两个 $\boldsymbol{k}_r$ 和 θ_r 满足(10.5.1)式,因而上式还可以写为

$$k_i \sin \theta_i = k'_r \sin \theta'_r = k''_r \sin \theta''_r, \tag{10.5.2}$$

如果用 k_0 除上式,即得到形式上的折射定律:

$$n_i \sin \theta_i = n' \sin \theta'_r = n'' \sin \theta''_r. \tag{10.5.3}$$

然而式中的 n' 和 n'' 均可为 θ'_r 和 θ''_r 的函数:$n' = n'(\theta'_r)$,$n'' = n''(\theta''_r)$,所以并不能直接从(10.5.3)式中解出 θ'_r 和 θ''_r 来.要解决双折射问题,还需加入菲涅耳方程 $f(\boldsymbol{k}^2, \boldsymbol{k})$,在数学处理上颇为复杂.比较实用的方法是图解法.由于双折射现象与波矢量直接关联,所以运用波矢面最为便捷,也可以用折射率曲面.

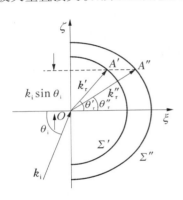

图 10.10 双折射图示

折射波矢量 $\boldsymbol{k}'_r$,$\boldsymbol{k}''_r$ 与界面法线 ξ 的夹角分别为 θ'_r,θ''_r

参见图 10.10.设界面为 $\eta\zeta$ 平面,ξ 轴为界面法线,光波以 θ_i 角入射到界面上,入射点设为原点 O,$\boldsymbol{k}_i$ 在 $\xi\zeta$ 平面内,该平面即入射面.以 O 为中心画出波矢面 Σ',Σ'',并作直线

$$\zeta = k_i \sin \theta_i, \quad \eta = 0, \tag{10.5.4}$$

分别交 Σ',Σ'' 于 A',A''.则折射波矢量 $\boldsymbol{k}'_r = \overrightarrow{OA'}$ 及 $\boldsymbol{k}''_r = \overrightarrow{OA''}$ 都在入射面内,与法线的夹角 θ'_r 和 θ''_r 就已确定,与它们相应的单位矢量即为 $\boldsymbol{\kappa}'$ 和 $\boldsymbol{\kappa}''$.折射率 n' 和 n'' 可由(10.5.3)式解出.

按照 9.5.1 节的做法,分别过 A' 和 A'' 作 Σ',Σ'' 的切平面 T' 和 T'' 的垂线,就得到相应的光线方向 $\boldsymbol{f}'$ 和 $\boldsymbol{f}''$,$\boldsymbol{f}'$ 和 $\boldsymbol{f}''$ 不一定在入射面上.

必须注意,在 $\boldsymbol{\kappa}'$ 方向(即 $\overrightarrow{OA'}$ 方向)上只有一个 k' 值满足边界条件(10.5.3)式,与它相应的本征模的 $\boldsymbol{D}'$ 和 $\boldsymbol{E}'$ 分别由(10.2.23)式和(10.2.22)式决定;在 $\boldsymbol{\kappa}''$ 方向上也只有一个 k'' 值满足边界条件,对应的本征模的电位移及电场矢量记为 $\boldsymbol{D}''$ 和 $\boldsymbol{E}''$,$\boldsymbol{D}'$ 和 $\boldsymbol{D}''$(或 $\boldsymbol{E}'$ 和 $\boldsymbol{E}''$)分别属于两个不同方向的两组偏振光波,一般具有不同的速度和不同的偏振方位.

10.5.2 光波在单轴晶体界面的双折射

以上介绍了用作图法求解双折射的一般方法,作为例子,让我们考虑单轴晶体

的简单而又常用的情况(图 10.11).光线从折射率为 n_i 的各向同性介质中以 θ_i 的角度倾斜入射到单轴负晶体表面,光轴 z 在表面内且在入射面(图中 xz 面)内,图 10.11 画出的折射率曲面为双层曲面:半径为 n_o 的球面及半长轴、半短轴分别为 n_o,n_e 的旋转椭球面,在 z 轴相切.设 $n_o > n_e$(负单轴晶体).

画一条平行于 x 轴的直线 $z = n_i \sin \theta_i$,与球面交点为 A',$OA' = n_o$,沿 OA' 方向的波法线方向矢量 $\boldsymbol{\kappa}$ 满足波矢量的边界条件(10.5.1),相当于普通的折射定律:

$$n_i \sin \theta_i = n_o \sin \theta_o, \qquad (10.5.5)$$

显然就是 o 光.

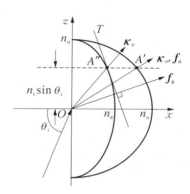

图 10.11　负单轴晶体的双折射

由(10.5.5)式,e 光的折射率曲面在 xz 平面上的截面曲线为椭圆,

$$\frac{x^2}{n_e^2} + \frac{z^2}{n_o^2} = 1. \qquad (10.5.6)$$

直线 $z = n_i \sin \theta_i$ 交椭圆于 A'' 点,沿 OA'' 方向的波法线方向矢量 $\boldsymbol{\kappa}$ 也满足波矢量的边界条件(10.5.1)式,并有

$$\boldsymbol{\kappa} = \boldsymbol{\kappa}_e \sim \left[n_e \sqrt{1 - \left(\frac{n_i}{n_o}\right)^2 \sin^2\theta_i}, \ 0, \ n_i \sin \theta_i \right], \qquad (10.5.7)$$

法线的折射角 $\theta_{e\kappa}$ 由下式给出:

$$\tan \theta_{e\kappa} = \frac{n_i \sin \theta_i}{n_e \left[1 - \left(\dfrac{n_i}{n_o}\right)^2 \sin^2\theta_i \right]^{\frac{1}{2}}}. \qquad (10.5.8)$$

e 光的折射率 n 即线段 OA'' 的长度,可以由(10.5.7)式直接得到:

$$n = \sqrt{n_e^2 + n_i^2 \sin^2\theta_i \left[1 - \left(\frac{n_e}{n_o}\right)^2 \right]}, \qquad (10.5.9)$$

我们看到折射率 n 是入射角 θ_i 的函数.

过 A 作波矢面的切平面 T,并从原点作它的垂线,得到光线方向.由于对称性,光线也在入射面内:

$$f_e \sim \left[\frac{n_o^2}{n_e} \sqrt{1 - \left(\frac{n_i}{n_o}\right)^2 \sin^2\theta_i}, \ 0, \ n_i \sin\theta_i \right], \tag{10.5.10}$$

光线的折射角 θ_{ef} 由下式给出：

$$\tan\theta_{ef} = \frac{n_e n_i \sin\theta_i}{n_o^2 \left[1 - \left(\frac{n_i}{n_o}\right)^2 \sin^2\theta_i\right]^{\frac{1}{2}}}. \tag{10.5.11}$$

计算表明：f_o 和 κ_o 重合，κ_e 和 f_e 分居 κ_o 两侧.

10.5.3 寻常光和非常光的偏振

根据 9.5.1 节的讨论，我们知道寻常光的振动 D_o 和 E_o 沿 y 轴方向，为垂直分量；非常光的振动 D_e 和 E_e 在主截面内，为平行分量. 以下我们从 (10.2.21) 式～(10.2.23) 式入手，求出它们的振动方向，在单轴晶体情况下，这三个公式可表示为：

$$\frac{\kappa_x^2}{n^2 - n_o^2} + \frac{\kappa_z^2}{n^2 - n_e^2} = \frac{1}{n^2}, \tag{10.5.12}$$

$$D \sim \left[\frac{\kappa_x}{\frac{1}{n^2} - \frac{1}{n_o^2}}, \ 0, \ \frac{\kappa_z}{\frac{1}{n^2} - \frac{1}{n_e^2}} \right], \tag{10.5.13}$$

$$E \sim \left(\frac{\kappa_x}{n^2 - n_o^2}, \ 0, \ \frac{\kappa_z}{n^2 - n_e^2} \right). \tag{10.5.14}$$

当 $n = n_o$ 时，(10.5.12) 式左端第一项分母为零. 由于右端为有限，就要求 $\kappa_x = 0$，代入 (10.5.13) 式及 (10.5.14) 式，可以看出 D_o 和 E_o 都只有 z 分量，即垂直分量.

在 $n = \sqrt{n_e^2 + n_i^2 \sin^2\theta_i \left[1 - \left(\frac{n_e}{n_o}\right)^2\right]}$，即 e 光情况下，$D_e$ 和 E_e 都是平行分量，且有 $D \cdot \kappa = 0$，$E \cdot f = 0$. E_e 可以由 (10.5.14) 式算出，还可以如下求出：

$$E_e \sim (f_e \times j) = \left[-n_i \sin\theta_i, \ 0, \ \frac{n_o^2}{n_e}\sqrt{1 - \left(\frac{n_i}{n_o}\right)^2 \sin^2\theta_i} \right]. \tag{10.5.15}$$

10.5.4 作图法小结

最后，我们小结一下双折射的图解法：

(1) 以入射点为原点 O，在入射面内以 O 为中心画出折射率曲面 Σ'，Σ''.

（2）画一条平行于入射面法线的直线，它与原点 O 的距离为 $n_i \sin \theta_i$，与 Σ'，Σ'' 交点为 A'，A''，折射率分别为 $n' = OA'$，$n'' = OA''$，沿 OA'，OA'' 画出两个折射波的方向矢量 $\boldsymbol{\kappa'}$，$\boldsymbol{\kappa''}$.

（3）将 n'，n'' 代入(10.2.22)式～(10.2.23)式确定光的偏振方位.

（4）运用界面两侧电场强度切向分量连续条件求出 E'，E'' 的数值.

10.6　光学活性(自然旋光性)

10.6.1　光学活性

阿拉戈（Arago）和毕奥（J. B. Biot）在 1811 年和 1815 年发现，当平面偏振光沿光轴射入某些晶体如水晶、二氧化碲时，我们会发现光波的振动平面随着传播而逐渐旋转，这一现象称光学活性（optical active）. 由于光学活性不止一种，上述现象应当称自然旋光性. 除一些晶体具有光学活性以外，又发现蔗糖和许多化学溶液也具有光学活性. 这一效应具有以下特性：

（1）振动平面的旋转角度 ψ 与传播的距离 z 成线性关系：

$$\psi = \rho z, \tag{10.6.1}$$

式中 ρ 称为旋光率（rotatory power）或旋光系数. 具有上述特性的介质光学活性介质，又称"旋性介质"或"旋光介质". 常见的旋光介质的旋光率如表 10.4 所示.

表 10.4　晶体和各向同性介质的旋光率

介　质	$\lambda_0(\mu m)$	$\rho(°/mm)$	介　质	$\lambda_0(\mu m)$	$\rho(°/mm)$
水晶 （石英 SiO_2）	0.175 0	453.5	水晶 （石英 SiO_2）	0.514 5	28.509
	0.257 1	143.266		0.546 1	25.538
	0.344 1	70.587		0.589 0	21.749
	0.382 0	55.625		0.656 2	17.318
	0.404 7	48.945		0.670 8	16.535
	0.430 7	42.604		0.728 1	13.924
	0.486 1	32.773		0.760 4	12.668
	0.488 0	32.331		0.794 8	11.589

续表

介　质	$\lambda_0(\mu m)$	$\rho(°/mm)$	介　质	$\lambda_0(\mu m)$	$\rho(°/mm)$
二氧化碲 （TeO_2）	0.369 8	587	Se	0.750 0	180
	0.441 6	262.8		1.000 0	30
	0.488 0	185.0	Te	(6.0)	40
	0.514 5	155.95		(10.0)	15
	0.632 8	86.90			
	1.064	25.60			
$AgGaS_2$	0.485 0	950	蔗糖	0.589 3	66.46 [°/dm· (g/cm^3)]
	0.490 0	700			
	0.495 0	600			
	0.500 0	500			
	0.505 0	430			

（2）和其他许多光学参数一样，旋光率有很强烈的色散，为正常色散效应，即波长越短旋光率越大.

（3）许多旋光介质有左旋和右旋两种同性异构体，分别称为左旋的（levorotatory）和右旋的（dextrorotatory），例如左旋水晶和右旋水晶.在化学中，具有旋光性的物质称为"手性"（chiral）的，意思是说其分子结构不具备反演不变性.

（4）平面波在晶体中沿绝大部分方向传播时，自然旋光效应都淹没在双折射效应中，仅仅使严格的线偏振光成为长椭圆偏振光，引起消光比的下降.只有光轴方向是一个例外，因为沿光轴方向传播时光波的行为与它在各向同性介质中的行为相似，双折射效应消失，从而自然旋光性成为主要的效应.

（5）介质中同时存在的其他效应，例如力学－光学效应会破坏旋光效应.实验发现，在一个偏振光成像系统中如果有旋光晶体存在，晶体中很微弱的应变，也会使沿光轴传播的平面偏振光的消光比（即检偏器与起偏器光轴平行时的系统透过率与光轴正交时的系统透过率的比，也就是"亮场"透过率与"暗场"透过率之比）大大下降，平面偏振光变成部分偏振光或椭圆偏振光，严重时旋光效应完全消失.而同样大小的应力对成像质量的影响则完全观察不到，表明晶体内部的力学－光学效应其实很微弱，而这一微弱的效应就破坏了旋光效应.

（6）上面已讲过，自然旋光效应还在不少溶液和化学物质中观察到，例如蔗糖溶液.许多高分子液晶则具有非常高的旋光率.

(7) 在药物化学中,具有手性中心的药物可存在光学异构体,用右旋体和左旋体分别来表示.不同的光学异构体在体内吸收、分布、代谢和排泄常有明显的差异,某些异构体的药理活性(又称"生物活性",是指能引起细胞正常机理发生改变的能力)有高度的专一性,可能存在以下几种情况:① 不同光学异构体生物活性强度相等.② 不同的光学异构体生物活性强度不同,例如氧氟沙星的左、右旋两个异构体抗菌谱相同、毒性作用相等,但其抗微生物作用主要是由左旋异构体产生的,左旋异构体的体外抗菌活性比右旋异构体强 8～128 倍.③ 一种光学异构体对于某类疾病具有明确的效应,另一种异构体则完全没有治疗活性,例如左旋氨氯地平为治疗高血压和心绞痛的专用药物,真正与机体发生药效作用的是左旋体,右旋体没有治疗高血压和心绞痛的活性.④ 不同的光学异构体生物活性不同.例如丙氧吩左旋体有镇咳作用,而右旋体有镇痛作用.⑤ 不同光学异构体的生物活性相反.巴比妥类是常见的镇静、催眠及抗惊厥药,但巴比妥类中一些光学异构体间具有相反的药理作用:左旋体具有中枢神经系统镇静作用,而右旋体具有中枢神经兴奋作用.

10.6.2　自然旋光效应的电磁理论

下面我们来讨论自然旋光效应的物理模型.在前面各节中,我们只提及了物质的宏观物理特性依赖于电磁场随时间及频率的变化,例如介电常数乃至介电主轴的色散现象.但我们尚未涉及物质的宏观参数依赖于电磁场的空间变化.也就是说,我们虽已假定介质是各向异性的,但默认它具有平移不变性,因而用点群就足以描述它的微观晶格结构.事实上,我们假设微观结构单元(例如原子、分子)的线度 $a \ll \lambda$.在这一假设下,场方程的本征模解为线偏振的平面波,其电位移矢量 $\boldsymbol{D}$ 和场强矢量 $\boldsymbol{E}$ 的振动方位在波的传播过程中保持不变.

然而在某些晶体中,原子、分子的排列具有螺旋状的结构——"手性结构"(chiral structure).例如属于三角点群的单轴晶体水晶(SiO_2),在长度为 c 的晶胞内含有三个等距的硅层,它们所在的平面互相平行,并与光轴正交.每一个平面均可由它前面一平面旋转 $120°$ 而得到,旋向有左旋和右旋之分,即上文谈到的左旋和右旋水晶.

晶体结构的复杂化,导致其中场分布的复杂化.当光波进入介质后,介质内部的电磁场是两部分的叠加:一部分是光波原来的电磁场,即真空中光波的电磁场 $\boldsymbol{E}_0$;另一部分则是介质束缚电荷的受激辐射产生的电磁场,其宏观效果即极化矢量 $\boldsymbol{P}$.两部分电磁场的叠加是一个相互影响、相互制约的复杂过程,称为介质的极化,在宏观上表现为电位移矢量 $\boldsymbol{D}$.在各向同性的介质中,束缚电荷辐射的电场方向与光波电场方向一致;在晶体中,由于晶格结构的各向异性,二者发生分离,$\boldsymbol{D}$和 $\boldsymbol{E}$ 方向不一致,这一现象我们在以上几节中已详细讨论过了.然而,各向异性并没有导致平面光波偏振态随空间的变化.在旋光介质里,由于原子、分子的螺旋状结构,介质的电偶极子辐射的电磁场中,除了与光波电磁场的方向平行的分量外,还存在正交分量,该分量不仅与光波电场方向正交,还与传播方向正交.正由于受激辐射的正交分量与光波电场的叠加,导致合成的电场强度方向围绕传播方向的旋转.

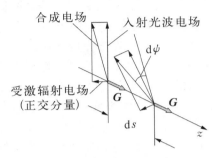

图 10.12 自然旋光效应的图示

Eimerl[1] 形象地描述了这一效应:在传播路程上相距为 ds 的两个平面之间,介质电偶极子辐射的电磁场正交分量的幅度正比于 ds,光波通过该距离元时,其偏振方位获得新的转动量 $d\psi$,正比于 ds,如图 10.12 所示.因而在光波通过旋光介质的过程中,偏振方位随着光波的传播而逐渐旋转.

Eimerl,Condon[2] 等根据电磁理论详细讨论了自然旋光效应.根据该理论,比值 a/λ 不能忽略,具有旋光效应的介质(即所谓"旋性介质"或"旋光介质")的分子偶极矩对合成电场的贡献为

$$p = \alpha E' - \frac{\beta}{c}\frac{\partial H}{\partial t}, \tag{10.6.2}$$

式中 E' 是所谓"有效场",它包含了入射光波电场和临近偶极子受激辐射电场平均效果.一般非旋性介质 $\beta = 0$,而旋光介质的 β 不为零.极化矢量 $\boldsymbol{P}$ 是分子偶极矩的宏观表示,而电位移矢量 $\boldsymbol{D}$ 则是电场强度矢量 $\boldsymbol{E}$ 和极化矢量 $\boldsymbol{P}$ 的共同贡献,由 (10.6.2)式及麦克斯韦方程(10.2.1)式,旋性介质的电位移矢量 $\boldsymbol{D}$ 应当展开为电场强度 $\boldsymbol{E}$ 及其空间的一阶导数:

$$\boldsymbol{D} \sim \varepsilon\boldsymbol{E} + \tau\frac{\partial H}{\partial t} = \varepsilon\boldsymbol{E} - \tau(\nabla \times \boldsymbol{E}), \tag{10.6.3}$$

式中 τ 比介电常数 ε 小一个量级,第二项为微扰项.上式表明,旋性介质受激辐射的正交分量对电位移矢量的贡献正比于电场强度 $\boldsymbol{E}$ 的旋度.在平面波的情况下,

① D. Eimerl, 'Quantum electrodynamics of optical activity in birefringent crystals', *J. Opt. Soc. Am.*, B5:7(1988),1453 - 1461.

② E. D. Condon, 'Theories of optical rotatory power', *Rev. Mod. Phys.*, 9:432(1937);E. U. Condon and H. Odishaw (Eds), *Handbook of Physics*, (New York, McGraw-Hill,1958),6 - 12.

(10.6.3)式可进一步改写为

$$D \sim \varepsilon E + \mathrm{j}(g \times E),\tag{10.6.4}$$

g 是一个平行于传播方向的"回转矢量"(gyration vector),参见图 10.12,g 和 E 的矢量积与 E 正交,恰恰就是图中的正交分量.(10.6.3)式或(10.6.4)式表明旋性介质引起的微扰为横向分量,例如 D_x 的展开式的微扰项中只有 E_y,E_z.

10.6.3 旋性张量和旋性介质

以下我们来求 g 的准确表达式.原子晶格的螺旋状结构,引起微观电偶极矩的空间变化,在宏观上则表现为电场强度矢量 E 的空间不均匀性.这样一来,电位移矢量 D 和电场强度 E 之间就不再是简单的线性关系,而应将 D 展开为 E 及其空间导数的幂级数.在一级近似下,有

$$D_\alpha = \sum_\beta \varepsilon_{\alpha\beta} E_\beta + \sum_{\beta \neq \alpha} \sum_\gamma \mu_{\alpha\beta\gamma} \frac{\partial E_\beta}{\partial x_\gamma},\tag{10.6.5}$$

(10.6.5)式与(10.6.3)式对应,式中 $\varepsilon_{\alpha\beta}$ 是通常意义下的介电张量,$\mu_{\alpha\beta\gamma}$ 则表征场的空间不均匀性的宏观参数,即微观螺旋结构的宏观效果.理论上可证明 $\mu_{\alpha\beta\gamma}$ 是三秩的反对称实张量,反对称张量 μ 的对角分量为零,即 $\mu_{\alpha\alpha\gamma} = 0$;非对称分量 $\mu_{\alpha\beta\gamma} = -\mu_{\beta\alpha\gamma}$.

由于平面波的波矢量 $k = k_0 n \kappa$,所以有

$$\frac{\partial E_\beta}{\partial x_\gamma} = -\mathrm{j}k_0 E_\beta \kappa_\gamma,\tag{10.6.6}$$

代入(10.6.5)式得到

$$D_\alpha = \sum_\beta \varepsilon_{\alpha\beta} E_\beta - \mathrm{j}k_0 \sum_\beta \sum_\gamma \mu_{\alpha\beta\gamma} E_\beta \kappa_\gamma.\tag{10.6.7}$$

上式又可写成

$$D_\alpha = \sum_\beta \varepsilon'_{\alpha\beta} E_\beta,\tag{10.6.8}$$

式中

$$\varepsilon'_{\alpha\beta} = \varepsilon_{\alpha\beta} + \mathrm{j}\varepsilon''_{\alpha\beta} = \varepsilon_{\alpha\beta} - \mathrm{j}k_0 \sum_\gamma \mu_{\alpha\beta\gamma} \kappa_\gamma.\tag{10.6.9}$$

上式中第二项 $\varepsilon''_{\alpha\beta} = -\sum_\gamma k_0 \mu_{\alpha\beta\gamma} \kappa_\gamma$ 相当于一个二秩的反对称张量,可称旋性张量.二秩反对称的张量称为赝张量,总可以用一个回转矢量 g_γ 来代替[参见彭桓

武、徐锡申的著作《数理物理基础》(北京大学出版社,2001)〕:

$$\varepsilon_{\alpha\beta}'' = - \sum_\gamma k_0 \mu_{\alpha\beta\gamma} \kappa_\gamma = - \sum_\gamma e_{\alpha\beta\gamma} g_\gamma, \tag{10.6.10}$$

式中 $e_{\alpha\beta\gamma}$ 为反对称的单位张量,即赝标量,定义如下:当 α, β, γ 为 1,2,3 的偶置换时其值为 $+1$,为奇置换时其值为 -1,其余分量均为 0.例如 $e_{123}=1$, $e_{213}=-1$, $e_{113}=0$ 等等.例如当 $\alpha=1$, $\beta=2$ 时,(10.6.10)式右边唯一不为零的分量为

$$g_3 = \sum_\gamma k_0 \mu_{12\gamma} \kappa_\gamma. \tag{10.6.11}$$

旋性张量 $\varepsilon_{\alpha\beta}''$ 可用矩阵来具体表示,将(10.6.10)式写为:

$$\varepsilon_{\alpha\beta}'' = - k_0 \begin{pmatrix} 0 & \sum_\gamma \mu_{12\gamma} \kappa_\gamma & \sum_\gamma \mu_{13\gamma} \kappa_\gamma \\ \sum_\gamma \mu_{21\gamma} \kappa_\gamma & 0 & \sum_\gamma \mu_{23\gamma} \kappa_\gamma \\ \sum_\gamma \mu_{31\gamma} \kappa_\gamma & \sum_\gamma \mu_{32\gamma} \kappa_\gamma & 0 \end{pmatrix} = \begin{pmatrix} 0 & -g_3 & g_2 \\ g_3 & 0 & -g_1 \\ -g_2 & g_1 & 0 \end{pmatrix},$$

$$\tag{10.6.12}$$

上式表明 $\boldsymbol{g}$ 是 $\boldsymbol{\kappa}$ 的线性函数,从而回转矢量 $\boldsymbol{g}$ 依赖于光波的传播方向.将 (10.6.10)式代入(10.6.7)式得到

$$D_\alpha = \sum_\beta \varepsilon_{\alpha\beta} E_\beta - \mathrm{j} \sum_\beta \sum_\gamma e_{\alpha\beta\gamma} E_\beta g_\gamma.$$

$\sum_\gamma e_{\alpha\beta\gamma} E_\beta g_\gamma$ 可以表示为矢量积的形式:

$$\sum_\gamma e_{\alpha\beta\gamma} E_\beta g_\gamma = (\boldsymbol{E} \times \boldsymbol{g})_\alpha, \tag{10.6.13}$$

这样一来,电位移矢量 $\boldsymbol{D}$ 和电场强度 $\boldsymbol{E}$ 的关系就变成

$$\boldsymbol{D} = \boldsymbol{\varepsilon}' \boldsymbol{E} = \boldsymbol{\varepsilon} \boldsymbol{E} + \mathrm{j}(\boldsymbol{g} \times \boldsymbol{E}), \tag{10.6.14}$$

其中

$$\boldsymbol{\varepsilon}' = \boldsymbol{\varepsilon} - \mathrm{j}\boldsymbol{g} = \begin{pmatrix} \varepsilon_{11} & \varepsilon_{12} - \mathrm{j}g_3 & \varepsilon_{12} + \mathrm{j}g_2 \\ \varepsilon_{21} + \mathrm{j}g_3 & \varepsilon_{22} & \varepsilon_{23} - \mathrm{j}g_1 \\ \varepsilon_{31} - \mathrm{j}g_2 & \varepsilon_{32} + \mathrm{j}g_1 & \varepsilon_{33} \end{pmatrix}. \tag{10.6.15}$$

矩阵 $\boldsymbol{g}$ 由(10.6.12)式表示,介电张量的一般表达式(10.6.9)式或(10.6.15)式的

实部为对称项,虚部为反对称项,因而是厄米的:

$$\varepsilon'_{\alpha\beta} = (\varepsilon'_{\beta\alpha})^*. \tag{10.6.16}$$

在电位移矢量 D 和电场强度矢量 E 的关系式中出现反对称的旋性张量 $\varepsilon''_{\alpha\beta}$,是旋光效应的根本原因.矩阵 $\varepsilon''_{\alpha\beta}$ 或相应的回转矢量 $g_{\alpha\beta}$ 的元素不全为 0 的物质称旋性介质,又称光学活性物质或自然旋光物质.很明显,二秩旋性张量 $\varepsilon''_{\alpha\beta}$ 或回转矢量 g_γ 都不可能存在于微观结构具有对称中心的介质中,因为这些介质在反演操作中不变,而 μ 和 g 都是反对称的,反演不变要求其全部分量为 0.通常的气体和液体对于其中任意点都是反演不变的,因而都不是旋光物质,仅当其中存在立体异构体,且两种异构体的含量浓度不等时才可能成为旋光物质,许多药品具有左旋和右旋两种异构体,蔗糖溶液则是典型的旋光性溶液.晶体的对称性会使 $g_{\alpha\beta}$ 中独立的元素减少.例如三角晶系(例如水晶)有两个独立的 g 元素,而四方晶系和各向同性介质只有一个独立的 g 元素.

因旋光效应依赖于光波的法线方向 κ,而非光线方向 f,从横向分量 D 入手讨论更为方便.由于介电张量 $\varepsilon'_{\alpha\beta}$ 是复数,可以预料它的逆张量 $\eta'_{\alpha\beta}$ 也是复数:

$$\eta''_{\alpha\beta} = \eta_{\alpha\beta} - j\eta''_{\alpha\beta}. \tag{10.6.17}$$

式中 η 和 η'' 分别是 η' 的实部和虚部.显然 $\eta''_{\alpha\beta}$ 也是反对称的二秩旋性张量,可等效于一个回转矢量 G,

$$\eta''_{\alpha\beta} = \sum_\gamma e_{\alpha\beta\gamma}G_\gamma. \tag{10.6.18}$$

这样一来,E 可以用 D 表示为:

$$E_\alpha = \sum_\beta (\eta_{\alpha\beta} - j\sum_\gamma e_{\alpha\beta\gamma}G_\gamma)D_\beta = \sum_\beta \eta_{\alpha\beta}D_\beta + j(G \times D)_\alpha, \tag{10.6.19}$$

式中首项是未考虑旋光性的表达式,旋光效应则表现在第二项的回转矢量 G 上.(10.6.19)和(10.6.14)式是相互对应的,我们也可以说,凡是电场强度 E 和电感应强度矢量 D 的关系能够表现为(10.6.14)式或(10.6.19)式的形式,就称这种介质为旋性介质或旋光介质.

10.6.4　旋光晶体的本征态

让我们进一步研究晶体中自然旋光效应.由于在(10.6.5)式中参数 μ 与介电常数 ε 相比为一级小量,因此平面波在晶体中绝大部分方向传播时自然旋光效应都淹没在双折射效应中,仅仅使严格的线偏振光成为长椭圆偏振光,引起消光比的下降. 只有光轴方向是一个例外, 因为沿光轴方向传播时光波的行为与它在各向同性介质中的行为相似, 双折射效应消失, 从而自然旋光性成为主要的效应.

仿照 10.2.3 节中研究偏振效应的方法, 选择坐标系 $\xi_1\,\xi_2\,\xi_3$, 令 ξ_3 与 κ 的方向一致, 将 (10.6.19) 式代入 (10.3.6) 式, 得到旋光介质的本征方程

$$\begin{bmatrix} \eta_{11} & \eta_{12} - \mathrm{j}G_3 \\ \eta_{21} + \mathrm{j}G_3 & \eta_{22} \end{bmatrix} \begin{bmatrix} D_1 \\ D_2 \end{bmatrix} = \frac{1}{n^2} \begin{bmatrix} D_1 \\ D_2 \end{bmatrix}, \tag{10.6.20}$$

该方程正是 (10.3.7) 式的推广, 它的矩阵是厄米型的.

让我们考虑一个重要的特例, 设 $\xi_1\,\xi_2\,\xi_3$ 与晶体的主轴坐标系 xyz 一致, 则有 $\eta_{\alpha\beta} = \delta_{\alpha\beta}/n_\alpha^2$, 上式简化为

$$\begin{bmatrix} 1/n_x^2 & -\mathrm{j}G_z \\ \mathrm{j}G_z & 1/n_y^2 \end{bmatrix} \begin{bmatrix} D_1 \\ D_2 \end{bmatrix} = \frac{1}{n^2} \begin{bmatrix} D_1 \\ D_2 \end{bmatrix}, \tag{10.6.21}$$

该方程有非零解的条件为

$$\left(\frac{1}{n_x^2} - \frac{1}{n^2} \right) \left(\frac{1}{n_y^2} - \frac{1}{n^2} \right) = G_z^2, \tag{10.6.22}$$

它的解为

$$\frac{1}{n_\pm^2} = \frac{1}{2} \left[\left(\frac{1}{n_x^2} + \frac{1}{n_y^2} \right) \pm \sqrt{\left(\frac{1}{n_x^2} - \frac{1}{n_y^2} \right)^2 + 4G_z^2} \right]. \tag{10.6.23}$$

这一对本征模的偏振态可以用琼斯矩阵 (参见第 9 章) 表示为

$$\hat{\boldsymbol{J}}_\pm = \begin{pmatrix} \frac{1}{2} \left[\left(\frac{1}{n_x^2} - \frac{1}{n_y^2} \right) \pm \sqrt{\left(\frac{1}{n_x^2} - \frac{1}{n_y^2} \right)^2 + 4G_z^2} \right] \\ \mathrm{j}G_z \end{pmatrix}, \tag{10.6.24}$$

满足正交条件

$$\hat{\boldsymbol{J}}_+^+ \cdot \hat{\boldsymbol{J}}_- = 0. \tag{10.6.25}$$

矩阵的两个分量分别为 D_x 和 D_y 的比值为

$$\frac{D_y}{D_x} = \frac{\mathrm{j}G_z}{\frac{1}{2} \left[\left(\frac{1}{n_x^2} - \frac{1}{n_y^2} \right) \pm \sqrt{\left(\frac{1}{n_x^2} - \frac{1}{n_y^2} \right)^2 + 4G_z^2} \right]}, \tag{10.6.26}$$

上式表明 D_x 和 D_y 间有 $\pi/2$ 的相位差.

(10.6.25)式或(10.6.26)式表明旋光晶体的本征模是一对椭圆偏振光,其长、短轴分别沿原来的偏振方向,即不存在自然旋光性时 D 的偏振方向.椭圆率(短轴与长轴的比)为

$$e_\pm = \frac{-2G_z}{\left(\dfrac{1}{n_x^2}-\dfrac{1}{n_y^2}\right)\pm\sqrt{\left(\dfrac{1}{n_x^2}-\dfrac{1}{n_y^2}\right)^2+4G_z^2}},\qquad(10.6.27)$$

且有

$$e_+ \cdot e_- = -1,\qquad(10.6.28)$$

表示短轴与长轴之比为 G_z 的同级小量,且旋向相反,如图 10.13 所示.

在一般情况下,(10.6.27)式中的分子 G_z 与分母相比为一级小量,线偏振光退化成为长椭圆偏振光,如上所述,旋光效应淹没在双折射效应中.仅当平面波沿着旋光晶体的光轴传播时,$n_x=n_y=n_o$,双折射效应不存在,旋光效应才成为主要的效应,此时有

$$\hat{\boldsymbol{J}}_\pm = \begin{bmatrix} \pm 1 \\ -j \end{bmatrix},\qquad(10.6.29)$$

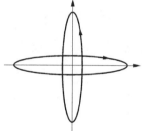

本征模变成一对左、右旋圆偏振光,由(10.6.23)式,其折射率为:

$$\frac{1}{n_\pm^2} = \frac{1}{n_o^2} + G_z.$$

在一级近似下有

图 10.13 旋光介质本征模的偏振态

$$n_\pm = n_o \mp \frac{n_o^3}{2}G_z,\qquad(10.6.30)$$

由它们合成的线偏振光的振动平面随着光波的传播而旋转,因此线偏振光不是本征模.容易算出经过长度 d 的传播后,振动平面的转角

$$\psi = \frac{1}{2}\left(\frac{2\pi}{\lambda_0}\Delta n \cdot d\right) = \frac{\pi}{\lambda_0}(n_R - n_L)d = \frac{\pi}{\lambda_0}n_o^3 G_z d,\qquad(10.6.31)$$

其中 $n_- = n_R$,$n_+ = n_L$,分别为右旋和左旋偏振光的折射率.(10.6.30)式还可写成

$$n_R = n_- = n_o + \frac{n_o^3}{2}G_z = n_o(1 + \delta),$$
$$n_L = n_+ = n_o - \frac{n_o^3}{2}G_z = n_o(1 - \delta). \tag{10.6.32}$$

式中

$$\delta = \frac{n_o^2}{2}G_z. \tag{10.6.33}$$

在左旋晶体中，$G_z > 0$，$\delta > 0$，$n_R > n_L$，$v_L > v_R$，$\psi > 0$（ψ 规定为对着光线传播方向观察时偏振面的旋转角度，逆时针为 +）；在右旋晶体中，$G_z < 0$，$\delta < 0$，$n_R < n_L$，$v_L < v_R$，$\psi < 0$. 定义线偏振光（由一对圆偏振光本征模合成）在晶体中沿光轴传播单位长度时的偏振面的旋转角为旋光率 ρ，则有

$$\rho = \frac{\pi}{\lambda_0}(n_R - n_L) = \frac{\pi}{\lambda_0}n_o^3 G_z = \frac{2\pi}{\lambda_0}n_o\delta. \tag{10.6.34}$$

由于 G_z，n_o 都是波长的函数，旋光率 ρ 有强烈的色散，该效应称旋光色散.

在旋光晶体中左、右旋圆偏振光成为本征模，这一重要结果与菲涅耳当年对自然旋光性的解释一致.

10.6.5 旋光晶体的折射率曲面

下面讨论单轴旋光晶体的折射率曲面，参见(10.2.18)式. 我们不打算严格推导它的表达式，而是从没有旋光效应的单轴晶体的折射率曲面公式(10.4.2)的第一式和(10.4.3)式入手进行修正. 这两个公式可改写为

$$\frac{n^2\cos^2\theta}{n_o^2} + \frac{n^2\sin^2\theta}{n_o^2} = 1, \tag{10.6.35}$$

$$\frac{n^2\cos^2\theta}{n_o^2} + \frac{n^2\sin^2\theta}{n_e^2} = 1, \tag{10.6.36}$$

它们表示在 z 轴相切的球面和旋转椭球面.

因旋光效应实际上只在 $\theta \approx 0$ 附近出现，故仅需对这两式的第一项进行修正. 考虑旋光效应后可用 n_R 和 n_L 分别代替第一项中的 n_o. 在正单轴晶体的情况下，$n_o < n_e$，椭球面在球面之外，对于左旋晶体，$\delta > 0$，$n_R = n_o(1 + \delta) > n_L = n_o(1 - \delta)$，因而以上两式可改写为

$$\frac{n^2(\theta)\cos^2\theta}{n_L^2} + \frac{n^2(\theta)\sin^2\theta}{n_o^2} = \frac{n^2(\theta)\cos^2\theta}{n_o^2(1 - \delta)^2} + \frac{n^2(\theta)\sin^2\theta}{n_o^2} = 1, \tag{10.6.37}$$

$$\frac{n^2(\theta)\cos^2\theta}{n_R^2} + \frac{n^2(\theta)\sin^2\theta}{n_o^2} = \frac{n^2(\theta)\cos^2\theta}{n_o^2(1+\delta)^2} + \frac{n^2(\theta)\sin^2\theta}{n_e^2} = 1, \quad (10.6.38)$$

我们看到在 $\theta=0$ 处(z 轴)两个折射率曲面并不相切,它们完全脱开. 在 z 轴方向左旋圆偏振光的速度 v_L 比右旋圆偏振光的速度 v_R 大. 折射率曲面如图 10.14 所示. 在声光效应中很重要的晶体材料二氧化碲(TeO_2)正属于这种情况.

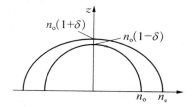

图 10.14　左旋正单轴晶体的折射率曲面

很明显,右旋负单轴晶体的折射率曲面方程与(10.6.37)、(10.6.38)式形式上相同,但球面在椭球面之外.

左旋负单轴晶体(及右旋正单轴晶体)的相应公式为

$$\frac{n^2(\theta)\cos^2\theta}{n_o^2(1+\delta)^2} + \frac{n^2(\theta)\sin^2\theta}{n_o^2} = 1, \quad (10.6.39)$$

$$\frac{n^2(\theta)\cos^2\theta}{n_o^2(1-\delta)^2} + \frac{n^2(\theta)\sin^2\theta}{n_e^2} = 1, \quad (10.6.40)$$

此时球面在椭球之外(右旋正单轴晶体则相反).

参考文献:

[1]　杨葭荪. 高等光学. 北京大学物理系讲义(未出版),1965.

[2]　Yariv A,Yeh P. Optical Waves in Crystals[M]. New York:John Wiley & Sons,1984.

[3]　Ghatek A,Thyagarajan K. Optical Electronics [M]. New York:Cambridge Univ. Press.,1989.

[4]　Born M,Wolf E. Principles of Optics[M]. Oxford:Pergamon Press,1980.

[5]　赵凯华,钟锡华. 光学[M]. 北京:北京大学出版社,1984.

[6]　Landau L D,Lifshitz E M,Pitaevskii L P. Electrodynamics of continuous media[M]. 2nd ed. Oxford:Butterworth Neinemann,1984.

[7]　彭桓武,徐锡申. 数理物理基础[M]. 北京:北京大学出版社,2001.

第 11 章 光 波 的 调 制

从现代信息论的观点来看,光波不仅是支持生命的能量流的一部分,同时也是信息流.当光波用作信息载体时,一个重要的信息变换环节为调制,通过调制将电信号(或其他形态的信号)转换成光波的某个参量随时间的变化,例如振幅、相位、偏振态随时间的变化.通常有两类调制方案,第一方案是直接调制光源的参量,例如对半导体激光器参量的调制,又称内调制.第二方案是通过介质中的特殊物理效应对光束进行调制,又称外调制,常用的效应有电光效应、磁光效应和声光效应.光波调制技术的应用很广,除了上述领域外,在光波导、光开关中用于信号控制,在微弱信号探测系统中运用正弦调制和窄带滤波可大幅度地提高信噪比.声光调制器还用于滤波、扫描和信号处理,在激光器中用来调 Q 和锁模.本章将讲述这些效应的原理.

11.1 泡克耳斯效应(线性电光效应) 和电光调制

11.1.1 泡克耳斯效应

一般情况下光波的高频电磁场是很弱的,对束缚电荷分布的影响可以忽略.然而当介质中存在外加强电场时,束缚电荷分布将显著变化,从而影响介质微观结构的对称性,导致介质光学性质的显著变化.这样一来人们就有可能通过外电场的作用,改变光波的参数分布,从而实现光调制.我们首先介绍线性电光效应,即泡克耳斯(Pockels)效应.

当介质处于恒定电场中,介质的参数将成为电场强度 E 的函数(在这一节中, E, E_i 分别表示外加电场强度矢量及其分量,不要与光波的电磁场混淆起来).在通常情况下,可将这些参数展开成 E 的分量的级数.例如介电张量 ε 的逆张量 η 可表示为

$$\eta_{ij}(E) = \eta_{ij}(0) + \sum_k \gamma_{ijk}E_k + \sum_{k,l} s_{ijkl}E_kE_l + \cdots, \qquad (11.1.1)$$

式中 γ_{ijk} 称为线性电光系数或泡克耳斯系数,相关的效应称线性电光效应或泡克耳斯效应;s_{ijkl} 称为二次电光系数或克尔(Kirr)系数,相应的效应称二次电光效应或克尔效应. γ, s 不为零的介质称电光介质.

考虑到电场的作用后,介质折射率椭球方程式(10.3.8 式)可表示为

$$\sum_{i,j} \eta_{ij}(E) \xi_i\xi_j = 1. \qquad (11.1.2)$$

式中 ξ_i, ξ_j 为直角坐标系 x, y, z 的任一分量.

η_{ij} 在透明、非旋光介质中是实对称的,下标 i 和 j 可以对易.为了简单起见,采用下面的缩写规则:

$$(11) \to 1, (22) \to 2, (33) \to 3, (23, 32) \to 4, \\ (31, 13) \to 5, (12, 21) \to 6. \qquad (11.1.3)$$

这一规则使 $3\times3\times3$ 张量 γ_{ijk} 缩写成为 6×3 张量:

$$\gamma_{11k} = \gamma_{1k}, \gamma_{22k} = \gamma_{2k}, \gamma_{33k} = \gamma_{3k}, \gamma_{23k} = \gamma_{32k} = \gamma_{4k}, \\ \gamma_{31k} = \gamma_{13k} = \gamma_{5k}, \gamma_{12k} = \gamma_{21k} = \gamma_{6k}, (k = 1, 2, 3) \qquad (11.1.4)$$

以下我们用 $\gamma_{\mu i}$ 表示缩写后的张量, $\mu = 1, 2, \cdots, 6$; $i = 1, 2, 3$.

外电场 E 虽然比光波的电场强,但仍然远低于原子内部的场强.在存在线性电光效应时,二次效应即可忽略.我们仅考虑线性电光效应,在(11.1.1)式中只保留 E_i 的线性项,得到

$$\Delta\eta_{ij} = \eta_{ij}(E) - \eta_{ij}(0) = \sum_k \gamma_{ijk}E_k. \qquad (11.1.5)$$

线性电光效应不可能出现在具有空间反演的晶格结构中.反演操作 $\hat{I}$ 使所有的矢量变号.对(11.1.5)式施行反演操作,得到

$$\Delta\eta'_{ji} = \hat{I}\Delta\eta_{ij} = \sum_k \gamma_{ijk}(-E_k) = -\sum_k \gamma_{ijk}E_k, \qquad (11.1.6)$$

由于反演对称性,所以有

$$\Delta\eta'_{ij} = \Delta\eta_{ij},\qquad(11.1.7)$$

以上两式同时成立的条件是所有的 $\gamma = 0$. 因此在 11 种具有反演对称中心的晶族中所有的三阶张量 $\gamma_{ijk} = 0$,只有那些不存在反演对称中心的晶体才有可能出现线性电光效应.

借助于缩写符号,我们可以把法线椭球方程式(11.1.2)写成

$$\sum_{ij}\eta_{ij}(\boldsymbol{E})\,\xi_i\,\xi_j = \sum_k\left[\left(\frac{1}{n_x^2}+\gamma_{1k}E_k\right)x^2+\left(\frac{1}{n_y^2}+\gamma_{2k}E_k\right)y^2+\left(\frac{1}{n_z^2}+\gamma_{3k}E_k\right)z^2\right.$$
$$\left.+2\gamma_{4k}E_kyz+2\gamma_{5k}E_kzx+2\gamma_{6k}E_kxy\right]=1,\qquad(11.1.8)$$

式中 $n_i(i=x,y,z)$ 为未加电场时的主折射率,xyz 为未加电场时的晶体主轴坐标系. 当外场为 0 时,上式化为普通的法线椭球方程式

$$\frac{x^2}{n_x^2}+\frac{y^2}{n_y^2}+\frac{z^2}{n_z^2}=1.\qquad(11.1.9)$$

在外电场的作用下,法线椭球的主轴一般并不与原来的晶体主轴 xyz 重合. 通过正交变换,可将(11.1.8)式化为标准型,从而确定外电场感生的主轴方向.

晶体点群的对称操作使 6×3 阶张量 $\gamma_{\mu i}$ 的独立元素进一步减少. 例如,KDP 晶体(KH_2PO_4,磷酸二氢钾)或 KD^*P(磷酸二氘钾)为单轴晶体,属于四方晶系的 $\overline{4}2m$ 点群,取它的四重轴为 z 轴(即光轴),电光系数张量为

$$\gamma=\begin{pmatrix}0&0&0\\0&0&0\\0&0&0\\\gamma_{41}&0&0\\0&\gamma_{41}&0\\0&0&\gamma_{63}\end{pmatrix},\qquad(11.1.10)$$

仅有的三个非零元素为 $\gamma_{41}=\gamma_{52}$ 及 γ_{63}.

加电场后变成双轴晶体,以 γ_{41},γ_{63} 代入(11.1.8)式得到

$$\frac{x^2}{n_o^2}+\frac{y^2}{n_o^2}+\frac{z^2}{n_e^2}+2\gamma_{41}E_xyz+2\gamma_{41}E_yzx+2\gamma_{63}E_zxy=1.\quad(11.1.11)$$

一些重要的电光晶体的线性电光系数见表 11.1 所示.

表 11.1　电光晶体(electro-optic crystals)的特性参数

点群 对称性	晶体 材料	折 射 率		波长 (μm)	非零电光系数 (10^{-12} m/V)
		n_o	n_e		
$3m$	LiNbO$_3$	2.297	2.208	0.633	$\gamma_{13} = \gamma_{23} = 8.6$, $\gamma_{33} = 30.8$ $\gamma_{42} = \gamma_{51} = 28$, $\gamma_{22} = 3.4$ $\gamma_{12} = \gamma_{61} = -\gamma_{22}$
32	Quartz (SiO$_2$)	1.544	1.553	0.589	$\gamma_{41} = -\gamma_{52} = 0.2$ $\gamma_{62} = \gamma_{21} = -\gamma_{11} = 0.93$
$\overline{4}2m$	KH$_2$PO$_4$ (KDP)	1.511 5	1.469 8	0.546	$\gamma_{41} = \gamma_{52} = 8.77$, $\gamma_{63} = 10.3$
		1.507 4	1.466 9	0.633	$\gamma_{41} = \gamma_{52} = 8$, $\gamma_{63} = 11$
$\overline{4}2m$	NH$_4$H$_2$PO$_4$ (ADP)	1.526 6	1.480 8	0.546	$\gamma_{41} = \gamma_{52} = 23.76$, $\gamma_{63} = 8.56$
		1.522 0	1.477 3	0.633	$\gamma_{41} = \gamma_{52} = 23.41$, $\gamma_{63} = 7.828$
$\overline{4}3m$	KD$_2$PO$_4$ (KD*P)	1.507 9	1.468 3	0.546	$\gamma_{41} = \gamma_{52} = 8.8$, $\gamma_{63} = 26.8$
$\overline{4}3m$	GaAs	3.60		0.9	$\gamma_{41} = \gamma_{52} = \gamma_{63} = 1.1$
		3.34		1.0	$\gamma_{41} = \gamma_{52} = \gamma_{63} = 1.5$
		3.20		10.6	$\gamma_{41} = \gamma_{52} = \gamma_{63} = 1.6$
$\overline{4}3m$	InP	3.42		1.06	$\gamma_{41} = \gamma_{52} = \gamma_{63} = 1.45$
		3.29		1.35	$\gamma_{41} = \gamma_{52} = \gamma_{63} = 1.3$
$\overline{4}3m$	ZnSe	2.60		0.633	$\gamma_{41} = \gamma_{52} = \gamma_{63} = 2.0$
$\overline{4}3m$	β-ZnS	2.36		0.6	$\gamma_{41} = \gamma_{52} = \gamma_{63} = 2.1$

11.1.2　KD*P 纵调制

如果沿 KD*P(或 KDP 晶体) 光轴方向(z 方向)加外电场,(11.1.11)式变成

$$\frac{x^2 + y^2}{n_o^2} + \frac{z^2}{n_e^2} + 2\gamma_{63}E_z xy = 1. \tag{11.1.12}$$

通过正交变换(将坐标系统 z 轴旋转 $45°$,参见图 11.1)

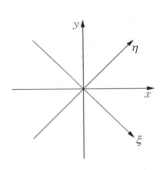

$$\begin{bmatrix} x \\ y \end{bmatrix} = \frac{1}{\sqrt{2}} \begin{bmatrix} 1 & -1 \\ 1 & 1 \end{bmatrix} \begin{bmatrix} \xi \\ \eta \end{bmatrix} \qquad (11.1.13)$$

方程(11.1.12)可化为标准型

$$\left(\frac{1}{n_o^2} + \gamma_{63} E_z\right)\xi^2 + \left(\frac{1}{n_o^2} - \gamma_{63} E_z\right)\eta^2 + \frac{\zeta^2}{n_e^2} = 1,$$

$$(11.1.14)$$

式中 $\zeta = z$. 上式可写作

$$\frac{\xi^2}{n_\xi^2} + \frac{\eta^2}{n_\eta^2} + \frac{\zeta^2}{n_\zeta^2} = 1. \qquad (11.1.15)$$

图 11.1 xy 坐标系和 $\xi\eta$ 坐标系(感生坐标系)

式中 n_ξ, n_η 和 n_ζ 是新的主轴坐标系(即感生坐标系)下的折射率,它们精确到一级小量的表达式为

$$\left. \begin{aligned} n_\xi &= n_o - \frac{1}{2} n_o^3 \gamma_{63} E_z, \\ n_\eta &= n_o + \frac{1}{2} n_o^3 \gamma_{63} E_z, \\ n_\zeta &= n_e. \end{aligned} \right\} \qquad (11.1.16)$$

这种外加场的方式称"纵调制"(longitudinal modulation),表明外电场与晶体原来的光轴方向一致.

图 11.2 为振幅型纵调制系统(又称泡克耳斯盒)示意图,z - 切割(晶体切割方向与 z 轴正交)的 KD*P 晶体两端胶合上透明电极 ITO₁、ITO₂,电压通过透明电极加到晶体上去.在玻璃基底上蒸镀透明导电膜,就构成透明电极,膜层材料为锡、铟的氧化物,膜层厚度从几十微米到几百微米,其透明度高,膜层的面电阻小,在通光孔径外镀铬,再镀金或铜即可将电极引线焊上.KD*P 调制器前后为一对互相正交的起偏振镜 P 与检偏振镜(分析镜)A,P 的透过率极大方向沿 KD*P 感生主轴 ξ,

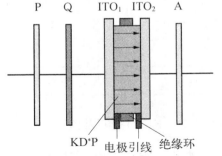

图 11.2 泡克耳斯盒

P,起偏振器;Q,四分之一波片;
A,检偏振器;ITO,透明电极

η 的角平分线.有时在 KD*P 和 A 之间还加相位延迟片 Q(即四分之一波片),其快、慢轴方向分别与 ξ, η 相同.

设电光晶体是与 xy 平行的晶片,沿 z 方向的厚度为 L,在 z 方向加电压(纵调制),在输入端放一个与 x 方向平行的起偏振器,入射光波沿 z 方向传播,且沿 x 方向偏振,射入晶体后,简并退化,沿 ζ 轴只能传播一对正交的本征模,分别在 ξ, η 方向偏振,折射率由(11.1.16)式表示.

当光波在 ζ 方向传播的距离为 L 时,两个本征模的相位差

$$\Gamma = \frac{2\pi}{\lambda_0}(n_\eta - n_\xi)L = \frac{2\pi}{\lambda_0}n^3\gamma_{63}E_z L = \frac{2\pi}{\lambda_0}n^3\gamma_{63}V, \qquad (11.1.17)$$

式中 $V = E_z L$ 为外加电压值.上式表明电光效应生成的相位差与电光系数 γ_{63}、外加电压 V 成正比,与调制晶体的厚度无关,这是纵调制的重要特征.

上式又可表示为:

$$\Delta n = n^3\gamma_{63}E_z, \qquad (11.1.18)$$

表明电光晶体中两个本征模的折射率差正比于电光系数 γ_{63} 和电场强度 E_z.

当入射光波在 x 方向(即 ξ, η 的角平分线)偏振时,在 $\xi\eta$ 坐标系内归一化的琼斯矩阵(参见 9.1 节)为

$$\hat{J} = \frac{1}{\sqrt{2}}\begin{bmatrix}1\\1\end{bmatrix},$$

其中矩阵的两个元素分别为光矢量的 ξ, η 分量.射出晶体后琼斯矩阵变为

$$\hat{J}_{\xi\eta} = \frac{1}{\sqrt{2}}\begin{bmatrix}e^{j(\Gamma/2)}\\e^{-j(\Gamma/2)}\end{bmatrix}, \qquad (11.1.19)$$

两个本征模在晶体中获得的相位差 Γ 由(11.1.17)式表示,一般情况下合成偏振态为椭圆偏振光.$\Gamma = \pi$ 时的外加电压称为半波电压(half-wave voltage),记为 V_π,由(11.1.17)式,得

$$V_\pi = \frac{\lambda_0}{2n_0^3\gamma_{63}}. \qquad (11.1.20)$$

利用 V_π 可将 Γ 表示为

$$\Gamma = \pi\frac{V}{V_\pi}. \qquad (11.1.21)$$

对于 He‐Ne 激光,KDP 的半波电压为 $V_\pi = 8.971 \times 10^3$ V. 如果用 KD^*P（磷酸二氘钾）, $V_\pi = 3.448 \times 10^3$ V,调制电压仍相当高,给电路的制造带来不便. 常常用环状金属电极代替透明电极,但电场方向在晶体中不一致,使透过调制器的光波的消光比下降. 表 11.2 描绘了线偏振光入射电光调制器,输出光波偏振态随外电压变化的情况.

表 11.2　调制偏振光偏振态随外电压的变化

V/V_π	0	1/2	1	3/2	2
Γ	0	$\pi/2$	π	$3\pi/2$	2π
输出光偏振态图示					
输出光偏振态	垂直线偏振	左旋圆偏振	水平线偏振	右旋圆偏振	垂直线偏振

xy 坐标系内输出信号琼斯矩阵的表达式（参见第 9 章）则为

$$\hat{J}_{xy} = \boldsymbol{R}(\pi/4)\hat{J}_{\xi\eta} = \frac{1}{2}\begin{bmatrix} 1 & 1 \\ -1 & 1 \end{bmatrix}\begin{bmatrix} e^{j(\Gamma/2)} \\ e^{-j(\Gamma/2)} \end{bmatrix} = \begin{bmatrix} \cos(\Gamma/2) \\ -j\sin(\Gamma/2) \end{bmatrix},$$

$$(11.1.22)$$

如果在输出端放一个与 y 平行的检偏振器,就构成泡克耳斯盒. 由检偏器输出的光波琼斯矩阵为

$$\hat{J}'_{xy} = \begin{bmatrix} 0 & 0 \\ 0 & 1 \end{bmatrix}\begin{bmatrix} \cos(\Gamma/2) \\ -j\sin(\Gamma/2) \end{bmatrix} = \begin{bmatrix} 0 \\ -j\sin(\Gamma/2) \end{bmatrix}, \qquad (11.1.23)$$

上式表示输出光波是沿 y 方向的线偏振光,其光强为

$$I' = \frac{I_0}{2}(1 - \cos\Gamma) = I_0\sin^2\left(\frac{\pi V}{2V_\pi}\right). \qquad (11.1.24)$$

上式说明光强受到外加电压的调制,称振幅调制,I_0 为光强的幅值,当 $V = V_\pi$ 时 $I' = I_0$. 图 11.3 表示振幅型电光调制器（amplitude electro-optic modulator）的特性曲线,简称调制曲线. 图中 $P_i(t)$ 为输入光信号的功率,$P_t(t)$ 为输出光信号的功率,$P_t(t)/P_i(t)$ 即器件的透过率. $V(t)$ 为调制电压.

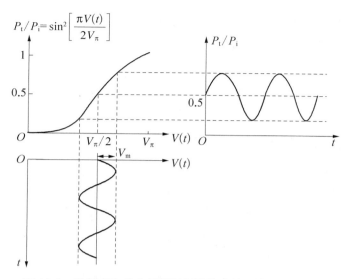

图 11.3　线性电光效应振幅调制器的特性曲线(调制曲线)

11.1.3　电光开关和线性电光调制

在(11.1.24)式中如调制电压 $V = 0$，$T = 0$，这时 KD^*P 晶体又恢复成单轴晶体,光波沿光轴传播时它仿佛是一块各向同性介质,对光波的偏振态不起作用. 光波通不过正交的偏振镜,$T = 0$(正交态或关态),相当于调制曲线的底部.

当 $V = V_\pi$,若不计入介质中的吸收损失和表面的反射损失,可以认为光能量全部通过系统(平行态或开态),$T = 1$. 这样一来,若输入一列幅度为 V_π 的方波, 就可以实现光开关的功能.电光开关的响应时间可以达到毫微秒的量级,如设计得当,消光比可以做得很高,在激光系统中用作内调制(如调 Q)及外调制,在其他光电系统中也有广泛的应用.

如果入射光波预先通过四分之一波片移相,则有

$$I' = \frac{I_0}{2}[1 - \cos(\varGamma + \varGamma_0)]\Big|_{\varGamma_0 = \pi/2} = I_0 \sin^2\left(\frac{\pi V}{2V_\pi} + \frac{\pi}{4}\right), \quad (11.1.25)$$

加上预置的相位 $\varGamma_0$ 后,工作点移到调制曲线的中点附近,使线性大大改善.其输出信号幅度随着外电压的加大而加大,表明有更多的能量从 x - 偏振态转移到 y - 偏振态中去.

如果在电极间加交变电压

$$V = V_{\mathrm{m}} \sin \Omega t,$$ (11.1.26)

则

$$
\begin{aligned}
T &= \frac{1}{2} + \frac{1}{2}\sin(\Gamma_{\mathrm{m}} \sin \Omega t) \\
&= \frac{1}{2} + \sum_{k=0}^{\infty} \mathrm{J}_{2k+1}\left(\frac{\Gamma_{\mathrm{m}}}{2}\right)\sin\left[(2k+1)\Omega t\right],
\end{aligned}
$$ (11.1.27)

式中 $\mathrm{J}_{2k+1}(z)$ 为 $2k+1$ 阶贝塞尔函数,

$$\Gamma_{\mathrm{m}} = \frac{\pi V_{\mathrm{m}}}{V_{\pi}}.$$ (11.1.28)

当 Γ_{m} 不大时(即调制电压幅度较低时),(11.1.27)式近似表示为

$$T = \frac{1}{2} + \frac{\Gamma_{\mathrm{m}}}{2}\sin \Omega t,$$ (11.1.29)

可见系统的输出光波的幅度近似为正弦变化,称正弦振幅调制.

由图 11.3 可以看出 1/4 波片的作用相当于工作点偏置到特性曲线中部线性部分,在这一点进行调制效率最高,波形失真小.如不用波片($\Gamma_0 = 0$),输出信号中只存在二次谐波分量.

11.1.4 铌酸锂晶体横调制(transverse modulation)

(11.1.29)式表明纵调制器件的调制度近似为 Γ_{m},与外加电压振幅成正比,而与光波在晶体中传播的距离(即晶体沿光轴 z 的厚度 L,又称作用距离)无关,这是纵调制的重要特性.纵调制器也有一些缺点.首先,大部分重要的电光晶体的半波电压 V_{π} 都很高.由于 V_{π} 与 λ 成正比,当光源波长较长时(例如二氧化碳激光器,$\lambda = 10.6\,\mu\mathrm{m}$),$V_{\pi}$ 更高,使控制电路的成本大大增加,电路体积和重量都很大.其次,为了沿光轴加电场,必须使用透明电极,或带中心孔的环形金属电极.前者制作困难,插入损耗较大;后者引起晶体中电场不均匀.解决上述问题的方案之一,是采用横调制.图 11.4 为横调制器示意图.电极 D_1,D_2 与光波传播方向平行.外加电场则与光波传播方向垂直.

我们已经知道,电光效应引起的相位差 Γ 正比于电场强度 E 和作用距离 L(即晶体沿光轴 z 的厚度)的乘积 EL,E 正比于电压 V,反比于电极间距离 d,因此

$$\Gamma \sim \frac{LV}{d}.$$ (11.1.30)

对一定的 $\varGamma$, 外加电压 V 与晶体长宽比 L/d 成反比, 加大 L/d 可使得 V 下降. 电压 V 下降不仅使控制电路成本下降, 而且有利于提高开关速度.

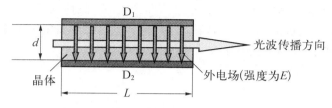

图 11.4　横调制器示意图

电极为 D_1, D_2

铌酸锂晶体具有优良的加工性能及很高的电光系数, $\gamma_{33} = 30.8 \times 10^{-12}$ m/V, 常常用来做成横调制器. 铌酸锂为单轴负晶体, 有

$$n_x = n_y = n_o = 2.297, \quad n_z = n_e = 2.208.$$

令电场强度 $E = E_z$, 代入方程 (11.1.8) 式得到电场感生的法线椭球方程式:

$$\left(\frac{1}{n_o^2} + \gamma_{13} E_z \right)(x^2 + y^2) + \left(\frac{1}{n_e^2} + \gamma_{33} E_z \right) z^2 = 1, \qquad (11.1.31)$$

或写为:

$$\frac{x^2}{n_x^2} + \frac{y^2}{n_y^2} + \frac{z^2}{n_z^2} = 1, \qquad (11.1.32)$$

其中

$$\left. \begin{aligned} n_x &= n_y \approx n_o - \frac{1}{2} n_o^3 \gamma_{13} E_z, \\ n_z &\approx n_e - \frac{1}{2} n_e^3 \gamma_{33} E_z, \end{aligned} \right\} \qquad (11.1.33)$$

应注意在这一情况下电场感生坐标系和主轴坐标系一致, 仍然为单轴晶体, 但寻常光和非常光的折射率都受到外电场的调制. 设入射线偏振光沿 xz 的角平分线方向振动, 两个本征态 x 和 z 分量的折射率差为

$$n_x - n_z = (n_o - n_e) - \frac{1}{2}(n_o^3 \gamma_{13} - n_e^3 \gamma_{33}) E. \qquad (11.1.34)$$

设晶体的厚度为 L, 则射出晶体后光波的两个本征态的相位差为

$$\Gamma = \frac{2\pi}{\lambda_0}(n_x - n_z)L = \frac{2\pi}{\lambda_0}(n_o - n_e)L - \frac{2\pi}{\lambda_0}\frac{n_o^3\gamma_{13} - n_e^3\gamma_{33}}{2}EL, \quad (11.1.35)$$

上式说明在横调制情况下,相位差由两部分构成:晶体的自然双折射部分(式中第一项)及电光双折射部分(式中第二项).通常使自然双折射项等于 $\pi/2$ 的整倍数.

横调制器件的半波电压为

$$V_\pi = \frac{d}{L}\frac{\lambda_0}{n_e^3\gamma_{33} - n_o^3\gamma_{13}}, \quad (11.1.36)$$

我们用到关系式 $E = V/d$. 由上式可知半波电压 V_π 与晶体长宽比 L/d 成反比,因而可以通过加大器件的长宽比 L/d 来减小 V_π. 经过精心设计的 LiNbO₃ 及 LiTaO₃(钽酸锂)横调制器的调制频率高达 4×10^9 Hz.

横调制器的电极不在光路中,工艺上比较容易解决.横调制的主要缺点在于它对波长 λ_0 很敏感,λ_0 稍有变化,自然双折射引起的相位差即发生显著的变化.当波长确定时(例如使用激光),这一项又强烈地依赖于作用距离 L.加工误差、装调误差引起的光波方向的稍许变化,甚至温度变动引起自然双折射项的变化都会引起相位差的明显改变,通常只用于准直的激光束中.

一个成功的方案是用一对长度相同的晶体,第一块晶体的 x 轴与第二块晶体的 z 轴相对,使晶体的自然双折射部分(11.1.35 式中第一项)相互补偿,以消除或降低器件对温度、入射方向的敏感性.

迄今为止,我们所讨论的调制模式均为振幅调制,其物理实质在于:输入的线偏振光在调制晶体中分解为一对偏振方位正交的本征态,在晶体中传播过一段距离后获得相位差 Γ,Γ 为外加电压的函数.在输出的偏振元件透光轴上这一对正交偏振分量重新叠加,输出光的振幅被外加电压所调制,这是典型的偏振光干涉效应.

11.1.5 铌酸锂晶体相位调制(phase modulation)

当输入线偏振光的振动方向沿铌酸锂晶体横调制器的主轴方向时,外加电场仅仅使光波产生了一个附加相位 ϕ,分两种情况:

图 11.5(a)为波导型铌酸锂晶体相位调制器示意图,波导的衬底为 x-切割的铌酸锂晶体,波导的芯区为高折射率材料,光波在芯区内传播,电极对称地分布在波导上,使电场方向沿 z 轴通过晶体.关于波导的工作原理见第 12 章.

电场的振动方向沿 z 方向的光波对于波导而言为 TE 偏振波,通过长度为 L 的传播后光波的相位延迟为

$$\phi = \frac{2\pi L}{\lambda_0}\left(n_e - \frac{1}{2}n_e^3\gamma_{33}E_z\right),\ (\text{TE 偏振分量}) \tag{11.1.37}$$

当光波电场的振动方向沿 x 方向时,对于波导而言为 TM 偏振波,相位延迟则为:

$$\phi = \frac{2\pi L}{\lambda_0}\left(n_o - \frac{1}{2}n_o^3\gamma_{13}E_z\right),\ (\text{TM 偏振分量}) \tag{11.1.38}$$

由于 $\gamma_{33} > \gamma_{13}$,为了得到较大的附加相位,通常使用 TE 偏振分量.

图 11.5(b)为 z – 切割的情况.电极直接位于波导芯区上方,电场仍沿 z 方向通过铌酸锂晶体.此时 TM 偏振分量的附加相位差由(11.1.37)式表示,TE 偏振分量的附加相位差则由(11.1.38)式表示.即两种不同切割方式的 TE,TM 分量对调,显然 TM 波的附加相位差较大,调制效率较高.有关导波光学的问题我们将在第 12 章详细讨论.

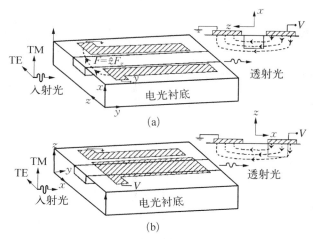

图 **11.5** 光波导型铌酸锂相位调制器

(a) x – 切割;(b) z – 切割

11.2 克尔效应(二次电光效应)

11.2.1 克尔效应

相对于线性电光效应而言,二次电光效应是高一级的效应,与外电场强度的平方成正比,当存在线性电光效应时,一般二次效应难以观察到.仅当线性效应不存在($\gamma = 0$)时,二次效应才可能占主导地位.二次电光效应可能存在于具有各种对称性的晶体中.在一些具有对称中心的晶体中,线性效应不存在,却明显地呈现出二次电光效应.总体来看,二次电光效应还是微弱,其应用远不如线性电光效应广泛.

仅存在二次电光效应时,折射率椭球方程式(11.1.1)成为

$$
\begin{aligned}
&\frac{x^2}{n_x^2} + \frac{y^2}{n_y^2} + \frac{z_2}{n_z^2} \\
&+ x^2(s_{11}E_x^2 + s_{12}E_y^2 + s_{13}E_z^2 + 2s_{14}E_yE_z + 2s_{15}E_zE_x + 2s_{16}E_xE_y) \\
&+ y^2(s_{21}E_x^2 + s_{22}E_y^2 + s_{23}E_z^2 + 2s_{24}E_yE_z + 2s_{25}E_zE_x + 2s_{26}E_xE_y) \\
&+ z^2(s_{31}E_x^2 + s_{32}E_y^2 + s_{33}E_z^2 + 2s_{34}E_yE_z + 2s_{35}E_zE_x + 2s_{36}E_xE_y) \\
&+ 2yz(s_{41}E_x^2 + s_{42}E_y^2 + s_{43}E_z^2 + 2s_{44}E_yE_z + 2s_{45}E_zE_x + 2s_{46}E_xE_y) \\
&+ 2zx(s_{51}E_x^2 + s_{52}E_y^2 + s_{53}E_z^2 + 2s_{54}E_yE_z + 2s_{55}E_zE_x + 2s_{56}E_xE_y) \\
&+ 2xy(s_{61}E_x^2 + s_{62}E_y^2 + s_{63}E_z^2 + 2s_{64}E_yE_z + 2s_{65}E_zE_x + 2s_{66}E_xE_y) = 1,
\end{aligned}
$$

$$(11.2.1)$$

很明显,二次光电效应的存在同样改变了法线椭球的形状.

11.2.2 各向同性介质的克尔效应

晶体的对称性使 36 个二次电光系数 $s_{\alpha\beta}(\alpha, \beta = 1, 2, \cdots, 6)$ 中的一部分变为 0.但更加令人感兴趣的却是各向同性介质中的二次电光效应.

在外电场为 0 时,各向同性介质中的微观偶极矩(在极性分子情形下是分子偶极矩)的取向是完全随机的,它们的作用互相抵消,在宏观上任意小的体积内的平均不表现出任何极性.但在外电场的作用下,微观偶极子的择优取向必然与外电场方向一致.这样的介质,与单轴晶体十分相似,晶轴显然与电场方向一致,该方向为 z 轴.

各向同性介质的 s 矩阵为

$$
s = \begin{pmatrix}
s_{11} & s_{12} & s_{12} & 0 & 0 & 0 \\
s_{12} & s_{11} & s_{12} & 0 & 0 & 0 \\
s_{12} & s_{12} & s_{11} & 0 & 0 & 0 \\
0 & 0 & 0 & \dfrac{s_{11} - s_{12}}{2} & 0 & 0 \\
0 & 0 & 0 & 0 & \dfrac{s_{11} - s_{12}}{2} & 0 \\
0 & 0 & 0 & 0 & 0 & \dfrac{s_{11} - s_{12}}{2}
\end{pmatrix}, \quad (11.2.2)
$$

代入 (11.2.1) 式得到

$$\left(\frac{1}{n^2} + s_{12}E^2 \right)x^2 + \left(\frac{1}{n^2} + s_{12}E^2 \right)y^2 + \left(\frac{1}{n^2} + s_{11}E^2 \right)z^2 = 1, \quad (11.2.3)$$

令

$$\left.\begin{array}{l} n_{\mathrm{o}} = n - \dfrac{1}{2}n^3 s_{12}E^2, \\[3mm] n_{\mathrm{e}} = n - \dfrac{1}{2}n^3 s_{11}E^2, \end{array}\right\} \qquad (11.2.4)$$

(11.2.3) 式可以化为

$$\frac{x^2 + y^2}{n_{\mathrm{o}}^2} + \frac{z^2}{n_{\mathrm{e}}^2} = 1, \qquad (11.2.5)$$

式中 n_{o} 是光波振动方向与外电场方向正交时介质的折射率, n_{e} 是光波振动方向与外电场方向一致 (平行) 时介质的折射率. 上式表明, 当 $s_{11} \neq s_{12}$ 时, 各向同性介质在电场中的行为确实与单轴晶体一样.

由 (11.2.4) 式得

$$n_{\mathrm{e}} - n_{\mathrm{o}} = \frac{1}{2}n^3(s_{12} - s_{11})E^2 = K\lambda E^2, \qquad (11.2.6)$$

式中

$$K = \frac{n^3(s_{12} - s_{11})}{2\lambda}, \qquad (11.2.7)$$

二次电光效应又称克尔效应, 二次电光系数即克尔系数. 表 11.3 给出一些介质的二次光电系数.

表 11.3 二次电光系数 K

介 质	波长 $\lambda(\mu\mathrm{m})$	$K(10^{-15}\ \mathrm{m/V}^2)$	n
苯	0.546	4.9	1.503
	0.633	4.14	1.496
CS_2	0.546	38.8	1.633
	0.633	31.8	1.619

介　　质	波长 $\lambda(\mu m)$	$K(10^{-15} \text{ m/V}^2)$	n
CS$_2$	0.694	28.3	1.612
	1.000	18.4	1.596
	1.600	11.1	1.582
CCl$_4$	0.633	0.74	1.456
	0.546	0.86	1.460
H$_2$O	0.589	51	
硝基甲苯	0.589	1 370	
硝　基　苯	0.589	2 440	

11.3　法拉第效应(磁光效应)

11.3.1　法拉第效应

恒定(或低频)的外磁场也会破坏晶体的对称性.在一些介质中,当线偏振光沿外磁场方向传播时,光波的振动平面会随光波传播而逐渐旋转,并满足以下关系式:

$$\psi = VBL, \tag{11.3.1}$$

其中 ψ 为光波的振动平面的方位角,B 和 L 分别为磁感应强度和光波在磁场方向传播的距离,对于非磁性介质 $B = H$. V 称为韦尔代常数(Verdet constant),又称法拉第旋转系数.这一效应称为法拉第效应或磁光效应,又称法拉第旋转(Faraday rotation).表 11.4 给出一些介质的韦尔代常数的值,单位为 $10^{-5}\,°/(\text{G}\cdot\text{mm})$.

表 11.4 韦尔代常数 V（$\lambda_0 = 0.589\,3\,\mu m$）

物　质	温度(℃)	$V[10^{-5}°/(G \cdot mm)]$	物　质	温度(℃)	$V[10^{-5}°/(G \cdot mm)]$
水	20	2.18	火石玻璃		5.28
萤　石		0.15	二硫化碳	20	7.05
金刚石		2.0	磷	33	22.1
冕牌玻璃	18	2.68	氯化钠		6.0

磁光效应（magneto-optic effect）可能出现在任何对称性的介质中,但绝大多数介质的韦尔代常数都很小.液体中效应比较显著的为 CS_2,它的 $V = 7 \times 10^{-5}°/(G \cdot mm)$.固体中重火石玻璃的 V 达到 $15 \times 10^{-5}°/(G \cdot mm)$,铈(Ce)玻璃的 $V = 28 \times 10^{-5}°/(G \cdot mm)$,磁光调制器常常用重火石玻璃或铈玻璃制作.

磁光效应比较微弱,韦尔代常数很小.为了获得大磁场以产生明显的效应,调制器的匝数加多,自感加大,故响应时间较长,很难制成高速调制器或开关,通常只作低频或直流应用.

20 世纪 60 年代以来,研制出一批具有很高的韦尔代常数的磁光材料,其中最典型的当数铁磁介质钇铁石榴石 YIG($Y_3F_5O_{12}$).从 20 世纪 70 年代起,利用液相外延技术和高频溅射技术制造石榴石薄膜及稀土 - 过渡金属磁光薄膜获得成功,以钆 - 镓石榴石(gadolinium gallium garnet,$Gd_3Ga_5O_{12}$,简写为 GGG)和大晶格常数掺铋 - 铁石榴石薄膜为基底(large lattice constant substitute,简写为 LLC)的磁光薄膜获得较大的法拉第旋转,使磁光材料的应用扩大到磁泡、磁记录、光计算、光显示、光信息处理和光通信领域.

11.3.2 磁光效应的非互易性

恒定磁场强度矢量 H 的引入,使整个体系的对称性下降,从而磁光效应和自然旋光效应有了显著的差别.自然旋光效应是由晶体的微观螺旋状晶格结构引起的,与光波传播的正向反向无关.设光波沿光轴传播一段距离 L,并沿原路反向时,偏振面的旋向也相反,因而光波传播到原始位置时偏振面也将转回原始方位.在一个固定的坐标系内观察磁光效应,例如光波沿 z 轴传播时 ψ 为正,沿 $-z$ 轴传播时,由于磁场反向,偏振面相对于传播方向旋向相反,但在固定坐标系内看,ψ 仍然为正,这显然是光波传播方向和偏振面旋转方向同时反向的结果.当光波往返两次通过磁光介质时,在一个固定的坐标系内观察,ψ 将加倍,这一特殊的现象称非互易性(nonreciprocal property),又称不可逆性或单向性.

11.3.3　晶体中的法拉第效应

以下我们将仿照 10.6 节中对自然旋光性的研究方法来分析晶体中的磁光效应.可以证明介电张量 $\varepsilon_{\alpha\beta}$ 满足条件

$$\varepsilon_{\alpha\beta}(\boldsymbol{H}) = \varepsilon_{\beta\alpha}(-\boldsymbol{H}). \tag{11.3.2}$$

在透明介质中,介电张量是厄米型的,设

$$\varepsilon'_{\alpha\beta} = \varepsilon_{\alpha\beta} + j\varepsilon''_{\alpha\beta}, \tag{11.3.3}$$

式中 $\varepsilon_{\alpha\beta}$ 和 $\varepsilon''_{\alpha\beta}$ 分别是 $\varepsilon'_{\alpha\beta}$ 的实部和虚部,则(11.3.2)式要求 $\varepsilon_{\alpha\beta}$ 和 $\varepsilon''_{\alpha\beta}$ 分别为对称及反对称的:

$$\varepsilon_{\alpha\beta}(\boldsymbol{H}) = \varepsilon_{\beta\alpha}(\boldsymbol{H}) = \varepsilon_{\alpha\beta}(-\boldsymbol{H}), \tag{11.3.4}$$

$$\varepsilon''_{\alpha\beta}(\boldsymbol{H}) = -\varepsilon''_{\beta\alpha}(\boldsymbol{H}) = -\varepsilon''_{\alpha\beta}(-\boldsymbol{H}). \tag{11.3.5}$$

我们从 $\varepsilon'_{\alpha\beta}$ 的逆张量 $\eta_{\alpha\beta}$ 入手,$\eta'_{\alpha\beta}$ 满足

$$E_{\alpha} = \sum_{\beta}\eta'_{\alpha\beta}D_{\beta}, \tag{11.3.6}$$

这里我们已假定 $\eta'_{\alpha\beta}$ 是复数:

$$\eta'_{\alpha\beta} = \eta_{\alpha\beta} + j\eta''_{\alpha\beta}, \tag{11.3.7}$$

它的实部和虚部一般来讲并不等于 $\varepsilon_{\alpha\beta}$ 和 $\varepsilon''_{\alpha\beta}$ 的逆张量.

$\eta_{\alpha\beta}$ 和 $\eta''_{\alpha\beta}$ 也应分别具有(11.3.4)式和(11.3.5)式所表达的对称性.由于 $\eta''_{\alpha\beta}$ 为反对称的二秩旋性张量,按照 10.6 节中的讨论,它等效于一个回转矢量 $\boldsymbol{G}$,从而(11.3.6)式可表示为

$$E_{\alpha} = \sum_{\beta}\left(\eta_{\alpha\beta} - j\sum_{\gamma}e_{\alpha\beta\gamma}G_{\gamma}\right)D_{\beta} = \sum_{\beta}\eta_{\alpha\beta}D_{\beta} + j(\boldsymbol{G}\times\boldsymbol{D})_{\alpha}, \tag{11.3.8}$$

于是我们可以得出类似于自然旋光效应的结论:当光波在晶体中任意方向上传播

时,由外磁场引起的效应与晶体中的双折射相比仅仅是微扰,它使线偏振的本征模变成长椭圆的偏振模(参见图 10.13),椭圆率 e 为磁场强度 H 的同级小量,在这些方向上,磁光效应常常淹没在双折射效应中,很难观察到.

当光波沿晶体的光轴传播时,由于不存在微扰时两个 0 级本征值($H=0$ 时菲涅耳方程的两个根)相等,双折射消失,磁光效应才成为主要的效应,本征模变成一对圆偏振光,旋向相反.我们现在就来讨论这种情况.

仿照自然旋光效应一节的推导方法,可知在 1 级近似下两个本征模

$$n_\pm = \bar{n} \mp \frac{\bar{n}^3}{2} G_z, \tag{11.3.9}$$

式中 $\bar{n}$ 为不存在微扰时的折射率,在单轴晶体情况下为 n_o;G_z 为 G 在 z 方向的分量,在弱磁场条件下(这正是大多数实际情况),可将 G_z 展开并只取到 H 的 1 级项:

$$G_z = fH. \tag{11.3.10}$$

左、右旋圆偏振光合成线偏振光,当它沿 z 轴传播距离 L 后,振动平面的转角 ψ 为左、右旋圆偏振光折射率引起的相位差的一半:

$$\psi = \frac{1}{2}\left(\frac{2\pi}{\lambda_0}\Delta n \cdot L\right) = \frac{\pi}{\lambda_0}\bar{n}^3 fHL, \tag{11.3.11}$$

式中 $2\pi/\lambda_0$,f 和 $\bar{n}$ 都是波长的函数,因此 ψ 表现出强烈的色散.当白光沿磁场方向传播时不同单色光成分的偏转角不一致,形成磁旋光色散现象.将(11.3.11)式与(11.3.1)式对比,得出

$$V = \frac{\pi}{\lambda_0}\bar{n}^3 f, \tag{11.3.12}$$

由(11.3.6)、(11.3.7)、(11.3.8)式得到

$$G_z = \eta''_{12}, \tag{11.3.13}$$

所以 G_z 也具有(11.3.5)式所描述的反对称性:

$$G_z(-H) = -G_z(H), \tag{11.3.14}$$

即磁场反向时 G_z 变号.由(11.3.10)式,G_z 与 f 成正比,G_z 变号引起 f 变号.在(11.3.11)式中,H 表示磁场强度的大小,与方向无关,f 的变号引起 ψ 变号,即偏

振面的旋向相反. 当光波反向传播时,光波传播方向和偏振面旋转方向同时反向,导致 ψ 加倍,即上文所述的非互易性.

11.4 声 光 效 应

11.4.1 声波对光波的衍射

当介质中同时有声波和光波在传播时,会出现两种波之间的相互作用,这种相互作用通过声光介质互相耦合. 由于声波的波长远远大于光波波长,我们可以建立这样一个物理图像:当声波在介质中传播的时候,产生了周期性的应变场,使介质中的宏观光学参数(极化率、折射率、介电常数)随之产生周期性的变化,形成体光栅. 设折射率会呈现周期性的变化为:

$$\Delta n(r,\ t) = \Delta n \cos(\Omega t - K \cdot r), \qquad (11.4.1)$$

式中 Ω 是声波的角频率,K 是声波的波矢量,$K = 2\pi/\Lambda$,Λ 为声波的波长,声波的速度 $V = \Omega/K$. 当光波通过介质时会发生散射、衍射,相当于声波所形成的周期性应变场(体光栅)对光波的衍射. 改变声波的频率和振幅,就可以控制衍射光波的频率、强度、方向和偏振态,称声光效应.

从本节开始 K(大写英文字母)表示声波波矢量的大小,不要和 10.2 节归一化的介电张量 K(大写希腊字母)混淆. 声光效应与线性电光效应的区别在于,后者只发生在一些具有特定的对称性的晶体中,而声光效应是由于声波引起介质的弹性形变产生的光学效应,在所有的介质中均会发生.

11.4.2 应变 – 光学张量

当声波在介质中传播时,介质中就出现了形变场. 通常用应变张量 S_{kl} 来描述形变,它描述了声波存在时介质折射率的改变. $S_{kl} = (\partial u_k/\partial x_l + \partial u_l/\partial x_k)/2$,$k,\ l = 1,\ 2,\ 3$. 它是实对称张量,对角元素 S_{kk} 表示相对形变的分量 $\partial u/\partial x$,$\partial u/\partial y$,$\partial u/\partial z$(即线应变),非对角元素 $S_{kl}(k \neq 1)$ 则表示一对沿正交坐标轴方向的线段之间的夹角在形变过程中的变化量(即角应变或切变).

介质的形变必然引起宏观光学参数的变化. 让我们来考察应变张量 S_{kl} 对逆介电张量 η_{ij} 的影响. 在通常情况下, 力学－光学效应都极其微弱, 可以看成是微扰, 因此我们可把 η_{ij} 对于 S_{kl} 展开:

$$\eta_{ij}(S) = \eta_{ij}(0) + \sum_{k,\,l} p_{ijkl} S_{kl} + \cdots, \tag{11.4.2}$$

式中张量 p_{ijkl} 称应变－光学张量, 又称声光系数张量. 一般情况下, (11.4.1)式中第二项比第一项小5个数量级, 因此2级以上的修正项可以忽略, (11.4.2)式变成

$$\Delta\eta_{ij}(S) = \eta_{ij}(S) - \eta_{ij}(0) = \sum_{k,\,l} p_{ijkl} S_{kl}, \tag{11.4.3}$$

发生形变时, 折射率椭球方程式变成

$$\sum_{i,\,j} \left(\eta_{ij} + \sum_{k,\,l} p_{ijkl} S_{kl} \right) \xi_i \xi_j = 1, \tag{11.4.4}$$

当所有 $S_{kl} \equiv 0$ 时, 微扰项为0, 上式化为(10.3.8)式.

上面讲过应变张量是对称的, 所以下标 k 和 l 可以交换; 由于 η_{ij} 也是对称张量, i 和 j 也可以交换. 这样一来, 四秩张量 p_{ijkl} 就和二次电光系数 S_{ijkl} 具有同样的对称性. p 和 S 都可以采用缩写的符号, 从而(11.4.2)式表示为

$$\Delta\eta_i = \sum_j p_{ij} S_j, \quad i, j = 1, 2, \cdots, 6, \tag{11.4.5}$$

缩写规则见(11.1.3)式. 从而法线椭球方程可表示为

$$\frac{x^2}{n_x^2} + \frac{y^2}{n_y^2} + \frac{z^2}{n_z^2} + x^2 \sum_{j=1}^{6} P_{1j} S_j + y^2 \sum_{j=1}^{6} p_{2j} S_j + z^2 \sum_{j=1}^{6} p_{3j} S_j$$

$$+ 2yz \sum_{j=1}^{6} p_{4j} S_j + 2zx \sum_{j=1}^{6} p_{5j} S_j + 2xy \sum_{j=1}^{6} p_{6j} S_j = 1, \tag{11.4.6}$$

式中 n_x, n_y 和 n_z 为未加微扰时的主折射率. 我们看出, 上式在形式上与(11.2.1)式十分相似. 上式表明, 介质发生形变时, 折射率椭球的主轴方向和形状一般来说都会发生变化.

力学－光学效应可能存在于一切各向同性和各向异性介质中. 晶体的对称性会使系数 p_{ij} 的一部分或大部分变成0, 同时确定某些系数之间的关系. 各类点群的应变－光学张量的形式与二次电光系数张量 S_{ijkl} 完全一致.

几种各向同性介质和重要晶体的声光系数如表11.5所示.

表 11.5 常用介质的声光系数

介 质		$\lambda_0(\mu m)$	p_{11}	p_{12}	p_{13}	p_{14}	p_{31}	p_{33}	p_{41}	p_{44}	p_{66}
(a) 各向同性介质	熔融硅 (SiO_2)	0.63	0.121	0.270							
	硫砷玻璃 (As_2S_3)	1.15	0.308	0.229							
	水	0.63	±0.31	±0.31							
	玻璃 ($Ge_{33}Se_{55}As_{12}$)	1.06	±0.21	±0.21							
	透明合成树脂 (Lucite)	0.63	±0.30	±0.28							
	聚苯乙烯	0.63	±0.30	±0.31							
(b) 立方晶系: 43m, 432, m3m	CdTe	10.60	-0.152	-0.017						-0.057	
	GaAs	1.15	-0.165	-0.140						-0.072	
	Si	1.15	-0.101	0.0094						-0.051	
		3.39	-0.094	0.017							
	β- ZnS	0.546	0.091	-0.01						-0.044	
		0.589								-0.137	
		0.633								0.075	

续表

晶系	介质	$\lambda_0(\mu m)$	p_{11}	p_{12}	p_{13}	p_{14}	p_{31}	p_{33}	p_{41}	p_{44}	p_{66}
(c) 六角晶系: $6m2$, $6mm$, $6/mm$	α - ZnS (wurtzite)	0.633	-0.115	0.017	0.025		0.271	-0.13		-0.0627	
(d) 三角晶系: $3m$, 32, $\bar{3}m$	LiNbO₃	0.633	-0.026	0.090	0.133	-0.075	0.179	0.071	-0.151	0.146	
	水晶 SiO₂	0.589	0.16	0.27	0.27	-0.030	0.29	0.10	-0.047	-0.079	
(e) 四角晶系: $4mm$, $42m$, 422, $4/mmm$	TeO₂	0.633	0.0074	0.187	0.340		0.0905	0.240		-0.17	-0.0463
	金红石 TiO₂	0.514 0.633	-0.001 -0.011	0.113 0.172	-0.167 -0.168		-0.106 -0.0965	-0.064 -0.058		0.0095	-0.066 ±0.072
(f) 四角晶系: 4, $\bar{4}$, $4/m$	PbMoO₄	0.633	$p_{11} = 0.24$, $p_{12} = 0.24$, $p_{13} = 0.0255$, $p_{16} = 0.017$, $p_{31} = 0.175$, $p_{33} = 0.300$, $p_{44} = 0.067$, $p_{45} = -0.01$, $p_{61} = 0.013$, $p_{66} = 0.05$								
	CdMoO₄	0.633	$p_{11} = 0.12$, $p_{12} = 0.10$, $p_{13} = 0.13$, $p_{31} = 0.11$, $p_{33} = 0.18$								

11.4.3　各向同性介质的声光效应

我们来研究各向同性介质中的声光效应. 设在介质中沿 z 轴方向传播频率为 Ω 的声波(纵波), 质点的位移由下式给出

$$u(z, t) = A \cos(\Omega t - Kz), \tag{11.4.7}$$

式中 A 为振幅, K 为声波的波矢量的值. 声波在介质中产生了沿 z 轴方向的周期应变场:

$$S_3 = KA \sin(\Omega t - Kz) = S \sin(\Omega t - Kz), \tag{11.4.8}$$

式中 $S = KA$. 各向同性介质的应变-光学张量为

$$
\begin{pmatrix}
p_{11} & p_{12} & \cdots & p_{16} \\
p_{21} & p_{22} & \cdots & p_{26} \\
\cdots & \cdots & \cdots & \cdots \\
p_{61} & p_{62} & \cdots & p_{66}
\end{pmatrix}
=
\begin{pmatrix}
p_{11} & p_{12} & p_{12} & 0 & 0 & 0 \\
p_{12} & p_{11} & p_{12} & 0 & 0 & 0 \\
p_{12} & p_{12} & p_{11} & 0 & 0 & 0 \\
0 & 0 & 0 & \dfrac{p_{11} - p_{12}}{2} & 0 & 0 \\
0 & 0 & 0 & 0 & \dfrac{p_{11} - p_{12}}{2} & 0 \\
0 & 0 & 0 & 0 & 0 & \dfrac{p_{11} - p_{12}}{2}
\end{pmatrix},
$$
$$\tag{11.4.9}$$

由于只存在 z 方向的应变 S_3, 所以由(11.4.5)、(11.4.8)式和(11.4.9)式得到

$$
\left.
\begin{aligned}
\Delta \eta_{11} = \Delta \eta_1 &= \sum_j p_{1j} S_j = p_{12} \sin(\Omega t - Kz), \\
\Delta \eta_{22} = \Delta \eta_2 &= \sum_j p_{2j} S_j = p_{12} \sin(\Omega t - Kz), \\
\Delta \eta_{33} = \Delta \eta_3 &= \sum_j p_{3j} S_j = p_{11} \sin(\Omega t - Kz), \\
\Delta \eta_{ij} &= 0, \quad i \neq j.
\end{aligned}
\right\}
\tag{11.4.10}
$$

法线椭球方程式变成

$$
x^2 \left[\frac{1}{n^2} + p_{12} S \sin(\Omega t - Kz) \right] + y^2 \left[\frac{1}{n^2} + p_{12} S \sin(\Omega t - Kz) \right]
$$
$$
+ z^2 \left[\frac{1}{n^2} + p_{11} S \sin(\Omega t - Kz) \right] = 1, \tag{11.4.11}
$$

式中 n 为不存在声波微扰时的折射率.因上式中不存在交叉项,故法线椭球是以 z 轴为对称轴的旋转椭球,各向同性介质变成各向异性介质.三个主折射率为

$$
\left.
\begin{aligned}
n_x = n_y &= n - \frac{1}{2} n^3 p_{12} S \sin(\Omega t - K z), \\
n_z &= n - \frac{1}{2} n^3 p_{11} S \sin(\Omega t - K z),
\end{aligned}
\right\}
\tag{11.4.12}
$$

我们看到主折射率均是时间和空间的周期函数.由于声波是行波,空间周期为 Λ (声波波长),以声速 V 向 z 方向匀速前进,

$$
\Lambda = \frac{2\pi}{K}, \quad V = \frac{\Omega}{K}.
\tag{11.4.13}
$$

11.5　布拉格衍射的耦合模解

11.5.1　多普勒效应

声光介质相当于以声速 V 移动的体光栅.当光波射入介质时,发生了光栅衍射现象:除沿入射光方向的直接透射光以外,还出现一系列衍射光.

让我们来考虑各向同性介质中的衍射现象,设声波沿 z 轴传播,光波在 xz 平面内,与 x 轴夹角为 θ,在 y 方向振动.

由(11.4.12)式,

$$
n_y = n - \frac{1}{2} n^3 p_{12} S \sin(\Omega t - K z),
\tag{11.5.1}
$$

当声波横截面为无限时,衍射光波也在入射平面内,入射光波矢量与衍射光波矢量大体上关于 x 轴对称分布,并满足条件

$$
2k \sin\theta = mK = m\frac{2\pi}{\Lambda}, \quad m = 0, \pm 1, \pm 2, \cdots
\tag{11.5.2}
$$

式中 k 为介质中的光波矢量的大小,

$$
k = \frac{2\pi}{\lambda} = n\frac{2\pi}{\lambda_0},
\tag{11.5.3}
$$

式中 λ_0 和 λ 分别为真空中和介质中的光波波长，n 为折射率. (11.5.2)式表明衍射光波矢量和入射光波矢量在 z 轴上的分量的差恰等于声波波矢量的整倍数.

当声波满足条件

$$2k \sin \theta_{\mathrm{B}} = K = \frac{2\pi}{\Lambda} \tag{11.5.4}$$

时，出现共振现象：全部(或大部)衍射能量都集中在 1 级衍射波中，上式可写成

$$\theta_{\mathrm{B}} = \arcsin \frac{K}{2k} = \arcsin \frac{\lambda_0}{2n\Lambda} = \arcsin \left(\frac{\lambda_0 \nu_a}{2n V} \right), \tag{11.5.5}$$

式中 V 和 ν_a 分别为声波速度和频率. (11.5.4)式和(11.5.5)式称布拉格(Bragg)条件，满足此条件的衍射称布拉格衍射，θ_{B} 称布拉格角. 由于声波波长远大于光波波长，布拉格角一般很小.

当考虑光栅的运动速度 V 时，就产生了多普勒(Doppler)效应：设 $\boldsymbol{k}_\mathrm{i}$ 为入射光波矢量，$\boldsymbol{k}_\mathrm{d}$ 为衍射光波矢量，$\boldsymbol{V}$ 为声速度矢量，则衍射光的频率将发生变化，称多普勒频移(Doppler phase shift)，记为 ν_D 或 ω_D，且有

$$\omega_\mathrm{D} = (\boldsymbol{k}_\mathrm{d} - \boldsymbol{k}_\mathrm{i}) \cdot \boldsymbol{V}, \tag{11.5.6}$$

或

$$\nu_\mathrm{D} = \frac{1}{2\pi} (\boldsymbol{k}_\mathrm{d} - \boldsymbol{k}_\mathrm{i}) \cdot \boldsymbol{V}, \tag{11.5.7}$$

并有

$$\omega_\mathrm{D} = 2kV \sin \theta = \frac{4\pi V \sin \theta}{\lambda}, \tag{11.5.8}$$

$$\nu_\mathrm{D} = \frac{2V \sin \theta}{\lambda}, \tag{11.5.9}$$

将上节(11.4.13)式、本节(11.5.4)式代入(11.5.8)式，并考虑到速度 V 的正反方向得到

$$\omega_\mathrm{D} = \pm \Omega. \tag{11.5.10}$$

11.5.2 用耦合模方程求解声光介质的波动方程

以上我们从运动学的角度研究了布拉格衍射现象，把载有声波的介质看成是

体光栅,从而导出衍射光的衍射角和频移表达式.在实际应用中,除需确定衍射光方向外,还需要确定入射光和衍射光的能量交换,就必须求解波动方程.

我们仍假定声波为沿 z 方向传播的无限扩展的平面波,波矢量 $K = 2\pi/\Lambda$, Λ 为声波的波长,入射光和衍射光度在 xz 平面内,问题与坐标 y 无关.声波为行波,在介质中引起了周期性的运动微扰:

$$\varepsilon(x, z, t) = \bar{\varepsilon}(x) + \Delta\varepsilon(x, z, t) = \bar{\varepsilon}(x) + \Delta\varepsilon_0 \cos(\Omega t - Kz),$$

(11.5.11)

其中 $\bar{\varepsilon}(x)$ 为无微扰的介电张量, $\Delta\varepsilon$ 为声波引起的周期性的运动微扰,它不但是空间的周期函数,并且为时间的周期函数.由上节(11.4.3)式,周期性的运动微扰引起的逆介电张量的改变量为

$$\Delta\eta_{ij} = \Delta\left(\frac{\varepsilon_0}{\varepsilon}\right) = \sum_{k, l} p_{ijkl} S_{kl} \cos(\Omega t - kz).$$

(11.5.12)

存在微扰时波动方程的近似解可以用无微扰零级本征函数展开,并运用常数变易法,得到

$$E(x, z, t) = \sum_m A_m(x, z) E_m(x, z, t),$$

(11.5.13)

式中 E_m 为不存在微扰情况下的场,即零级本征函数,又称传导模,简称导模,满足方程:

$$(\nabla^2 + \omega^2 \mu_0 \varepsilon) E_m = 0.$$

(11.5.14)

我们假定介质的线度充分大,边界的影响可以忽略,因而 E_m 可近似表示为在该区域内扩展的平面波:

$$E_m(x, z, t) = E_m^{(0)} \exp[j(\omega_m t - k_m \cdot r)].$$

(11.5.15)

(11.5.13)式和(11.5.15)式表明,由于周期性时－空微扰的存在,不仅展开式的系数 A_m 变为函数,本征模的频率也将由单一化的频率变为一系列分离的频率构成的频带,衍射光的能量将在这一系列谱项中重新分布.将(11.5.13)式代入微扰情况下的波动方程:

$$[\nabla^2 + \omega^2 \mu_0 (\bar{\varepsilon} + \Delta\varepsilon)] E = 0,$$

(11.5.16)

并运用(11.5.14)式的结果,得到

$$\sum_m \left[\left(\frac{\partial^2}{\partial x^2} + \frac{\partial^2}{\partial z^2} - 2\mathrm{j}\alpha_m \frac{\partial}{\partial x} - 2\mathrm{j}\beta_m \frac{\partial}{\partial z} \right) A_m \boldsymbol{E}_m + \omega^2 \mu_0 \Delta\varepsilon A_m \boldsymbol{E}_m \right] = 0.$$

$$(11.5.17)$$

式中 α_m 和 β_m 为波矢量在 x 方向和 z 方向的分量. 由于 $\Omega \ll \omega$, 在光波通过声光器件的过程中, 体光栅近似为稳定的, 所以在推导过程中, 我们略去了方程中与 Ω 有关的项. 又因为声光效应本来就很微弱, 上式中的二阶微分可以忽略, 得到耦合模方程:

$$2\mathrm{j}\sum_m \left(\alpha_m \frac{\partial}{\partial x} + \beta_m \frac{\partial}{\partial z} \right) A_m \boldsymbol{E}_m = \omega^2 \mu_0 \sum_m \Delta\varepsilon A_m \boldsymbol{E}_m, \qquad (11.5.18)$$

求解上面的方程, 就可以得到 (11.5.13) 式中的系数 A_m. 我们限于考虑两种最常见的情形: 小角度布拉格衍射和大角度布拉格衍射, 参见图 11.6. 在这两种情形下, 二维的偏微分方程都可以化作一维的常微分方程.

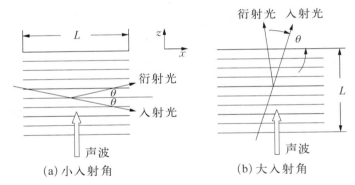

图 11.6　布拉格衍射

11.5.3　小角度布拉格衍射情况下的耦合模方程

在小角度布拉格衍射的问题中, 我们假定声波沿 z 方向传播, 并在一个充分大的区域 $(-Z/2, Z/2)$ 内扩展为平面波, 衍射角 θ 很小, 入射光和衍射光都近似沿 x 轴传播. 由于声光介质的横向尺寸 L 充分大, 光波和声波互相作用的距离足够长, 声光相互作用很充分, 接近共振, 近似只有一级衍射波存在, 我们限于考虑入射波和一级衍射波的耦合, 也就是两个模间的耦合. 多级别衍射同时存在的情况将在下一节中讨论.

在上述近似下, (11.5.13) 式中只有两项:

$$E(r, t) \approx A_1(x)E_1(r, t) + A_2(x)E_2(r, t)$$
$$= A_1(x)E_1^{(0)}\exp[j(\omega_1 t - k_1 \cdot r)]$$
$$+ A_2(x)E_2^{(0)}\exp[j(\omega_2 t - k_2 \cdot r)], \qquad (11.5.19)$$

下标 1 和 2 分别代表入射和衍射波，$E_m^{(0)}$ 可以按下面的公式归一化：

$$E_m^{(0)} = \sqrt{N_m}e_m = \left(\frac{2\omega\mu_0}{\alpha_m}\right)^{1/2} e_m, \quad m = 1, 2, \qquad (11.5.20)$$

其中 e_m 为偏振方向的单位矢量，N_m 为归一化常数. 介质中的周期性的运动微扰 (11.5.11)式可表示为：

$$\Delta\varepsilon(x, z) = \frac{\Delta\varepsilon_0}{2}\{\exp[j(\Omega t - Kz)] + \exp[-j(\Omega t - Kz)]\}. \qquad (11.5.21)$$

在小角度布拉格衍射的情况下，A_m 近似为 x 的函数，以(11.5.19)式代入耦合模方程(11.5.18)式，得到：

$$2j\alpha_1\frac{dA_1}{dx}E_1 + 2j\alpha_2\frac{dA_2}{dx}E_2$$
$$= \omega^2\mu_0\Delta\varepsilon(A_1E_1 + A_2E_2)$$
$$= \frac{\omega^2\mu_0\Delta\varepsilon_0}{2}\{\exp[j(\Omega t - Kz)] + \exp[-j(\Omega t - Kz)]\}(A_1E_1 + A_2E_2), \qquad (11.5.22)$$

以 E_s^* $(s = 1, 2)$ 依次点乘上式，并且在一个充分大的空间和时间区域$(-Z/2, Z/2; -T/2, T/2)$内对 z, t 积分，得到标准的耦合模方程：

$$\left.\begin{array}{l}\dfrac{dA_1(x)}{dx} = -j\kappa A_2\exp(j\Delta\alpha \cdot x), \\[2mm] \dfrac{dA_2(x)}{dx} = -j\kappa^* A_1\exp(-j\Delta\alpha \cdot x).\end{array}\right\} \qquad (11.5.23)$$

其中 $\Delta\alpha = \alpha_2 - \alpha_1$，耦合系数

$$\kappa = \frac{\omega^2\mu_0}{4\sqrt{\alpha_1\alpha_2}}(e_1^* \cdot \Delta\varepsilon_0 e_2), \qquad (11.5.24)$$

式中 $\Delta\varepsilon_0$ 为介电张量的改变量. 在推导过程中，用到 δ 函数的极限形式的表达式：

$$\lim_{Z \sim \infty} \frac{1}{Z} \int_{-Z/2}^{Z/2} \exp\{-\mathrm{j}[K \pm (\beta_s - \beta_m)]z\}\mathrm{d}z$$

$$= \lim_{Z_0 \sim \infty} \mathrm{sinc}\left\{\frac{[K \pm (\beta_s - \beta_m)]Z}{2\pi}\right\} = \delta[K \pm (\beta_s - \beta_m)],$$

$$\lim_{Z \sim \infty} \frac{1}{T} \int_{-T/2}^{T/2} \exp\{\mathrm{j}[\Omega \pm (\omega_s - \omega_m)]t\}\mathrm{d}z$$

$$= \lim_{Z_0 \sim \infty} \mathrm{sinc}\left\{\frac{[\Omega \pm (\omega_s - \omega_m)]T}{2\pi}\right\} = \delta[\Omega \pm (\omega_s - \omega_m)],$$

$$m, s = 1, 2.$$

(11.5.25)

上式要求能量守恒和动量守恒条件同时满足:

$$\omega_2 = \omega_1 + \Omega, \quad \beta_2 = \beta_1 + K, \tag{11.5.26}$$

或

$$\omega_2 = \omega_1 - \Omega, \quad \beta_2 = \beta_1 - K, \tag{11.5.27}$$

由于 x 方向的动量没有变化,动量守恒条件还可以进一步表示为

$$\mathbf{k}_2 = \mathbf{k}_1 + \mathbf{K}, \quad \mathbf{k}_2 = \mathbf{k}_1 - \mathbf{K}, \tag{11.5.28}$$

11.5.4 各向同性介质耦合波方程的近似解

下面我们在各向同性介质的情况下求解耦合波方程,仍假定为小角度的布拉格衍射.能量守恒和动量守恒条件布拉格衍射条件(11.5.27)、(11.5.28)式变成:

$$k_1 = -k_2 = -\frac{1}{2}K = -k \sin\theta_{\mathrm{B}}, \tag{11.5.29}$$

$$k_1 = -k_2 = \frac{1}{2}K = k \sin\theta_{\mathrm{B}}, \tag{11.5.30}$$

布拉格角

$$\theta_{\mathrm{B}} = \arcsin\left(\frac{K}{2k}\right) = \arcsin\left(\frac{\lambda}{2\Lambda}\right), \tag{11.5.31}$$

式中 Λ 为介质中的声波波长,λ 为介质中的光波波长.在此情况下 $\Delta\alpha = 0$,即在 x 方向上不存在动量失配,波矢量 $\mathbf{k}$ 在 x 方向上的分量大小相同,动量守恒条件由(11.5.27)式及(11.5.28)式表示,参见图 11.7.从而耦合模方程化为

$$
\left.\begin{array}{l}
\dfrac{\mathrm{d}A_1(x)}{\mathrm{d}x} = -\mathrm{j}\kappa A_2, \\[3mm]
\dfrac{\mathrm{d}A_2(x)}{\mathrm{d}x} = -\mathrm{j}\kappa^* A_1.
\end{array}\right\} \tag{11.5.32}
$$

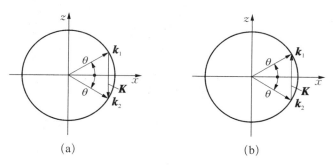

图 11.7 动量守恒条件

(a) $\boldsymbol{k}_2 = \boldsymbol{k}_1 + \boldsymbol{K}$；(b) $\boldsymbol{k}_2 = \boldsymbol{k}_1 - \boldsymbol{K}$
下标 1 和 2 分别代表入射波和衍射波

上式的解为

$$
\left.\begin{array}{l}
A_1(x) = A_1(0)\cos(\kappa x) - \mathrm{j}\dfrac{\kappa}{|\kappa|}A_2(0)\sin(\kappa x), \\[3mm]
A_2(x) = A_2(0)\cos(\kappa x) - \mathrm{j}\dfrac{\kappa}{|\kappa|}A_1(0)\sin(\kappa x).
\end{array}\right\} \tag{11.5.33}
$$

设在入射端 $x = 0$ 只有入射波而没有反射波,则

$$
\left.\begin{array}{l}
A_1(x) = A_1(0)\cos(\kappa x), \quad |A_1(x)|^2 = |A_1(0)|^2\left[\dfrac{1}{2} + \dfrac{1}{2}\cos(2\kappa x)\right], \\[3mm]
A_2(x) = -\mathrm{j}\dfrac{\kappa}{|\kappa|}A_1(0)\sin(\kappa x), \quad |A_2(x)|^2 = |A_1(0)|^2\left[\dfrac{1}{2} - \dfrac{1}{2}\cos(2\kappa x)\right].
\end{array}\right\} \tag{11.5.34}
$$

并且有

$$
|A_1(x)|^2 + |A_2(x)|^2 = |A_1(0)|^2, \tag{11.5.35}
$$

表明两个模的总功率守恒,在 $x = (2m+1)\pi/2$, $m = 0, 1, 2, \cdots$ 处入射波的能量全部反馈给衍射波,而在 $x = m\pi$, $m = 0, 1, 2, \cdots$ 处,衍射波的能量又全部回授给入射波,参见图 11.8.

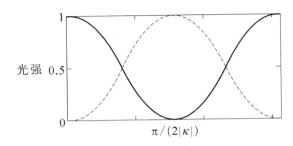

图 11.8 入射波(实线)和衍射波 (虚线)间的能量交换

在距离为 L 处,衍射波的能量和输入端入射波的能量的比

$$\frac{I_d}{I_i} = \frac{|A_2(L)|}{|A_1(0)|} = \sin^2(\kappa L),\qquad(11.5.36)$$

11.5.5　大角度布拉格衍射

现在让我们来考虑另一类常见的声光相互作用:大角度布拉格衍射,参见图 11.6(b).此时声波沿 z 方向传播,光波近似沿 z 方向传播,介质在 x 和 y 方向上都是均匀的,波矢量在 x 和 y 方向上的分量 $\alpha_x = \alpha_y = \alpha$,由(11.5.19)式,介质中的场应改写为

$$\begin{aligned}\boldsymbol{E}(z,t)&\approx A_1(z)\boldsymbol{E}_1(z,t)+A_2(z)\boldsymbol{E}_2(z,t)\\&=\{A_1(z)\boldsymbol{E}_1^{(0)}\exp[\mathrm{j}(\omega_1 t-\beta_1 z)]\\&\quad+A_2(z)\boldsymbol{E}_2^{(0)}\exp[\mathrm{j}(\omega_2 t-\beta_2 z)]\}\times\mathrm{e}^{-\mathrm{j}\alpha x},\qquad(11.5.37)\end{aligned}$$

归一化条件成为

$$\boldsymbol{E}_m^{(0)}=\sqrt{N_m}\boldsymbol{e}_m=\left(\frac{2\omega\mu_0}{|\beta_m|}\right)^{1/2}\boldsymbol{e}_m,\quad m=1,2,\qquad(11.5.38)$$

β 为传播常数,也即是波矢量在 z 方向的分量.

在大角度布拉格衍射情况下,光波沿 z 轴传播,与声波的传播方向一致(或相反),仿照小角度布拉格衍射的处理,略去(11.5.17)式中的二阶微分和对于 x 的微分,得到大角度布拉格衍射耦合模方程:

$$\frac{\mathrm{d}A_1(z)}{\mathrm{d}z} = -\,\mathrm{j}\,\frac{|\beta_1|}{\beta_1}\kappa A_2(z)\mathrm{e}^{\mathrm{j}\Delta\beta z}\,,$$
$$\frac{\mathrm{d}A_2(z)}{\mathrm{d}z} = -\,\mathrm{j}\,\frac{|\beta_2|}{\beta_2}\kappa^{*} A_1(z)\mathrm{e}^{-\mathrm{j}\Delta\beta z}\,,$$

(11.5.39)

其中

$$\Delta\beta = \beta_1 - \beta_2 \pm K\,,$$
$$\kappa = \frac{\omega^2\mu}{4\sqrt{|\beta_1\beta_2|}}(\boldsymbol{e}_1^{*}\cdot\Delta\varepsilon_0\boldsymbol{e}_2)\,,$$

(11.5.40)

上式中第一式为布拉格条件的一般表达式,其中下标 1 代表入射波,下标 2 代表衍射波;第二式为耦合系数 κ 的表达式.

(11.5.40)式还可以表示为

$$\Delta\beta = k_1 - k_2 - \frac{2\pi}{\Lambda} = 2\Big(\bar{n}\frac{2\pi}{\lambda_0}\Big) - \frac{2\pi}{\Lambda} = \frac{2\bar{n}}{c}(\omega - \omega_\mathrm{B}) = 0\,,$$

(11.5.41)

即

$$\Lambda = \frac{\lambda_0}{2\bar{n}}\,.$$

(11.5.42)

式中 $\bar{n}$ 为平均折射率,式中

$$\omega_\mathrm{B} = \frac{\pi c}{\bar{n}\Lambda}\,,$$

(11.5.43)

称为布拉格频率.

让我们来考虑衍射波和入射波方向接近相同,沿 z 轴传播的特殊情况,此时 β_1,$\beta_2 > 0$,耦合模方程变为

$$\frac{\mathrm{d}A_1(z)}{\mathrm{d}z} = -\,\mathrm{j}\kappa A_2(z)\mathrm{e}^{\mathrm{j}\Delta\beta z}\,,$$
$$\frac{\mathrm{d}A_2(z)}{\mathrm{d}z} = -\,\mathrm{j}\kappa^{*} A_1(z)\mathrm{e}^{-\mathrm{j}\Delta\beta z}\,.$$

(11.5.44)

在边界条件 $A_2(0) = 0$ 下我们得到:

$$A_1(z) = \mathrm{e}^{\mathrm{j}(\Delta\beta/2)z}A_1(0)\Big\{\Big[\cos(qz) - \mathrm{j}\frac{\Delta\beta/2}{q}\sin(qz)\Big]\Big\}\,,$$
$$A_2(z) = -\,\mathrm{j}\mathrm{e}^{-\mathrm{j}(\Delta\beta/2)z}A_1(0)\frac{\kappa^{*}}{q}\sin(qz)\,,$$

(11.5.45)

式中

$$q^2 = |\kappa|^2 + (\Delta\beta/2)^2. \tag{11.5.46}$$

光波传播到 z 处两个本征模间的耦合率为

$$\eta = \frac{|\kappa|^2}{|\kappa|^2 + (\Delta\beta/2)^2}\sin^2(qz) = \frac{\sin^2(\kappa z\sqrt{1 + (\Delta\beta/2\kappa)^2})}{1 + (\Delta\beta/2\kappa)^2}. \tag{11.5.47}$$

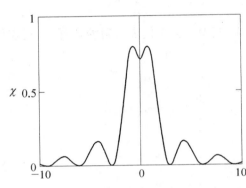

图 11.9　声光滤波器的透过率曲线
$(\kappa L = 1)$

设声光介质的长度为 L,则在射出介质后衍射波与入射波的强度比(衍射效率)

$$\chi = \left|\frac{A_2(L)}{A_1(0)}\right|^2 = \frac{|\kappa|^2\sin^2(qL)}{|\kappa|^2 + (\beta/2)^2}. \tag{11.5.48}$$

上式相当于声光滤波器的透过率曲线,表现出强烈的波长选择性,式中的 $\Delta\beta$ 可以由声波的频率加以调节,见(11.5.41)式,曲线形状强烈地依赖于耦合系数 κ. 图 11.9 给出当 $\kappa L = 1$ 时声光滤波器的透过率曲线.

声光器件广泛运用于调制、开关、滤波、激光调 Q、锁模和信号处理,在光通信中也有广泛的应用.

参考文献:

[1] Yariv A,Yeh P. Optical Waves in Crystals[M]. New York:John Wiley & Sons,1984.

[2] Chuang S L. Physics of Optoelectronic Devices[M]. New York:John Wiley & Sons,1995.

[3] Landau L D,Lifshitz E M. Electrodynamics of Continuous Media[M]. 2nd ed. New York:Pergamon,1984.中译本:朗道,栗夫席兹.连续媒质电动力学[M].周奇译.北京:人民教育出版社,1963.

[4] Ghatek A,Thyagarajan K. Optical Electronics[M]. New York:Cambridge Univ. Press.,1989.

第 12 章 导 波 光 学

12.1 引　　言

从 20 世纪 70 年代起,在电子领域中发生了一场革命:集成电路(IC)开始代替分立元件.20 多年来,集成电路飞速发展,迅速地跨过小规模、中规模集成电路的阶段,进入大规模(LIC)和超大规模集成电路(VIC)时代.与常规分立元件电路相比,集成电路具有集成度高、稳定可靠、价格低廉等特点.此外,从物理学的角度来看,集成电路本身是一个"黑匣子".尽管内部结构极为复杂,相当于大量分立元器件,但用户并不关心它的内部结构,而只关心它的输出和输入的关系,即输出信号对输入信号的响应.

在集成电路和电磁波导的启示下,出现了"集成光路"(OIC:optical integrated circuit).从发展初期开始,集成光路就兼有常规光学和电子学的功能,表明它是近代光学和微电子学相互渗透的成果,是光子功能与电子功能融合一体的光电子集成模块,光波在光子集成回路中按不同的要求实现变换,而器件的运行又离不开电子回路的支撑和测控,有的集成光路就是光电转换的接口.与常规光学元件相比,它们具有集成化、稳定可靠、抗干扰性,对环境温、湿度不敏感等特点,它们也是黑匣子,用户可不必关心其内部细节,而只需了解输出对输入的响应.集成光路必须把光学器件和电子器件同时集成在模块上,因而在制造工艺上困难比集成电路大得多.图 12.1 为硅基光电子集成回路内部结构示意图.

集成光路的底层器件为"导波光学器件",又称光波导(optical waveguide),它模拟电磁波在电磁波导中的行为,在硅、LiNbO$_3$、InP 等衬底上运用集成电路方法制成各种功能的光波导器件,包括定向耦合器、调制器、光开关、光运算器、光路由器、光互连器、布拉格波导光栅、光波导型马赫 - 曾德尔干涉仪等.与集成电路相类比,光波导应相当于"器件"级,它本身可独立运用,同时又为集成度更高的集成光路模块提供了进一步集成的平台.

在光波导从实验室走向实用阶段的同时,人们又开始研究光波在光纤中的传播,发明了光纤通信.光波虽然也是电磁波,但长期以来,光波只能在空气中直线传播,通过反射镜、棱镜等实现光路的转折,光能、光信息的输送只能在短距离实现.大气中的光通信受到障碍物、气候的影响,传播距离较短,应用的范围有限.光能、光信息的输送是一个长期困扰科学家和工程师的难题,直到发明光纤,随着光在光纤中传输的损耗降到足够低,长距离甚至超长距离传输光信息才得以最终实现.光纤传输光信号类似于铜芯(或铝芯)电缆传输电信号,与后者不同之处在于:光纤传输不受外界电磁场的干扰,性能稳定,不会生锈变质,具有非常大的带宽;光缆的长度可达到几十公里甚至更长,洲际和海底光缆总长度达到数千、上万公里,真正起到了"导波"的作用;光纤的容量极大,而制造、铺设光缆的费用相对较低,近年来发展非常快,可以说光纤和光通信的出现成为光学发展历史上的重要里程碑.

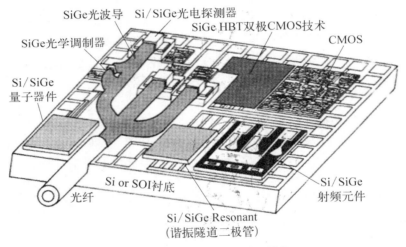

图 12.1 Si 基光电子集成回路[1]

通常认为光波在光纤和其他导波光学器件中的传播属于两个不同的研究领域,但它们的理论基础相同,即导波光学,它是光电子学的一个新的分支.它以光的电磁理论为基础,研究光波在光波导中的传播、耦合、色散、衍射和偏振等效应,是各种光波导器件及光纤的理论基础.

在本章中我们重点讲述导波光学,首先从一种最简单的而又最基本的光波导——平面形光波导——入手,来研究光波在光波导中传播的普遍物理规律,然后

---

① 余金中,半导体光电子技术,化学工业出版社,2003.

讨论矩形光波导;在 12.5 节运用耦合模方法研究波导间("模"间)的相互作用;在 12.6,12.7 节中介绍光波在光纤中传播的规律,在最后一节 12.8 节求解折射率渐变波导.

12.2　光线光学近似和全反射相移修正

我们首先从一种最简单的而又最基本的光波导——平面形光波导(planar waveguide,又称平板波导 slab waveguide)——入手,来研究光波在光波导中传播的普遍规律.平面形光波导如图 12.2(a)所示,它由三层均匀、各向同性的无限扩展的绝缘介质构成.为简单起见,设上层(cladding,包层)和下层(substrate,衬底)折射率均为 n_2,中间一层为波导的芯区,又称薄膜,折射率为 n_1,$n_1 > n_2$,坐标轴的设置如图 12.2(a)所示,芯区的厚度为 $2a$.从几何光学的角度来看,在芯区内传播的光线在介质的分界面上发生全反射,沿着一条折线向前传播,如图 12.2(b)所示.

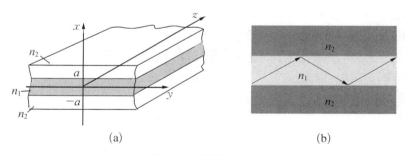

图 12.2　平面形波导

(a) 平面形波导,z 为光波传播方向;(b) 光线在波导中的传播

12.2.1　光线光学近似

正如上节开头所言,从几何光学的角度来看,在芯区内,光线沿着一条折线传播(图 12.2),并在两个介质的分界面上发生全反射.波矢量的分量表达式的关系为

$$k_x^2 + k_z^2 = k_1^2 = (n_1 k_0)^2, \tag{12.2.1}$$

k_x 的取值可正可负,分别表示入射和反射波.上式可改写为

$$U^2 + Z^2 = R^2,\qquad(12.2.2)$$

式中 $U = k_x a$,$Z = k_z a$,$R = k_1 a = n_1 k_0 a$.上式表示 $U\text{-}Z$ 平面上以 R 为半径的圆(图 12.3),在波导中传输的波应位于圆上.

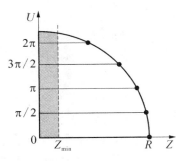

图 12.3 传导模(图中以圆点●代表)

全反射的临界条件为

$$n_1 \sin\theta \geqslant n_2,\qquad(12.2.3)$$

式中 θ 表示矢量 k_x 和 k_1 的夹角,由(12.2.3)式得

$$n_1 \frac{k_z}{k_1} = \frac{k_z}{k_0} \geqslant n_2,\qquad(12.2.4)$$

从而导出 Z 的极小值为

$$Z_{\min} = n_2 k_0 a,\qquad(12.2.5)$$

所以有

$$Z \in [n_2 k_0 a, n_1 k_0 a].\qquad(12.2.6)$$

下面,我们加入波动光学的要求,以导出 U 的量子化条件.参见图 12.4,考察在芯区内沿折线 $ABCD\cdots$ 传播的波.由 C 点反射的波,其阵面 Σ 与 CD 垂直,从而也和 AB 垂直,交 AB 于 E.能够在波导中导行的波,必须满足相干条件.由于 C 和 E 在同一波阵面 Σ 上,从而光波从 A 传播到 C 时的相位,应当与从 A 直接传播到 E 的相位一致,这相当于要求它们的路程差为波长的整倍数

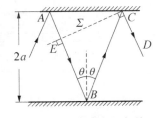

图 12.4 波动方程条件

$$\overline{ABC} - \overline{AE} = m_\lambda,\qquad(12.2.7)$$

上式可表示为

$$2 \times 2a \cos\theta = 4\cos\theta = m_\lambda,\ m = 0, \pm 1, \pm 2, \cdots, \pm M.\qquad(12.2.8)$$

由图 12.5,$\cos\theta = k_x/k_1$,代入上式得 U_m 的量子化条件

$$U_m = k_{xm}a = \frac{m\pi}{2}\quad(m = 0, \pm 1, \pm 2, \cdots),\qquad(12.2.9)$$

除 $m = 0$ 以外,对应于 U_m 的 k_{xm} 值都是二重简并的,相当于入射波和反射波,参见图 12.5.

m 的极大值 M 由 U_m 的极大值 R 决定,

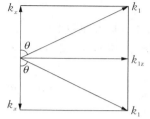

$$\left.\begin{aligned} M\,\frac{\pi}{2} &= [R] = [n_1 k_0 a] = \left[n_1\,\frac{2\pi}{\lambda_0}a \right], \\ M &= \left[n_1\,\frac{4a}{\lambda_0} \right], \end{aligned}\right\} \qquad (12.2.10)$$

图 12.5 波矢量的分量关系

式中 $[\ ]$ 表示取整数.传播常数 $\beta = k_z$ 的量子化条件则为

$$\beta_m = k_{zm} = \left[(n_1 k_0)^2 - \left(\frac{m\pi}{2a}\right)^2 \right]^{1/2}$$

$$= (n_1 k_0)\left[1 - \left(\frac{m\pi}{2n_1 k_0 a}\right)^2 \right]^{1/2}, \qquad (12.2.11)$$

由(12.2.9)式可知,U_m 为图 12.3 上的一系列与 z 轴平行的等间距直线,间距为 $\pi/2$,它们与圆的交点代表可能在波导中传输的模式.

12.2.2　全反射相移修正

从光线光学的角度来看,光线在上下界面发生全反射,仅仅是改变了光线方向.从波动光学的角度来看,全反射是一个发生在两种介质分界面近旁的复杂的物理现象,除了等相面的传播方向发生变化(反射)外,至少还发生相位的延迟.根据菲涅耳公式(Fresnel formula),在上界面 TE 分量和 TM 分量的复振幅反射率分别为

$$r_s = \frac{n_1 \cos\theta - \sqrt{n_2^2 - n_1^2 \sin^2\theta}}{n_1 \cos\theta + \sqrt{n_2^2 - n_1^2 \sin^2\theta}} \qquad (12.2.12)$$

和

$$r_p = \frac{n_2^2 \cos\theta - n_1\sqrt{n_2^2 - n_1^2 \sin^2\theta}}{n_2^2 \cos\theta + n_1\sqrt{n_2^2 - n_1^2 \sin^2\theta}}, \qquad (12.2.13)$$

我们用 s 和 p 分别代表 TE 和 TM 分量.当入射角大于全反射条件定义的临界角

$$\theta = \arcsin(n_2/n_1) \qquad (12.2.14)$$

时,由(12.2.12)式和(12.2.13)式定义的反射率变为复数,由下式表示:

$$r = \exp(\mathrm{j}2\phi),\qquad(12.2.15)$$

对于 TE 分量,由关系式 $k_x = k_1 \cos\theta = k_0 n_1 \cos\theta$ 和 $k_z = \beta = k_1 \sin\theta = k_0 n_1 \sin\theta$(参见图 12.5),容易算出上界面的相移为

$$\phi' = -\arctan\left(\frac{\sqrt{n_1^2\sin^2\theta - n_2^2}}{n_1\cos\theta}\right) = -\arctan\left(\frac{\sqrt{\beta^2 - k_0^2 n_2^2}}{k_0 n_1 \cos\theta}\right)$$

$$= -\arctan\left(\frac{W/a}{U/a}\right) = -\arctan\left(\frac{W}{U}\right),\qquad(12.2.16)$$

其中

$$W = \sqrt{n_1^2\sin^2\theta - n_2^2}\,a.\qquad(12.2.17)$$

对于对称波导,下界面的相移同样为

$$\phi'' = -\arctan\left(\frac{W}{U}\right) = \phi'.\qquad(12.2.18)$$

考虑到全反射的相移,(12.2.8)式应改写为

$$4k_0 n_1 a \cos\theta + 2\phi' + 2\phi'' = 2m\pi,\quad m = 0, \pm 1, \pm 2, \cdots, \pm M.\qquad(12.2.19)$$

由于 $U = k_1 a \cos\theta = k_0 n_1 a \cos\theta$,上式可改写为

$$U = -\frac{1}{2}\phi' - \frac{1}{2}\phi'' + \frac{1}{2}m\pi = \arctan\left(\frac{W}{U}\right) + \frac{1}{2}m\pi,\qquad(12.2.20)$$

$$m = 0, \pm 1, \pm 2, \cdots, \pm M,$$

即下一节(12.3.23)式,TM 分量的结果也可类似推出.考虑全反射相移修正后几何光学的结果与波动光学的结果一致.

12.3 平面光波导的电磁理论

12.3.1 平面形光波导中的定态光波

我们限于讨论频率一定的光波,这是一种稳恒地持续存在的电磁波状态,称为

定态,其电场和磁场强度可表示为

$$\left.\begin{array}{l} \boldsymbol{E} = \boldsymbol{E}(x, y, z)\exp(\mathrm{j}\omega t), \\ \boldsymbol{H} = \boldsymbol{H}(x, y, z)\exp(\mathrm{j}\omega t), \end{array}\right\} \tag{12.3.1}$$

在定态的情形下,各向同性绝缘介质中的麦克斯韦方程化为

$$\left.\begin{array}{l} \nabla \cdot \boldsymbol{E} = 0, \\ \nabla \times \boldsymbol{E} = - \mathrm{j}\omega\mu_0 \boldsymbol{H}, \\ \nabla \cdot \boldsymbol{H} = 0, \\ \nabla \times \boldsymbol{H} = \mathrm{j}\omega\varepsilon_0 n^2 \boldsymbol{E}, \end{array}\right\} \tag{12.3.2}$$

其中 ε_0, μ_0 分别为真空中的介电常数和磁导率,n 为折射率.

设沿 z 方向传播的波具有如下形式:

$$\left.\begin{array}{l} \boldsymbol{E} = \boldsymbol{E}(x, y)\exp[\mathrm{j}(\omega t - \beta z)], \\ \boldsymbol{H} = \boldsymbol{H}(x, y)\exp[\mathrm{j}(\omega t - \beta z)], \end{array}\right\} \tag{12.3.3}$$

式中 β 为波矢量在 z 方向的分量,即 k_z,习惯上称为传播常数.

将(12.3.3)式代入(12.3.2)式,得到电磁场的分量满足的方程:

$$\left.\begin{array}{l} \dfrac{\partial E_z}{\partial y} + \mathrm{j}\beta E_y = - \mathrm{j}\omega\mu_0 H_x, \\[2mm] - \mathrm{j}\beta E_x - \dfrac{\partial E_z}{\partial x} = - \mathrm{j}\omega\mu_0 H_y, \\[2mm] \dfrac{\partial E_y}{\partial x} - \dfrac{\partial E_x}{\partial y} = - \mathrm{j}\omega\mu_0 H_z, \end{array}\right\} \tag{12.3.4}$$

以及

$$\left.\begin{array}{l} \dfrac{\partial H_z}{\partial y} + \mathrm{j}\beta H_y = \mathrm{j}\omega\varepsilon_0 n^2 E_x, \\[2mm] - \mathrm{j}\beta H_x - \dfrac{\partial H_z}{\partial x} = \mathrm{j}\omega\varepsilon_0 n^2 E_y, \\[2mm] \dfrac{\partial H_y}{\partial x} - \dfrac{\partial H_x}{\partial y} = \mathrm{j}\omega\varepsilon_0 n^2 E_z. \end{array}\right\} \tag{12.3.5}$$

由于 $\boldsymbol{E}$ 和 $\boldsymbol{H}$ 的每一个特解都应满足方程,我们可以用分离变量法来求方程的一系列特解.在介质的分界面上,这些特解应满足如下条件:① 电场和磁场强度的切向分量连续;② 在 $|x|$ 趋于无穷时趋于零.上述条件又称为光波的导行条件.满

足导行条件时光波在芯区内传播,在芯区内光场的解具有正弦函数或余弦函数的形式,而在包层和衬底介质中光场的解具有指数衰解的形式,符合上述条件的本征函数称为"模",在芯区传播的波就称传导模.应注意,由于在 x 方向受到约束,(12.3.3)式所表示的不再是平面波.

在最简单的平面形波导的情况下,由于问题的对称性,可假设 E 和 H 均与 y 无关,亦即设

$$\frac{\partial E}{\partial y} = 0, \quad \frac{\partial H}{\partial y} = 0, \tag{12.3.6}$$

这样一来,电场强度和磁场强度的分量就只是 x 的函数.

下面我们来讨论两种特殊的情形,即 E_z 和 H_z 分别为零的情况.在前一情况下,电场强度垂直于传播方向,在 y 方向上偏振,磁场强度在传播方向上有不为零的分量,称为横电型波或 TE 波;在后一情况下,磁场强度垂直于传播方向,在 y 方向上偏振,电场强度在传播方向上有不为零的分量,称为横磁型波或 TM 波.我们首先讨论 TE 波的情况.当 $E_z = 0$ 时,将(12.3.6)式代入(12.3.4)式及(12.3.5)式得到

$$\left.\begin{array}{l} H_x = -\dfrac{\beta}{\omega\mu_0}E_y, \\[2mm] H_z = \dfrac{j}{\omega\mu_0}\dfrac{dE_y}{dx}, \\[2mm] E_x = E_z = H_y = 0. \end{array}\right\} \tag{12.3.7}$$

波动方程则化为亥姆霍兹方程

$$\frac{d^2 E_y}{dx^2} + \left[k_0^2 n(x)^2 - \beta^2\right]E_y = 0, \tag{12.3.8}$$

式中 k_0 为真空中波矢量的值,

$$k_0 = \frac{2\pi}{\lambda_0} = \frac{\omega}{c} = \omega\sqrt{\mu_0\varepsilon_0}. \tag{12.3.9}$$

其中 λ_0 为真空中的波长.由于电场矢量在 y 方向上偏振,因此波矢量仅有 x 及 z 分量,且有

$$k_x = \sqrt{(k_0 n)^2 - k_z^2} = \sqrt{(k_0 n)^2 - \beta^2}, \tag{12.3.10}$$

方程(12.3.8)式化为

$$\frac{d^2 E_y}{dx^2} + k_x^2 E_y = 0, \tag{12.3.11}$$

波动方程是电磁波在波导中传播的本征方程，k_x 或 β 则为相应的本征值. 在分层介质的界面上，场的切向分量还必须满足连续条件.

12.3.2　平面光波导中 TE 光波的解

在更一般的情况下，衬底(s)和包层(c)介质折射率不相等，$n_s \neq n_c$. 由于在芯区内传输的光波满足全反射条件，因此在包层及衬底内必须有

$$\sin\theta = \frac{k_z}{k_x} = \frac{\beta}{k_x} > 1, \tag{12.3.12}$$

此时 θ 为复数，由上式及(12.3.10)式可以看出 k_x 为纯虚数，设 $k_x = \kappa$，则有

$$k_x = \begin{cases} \kappa = \sqrt{(k_0 n_1)^2 - \beta^2}, & |x| < a \\ \mathrm{j}\sigma = \mathrm{j}\sqrt{\beta^2 - (k_0 n_c)^2}, & x > a \\ \mathrm{j}\tau = \mathrm{j}\sqrt{\beta^2 - (k_0 n_s)^2}, & x < -a \end{cases} \tag{12.3.13}$$

式中 σ，τ 为正实数. 将上式代入(12.3.11)式，得到包层内的方程

$$\left. \begin{aligned} \frac{\mathrm{d}^2 E_y}{\mathrm{d}x^2} - \sigma^2 E_y = 0, & \quad x > a \\ \frac{\mathrm{d}^2 E_y}{\mathrm{d}x^2} - \tau^2 E_y = 0. & \quad x < -a \end{aligned} \right\} \tag{12.3.14}$$

因此在三个区域内光波的表达式可设为

$$E_y(x) = \begin{cases} A\cos(\kappa a - \phi)\mathrm{e}^{-\sigma(x-a)}, & x > a \\ A\cos(\kappa x - \phi), & |x| \leqslant a \\ A\cos(\kappa a + \phi)\mathrm{e}^{\tau(x+a)}, & x < -a \end{cases} \tag{12.3.15}$$

我们看到在芯区波动为余弦波的形式，其波矢量的分量如图 12.6 所示. 在包层及衬底内的波是沿 z 方向传输，并随 $|x|$ 的增大而衰减的波，称隐失波，它的等相面与传输方向 z 轴垂直，等幅面与分界面平行，与等相面正交. 沿 x（或 $-x$）方向每前进 $1/\sigma$（或 $1/\tau$）的距离，振幅衰减 $1/e$，$1/\sigma$（或 $1/\tau$）称为衰减长度. 包层和衬底内的隐失波确保了芯区内的波动能传播到足够远. 式中 A 和 ϕ 仍需由能流和边界条件确定.

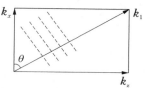

图 12.6　芯区波矢量的关系示意图

图中虚线为等相面

12.3.3　本征方程和传播常数的量子化

根据物理学的一般原理,被约束在有限范围内的电磁场也都只能存在于一系列分立的本征态中.在平面形波导的情况下,波动在 x 方向受到限制,该方向的空间频谱必然为分立谱.根据平面波的角谱原理,与 k_x 对应的方位角 θ 必然取分立值,角谱的分立值与空间频谱的分立值相对应,这意味着仅某些特定方向上的光波才可能在波导中传播.

在边界 $|x| = a$ 上,应满足 E 和 H 的切向分量连续的条件,即

$$n \times (E' - E'') = 0, \tag{12.3.16}$$

$$n \times (H' - H'') = 0, \tag{12.3.17}$$

式中 n 为边界面法线矢量,上标 $'$ 和 $''$ 分别代表边界两边的介质.首先考虑 TE 波.条件(12.3.16)式和(12.3.17)式要求 E_y 和 H_z 在边界上连续.我们看到(12.3.15)式自动满足 E_y 的连续条件.各区域内 H_z 的表达式为

$$H_z(x) = \begin{cases} -\dfrac{j\sigma}{\omega\mu_0} A \cos(k_x a - \phi) e^{-\sigma(x-a)}, & x > a \\[2mm] -\dfrac{jk_x}{\omega\mu_0} A \sin(k_x x - \phi), & |x| > a \\[2mm] \dfrac{j\tau}{\omega\mu_0} A \cos(k_x a + \phi) e^{\tau(x+a)}, & x < a \end{cases} \tag{12.3.18}$$

在边界上 H_z 的连续性要求

$$\left. \begin{array}{l} \kappa A \sin(k_x a + \phi) = \tau A \cos(\kappa a + \phi), \\ \kappa A \sin(k_x a - \phi) = \sigma A \cos(\kappa a - \phi). \end{array} \right\} \tag{12.3.19}$$

在推导中已用到透明介质不可磁化的假设, $\mu_1 = \mu_2 = \mu_0$.式中系数 A 不为 0 的条件为

$$\left. \begin{array}{l} \tan(k_x a + \phi) = \dfrac{\tau a}{\kappa a}, \\[2mm] \tan(k_x a - \phi) = \dfrac{\sigma a}{\kappa a}. \end{array} \right\} \tag{12.3.20}$$

方程式(12.3.26)称为平面形光波导的本征方程,这是一个超越方程.引入归一化的横向波数 U, W, W',

$$\left.\begin{array}{l} U = \kappa a = \left[\sqrt{(k_0 n_1)^2 - \beta^2}\right] \cdot a, \\[2mm] W' = \sigma a = \left[\sqrt{\beta^2 - (k_0 n_c)^2}\right] \cdot a, \\[2mm] W = \tau a = \left[\sqrt{\beta^2 - (k_0 n_s)^2}\right] \cdot a. \end{array}\right\} \tag{12.3.21}$$

(12.3.20)式可改写为

$$\left.\begin{array}{l} \tan(U + \phi) = \dfrac{W}{U}, \\[3mm] \tan(U - \phi) = \dfrac{W'}{U}, \end{array}\right\} \tag{12.3.22}$$

从中解出 U 和 ϕ:

$$\left.\begin{array}{l} U = \dfrac{1}{2}\arctan\dfrac{W}{U} + \dfrac{1}{2}\arctan\dfrac{W'}{U} + \dfrac{1}{2}m\pi, \\[3mm] \phi = \dfrac{1}{2}\arctan\dfrac{W}{U} - \dfrac{1}{2}\arctan\dfrac{W'}{U} + \dfrac{1}{2}m\pi. \end{array}\right\} \tag{12.3.23}$$

归一化频率定义为

$$V^2 = U^2 + W^2 = k_0^2 a^2 (n_1^2 - n_s^2). \tag{12.3.24}$$

在给定波长、波导参数后，V 是常数，与本征值 β 的取值无关.(12.3.24)式代表 U-W 平面上半径为 V 的圆,(12.3.23)第一式则代表该平面上一族类似正切函数的曲线,它们和圆的每一个交点(U_m, W_m)代表一个可能在波导中传播的模.由(12.3.21)式,波矢量的分量

$$\left.\begin{array}{l} \kappa_m = U_m/a = \sqrt{(k_0 n_1)^2 - \beta_m^2} \\[2mm] \beta_m = \sqrt{(k_0 n_1)^2 - (U_m/a)^2} \end{array}\right\} \quad (m = 0, 1, 2, \cdots, M - 1),$$

$$\tag{12.3.25}$$

公式(12.3.22)、(12.3.23)称为特征方程或导引条件,它显然是波矢量及其分量的量子化条件.它表明:在一个厚度为有限的光波导中,只能容许有限个分立的本征模在其中传播.(12.3.25)式则给出亥姆霍兹方程(12.3.8)的一系列分立的本征值.

对于对称型波导, $W = W'$, (12.3.23)式化为

$$\left.\begin{array}{l} U = \arctan\dfrac{W}{U} + \dfrac{1}{2}m\pi \\[3mm] \phi_m = \dfrac{1}{2}m\pi \end{array}\right\} \quad (m = 0, 1, 2, \cdots, M - 1) \tag{12.3.26}$$

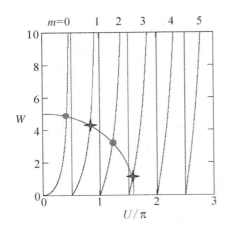

图 12.7　平面型波导的
$U-W$ 曲线，$V=5$

图中的圆弧表示曲线 $V=5$，
圆上的点●表示偶模，★表示奇模

m 取偶数和奇数时分别对应于偶模（even mode）和奇模（odd mode）.图 12.7 为对称型波导的 $U-W$ 曲线.由图可见,能在波导中传输的偶模的个数

$$M' = \left[\frac{V}{\pi}\right] + 1, \qquad (12.3.27)$$

符号[ ]表示取整数部分.TE 奇模的个数

$$M'' = \left[\frac{V}{\pi} - \frac{1}{2}\right] + 1. \qquad (12.3.28)$$

我们看到,当 V 增大时,偶模和奇模交替出现.

考虑到归一化的要求,(12.3.15)式可改写为

$$E_{ym}(X) = \begin{cases} \dfrac{\cos(U_m - \phi_m)}{\cos(U_m)\exp(-W'_m)}\mathrm{e}^{-W'_m X}, & X > 1 \\[2ex] \dfrac{\cos(U_m X - \phi_m)}{\cos(U_m)}, & |X| < 1 \\[2ex] \dfrac{\cos(U_m + \phi_m)}{\cos(U_m)\exp(-W_m)}\mathrm{e}^{-W_m X}, & X < -1 \end{cases} \qquad (12.3.29)$$

$$(m = 0, 1, \cdots, M-1)$$

其中 X 为归一化坐标:

$$X = \frac{x}{a}. \qquad (12.3.30)$$

(12.3.29)式保证 $X=1$（即 $x=a$）时满足归一化条件 $E_{y0}(1)=1$. 系数 A 显然应当由能流大小来确定. 在归一化条件下,电场强度 $\boldsymbol{E}$ 的分量完全确定了.磁场强度 $\boldsymbol{H}$ 的分量则由 (12.3.7)式给出.

让我们来考察基模——TE₀ 偶模.从图 12.8 可见,偶模的 U_0 值很接

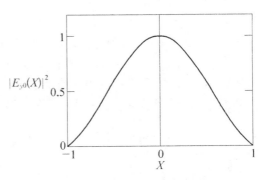

图 12.8　TE₀ 偶模

近 $\pi/2$，所以有

$$E_{y0}(X) = \frac{\cos\left(\frac{\pi}{2} - \Delta\right)X}{\cos U_0} \approx \frac{\cos\left(\frac{\pi}{2} X\right)}{\cos U_0} + \Delta \frac{\sin\left(\frac{\pi}{2} X\right)}{\cos U_0} \quad (|X| < 1),$$

$$(12.3.31)$$

式中 Δ 为一个小量.我们可看出 TE_0 偶模的电场在芯区内接近余弦分布.从光波导输出端看进去，TE_0 偶模为一个中心亮斑，其电场强度分布 $E_y'(X)$ 如图 12.8 所示.其光强分布由 $|E_{y0}(X)|^2$ 决定.

TE_m 模的表达式为

$$E_{ym}(X) = \frac{\cos\left[\frac{(2m+1)\pi}{2} - \Delta_m\right]X}{\cos U},$$

$$(12.3.32)$$

其强度为

$$|E_{ym}(X)|^2$$
$$\approx \frac{1}{2\cos^2 U_m}\{1 + \cos[(2m+1)\pi X] + 2\Delta_m X\sin[(2m+1)\pi X]\},$$

$$(12.3.33)$$

在区间 $[-1, 1]$ 内，$|E_{ym}(X)|^2$ 有 $2m+1$ 个对称分布的极大值，形成 $2m+1$ 个亮斑.TE_1 模和 TE_2 模的 $E_y'(X)$ 如图 12.9 所示.

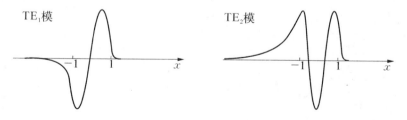

图 12.9 TE_1 模和 TE_2 模的电场强度分布

$n_1 = 3.38$，$n_s = 3.17$，$n_c = 1.0$

12.3.4 TM 模

TM 模的相应表达式为

$$H_y(x) = \begin{cases} A\cos(k_x a - \phi)\mathrm{e}^{-\sigma(x-a)}, & x > a \\ A\cos(k_x x - \phi), & |x| \leqslant a \\ A\cos(k_x a + \phi)\mathrm{e}^{\tau(x+a)}, & x < -a \end{cases} \quad (12.3.34)$$

TM 模情况下,与(12.3.23)式对应的特征方程作如下修改:

$$U = \frac{1}{2}\arctan\left(\frac{n_1^2 W}{n_s^2 U}\right) + \frac{1}{2}\arctan\left(\frac{n_1^2 W'}{n_c^2 U}\right) + \frac{1}{2}m\pi. \quad (12.3.35)$$

当折射率差别不大时,TM 模的曲线相对 TE 模略有偏移.

12.3.5　能量分布和截止条件

在光波导中,除了在芯区外,在包层内也有不为零的电磁波,在紧贴界面的一个薄层内沿 z 轴传播.我们关心的自然是芯区内沿 z 轴传输的波,关心它的能量所占全部电磁波能量的比 η,η 越大,光波导的传输效率越高.

能流密度矢量(即波印亭矢量)

$$\boldsymbol{S} = \boldsymbol{E} \times \boldsymbol{H}^*. \quad (12.3.36)$$

芯区和包层中沿 z 方向的总能流的时间平均值为

$$\begin{aligned} P &= \int_{-\infty}^{\infty} \boldsymbol{S} \cdot \boldsymbol{e}_z \mathrm{d}x = \int_{-\infty}^{\infty} \boldsymbol{E} \times \boldsymbol{H}^* \cdot \boldsymbol{e}_z \mathrm{d}x \\ &= \int_{-\infty}^{\infty} \frac{1}{2}(E_x H_y^* - E_y H_x^*)\mathrm{d}x = \frac{\beta}{2\omega\mu_0}\int_{-\infty}^{\infty} |E_y|^2 \mathrm{d}x, \quad (12.3.37) \end{aligned}$$

式中 $\boldsymbol{e}_z$ 为 z 方向的单位矢量.以电磁场的表达式代入上式得到三个区域内的能流的表达式:

$$P = \frac{\beta a A^2}{2\omega\mu_0} \times \begin{cases} \dfrac{\cos^2(U-\phi)}{2W'}, & x > a \\ 1 + \dfrac{\sin^2(U-\phi)}{2W'} + \dfrac{\sin^2(U+\phi)}{2W}, & |x| < a \\ \dfrac{\cos^2(U+\phi)}{2W}, & x < -a \end{cases}$$

$$(12.3.38)$$

总的传输功率为

$$P = \frac{\beta a A^2}{2\omega\mu_0}\left(1 + \frac{1}{2W} + \frac{1}{2W'}\right), \quad (12.3.39)$$

从中可以解出系数 A:

$$A = \sqrt{\frac{2\omega\mu_0 P}{\beta a\left[1 + 1/(2W) + 1/(2W')\right]}}. \tag{12.3.40}$$

芯区能流占全部能流的比例为

$$\eta = \frac{1 + \dfrac{\sin^2(U - \phi)}{2W'} + \dfrac{\sin^2(U + \phi)}{2W}}{1 + \dfrac{1}{2W} + \dfrac{1}{2W'}}. \tag{12.3.41}$$

在以上公式中,我们略去了下标 m. 当波导为对称时可以导出

$$\eta = 1 - \frac{U^2}{V^2(1 + W)}, \tag{12.3.42}$$

回过头来考察图 12.7. 设想 V 逐渐变小(这可以通过改变波导参数 n_1, n_s 及 a 实现),各模对应的 W 值随之变小. 由(12.3.42)式可知 η 亦随之减小,说明芯区内能流减少,而泄漏到包层内的能流增大. 例如当 $V = 2\pi$ 时,TE$_4$ 模的 $W = 0$,即 $\tau = 0$,从而衰减长度 $1/\tau \to \infty$,似乎所有的光能量都泄漏到包层中去了. 该点称为 TE$_4$ 模的截止点. 一般地,TE$_m$ 模的截止点为 $m\pi/2$,亦即

$$\left. \begin{aligned} V = V_c^{(m)} = k_0 a\sqrt{n_1^2 - n_s^2} = \frac{2\pi\nu_{cm}}{c}a\sqrt{n_1^2 - n_s^2} = m\pi/2, \\ \nu_c^{(m)} = \frac{mc}{4a\sqrt{n_1^2 - n_s^2}}, \end{aligned} \right\} \tag{12.3.43}$$

式中 $\nu_c^{(m)}$ 为截止频率,当光波频率高于截止频率后,阶数等于或高于 m 的模就不能在波导中传输. 上节中引入了三个归一化参数 U, W 和 V,其中 U, W 均与模式有关,而 V 仅取决于波导的参数. 由(12.3.43)式可以看出归一化频率 V 和频率 ν_{cm} 的关系.

TE$_0$ 偶模的截止情况比较特殊,它的截止点为 0. 且在区间 $0 < V < \pi/2$ 内,能够在光波导中传输的只有 TE$_0$ 偶模. 因此,基模还可以定义为能够单独在波导中传导的模.

当 $V \gg U_m$ 时,由图 12.7 可见,此时 $V \approx W_m$,由(12.3.7)式,$\eta \approx 1$,该模全部能量几乎都集中在芯区内,称为"远离截止"近似条件.

12.4 矩形光波导

12.4.1 Kumar 近似算法的初级近似解

实际波导通常成条形,其截面大体为矩形,如图 12.10 所示,其芯区折射率为 n_1,周围介质折射率为 n_2,n_1 略高于 n_2.矩形波导通常都用近似方法求解,包括 Kumar 算法、有效折射率算法、Marcatili 算法等.我们仅简单介绍 Kumar 方法,对于矩形波导算法有兴趣的读者可参考 K. Okamoto 的著作 *Fundamentals of Optical Waveguides*(San Diego,Academic Press,2000).

设电磁场中起主要作用的分量为 E_x 和 H_y.在(12.3.4)式和(12.3.5)式中令 $H_x = 0$,导出矩形波导适用的方程为

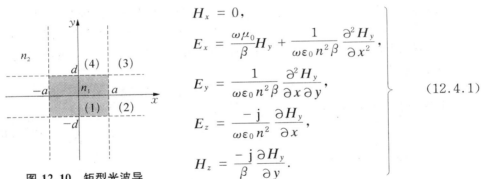

$$\left.\begin{aligned}
H_x &= 0, \\
E_x &= \frac{\omega\mu_0}{\beta}H_y + \frac{1}{\omega\varepsilon_0 n^2\beta}\frac{\partial^2 H_y}{\partial x^2}, \\
E_y &= \frac{1}{\omega\varepsilon_0 n^2\beta}\frac{\partial^2 H_y}{\partial x\partial y}, \\
E_z &= \frac{-\mathrm{j}}{\omega\varepsilon_0 n^2}\frac{\partial H_y}{\partial x}, \\
H_z &= \frac{-\mathrm{j}}{\beta}\frac{\partial H_y}{\partial y}.
\end{aligned}\right\} \tag{12.4.1}$$

图 12.10 矩型光波导

H_y 满足亥姆霍兹方程:

$$\frac{\partial^2 H_y}{\partial x^2} + \frac{\partial^2 H_y}{\partial y^2} + (k_0^2 n^2 - \beta^2)H_y = 0, \tag{12.4.2}$$

由于问题的对称性,我们只需求解区域(1)~(4).设折射率函数具有如下形式:

$$n^2(x,y) = N_x^2(x) + N_y^2(y), \tag{12.4.3}$$

其中

$$N_x^2(x) = \begin{cases} n_1^2/2, & |x| \leqslant a, \\ n_2^2 - n_1^2/2, & |x| > a, \end{cases} \quad (12.4.4)$$

以及

$$N_y^2(y) = \begin{cases} n_1^2/2, & |y| \leqslant d, \\ n_2^2 - n_1^2/2, & |y| > d. \end{cases} \quad (12.4.5)$$

由于 $n_1 \approx n_2$, 在各个区域内的折射率为

$$n = \begin{cases} n_1, & \text{区域}(1), \\ n_2, & \text{其他区域}. \end{cases} \quad (12.4.6)$$

其中在区域(4)中折射率的计算如下:

$$n = \sqrt{2n_2^2 - n_1^2} = \sqrt{n_2^2 + (n_2^2 - n_1^2)} \approx n_2. \quad (12.4.7)$$

用分离变量法,设

$$H_y(x, y) = X(x)Y(y), \quad (12.4.8)$$

代入(12.4.2)式得到两个独立的方程:

$$\left. \begin{aligned} \frac{\mathrm{d}^2 X(x)}{\mathrm{d}x^2} + \left[k_0^2 N_x^2(x) - \beta_x^2\right]X(x) = 0, \\ \frac{\mathrm{d}^2 Y(y)}{\mathrm{d}x^2} + \left[k_0^2 N_y^2(y) - \beta_y^2\right]Y(y) = 0, \end{aligned} \right\} \quad (12.4.9)$$

其中

$$\beta^2 = \beta_x^2 + \beta_y^2, \quad (12.4.10)$$

设

$$X(x) = \begin{cases} A\cos(k_x x - \phi), & 0 < x \leqslant a \\ A\cos(k_x a - \phi)\mathrm{e}^{-\sigma(x-a)}, & |x| > a \end{cases} \quad (12.4.11)$$

$$Y(y) = \begin{cases} B\cos(k_x y - \psi), & 0 < x \leqslant d \\ B\cos(k_x d - \psi)\mathrm{e}^{-\tau(y-d)}, & |y| > d \end{cases} \quad (12.4.12)$$

代入波动方程(12.4.9)得到

$$\left. \begin{aligned} k_x^2 = \frac{k_0^2 n_1^2}{2} - \beta_x^2, \\ k_y^2 = \frac{k_0^2 n_1^2}{2} - \beta_y^2, \end{aligned} \right\} \quad (12.4.13)$$

$$\left.\begin{array}{l} \sigma^2 = \beta_x^2 - k_0^2\left(n_2^2 - \dfrac{n_1^2}{2}\right) = k_0^2(n_1^2 - n_2^2) - k_x^2, \\[3mm] \tau^2 = \beta_y^2 - k_0^2\left(n_2^2 - \dfrac{n_1^2}{2}\right) = k_0^2(n_1^2 - n_2^2) - k_y^2. \end{array}\right\} \tag{12.4.14}$$

在(1)、(2)、(3)区内 H_y 的表达式为

$$H_y(x,\,y) = \begin{cases} A\cos(k_x x - \phi)\cos(k_y y - \psi), & \text{区域(1)} \\[2mm] A\cos(k_x a - \phi)e^{-\sigma(x-a)}\cos(k_y y - \psi), & \text{区域(2)} \\[2mm] A\cos(k_x x - \phi)\cos(k_y d - \psi)e^{-\tau(y-d)}. & \text{区域(3)} \end{cases}$$

$$\tag{12.4.15}$$

由于在 x 方向和 y 方向均相当于对称波导,所以有

$$\phi = (p-1)\frac{\pi}{2}, \quad \psi = (q-1)\frac{\pi}{2}, \quad p,\,q = 1,2,\cdots \tag{12.4.16}$$

由(12.4.1)式,有

$$E_z \sim \frac{1}{n^2}\frac{\partial H_y}{\partial x} = \frac{Y}{n^2}\frac{\mathrm{d}X}{\mathrm{d}x}, \tag{12.4.17}$$

$$H_z \sim \frac{\partial H_y}{\partial y} = X\frac{\mathrm{d}Y}{\mathrm{d}y}. \tag{12.4.18}$$

切向分量连续性要求 E_z,H_z 在边界($x = a$ 及 $y = d$)两侧的值相等,就得到矩形波导的色散方程

$$k_x a = (p-1)\frac{\pi}{2} + \arctan\left(\frac{n_1^2\sigma}{n_2^2 k_x}\right), \quad p = 1,2,\cdots \tag{12.4.19}$$

和

$$k_y d = (q-1)\frac{\pi}{2} + \arctan\left(\frac{\tau}{k_y}\right), \quad q = 1,2,\cdots \tag{12.4.20}$$

由(12.4.10)式和(12.4.13)式,传播常数

$$\beta^2 = k_0^2 n_1^2 - (k_x^2 + k_y^2). \tag{12.4.21}$$

我们就得到在矩形波导的初级近似解.

12.4.2　用微扰方法求矩形波导的一级近似解

上一节的折射率表达式(12.4.3)在区域(4)中存在量级为 $(\Delta n/n)^2$ 的误差.

我们用微扰方法来进一步修正,求一级近似解.设

$$n^2(x, y) = N_x^2(x) + N_y^2(y) + \eta(x, y),\qquad (12.4.22)$$

式中 $\eta(x, y)$ 相对于折射率平方为一级小量,

$$\eta(x, y) = \begin{cases} n_1^2 - n_2^2, & \text{区域(4)} \\ 0, & \text{其他} \end{cases}\qquad (12.4.23)$$

这样就补偿了表达式(12.4.3)的误差.

波动方程则表示为

$$\nabla^2 f + (k_0^2 n^2 - \beta^2)f = 0,\qquad (12.4.24)$$

f 表示电磁场的任意一个直角分量.设方程的解为

$$f = f_0 + f_1,\qquad (12.4.25)$$

其中 f_0 和 f_1 分别为 0 级和 1 级量,再设本征值

$$\beta^2 = \beta_0^2 + \beta_1^2,\qquad (12.4.26)$$

其中 β_0 和 β_1 分别为 0 级和 1 级量.代入波动方程得到 0 级和 1 级方程

$$J_0 = \nabla^2 f_0 + \left[k_0^2 (N_x^2 + N_y^2) - \beta_0^2 \right] f_0 = 0,\qquad (12.4.27)$$

$$J_1 = \nabla^2 f_1 + \left[k_0^2 (N_x^2 + N_y^2) - \beta_0^2 \right] f_1 + k_0^2 \eta f_0 - \beta_1^2 f_0 = 0,\ (12.4.28)$$

考虑如下积分:

$$\iint_\Sigma (J_0^* \cdot f_1 - J_1^* \cdot f_0)\,\mathrm{d}x\,\mathrm{d}y\qquad (12.4.29)$$

求积区域为包含波导的一个适当的区域.上面的积分可化为

$$\iint_\Sigma (f_0^*\, \nabla^2 f_1 - f_1 \nabla^2 f_0^*)\,\mathrm{d}x\,\mathrm{d}y + k_0^2 \iint_\Sigma \eta |f_0|^2 \,\mathrm{d}x\,\mathrm{d}y = \beta_1^2 \iint_\Sigma |f_0|^2 \,\mathrm{d}x\,\mathrm{d}y,$$

$$(12.4.30)$$

其中第一个积分可以用第二格林公式化简:

$$\iint_\Sigma (f_0^*\, \nabla^2 f_1 - f_1 \nabla^2 f_0^*)\,\mathrm{d}x\,\mathrm{d}y = \oint_L \left(f_0^* \frac{\partial f_1}{\partial n} - f_1 \frac{\partial f_0^*}{\partial n} \right)\mathrm{d}l,\qquad (12.4.31)$$

其中 L 为 Σ 的边界,$\partial/\partial n$ 代表沿边界外法线的导数.当 Σ 趋于无穷时,(12.4.31)式右边的回路积分为零,所以我们得到

$$\beta_1^2 = \frac{k_0^2 \iint\limits_{\Sigma} \eta \, | \, f_0 \, |^2 \mathrm{d}x \mathrm{d}y}{\iint\limits_{\Sigma} | \, f_0 \, |^2 \mathrm{d}x \mathrm{d}y} = \frac{k_0^2 (n_1^2 - n_2^2) \int_a^\infty | \, X(x) \, |^2 \mathrm{d}x \int_d^\infty | \, Y(y) \, |^2 \mathrm{d}y}{\int_0^\infty | \, X(x) \, |^2 \mathrm{d}x \int_0^\infty | \, Y(y) \, |^2 \mathrm{d}y}$$

$$= \frac{k_0^2 (n_1^2 - n_2^2) \cos^2(k_x a - \phi) \cos^2(k_x d - \psi)}{(1 + \sigma a)(1 + \tau d)}, \tag{12.4.32}$$

在计算中用到近似 $n_1 \approx n_2$. 这样关于矩形波导的求解就完成了:

$$\beta^2 = \beta_0^2 + \beta_1^2 = [k_0^2 n_1^2 - (k_x^2 + k_y^2)] + \beta_1^2. \tag{12.4.33}$$

图 12.11 给出不同近似处理下的色散曲线,上图为矩形芯区的长宽比 $a/d = 1$

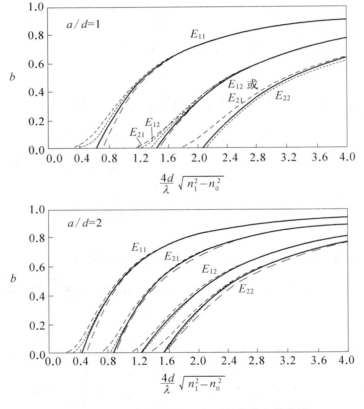

图 12.11 不同近似处理下矩形波导的色散曲线

点划线为 Marcatili 算法,实线为 Kumar 算法,
虚线为有效折射率算法

的情况,下图为长宽比 $a/d = 2$ 的情况.纵坐标 b 为归一化传播常数,定义为:

$$b = 1 - \frac{k_x^2 + k_y^2}{k_0^2(n_1^2 - n_2^2)} + \frac{\cos^2(k_x a - \phi)\cos^2(k_x d - \psi)}{(1 + \sigma a)(1 + \tau d)}. \quad (12.4.34)$$

12.5 用耦合模方法求解波导间的相互作用

在实际应用中,则常常要求将一个光波导中的能量耦合到相邻光波导中去,以实现光能量的分配、路由、开关、调制、滤波、互连等功能.因此,有必要深入地探讨在光波导中传导的模间的耦合问题,耦合模方程是研究模间耦合的重要方法,本节将在弱耦合条件下推导耦合模方程,讨论它的近似解,并介绍典型的光耦合器件.

12.5.1 耦合模方程的简单分析导出

设条形光波导 1 和 2 并列于衬底中,一个波导位于另一波导中传导模倏逝波的范围内,彼此间存在较弱的耦合,条形波导的截面为 xy 平面.设第一波导单独存在时的折射率分布为 $n_1(x, y)$,第二波导单独存在时的折射率分布为 $n_2(x, y)$,两个波导同时存在时的折射率分布为 $n(x, y)$.我们就从这样一个简单的模型出发,导出耦合模方程.

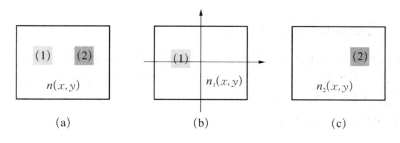

图 12.12 波导耦合示意图

(a) 两个波导同时存在,折射率截面分布为 $n(x, y)$
(b) 仅存在第一波导,折射率截面分布为 $n_1(x, y)$
(c) 仅存在第二波导,折射率截面分布为 $n_2(x, y)$

首先假设在波导 1，2 中分别传播着模 ψ_1，ψ_2，彼此间不存在耦合，则 ψ_1，ψ_2 可表示为

$$\psi_p(x,\,y,\,z;\,t) = \psi_p(x,\,y)\exp[\mathrm{j}(\omega t - \beta_p z)] \quad (p = 1,\,2),$$
$$(12.5.1)$$

现在来考察 ψ_1 沿 z 方向的传播．如果不存在波导 2，则 ψ_1 沿 z 方向传播 $\mathrm{d}z$ 的改变量

$$\mathrm{d}\psi_1 = -\mathrm{j}\beta_1\psi_1\mathrm{d}z,\qquad(12.5.2)$$

上式表明，沿 z 方向 ψ_1 的振幅保持不变，场的改变仅表现为相位的变化．或者说，在初级近似下，算符 $\mathrm{d}/\mathrm{d}z$ 的本征值为纯虚数．

引入第二个波导后，一般来讲 $\mathrm{d}\psi_1$ 是 ψ_2 的函数．在弱耦合的条件下，$\mathrm{d}\psi_1$ 是 ψ_2 的线性函数，可表示为

$$\mathrm{d}\psi_1 = -\mathrm{j}\beta_1\psi_1\mathrm{d}z - \mathrm{j}\kappa_{12}\psi_2\mathrm{d}z,\qquad(12.5.3)$$

其中 κ_{12} 为互耦合系数．存在第二个波导时 $\mathrm{d}\psi_1$ 与 ψ_1 之间的线性系数将不再等于 β_1，设其改变量为 κ_{11}，称为自耦合系数．上述关系对 ψ_2 也应成立，这样一来，我们就借助逐步分析的方法得到弱耦合的条件下的耦合模方程：

$$\left.\begin{aligned}\frac{\mathrm{d}\psi_1}{\mathrm{d}z} &= -\mathrm{j}(\beta_1 + \kappa_{11})\psi_1 - \mathrm{j}\kappa_{12}\psi_2,\\ \frac{\mathrm{d}\psi_2}{\mathrm{d}z} &= -\mathrm{j}\kappa_{21}\psi_1 - \mathrm{j}(\beta_2 + \kappa_{22})\psi_2.\end{aligned}\right\}\qquad(12.5.4)$$

12.5.2　耦合模方程的严格推导

以下我们再从波动方程入手推导耦合模方程．首先假定耦合完全不存在，当光波在第一波导中传播时，相当于第二波导不存在，折射率分布应为 $n_1(x,\,y)$；当光波在第二波导中传播时，相当于第一波导不存在，折射率分布应当为 $n_2(x,\,y)$．设两个波导中的本征模分别为

$$\left.\begin{aligned}\psi_1(x,\,y,\,z) &= \psi_1(x,\,y)\exp[\mathrm{j}(\omega t - \beta_1 z)],\\ \psi_2(x,\,y,\,z) &= \psi_2(x,\,y)\exp[\mathrm{j}(\omega t - \beta_2 z)].\end{aligned}\right\}\qquad(12.5.5)$$

将 $\psi_1(x,\,y)$，$\psi_2(x,\,y)$ 代入亥姆霍兹方程，对 z 微商后，得到

$$\left. \begin{array}{l} \left(\dfrac{\partial^2}{\partial x^2} + \dfrac{\partial^2}{\partial y^2}\right)\psi_1(x,\,y) + \left[k_0^2 n_1^2(x,\,y) - \beta_1^2\right]\psi_1(x,\,y) = 0, \\[3mm] \left(\dfrac{\partial^2}{\partial x^2} + \dfrac{\partial^2}{\partial y^2}\right)\psi_2(x,y) + \left[k_0^2 n_2^2(x,\,y) - \beta_2^2\right]\psi_2(x,\,y) = 0. \end{array} \right\} \quad (12.5.6)$$

当耦合存在时,折射率分布为 $n(x,\,y)$,设存在耦合时的场为 $\psi(x,\,y,\,z)$,它应满足如下形式的亥姆霍兹方程:

$$\left(\dfrac{\partial^2}{\partial x^2} + \dfrac{\partial^2}{\partial y^2} + \dfrac{\partial^2}{\partial z^2}\right)\psi(x,\,y,\,z) + k_0^2 n^2(x,\,y)\psi(x,\,y,\,z) = 0.$$

$$(12.5.7)$$

应注意在(12.5.5)式和(12.5.6)式中折射率分布函数的不同表述.

一般情况下,光波的场应当是 ψ_1 和 ψ_2 的线性叠加:

$$\psi(x,\,y,\,z) = A\psi_1(x,\,y)\mathrm{e}^{-\mathrm{j}\beta_1 z} + B\psi_2(x,\,y)\mathrm{e}^{-\mathrm{j}\beta_2 z}, \quad (12.5.8)$$

当耦合不存在时,A 和 B 都是常数.由于 A 和 B 表征两个波的振幅,当存在耦合时,由于彼此的能量交换,可合理地认为两个波动的振幅在传播过程中变化,从而 A,B 都是 z 的函数:

$$\psi(x,\,y,\,z) = A(z)\psi_1(x,\,y)\mathrm{e}^{-\mathrm{j}\beta_1 z} + B(z)\psi_2(x,\,y)\mathrm{e}^{-\mathrm{j}\beta_2 z}, \quad (12.5.9)$$

在数学上称为常数变易法.将(12.5.9)式代入(12.5.7)式,由于弱耦合,$A(z)$,$B(z)$ 关于 z 的变化缓慢,略去二级项 $\mathrm{d}^2 A/\mathrm{d}z^2$ 及 $\mathrm{d}^2 B/\mathrm{d}z^2$,得到

$$A(z)\mathrm{e}^{-\mathrm{j}\beta_1 z}\left\{\left(\dfrac{\partial^2}{\partial x^2} + \dfrac{\partial^2}{\partial y^2}\right) + \left[k_0^2 n^2(x,\,y) - \beta_1^2\right]\right\}\psi_1(x,\,y)$$

$$+ B(z)\mathrm{e}^{-\mathrm{j}\beta_2 z}\left\{\left(\dfrac{\partial^2}{\partial x^2} + \dfrac{\partial^2}{\partial y^2}\right) + \left[k_0^2 n^2(x,\,y) - \beta_2^2\right]\right\}\psi_2(x,\,y)$$

$$- 2\mathrm{j}\beta_1 \dfrac{\mathrm{d}A(z)}{\mathrm{d}z}\psi_1(x,\,y)\mathrm{e}^{-\mathrm{j}\beta_1 z} - 2\mathrm{j}\beta_2 \dfrac{\mathrm{d}B(z)}{\mathrm{d}z}\psi_2(x,\,y)\mathrm{e}^{-\mathrm{j}\beta_2 z} = 0,$$

$$(12.5.10)$$

以(12.5.6)式代入上式得

$$A(z)k_0^2 \Delta n_1^2 \psi_1(x,\,y) + B(z)\mathrm{e}^{-\mathrm{j}\Delta\beta z}k_0^2 \Delta n_2^2 \psi_2(x,\,y)$$

$$- 2\mathrm{j}\beta_1 \dfrac{\mathrm{d}A(z)}{\mathrm{d}z}\psi_1(x,\,y) - 2\mathrm{j}\beta_2 \dfrac{\mathrm{d}B(z)}{\mathrm{d}z}\psi_2(x,\,y)\mathrm{e}^{-\mathrm{j}\Delta\beta z} = 0, \quad (12.5.11)$$

式中

$$\Delta n_p^2(x, y) = n^2(x, y) - n_p^2(x, y) \quad (p = 1, 2), \quad (12.5.12)$$

$$\Delta\beta = \beta_2 - \beta_1. \quad (12.5.13)$$

用 ψ_1^* 乘(12.5.11)式并对整个 xy 平面求积分,并注意到 ψ_1 和 ψ_2 重合的部分相当小,亦即

$$\frac{\int_{-\infty}^{\infty}\int_{-\infty}^{\infty}\psi_1^*\psi_2\mathrm{d}\sigma}{\int_{-\infty}^{\infty}\int_{-\infty}^{\infty}\psi_1^*\psi_1\mathrm{d}\sigma} \ll 1,$$

这样就得到关于 $A(z)$ 的微分方程,类似导出关于 $B(z)$ 的方程,合并得到

$$\left.\begin{aligned}\frac{\mathrm{d}A(z)}{\mathrm{d}z} &= -\mathrm{j}\kappa_{11}A(z) - \mathrm{j}\kappa_{12}B(z)\mathrm{e}^{-\mathrm{j}\Delta\beta z}, \\ \frac{\mathrm{d}B(z)}{\mathrm{d}z} &= -\mathrm{j}\kappa_{21}A(z)\mathrm{e}^{-\mathrm{j}\Delta\beta z} - \mathrm{j}\kappa_{22}B(z).\end{aligned}\right\} \quad (12.5.14)$$

其中耦合系数 $\kappa_{pq}(p, q = 1, 2)$ 可表示为

$$\begin{aligned}\kappa_{pq} &= \frac{k_0^2}{2\beta_p}\frac{(\psi_p, (n_p^2 - n_q^2)\psi_q)}{(\psi_p, \psi_p)} \\ &= \frac{k_0^2}{2\beta_p}\frac{\int_{-\infty}^{\infty}\int_{-\infty}^{\infty}\psi_p^*(n_p^2 - n_q^2)\psi_q\mathrm{d}\sigma}{\int_{-\infty}^{\infty}\int_{-\infty}^{\infty}|\psi_p|^2\mathrm{d}\sigma} \quad (p, q = 1, 2), \quad (12.5.15)\end{aligned}$$

式中 (f, g) 表示函数 f 和 g 的内积.

引入函数 a, b:

$$\left.\begin{aligned}a(z) &= A(z)\mathrm{e}^{-\mathrm{j}\beta_1 z}, \\ b(z) &= B(z)\mathrm{e}^{-\mathrm{j}\beta_2 z},\end{aligned}\right\} \quad (12.5.16)$$

a, b 满足方程

$$\left.\begin{aligned}\frac{\mathrm{d}a(z)}{\mathrm{d}z} &= -\mathrm{j}(\beta_1 + \kappa_{11})a(z) - \mathrm{j}\kappa_{12}b(z), \\ \frac{\mathrm{d}b(z)}{\mathrm{d}z} &= -\mathrm{j}\kappa_{21}a(z) - \mathrm{j}(\beta_2 + \kappa_{22})b(z).\end{aligned}\right\} \quad (12.5.17)$$

(12.5.9)式则变为

$$\psi(x,\ y,\ z) = a(z)\psi_1(x,\ y) + b(x)\psi_2(x,\ y). \qquad (12.5.18)$$

公式(12.5.14)式或(12.5.17)式为耦合模方程的两种常用的形式.(12.5.17)式显然与(12.5.4)式相对应.

12.5.3　简化的耦合模方程

尽管耦合模方程形式上已经比较简单,但用它们来严格求解导波光学器件中的效应仍然很困难,因此有必要进一步简化,首先分析耦合系数.

进一步假设从波导1中泄漏的能量全部被波导2吸收,则沿 z 轴总能量保持不变:

$$\frac{\mathrm{d}W}{\mathrm{d}z} = \frac{\mathrm{d}}{\mathrm{d}z}\left[\,|a(z)|^2 + |b(z)|^2\,\right] = \frac{\mathrm{d}}{\mathrm{d}z}\left[\,|A(z)|^2 + |B(z)|^2\,\right] = 0.$$

$$(12.5.19)$$

将(12.5.14)式代入上式,考虑到自耦合系数代表了第二个模存在时第一个模传播常数的改变量,该改变量通常不大,略去 κ_{11}, κ_{22},得到

$$\frac{\mathrm{d}W}{\mathrm{d}z} = \left[\mathrm{j}(\kappa_{12}^* - \kappa_{21})AB^*\exp(-\mathrm{j}\Delta\beta z)\right] + \left[\mathrm{j}(\kappa_{12}^* - \kappa_{21})AB^*\exp(-\mathrm{j}\Delta\beta z)\right]^*$$
$$= 0,$$

由此可得

$$\mathrm{Re}\left[\mathrm{j}(\kappa_{12}^* - \kappa_{21})AB^*\exp(-\mathrm{j}\Delta\beta z)\right] = 0,$$

对于任何的 A, B 必然有:

$$\kappa_{12}^* = \kappa_{21}, \qquad (12.5.20)$$

当两个波导中的波反向传播时,我们有

$$\frac{\mathrm{d}W}{\mathrm{d}z} = \frac{\mathrm{d}}{\mathrm{d}z}\left[\,|A(z)|^2 - |B(z)|^2\,\right] = 0, \qquad (12.5.21)$$

重复上面的推导过程,我们有

$$\kappa_{12}^* = -\kappa_{21}, \qquad (12.5.22)$$

这一结果从对称性就可以直接得到.

当 κ_{pq} 是实数

$$\kappa_{12} = \kappa_{21} = \kappa \qquad (12.5.23)$$

的情况下略去 κ_{pp} 项,(12.5.14)式简化为

$$\left.\begin{aligned}
\frac{\mathrm{d}A(z)}{\mathrm{d}z} &= -\,\mathrm{j}\kappa_{12}B(z)\exp[-\,\mathrm{j}(\beta_2-\beta_1)z], \\
\frac{\mathrm{d}B(z)}{\mathrm{d}z} &= -\,\mathrm{j}\kappa_{21}A(z)\exp[\mathrm{j}(\beta_2-\beta_1)z].
\end{aligned}\right\} \tag{12.5.24}$$

12.5.4 定向耦合器

定向耦合器(directional coupler)简称耦合器,参见图 12.13.

图 12.13 定向耦合器

现在来讨论两个波导的参数完全相同、两个波导的输入端同时被激发的典型情况.设 A, B 具有以下形式:

$$\left.\begin{aligned}
A(z) &= (A_1\mathrm{e}^{\mathrm{j}\eta z}+A_2\mathrm{e}^{-\mathrm{j}\eta z})\exp(-\,\mathrm{j}\delta z), \\
B(z) &= (B_1\mathrm{e}^{\mathrm{j}\eta z}+B_2\mathrm{e}^{-\mathrm{j}\eta z})\exp(\mathrm{j}\delta z),
\end{aligned}\right\} \tag{12.5.25}$$

式中 $A(z)$, $B(z)$ 满足边界条件

$$\left.\begin{aligned}
A(z)\big|_{z=0} &= A_1+A_2 = A(0), \\
B(z)\big|_{z=0} &= B_1+B_2 = B(0),
\end{aligned}\right\} \tag{12.5.26}$$

将(12.5.25)、(12.5.26)式代入方程(12.5.24),经整理得

$$\left.\begin{aligned}
A(z) &= \left\{\left[\cos(\eta z)+\mathrm{j}\frac{\delta}{\eta}\sin(\eta z)\right]A(0)-\mathrm{j}\frac{\kappa}{\eta}\sin(\eta z)B(0)\right\}\exp(-\,\mathrm{j}\delta z), \\
B(z) &= \left\{-\,\mathrm{j}\frac{\kappa}{\eta}\sin(\eta z)A(0)+\left[\cos(\eta z)-\mathrm{j}\frac{\delta}{\eta}\sin(\eta z)\right]B(0)\right\}\exp(\mathrm{j}\delta z),
\end{aligned}\right\} \tag{12.5.27}$$

沿 z 方向能量守恒要求

$$\eta^2 = \delta^2+\kappa^2. \tag{12.5.28}$$

下面我们对结果作进一步的讨论.将(12.5.27)式代入(12.5.16)式,得到

$$a(z) = \left\{\left[\cos(\eta z) + \mathrm{j}\frac{\delta}{\eta}\sin(\eta z)\right]a(0) - \mathrm{j}\frac{\kappa}{\eta}\sin(\eta z)b(0)\right\}\exp(-\mathrm{j}\bar{\beta}z),$$

$$b(z) = \left\{-\mathrm{j}\frac{\kappa}{\eta}\sin(\eta z)a(0) + \left[\cos(\eta z) - \mathrm{j}\frac{\delta}{\eta}\sin(\eta z)\right]b(0)\right\}\exp(-\mathrm{j}\bar{\beta}z),$$

$$(12.5.29)$$

式中

$$\bar{\beta} = (\beta_1 + \beta_2)/2 \qquad (12.5.30)$$

是不存在耦合时两个波导中传播常数的平均值.(12.5.29)式还可以用矩阵表示:

$$\begin{bmatrix} a(z) \\ b(z) \end{bmatrix} = \mathrm{e}^{-\mathrm{j}\bar{\beta}z} \begin{bmatrix} \cos(\eta z) + \mathrm{j}\dfrac{\delta}{\eta}\sin(\eta z) & -\mathrm{j}\dfrac{\kappa}{\eta}\sin(\eta z) \\ -\mathrm{j}\dfrac{\kappa}{\eta}\sin(\eta z) & \cos(\eta z) - \mathrm{j}\dfrac{\delta}{\eta}\sin(\eta z) \end{bmatrix} \begin{bmatrix} a(0) \\ b(0) \end{bmatrix}.$$

$$(12.5.31)$$

由上式可知存在耦合时 $a(z)$,$b(z)$ 均由两个平面波构成,具有不同的传播常数:

$$\beta^+ = \bar{\beta} + \eta, \quad \beta^- = \bar{\beta} - \eta. \qquad (12.5.32)$$

于是我们看到了这样一幅物理图像:波导间的耦合作为微扰解除了简并,每个波导中原来的一个平面波分裂成两个平面波,其传播常数的差为 2η,而 η 为耦合系数 κ 的函数.正是两个平面波的干涉效应在波导输出端产生了不同的输出.

一种简单而又常用的输入情况为单端激发,即

$$\left.\begin{aligned} A_1 + A_2 &= A_0, \\ B_1 + B_2 &= 0, \end{aligned}\right\} \qquad (12.5.33)$$

代入(12.5.27)式得到

$$\left.\begin{aligned} A(z) &= \left[\cos(\eta z) + \mathrm{j}\frac{\delta}{\eta}\sin(\eta z)\right]A_0\exp(-\mathrm{j}\delta z), \\ B(z) &= -\mathrm{j}\frac{\kappa}{\eta}\sin(\eta z)A_0\exp(\mathrm{j}\delta z). \end{aligned}\right\} \qquad (12.5.34)$$

沿两个波导的能流分别为

$$\left.\begin{aligned} W_a(z) &= 1 - F\sin^2(\eta z), \\ W_b(z) &= F\sin^2(\eta z), \end{aligned}\right\} \qquad (12.5.35)$$

式中

$$F = \left(\frac{\kappa}{\eta}\right)^2 = \frac{1}{1 + \left(\frac{\delta}{\kappa}\right)^2}. \tag{12.5.36}$$

耦合长度定义为波导的能量第一次到达极大值对应的长度:

$$L_c = \frac{\pi}{2\,\eta} = \frac{\pi}{2\,\sqrt{\kappa^2 + \delta^2}}. \tag{12.5.37}$$

当条件

$$\eta z = \sqrt{(\delta z)^2 + (\kappa z)^2} = \left(m + \frac{1}{2}\right)\pi \quad (m = 0,1,2,\cdots) \tag{12.5.38}$$

满足时,从波导 a 耦合到波导 b 的能量取极大值:

$$W(z) = F = \frac{\kappa^2}{\kappa^2 + \delta^2}. \tag{12.5.39}$$

参见图 12.14. 由(12.5.36)式可知当 $\beta_1 = \beta_2$ 时,$\delta = 0$,$\kappa = \eta$,此时 $F = 1$,耦合效率最高,且有

$$L_c = \frac{\pi}{2\kappa} = \frac{\pi}{2(\beta^+ - \beta^-)}. \tag{12.5.40}$$

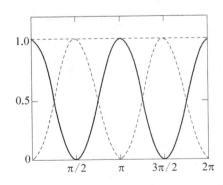
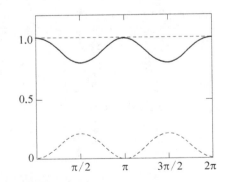

图 12.14 $F = 1.0$ 及 $F = 0.35$ 时耦合器的输出

实线表示 $W_a(z)$,虚线表示 $W_b(z)$

由以上分析可知,(12.5.31)式中矩阵的非对角元素是由于波导间的耦合形成的,如两个波导间没有耦合,上述矩阵就退化成对角阵.两个串联器件的综合效应

可以用对应矩阵的积来表示,这正是采用 a,b 代替 A,B 的方便之处.

如果两个波导参数相同,则(12.5.7)式简化为

$$\begin{bmatrix} a(z) \\ b(z) \end{bmatrix} = e^{-j\beta z} \begin{bmatrix} \cos(\kappa z) & -j\sin(\kappa z) \\ -j\sin(\kappa z) & \cos(\kappa z) \end{bmatrix} \begin{bmatrix} a(0) \\ b(0) \end{bmatrix}. \qquad (12.5.41)$$

在光通信中常用的耦合器为 3 dB 耦合器.在(12.5.41)式中令 $z = l$(波导的等效长度),并设

$$\kappa l = \pi/4, \quad b(0) = 0, \qquad (12.5.42)$$

则有

$$\left.\begin{array}{l} a(l) = a(0)\cos(\kappa l) = a(0)/\sqrt{2}, \\ b(l) = -ja(0)\sin(\kappa l) = -ja(0)/\sqrt{2}. \end{array}\right\} \qquad (12.5.43)$$

式中不重要的公共相位因子被略去,注意两路输出间仍有 $\pi/2$ 的相位差.转换为分贝数,得到

$$20 \times \lg \frac{a(l)}{a(0)} = 20 \times \lg \frac{b(l)}{a(0)} = -3, \qquad (12.5.44)$$

它表示两端输出相对于输入的衰减为 3 dB,称为 3 分贝耦合器.

定向耦合器是光通信网络中的基本器件,可用来构成光开关、马赫－曾德尔(Mach－Zehnder)干涉仪等.

12.6　光波在光纤中的传播

12.6.1　光缆

参见图 12.15,光纤中间的圆柱形介质为"芯区"(core),其成分为超纯的二氧化硅(SiO_2,即熔石英)掺杂少量的其他介质(例如二氧化锗 GeO_2).芯区外面是"包层"(cladding),由具有不同的掺杂二氧化硅构成,因而具有不同的折射率,通常稍低于芯区的折射.包层外面是软的缓冲层,缓冲层外则包裹一层高强度的合成纤

维以增加强度,最外面是一层塑料.数根或数十根光纤组合而成光缆,在长距离通信中使用的光缆中所包含的光纤多达数百根.与光波传播有关的只是芯区和包层,光波的传输特性取决于这两层的折射率分布.包层的直径通常为 $125\ \mu m$.多模光纤的芯区直径为 $50\ \mu m$ 或 $62.5\ \mu m$,而单模光纤的直径在 $10\ \mu m$ 以下.

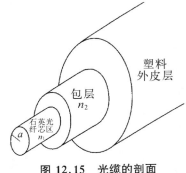

图 12.15 光缆的剖面

与光波导相似,芯区和包层可以分别为均匀的介质,其折射率分布呈阶梯状,芯区折射率 n_1 比包层折射率 n_2 略大,称阶跃光纤.芯区折射率也可以是渐变的,例如呈高斯分布.折射率的不同分布通过对掺杂过程的控制实现.为了分析上的便利,我们总是假定包层的半径为无限大.

12.6.2 数值孔径

对于阶跃光纤,能够在光纤中传输的光线应在芯区和包层上的界面上全反射.选一条在界面恰恰符合全反射条件的光线,则有:

$$n_1 \sin \psi = n_2, \tag{12.6.1}$$

在入射端面上折射定律成为

$$\sin \theta_0 = n_1 \cos \psi, \tag{12.6.2}$$

θ_0 称为光纤入射的临界角,参见图 12.16,由以上两式得到

$$\mathrm{N.A.} = \sin \theta_0 = \sqrt{n_1^2 - n_2^2}. \tag{12.6.3}$$

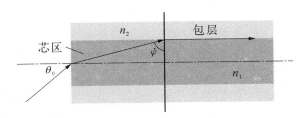

图 12.16 阶跃光纤的数值孔径

光纤数值孔径的典型值为 0.22,相当于 $\theta_0 = 12°$.引入归一化的折射率差

$$\Delta = \frac{n_1^2 - n_2^2}{2n_1^2} \approx \frac{n_1 - n_2}{n_1}, \tag{12.6.4}$$

对于绝大多数商用的光纤,$\Delta \approx 1\%$ 甚至更小.以(12.6.4)式代入(12.6.3)式得到

$$\text{N. A.} = \sin\theta_0 \approx n_1\sqrt{2\Delta}. \tag{12.6.5}$$

设我们在柱坐标系中求解光波的传播问题,波矢量可以分解为 r,θ 和 z 三个方向的分量,并满足关系式:

$$k_r^2 + k_\theta^2 + k_z^2 = k_r^2 + k_\theta^2 + \beta^2 = n_1^2 k_0^2, \tag{12.6.6}$$

其中 $k_0 = 2\pi/\lambda_0$,为真空中的波矢量的值;β 即 z 方向的波矢量的值,又称传播常数,这和平面波导的情况是一致的.

12.6.3　光波在光纤中的传播

当光纤芯区的半径足够大时,我们可以用几何光学和全反射来解释光线在其中的传播.当光纤的芯径与波长可以相比时,全反射的解释不够精确,我们必须求解波动方程,在光纤中传播的光波必须是波动方程的解,并满足一定的边界条件,包括以下条件:芯区和包层的界面上电磁场切向分量的连续条件,包层的半径变为无限大时电磁场分量必须衰减到零的无穷边界条件.此外,由于光纤为圆柱状介质,在其中求解波动方程时自然要用柱坐标系,其中 z 轴与光纤的对称轴一致,方程关于 θ 的解必须满足周期条件.

我们称波动方程的满足边界条件(包括周期条件)的本征函数为"模式",简称"模",这和光波导的情况是完全类似的.波动方程的解为分立的模,分成 TE 模、TM 模和混合模(HE 模和 EH 模).对于 TE 模,电场为横场,没有纵分量($E_z = 0$);对于 TM 模,磁场为横场($H_z = 0$).如果在光纤中只能传播基模(HE$_{11}$模),就称之为单模光纤,单模光纤的芯区直径必然小于某一个阈值;如果在光纤中能传播基模及高阶模,就称为多模光纤.

12.6.4　模间色散和光纤传输的比特率－距离积

从几何光学的角度来看,不同模式的传播方向与光纤的中心轴 z 的夹角不同,对于一段长度为 L 的光纤,不同传播方向的光线的传输时间必然不同,沿 z 轴方向光波的传输时间最短,等于 $T_f = Ln_1/c$.沿临界角入射的边缘光线传输的时间最长,等于 $T_s = (L/\sin\psi)n_1/c = Ln_1^2/n_0$,所以有

$$\delta T = T_s - T_f = \frac{L n_1^2}{c n_0} - \frac{L n_1}{c} = \frac{L n_1^2}{c n_0} \Delta, \qquad (12.6.7)$$

δT 即所谓模间色散. 光纤网络允许的模式间色散取决于传输数据率即比特率 B, 一个简单的估算为

$$\delta T = \frac{L n_1^2}{c n_0} \Delta \leqslant \frac{1}{2B}. \qquad (12.6.8)$$

光纤信道的容量是用频率来表示的, 称"比特率–距离积"(bite-distance product, BDP). 设一个光纤信道能够将 x Mb/s 的信息传输到 y km 的距离, 就称它的比特率–距离积为 xy（Mb/s）· km. 由(12.6.8)式得到

$$BL \leqslant \frac{c n_0}{2 n_1^2 \Delta}. \qquad (12.6.9)$$

显然比特率–距离积随 Δ 的增大而减小, 例如, 当 $\Delta = 0.01$, 且 $n_1 \approx n_0 = 1.5$ 时, $BL < 10$（Mb/s）· km. 普通的阶跃光纤（光纤芯区和包层的折射率分别为常数）的比特率–距离积远小于渐变折射率光纤, 渐变折射率光纤的折射率从中心沿半径方向连续降低, 这种分布有利于降低模式间色散 δT, 从而大大提高比特率–距离积. 两种光纤对应的 BL 区域被限制在图 12.17 的两条直线下方. 事实上, 商用的多模光纤大部分是渐变折射率光纤. 关于渐变折射率光纤我们将在 12.8 节介绍.

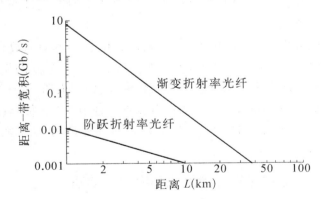

图 12.17 阶跃光纤和渐变折射率光纤

光纤的比特率–距离积(距离–带宽积)

彻底克服模间色散引起的通信信道变窄的方案是使用单模光纤, 它的芯径特别小, 对于红外通信波长, 单模光纤的芯径约 10 μm.

12.6.5　传输损耗和光通信常用波段

极低的介质损耗是长距离光纤通信实用化的前提,可以说,正因为制成了极低损耗的光纤,光纤通信才具备实用价值.光纤中的传输损耗是由介质的不均匀、折射率涨落等引起光散射、吸收造成的.

硅基的光纤(即上文谈到的石英光纤)在光通信中具有重要的地位,它的特点为低损耗,光功率损耗系数(简称吸收系数)的单位是 dB/km.光纤中光波传输损耗的原因是散射和吸收.光波能量在传输过程中的衰减又可分成两类,一类是内禀衰减(intrinsic attenuation),主要对应于电子跃迁、分子振动、转动等吸收带,这是不可避免的物理效应.当光波传播时部分光能量转换成介质内电子和分子的能量.电子跃迁对应的吸收带主要位于短波段,对红外和可见光部分的影响很小,分子振动带则位于中远红外,其短波限约为 $1.8~\mu m$,对于近红外波段的光通信影响不大.另一类是由介质内部的不均匀引起光的散射,称为外赋衰减(extrinsic attenuation).短波段的主要贡献是瑞利散射,该效应由介质内部尺度为 $\lambda/10$ 量级的密度或介质组分的涨落引起,与波长的四次方成反比,在紫外短波段的吸收比较明显,对可见光和红外光的吸收就比较微弱,参见图 12.18.波长为 $0.8~\mu m$ 时吸收约为 $2.3~dB/km$,当波长大于 $1.1~\mu m$ 后下降为 $0.5~dB/km$ 左右,当波长为 1.55 μm 时更降为 $0.1~dB/km$.由介质内部尺度与波长同量级的不均匀引起的散射称为

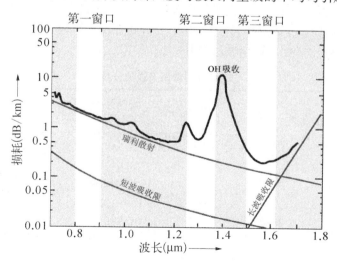

图 12.18　典型光纤的红外吸收谱线

GeO_2 掺杂单模光纤,$\triangle n = 0.0028$,芯径$=9.4~\mu m$

米氏(Mie)散射,近代制造技术使光纤更加均匀,米氏散射的影响越来越小.

在光纤中重要的吸收是由于 OH 根(水)的吸收造成的,具有三个吸收峰:950 nm,1 240 nm 和 1 390 nm,最后一个吸收峰最为严重,构成吸收带 1 350 nm~1 450 nm.在瑞利吸收限和振动吸收限之间出现三个透明窗口,短波窗口的中心大约为 850 nm,这正是早期的光通信波段,适用光源为半导体激光器,典型的吸收值略大于 2 dB/km.在 OH 根吸收带两侧有两个更低的吸收带,一个在 1 310 nm 附近(1 260 nm~1 360 nm,O-带),称原频带;另一个在 1 550 nm 附近,分成短波频带(1 460 nm~1 530 nm,S-带),寻常频带(1 530 nm~1 565 nm,C-带)及长波频带(1 565 nm~1 625 nm,L-带).这些透明窗口正是目前光通信常用的波段.

如果 OH 根的吸收得以克服,1 360 nm~1 460 nm 带(称扩展频带或第 5 窗口)就可以利用,这将使光通信的可用波段大大拓宽.这种新颖的光纤称为"全波段光纤"(AllWave™光纤),已由朗讯公司开发成功.利用这种光纤,从 1 280 nm 到 1 620 nm 的全波段均能利用.如果我们采用密集波分复用技术(DWDM),并设波长通道的间隔为 100 GHz(约 0.8 nm),该光纤能容纳 400 多个通道,非常适合于城市间大容量通信网.

1 310 nm 的典型吸收系数为 0.4 dB/km,1 550 nm 的吸收更是达到了 0.154 dB/km 的最低点,这意味着经过 20 km 的传播,损耗为 3 dB,光强仅下降一半,这就使长距离通信成为现实.而普通光学玻璃的吸收则高达 1 dB/cm,通信光纤的吸收比普通玻璃低 5 个数量级.当通信距离继续增加时,必须采用掺铒光纤中继放大(Erbium-doped fiber amplifier,EDFA)的方式保持信号的强度.

表 12.1 列出常用的通信波段及其应用.

表 12.1　常用光通信波段

窗口	频带	描　　述	波段(nm)	适用光纤类型	用　　途
1			820~900	MMF	Single-λ(单波长通信)
2	O-带	原频带 (Original)	1 260~1 360	SMF	DWDM/MAN* (密集波分复用/城域网)
5	E-带	扩展频带 (Extended)	1 360~1 460	SMF-AllWave	DWDM (密集波分复用)
	S-带	短波频带 (Short)	1 460~1 530	SMF	LAN** - type /MAN (局域网/城域网)

续表

窗口	频带	描　述	波段(nm)	适用光纤类型	用　途
3	C-带	寻常频带 (Conventional)	1 530～1 565	SMF	DWDM/MAN (密集波分复用/城域网)
4	L-带	长波频带 (Long)	1 565～1 625	DSF	DWDM (密集波分复用)
	U-带	超长波频带 (Ultra-long)	1 625～1 675		

＊　Metropolitan area network.

＊＊　Local area network.

12.7　弱导引近似和线偏振模(LP 模)

12.7.1　引言

实际使用的光纤芯区的折射率(n_1)和包层的折射率(n_2)的差别仅为 $0.3\%\sim$ 0.8%,本征模的传输方向非常接近于 z 轴,因此斯奈德[①](A. W. Snyder)提出近似关系式

$$n_1/n_2 \approx 1 \quad 即 \quad \Delta = \frac{n_1^2 - n_2^2}{2n_1^2} \approx \frac{n_1 - n_2}{n_1} \approx 0, \qquad (12.7.1)$$

又称弱导引条件(weak-guidance condition),Δ 称为归一化折射率差.Gloge[②] 详细讨论了在该近似条件下各种本征模的行为,并将满足(12.7.1)式的光纤中传播的本征模定义为线偏振模(linear polarized modes),简称 LP 模.在 LP 模的近似下对应的物理图像更清晰.

---

①　A. W. Snyder, 'Asymptotic expression for eigenfunctions and eigenvalues of dielectric optical waveguides', *IEEE Trans. On Microwave Theory and Tech.*, MTT-17(1969), 1130-1138.

②　D. Gloge, 'Weakly guided fibers', *Appl. Opt.*, 10(1971), 2252-2258.

设光纤芯区和包层分别满足条件:

$$n = n_1 \quad (r < a), \tag{12.7.2}$$

$$n = n_2 \quad (r \geqslant a). \tag{12.7.3}$$

为分析简单起见,设包层半径为无限大.

设想线偏振平面光波入射到光纤中,如果芯区和包层的折射率差 Δ 很大,在光纤中将不能传播平面波,光波的偏振态也将发生变化;如果芯区和包层的折射率没有差别,且包层的直径无限大,则射入光纤后光波将保持线偏振的平面波不变;当 Δ 很小时,沿光纤光轴和近轴传播的光波仍近似为平面波,偏振态大体上保持不变,电磁场强度矢量以横分量为主,纵分量与横分量之比为 $\sqrt{\Delta}$ 的量级,这就是弱导引条件下光波传播的近似图像.由于包层和芯区折射率的差别太小,大部分高阶模(从几何光学的角度来看高阶模传播方向与光轴交角较大)经过一段距离的传播后都逸出芯区,最终在光纤中长距离传播的只是低阶模.

12.7.2 弱导引光纤的波动方程的普遍解

在弱导引条件下,设电场强度矢量主要为 x 分量,磁场强度分量主要为 y 分量:

$$\left.\begin{array}{l} \boldsymbol{E} = E_x(r, \theta)\exp(-\mathrm{j}\beta z)\boldsymbol{i}, \\ \boldsymbol{H} = H_y(r, \theta)\exp(-\mathrm{j}\beta z)\boldsymbol{j}, \end{array}\right\} \tag{12.7.4}$$

在芯区和包层,E_x 满足波动方程

$$\frac{\partial^2 E_x}{\partial r^2} + \frac{1}{r}\frac{\partial E_x}{\partial r} + \frac{1}{r^2}\frac{\partial^2 E_x}{\partial \theta^2} + (n_1 k_0^2 - \beta^2)E_x = 0. \tag{12.7.5}$$

电磁场强度直角坐标分量可以用柱坐标的分量展开:

$$E_x(r, \theta, z) = \sum_i R_i(r)\Phi_i(\theta)\exp(-\mathrm{j}\beta_i z), \tag{12.7.6}$$

其中每一个模 $E_{xi} = R_i(r)\Phi_i(\theta)\exp(-\mathrm{j}\beta_i z)$ 均满足波动方程(12.7.5):

$$\frac{r^2}{R}\frac{\mathrm{d}^2 R}{\mathrm{d}r^2} + \frac{r}{R}\frac{\mathrm{d}R}{\mathrm{d}r} + r^2(n_1 k_0^2 - \beta^2) = -\frac{1}{\Phi}\frac{\mathrm{d}^2 \Phi}{\mathrm{d}\theta^2}, \tag{12.7.7}$$

引入

$$\left.\begin{array}{l} \kappa = \sqrt{k_0^2 n_1^2 - \beta^2}, \\ \sigma = \sqrt{\beta^2 - k_0^2 n_2^2}, \end{array}\right\} \tag{12.7.8}$$

运用分离变量法解方程(12.7.7),关于矢径的解为贝塞尔函数:

$$R(r) = \begin{cases} A J_p(\kappa r) & (r < a), \\ C K_p(\sigma r) & (r \geq a), \end{cases} \tag{12.7.9}$$

式中 p 为整数,又称为 LP 模的方位角模数或角度模数(angular or azimuth mode number). 在芯区内另一解 $N_p(\kappa r)$ 在 $r = 0$ 发散,在包层内另一解 $I_p(\kappa r)$ 在 $r \to \infty$ 处发散. 波动方程关于幅角的解为三角函数:

$$\Phi(\phi) = \begin{cases} \cos(p\phi + \alpha), \\ \sin(p\phi + \alpha), \end{cases} \tag{12.7.10}$$

式中 α 为待定常数. 引入

$$\left. \begin{aligned} U &= \kappa a = a\sqrt{k_0^2 n_1^2 - \beta^2}, \\ W &= \sigma a = a\sqrt{\beta^2 - k_0^2 n_2^2}, \end{aligned} \right\} \tag{12.7.11}$$

就得到电磁场的普遍解:

$$E_x(r, \theta, z) = \begin{cases} A J_l\left(\dfrac{U}{a}r\right)\cos(p\theta)\exp(-\mathrm{j}\beta z) & (r < a), \\ C K_l\left(\dfrac{W}{a}r\right)\cos(p\theta)\exp(-\mathrm{j}\beta z) & (r \geq a), \end{cases} \tag{12.7.12}$$

以及

$$H_y(r, \theta, z) = \begin{cases} B J_l\left(\dfrac{U}{a}r\right)\cos(p\theta)\exp(-\mathrm{j}\beta z) & (r < a), \\ D K_l\left(\dfrac{W}{a}r\right)\cos(p\theta)\exp(-\mathrm{j}\beta z) & (r \geq a). \end{cases} \tag{12.7.13}$$

根据电场强度 E_x 在边界 $r = a$ 连续的条件,将(12.7.12)式改写为

$$E_x(r, \theta, z) = \begin{cases} E_0 J_p\left(\dfrac{U}{a}r\right)\cos(p\theta)\exp(-\mathrm{j}\beta z) & (r < a), \\ E_0 \dfrac{J_p(U)}{K_p(W)} K_p\left(\dfrac{W}{a}r\right)\cos(p\theta)\exp(-\mathrm{j}\beta z) & (r \geq a), \end{cases}$$

$$\tag{12.7.14}$$

根据磁场强度 H_y 在边界 $r = a$ 连续的条件,(12.7.13)式也可仿此改写:

$$H_y(r,\theta,z)=\begin{cases}H_0 J_p\left(\dfrac{U}{a}r\right)\cos(p\theta)\exp(-\mathrm{j}\beta z) & (r<a),\\[2mm] H_0 \dfrac{J_p(U)}{K_p(W)}K_p\left(\dfrac{W}{a}r\right)\cos(p\theta)\exp(-\mathrm{j}\beta z) & (r\geqslant a).\end{cases}$$

$$(12.7.15)$$

12.7.3 LP 模的特征方程

由麦克斯韦方程,磁场强度的纵分量 H_z 可表示为

$$H_z=\frac{\mathrm{j}}{\omega\mu_0}(\nabla\times\boldsymbol{E})_z,\qquad(12.7.16)$$

将(12.7.14)式代入(12.7.16)式,并将直角坐标系的单位矢量 $\boldsymbol{i}$ 和 $\boldsymbol{j}$ 用柱坐标的单位矢量 $\boldsymbol{e}_r$, $\boldsymbol{e}_\theta$ 表示,得到两个区域中的表达式

$$\begin{aligned}(\nabla\times\boldsymbol{E}_1)_z&=\frac{E_0}{r}\left\{\left[pJ_p\left(\frac{Ur}{a}\right)-\left(\frac{Ur}{a}\right)J_{p-1}\left(\frac{Ur}{a}\right)\right]\cos(p\theta)\sin\theta\right.\\&\left.+pJ_p\left(\frac{Ur}{a}\right)\sin(p\theta)\cos\theta\right\}\quad(r<a),\\(\nabla\times\boldsymbol{E}_2)_z&=\frac{E_0}{r}\frac{J_p(U)}{K_p(W)}\left\{\left[pK_p\left(\frac{Wr}{a}\right)-\left(\frac{Wr}{a}\right)K_{p-1}\left(\frac{Wr}{a}\right)\right]\cos(p\theta)\sin\theta\right.\\&\left.+pK_p\left(\frac{Wr}{a}\right)\sin(p\theta)\cos\theta\right\}\quad(r\geqslant a).\end{aligned}$$

$$(12.7.17)$$

磁场强度的纵分量 H_z 在界面上连续的条件要求 $(\nabla\times\boldsymbol{E}_1)_z=(\nabla\times\boldsymbol{E}_2)_z$,由此得到阶跃光纤 LP 模的特征方程

$$\frac{UJ_{p-1}(U)}{J_p(U)}=-\frac{WK_{p-1}(W)}{K_p(W)},\qquad(12.7.18)$$

归一化频率 V 定义为,

$$V=k_0 a\sqrt{n_1^2-n_2^2}=k_0 a n_1\sqrt{2\Delta}=\frac{2\pi a}{\lambda_0}\mathrm{N.A.},\qquad(12.7.19)$$

又称为 V 参数,与平面波导的归一化频率相当,是光纤的重要参数.

当参数 p 给定后,从特征方程(12.7.18)式可以解出一系列 U-W 曲线,参数 l 从 1 开始,从左到右标志曲线族中同一个 p 的成员 LP_{pl},称为径向模数(radial mode number).当光纤的材料参数 n_0,n_1,a 及光波波长 λ_0 等给定后,归一化频率 V 就确定了,$V = V_0$ 表示为 U-W 图中的圆.于是我们看到了这样一幅物理图像:电磁场分量必须满足关于 θ 的周期条件、关于 $r \sim \infty$ 时各分量趋于零的无限远条件和 $r = a$ 边界上切向分量的连续条件,在以上条件的限制下,光纤中的光波只存在于有限多个分立的本征态中,曲线族和圆的每一个交点 $(U,W)_{pl}$ 对应于方程的一个本征态,或一个可能在光纤中传输的模,即传导模,参见图 12.19.

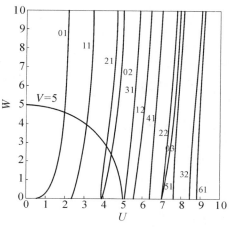

图 12.19 阶跃光纤特性曲线

12.7.4 LP 模的截止频率

对于给定的模,令 $W = 0$,从(12.7.18)式得到截止频率的表达式

$$\left. \frac{U J_{p-1}(U)}{J_p(U)} \right|_{W=0} = \frac{V_c J_{p-1}(V_c)}{J_p(V_c)} = 0. \qquad (12.7.20)$$

以下分两种情况讨论:

(1) $V_c \neq 0$,则有

$$J_{p-1}(V_c) = 0, \qquad (12.7.21)$$

表明 LP_{pl} 模的截止频率由贝塞尔函数的零点确定,

$$V_c = \mu_l^{(p-1)}, \quad l = 1,2,\cdots, \qquad (12.7.22)$$

式中 $\mu_l^{(p-1)}$ 表示 $p-1$ 阶贝塞尔函数的第 l 个零点.注意:对于贝塞尔方程而言,$\xi = 0$ 为奇点,也是函数 $J_n(\xi)$ 的 n 阶零点,其余零点均为一阶零点,通常所说的零点不包含原点 $\xi = 0$.此外 $J_n(\xi) = (-1)^n J_n(\xi)$,亦即 -1 阶贝塞尔函数的零点可以用 1 阶贝塞尔函数的零点表示.例如:LP_{31} 的截止频率 $V_{c31} = \mu_1^{(2)} = 5.136$,$LP_{02}$ 的截止频率为 $\mu_1^{(-1)} = \mu_1^{(1)} = 3.832$.

(2) $V_c = 0$. 当贝塞尔函数的宗量很小时,我们有下面的近似式

$$J_n(\xi) \approx \frac{1}{n!}\left(\frac{\xi}{2}\right)^n, \tag{12.7.23}$$

代入(12.7.20)式得到

$$\frac{V_c J_{p-1}(V_c)}{J_p(V_c)} \approx 2p, \tag{12.7.24}$$

显然,仅当 $p = 0$ 时上式才等于0,这意味着仅 LP_{01} 的截止频率为0.

12.7.5 远离截止时的 $U^{(\infty)}$ 及 LP_{pl} 模命名法则

从几何光学的角度来看,低阶模的传播方向与光轴的夹角不大,容易满足全反射条件.由归一化频率 V 的定义(12.7.19)式,

$$V = k_0 a\sqrt{n_1^2 - n_2^2} = k_0 a n_1\sqrt{2\Delta} = \frac{2\pi a}{\lambda_0}N.A.,$$

当芯区折射率 n_1 比包层折射率 n_2 大得多时,大部分低阶模都可以在芯区内传播,称这种情况为远离截止条件,对应于 V 和 W 都很大的情况.将函数 $K_p(\xi)$ 的渐近展开式

$$K_p(\xi) \sim \sqrt{\frac{2}{\pi\xi}}e^{-\xi} \tag{12.7.25}$$

代入特征方程(12.7.18)式,得到

$$\frac{J_p(U)}{UJ_{p-1}(U)} = -\frac{K_p(W)}{WK_{p-1}(W)} \sim -\frac{1}{W} \approx 0, \tag{12.7.26}$$

由上式导出远离截止的条件为

$$J_p(U) = 0. \tag{12.7.27}$$

可知在远离截止的情况下,特性曲线的横坐标 $U^{(\infty)} \to \mu_l^{(p)}$,远离截止时 LP_{pl} 模的极限值 $U^{(\infty)}$ 参见表12.2 "LP 模与常规模对照表",表中 HE 表示混合模.LP_{pl} 模的下标分别对应于贝塞耳函数的阶数 p 和零点的序号 l.在 $U-W$ 坐标系中,LP_{pl} 模的特性曲线则按贝塞耳函数 $J_p(U)$ 的零点的值从小到大排列,依次为 LP_{01},LP_{11},LP_{21},LP_{02},…,每一个模的 U 位于 $U^{(0)}$ 和 $U^{(\infty)}$ 之间.

表 12.2 LP 模与常规模对照表

LP$_{pl}$ 模	对应常规模	截 止		远 离 截 止	
		截止频率 $V_c = U^{(0)}$	对应贝塞尔函数零点	$U^{(\infty)}$	对应贝塞尔函数零点
LP$_{01}$	HE$_{11}$	0	—	2.405	$\mu_1^{(0)}$
LP$_{11}$	TE$_{01}$，TM$_{01}$，HE$_{21}$	2.405	$\mu_1^{(0)}$	3.832	$\mu_1^{(1)}$
LP$_{21}$	EH$_{11}$，HE$_{31}$	3.832	$\mu_1^{(1)}$	5.136	$\mu_1^{(2)}$
LP$_{02}$	HE$_{12}$	3.832	$\mu_1^{(-1)} = \mu_1^{(1)}$	5.520	$\mu_2^{(0)}$
LP$_{31}$	EH$_{21}$，HE$_{41}$	5.136	$\mu_1^{(2)}$	6.380	$\mu_1^{(3)}$
LP$_{12}$	TE$_{02}$，TM$_{02}$，HE$_{22}$	5.520	$\mu_2^{(0)}$	7.016	$\mu_2^{(1)}$
LP$_{41}$	EH$_{31}$，HE$_{51}$	6.380	$\mu_1^{(3)}$	7.588	$\mu_1^{(4)}$
LP$_{22}$	EH$_{12}$，HE$_{32}$	7.016	$\mu_2^{(1)}$	8.417	$\mu_2^{(2)}$
LP$_{03}$	HE$_{13}$	7.016	$\mu_2^{(-1)} = \mu_2^{(1)}$	8.654	$\mu_3^{(0)}$
LP$_{51}$	EH$_{41}$，HE$_{61}$	7.588	$\mu_1^{(4)}$	8.771	$\mu_1^{(5)}$
LP$_{32}$	EH$_{22}$，HE$_{42}$	8.417	$\mu_2^{(2)}$	9.761	$\mu_2^{(3)}$

12.7.6 光强分布

运用坡印亭矢量的表达式对时间求平均：

$$|\langle \boldsymbol{S} \rangle| = \frac{1}{2}\mathrm{Re}(E_x H_y^*) \sim |E_x|^2, \tag{12.7.28}$$

以(12.7.14)式代入上式，得到

$$I_{pl}(r, \theta) = \begin{cases} I_0 \mathrm{J}_p^2\left(\dfrac{U}{a}r\right)\cos^2(p\theta) & (r < a), \\[2mm] I_0 \dfrac{\mathrm{J}_p^2(U)}{\mathrm{K}_p^2(W)}\mathrm{K}_p^2\left(\dfrac{W}{a}r\right)\cos^2(p\theta) & (r \geqslant a). \end{cases} \tag{12.7.29}$$

一些低阶模的电场分布示意图见表 12.3. 从(12.7.29)式可以看出，参数 p 相同的 LP 模的电场强度具有相近的分布.

表 12.3 　低阶 LP 模的光强分布

LP 模	常规模	$U^{(0)}$	$U^{(\infty)}$	E_x 的强度分布
LP_{01}	HE_{11}	0	2.405	
LP_{11}	TE_{01} TM_{01} HE_{21}	2.405	3.832	
LP_{21}	EH_{11} HE_{31}	3.822	5.136	
LP_{02}	HE_{12}	3.832	5.520	

12.7.7　基模 $LP_{01}(HE_{11})$

我们还可以看出,HE_{11} 模具有均匀的电场分布,恰恰是光纤中传导的基模,当 V_c 小于 LP_{11} 模的截止频率 $\mu_1^{(0)}(=2.405)$ 时,光纤中只有 LP_{01} 传播. 例如,当 $n=1.45$, $\Delta=0.008$,$\lambda_0=1.3\,\mu m$ 时,由截止频率公式(12.7.19)式算出光纤直径 $2a\approx5.4\,\mu m$.

设光纤满足弱导引条件,且工作点在截止频率近旁,则基模的强度分布为

$$I_{00}(r,\theta)=\begin{cases} I_0 J_0^2\left(\dfrac{V}{a}r\right) & (r<a), \\[3mm] I_0\,\dfrac{J_0^2(V)}{K_0^2(W)}K_0^2\left(\dfrac{W}{a}r\right) & (r\geqslant a). \end{cases} \qquad (12.7.30)$$

由于 $J_0^2[(V/a)r]$ 与高斯函数 $\exp\{-[(V/\omega)r]^2\}$ 的形状很相似,用高斯函数代替贝塞尔函数,在处理上方便得多. (12.7.30)式可近似表示为

$$I=A\left[J_0^2\left(\frac{V}{a}r\right)\right]\approx A\exp\left[-2\left(\frac{r}{\omega}\right)^2\right], \qquad (12.7.31)$$

如果运用判别式

$$\delta=\int_0^{\mu_1^{(0)}}\left\{J_0^2\left(\frac{V}{a}r\right)-\exp\left[-2\left(\frac{r}{\omega}\right)^2\right]\right\}dr, \qquad (12.7.32)$$

使 δ 取极小值,即得到 ω 的值. 近似有

$$\omega=\frac{1.842}{\mu_1^{(0)}/a}=0.77\cdot a_{max}. \qquad (12.7.33)$$

例如对于本节开头的数据,就有 $\omega=2.1\,\mu m$. 2ω 是高斯光束尺寸的度量.

12.8　渐折射率分布平面波导

以上讨论的都是阶梯折射率的光波导,也就是芯区、包层和衬底三个区域(在

圆柱形波导为两个区域)内部完全均匀,折射率为常数,不同区域的折射率不相同,称为均匀波导.在光纤通信中,若采用阶梯折射率光纤即均匀光纤,会产生色散现象,包括材料的折射率色散、不同频率下模的群速度不同引起的波导色散.在多模传输过程中,尽管光波频率相同(单色光),但由于不同模传播常数 β 引起的群速度差异也会造成色散,称为模间色散.这种色散尤为严重.上述各种色散效应引起传输过程中脉冲的展宽,从而限制了通信容量.

近年来设计出多种折射率渐变的光纤,能使模间色散趋于最小,在光波导中应用扩散、离子注入等工艺,也能形成渐变的折射率分布.

本节首先讨论典型的渐变折射率光波导模型.为简单起见,只考虑平面波导 TE 波.由 12.3 节(12.3.8)式,E_y 满足方程

$$\frac{\mathrm{d}^2 E_y}{\mathrm{d}x^2} + (n^2 k_0^2 - \beta^2) E_y = 0, \qquad (12.8.1)$$

式中 $n^2 k_0^2 = k^2$, $\beta = k_z$.

在折射率渐变情况下,可令

$$n = n(x), \qquad (12.8.2)$$

$n(x)$ 通常是 x 的缓慢变化的函数,根据 $n(x)$ 的不同形式,方程(12.8.1)将有不同的解.下面讨论两种有解析解的情况,以及普遍的 W.K.B.解.

12.8.1 抛物型分布

折射率函数 $n(x)$ 具有如下形式(参见图 12.20):

$$n^2(x) = n_0^2 \left(1 - \frac{x^2}{x_0^2}\right), \qquad (12.8.3)$$

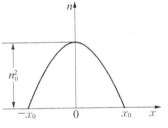

图 12.20　抛物型分布折射率

该分布是真实光波导在对称平面附近的很好近似. (12.8.3)式中的情况相当于量子力学中无限深势阱中的一维谐振子.将(12.8.3)式代入(12.8.1)式,得到

$$\frac{\mathrm{d}^2 E_y}{\mathrm{d}x^2} + \left[(n_0^2 k_0^2 - \beta^2) - \left(\frac{n_0 k_0}{x_0}\right)^2 x^2 \right] E_y = 0, \qquad (12.8.4)$$

令

$$\left. \begin{array}{l} \nu = n_0^2 k_0^2 - \beta^2, \\ \sigma = \dfrac{n_0 k_0}{x_0}, \end{array} \right\} \qquad (12.8.5)$$

从中解出

$$E_{ym}(x) = \rho_m H_m\left(\sqrt{2}\,\frac{x}{\omega}\right)\exp\left(-\frac{x^2}{\omega^2}\right), \quad m = 0,1,2,\cdots, \quad (12.8.6)$$

式中 H_m 为厄米(Hermite)多项式, $\rho_m = 1/(\sqrt{\pi}2^m \cdot m!)$ 为归一化常数.因 $H_0 = 1$,所以 $E_{y0}(x)$ 就是高斯分布, ω 称为光斑尺寸, 2ω 是光束宽度的度量,

$$\omega = \sqrt{\frac{2}{\sigma}} = \sqrt{\frac{\lambda_0 x_0}{\pi n_0}}. \quad (12.8.7)$$

由 $\nu = (2m+1)\sigma$ 得到第 m 个模的传播常数

$$\beta_m^2 = N_m^2 k_0^2 = \left[n_0^2 - \left(m+\frac{1}{2}\right)\frac{n_0\lambda_0}{\pi x_0}\right]k_0^2 \quad (m = 0,1,2,\cdots),$$

$$(12.8.8)$$

式中

$$N_m^2 = n_0^2 - \left(m+\frac{1}{2}\right)\frac{n_0\lambda_0}{\pi x_0}. \quad (12.8.9)$$

我们看到在折射率具有抛物型分布时,光波导中可以传输无限多个分立的模.

12.8.2 负指数分布

负指数型折射率分布表示如下(参见图12.21):

$$n^2(x) = n_s^2\left[1 + \frac{2\Delta n}{n_s}\exp\left(-\frac{2|x|}{d}\right)\right], \quad (12.8.10)$$

式中 n_s 表示 $|x| \to \infty$ 时的折射率, Δn 表示如下:

$$\Delta n = \frac{n^2(0) - n_s^2}{2n_s}. \quad (12.8.11)$$

将(12.8.10)式代入(12.8.1)式得到

$$\frac{d^2 E_y}{d\xi^2} + \frac{1}{\xi}\frac{dE_y}{d\xi} + \left(1 - \frac{\nu^2}{\xi^2}\right)E_y = 0,$$

$$(12.8.12)$$

式中

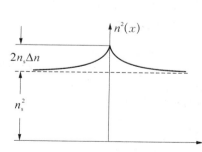

图 **12.21** 负指数分布折射率

$$\left.\begin{aligned} \xi &= V \exp\left(-\frac{x}{d}\right), \\ V &= k_0 d \sqrt{2 n_s \Delta n}, \\ \nu^2 &= (\beta^2 - n_s^2 k_0^2) d^2, \end{aligned}\right\} \tag{12.8.13}$$

V 为归一化频率. (12.8.12)式为贝塞尔方程,它的解为

$$E_y(x) = \begin{cases} J_\nu\left[V \exp\left(-\frac{x}{d}\right)\right], & x > 0, \\ J_\nu\left[V \exp\left(\frac{x}{d}\right)\right], & x < 0, \end{cases} \tag{12.8.14}$$

式中 ν 不一定是整数.

$E_y(x)$ 为偶函数,代表偶模.物理上可能的电场强度分布在 $x = 0$ 处应满足衔接条件:除了函数本身应连续以外,一阶导数应当为 0.后一条件可利用贝塞尔函数的递推公式表示为

$$J_\nu'(V) = J_{\nu-1}(V) - \frac{\nu}{V} J_\nu(V) = 0. \tag{12.8.15}$$

当 V 较大时,将贝塞尔函数的渐近表达式代入上式,得到

$$\cos\left(V - \frac{\nu-1}{2}\pi - \frac{\pi}{4}\right) = \frac{\nu}{V} \cos\left(V - \frac{\nu\pi}{2} - \frac{\pi}{4}\right) \approx 0.$$

因此有下面的近似表达式

$$\frac{V}{\pi} - \frac{\nu}{2} + \frac{1}{4} \approx m, \tag{12.8.16}$$

m 取区间 $(0, [V/\pi])$ 之间的自然数,共约 $[V/\pi]$ 个,符号 $[x]$ 表示取 x 的整数部分,相应的阶记为

$$\nu_1, \nu_2, \cdots, \nu_M, \quad M = \left[\frac{V}{\pi}\right], \tag{12.8.17}$$

对应的 M 个分立的模为

$$E_{y1}, E_{y2}, \cdots, E_{yM}. \tag{12.8.18}$$

传播常数的量子化条件为[见(12.8.13)式]

$$\beta_m^2 = \frac{\nu_m^2}{d^2} + n_0^2 k_0^2 \quad (m = 1, 2, \cdots, M). \tag{12.8.19}$$

12.8.3 渐变折射率光波导内波动方程的 W.K.B. 解法

W.K.B.(Wentzel‐Kramers‐Brillouin)方法非常适合于求解在折射率缓慢变化的波导中的传播和色散问题,在 n 为常数的情况下,方程(12.8.1)的解具有形式

$$E_y(x) = \exp[j\phi(x)], \tag{12.8.20}$$

其中相位项 $\phi(x)$ 是 x 的线性函数. 当 n 不是常数,但变化缓慢时,可以设 E_y 仍具有(12.8.20)式的形式,但

$$\phi(x) = k_0 S(x), \tag{12.8.21}$$

$S(x)$ 是一个 x 的缓变函数,将上式代入(12.8.20)式得到

$$E_y(x) = \exp[jk_0 S(x)], \tag{12.8.22}$$

代入方程(12.8.1),得到关于 S 的方程

$$\left(\frac{dS}{dx}\right)^2 + \frac{1}{jk_0}\frac{d^2 S}{dx^2} = n^2(x) - \left(\frac{\beta}{k_0}\right)^2. \tag{12.8.23}$$

k_0 与 x 的乘积一般总是很大,设 $\bar{x}$ 为 x 的某个特征量,可以认为 $\varepsilon = 1/(jk_0\bar{x})$ 为小量,将 S 按 ε 展开:

$$S = S_0 + \varepsilon S_1 + \varepsilon^2 S_2 + \cdots,$$

代入(12.8.23)式中得到关于 ε 的同次幂的方程

$$\left.\begin{array}{l}\dfrac{dS_0}{dx} = p = \sqrt{n^2(x) - \left(\dfrac{\beta}{k_0}\right)^2}, \\[3mm] \dfrac{dS_1}{dx} = -\dfrac{\bar{x}}{2}\cdot\dfrac{S_0''}{S_0}, \end{array}\right\} \tag{12.8.24}$$

从中解出

$$S_0 = \pm\int^x p\,dx, \quad S_1 = \bar{x}\ln p^{-1/2} + 常数. \tag{12.8.25}$$

在初级近似下,方程(12.8.1)的解即为

$$E_y = \frac{C_1}{\sqrt{p}} \sin\left(k_0 \int^x p\,\mathrm{d}x + \alpha\right) \quad \left(n^2 \geqslant \frac{\beta^2}{k_0^2}\right), \tag{12.8.26}$$

以及

$$E_y = \frac{C_2}{\sqrt{p}} \exp\left(-k_0 \int^x |p|\,\mathrm{d}x\right) \quad \left(n^2 < \frac{\beta^2}{k_0^2}\right), \tag{12.8.27}$$

式中 α，C_1 和 C_2 为待定常数，由边界和归一化诸条件确定.

设 $n^2(x)$ 具有图 12.22 的形式：在区域 (a, b) 内部，E_y 具有 $(12.8.26)$ 式中所表示的正弦振荡的形式；在区域 $x > b$ 或 $x < a$，E_y 具有 $(12.8.27)$ 式所表示的指数衰减形式.在转折点 $x = a$ 及 $x = b$ 处，$n^2(x)$ 是 x 的缓变函数，因此可以在 $x = a$ 近旁将其展开，得到 1 级近似表达式

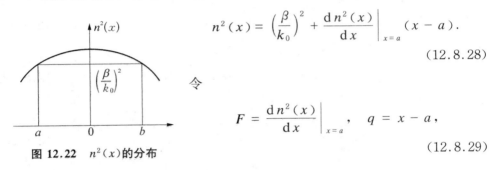

$$n^2(x) = \left(\frac{\beta}{k_0}\right)^2 + \left.\frac{\mathrm{d}n^2(x)}{\mathrm{d}x}\right|_{x=a}(x - a). \tag{12.8.28}$$

令

图 12.22　$n^2(x)$ 的分布

$$F = \left.\frac{\mathrm{d}n^2(x)}{\mathrm{d}x}\right|_{x=a}, \quad q = x - a, \tag{12.8.29}$$

代入 $(12.8.1)$ 式得到

$$\frac{\mathrm{d}^2 E_y}{\mathrm{d}q^2} + k_0^2 F q E_y = 0. \tag{12.8.30}$$

再令

$$\xi = (k_0^2 F)^{1/3} q, \tag{12.8.31}$$

方程 $(12.8.30)$ 化作

$$\frac{\mathrm{d}^2 E_y}{\mathrm{d}\xi^2} + \xi E_y = 0. \tag{12.8.32}$$

在 $\xi > 0$ 的区域内，令

$$z = \frac{2}{3}\xi^{3/2}, \quad E_y = \xi^{1/2} u, \tag{12.8.33}$$

代入(12.8.32)式得到

$$\frac{\mathrm{d}^2 u}{\mathrm{d}z^2} + \frac{1}{z}\frac{\mathrm{d}u}{\mathrm{d}z} + \left[1 - \left(\frac{1}{3}\right)^2 \frac{1}{z^2}\right]u = 0,\qquad(12.8.34)$$

它的解为 $J_{1/3}$ 和 $J_{-1/3}$. 由于 E_y 是它们与 $\xi^{1/2}$ 的积, 即使取 $u = J_{-1/3}$, 在转折点也不会发散.

在区域 $x < a$, 用类似的方法得到

$$\frac{\mathrm{d}^2 u}{\mathrm{d}z^2} + \frac{1}{z}\frac{\mathrm{d}u}{\mathrm{d}z} - \left[1 + \left(\frac{1}{3}\right)^2 \frac{1}{z^2}\right]u = 0,\qquad(12.8.35)$$

它的解为 $K_{1/3}$. 另一解 $I_{1/3}$ 在 $|z| \to \infty$ 时发散.

这样一来,

$$E_y = \begin{cases} C_1 \sqrt{\xi}\, J_{-1/3}\left(\dfrac{2}{3}\xi^{3/2}\right) + C_2 \sqrt{\xi}\, J_{1/3}\left(\dfrac{2}{3}\xi^{3/2}\right), & \xi > 0, \\[2mm] C_3 \sqrt{|\xi|}\, K_{1/3}\left(\dfrac{2}{3}|\xi|^{3/2}\right), & \xi < 0. \end{cases}\qquad(12.8.36)$$

运用贝塞尔函数的级数展开式:

$$J_\nu(z) = \sum_{k=0}^{\infty}\frac{(-1)^k}{k!}\frac{1}{\Gamma(\nu + k + 1)}\left(\frac{z}{2}\right)^{2k+\nu},$$

$$K_\nu(z) = \frac{\pi}{2\sin\nu\pi}\left[I_{-\nu}(z) - I_\nu(z)\right]$$

$$= \frac{\pi}{2\sin\nu\pi}\sum_{k=0}^{\infty}\left[\left(\frac{z}{2}\right)^{-\nu}\frac{1}{k!}\frac{1}{\Gamma(-\nu + k + 1)}\left(\frac{z}{2}\right)^{2k}\right.$$

$$\left. - \left(\frac{z}{2}\right)^{\nu}\frac{1}{k!}\frac{1}{\Gamma(\nu + k + 1)}\left(\frac{z}{2}\right)^{2k}\right],$$

在 1 级近似下, 有

$$E_y \sim \begin{cases} AC_1 + BC_2\,\xi, & \xi > 0, \\[2mm] \dfrac{\pi}{\sqrt{3}}(A + B\xi)C_3, & \xi < 0, \end{cases}\qquad(12.8.37)$$

A, B 为常数.

E_y 及其一阶导数在 $\xi = 0$ 处的连续性要求

$$C_1 = C_2 = \frac{\pi}{\sqrt{3}} C_3,$$

取 $C_3 = 1$, 得到

$$E_y = \begin{cases} \frac{\pi}{\sqrt{3}} \sqrt{\xi} \left[J_{-1/3}\left(\frac{2}{3}\xi^{3/2}\right) + J_{1/3}\left(\frac{2}{3}\xi^{3/2}\right) \right], & \xi > 0, \\ \sqrt{|\xi|}\, K_{1/3}\left(\frac{2}{3}|\xi|^{3/2}\right), & \xi < 0, \end{cases} \quad (12.8.38)$$

运用贝塞尔函数的渐近行为,在离开转折点较远处,

$$E_y \approx \begin{cases} \frac{\sqrt{3\pi}}{\xi^{1/4}} \sin\left(\frac{2}{3}\xi^{3/2} + \frac{\pi}{4}\right), & \xi > 0, \\ \frac{\sqrt{3\pi}}{2|\xi|^{1/4}} \exp\left(-\frac{2}{3}|\xi|^{3/2}\right), & \xi < 0, \end{cases} \quad (12.8.39)$$

现在回过来考虑(12.8.26)式和(12.8.27)式所表示的 E_y 在转折点近旁的行为.由于 $p \approx \sqrt{Fq}$,代入这两式就得到

$$E_y \approx \begin{cases} \frac{C_1}{\xi^{1/4}} \sin\left(\frac{2}{3}\xi^{3/2} + \alpha\right), & \xi > 0, \\ \frac{C_2}{|\xi|^{1/4}} \exp\left(-\frac{2}{3}|\xi|^{3/2}\right), & \xi < 0, \end{cases} \quad (12.8.40)$$

将(12.8.40)式与(12.8.39)式相比,得到 $\alpha = \pi/4$,这样一来,E_y 的最后表达式为

$$E_y = \begin{cases} \frac{C_1}{\sqrt{p}} \sin\left(k_0 \int_a^x p\,\mathrm{d}x + \frac{\pi}{4}\right), & x > a, \\ \frac{C_2}{\sqrt{p}} \exp\left(-k_0 \int_a^x |p|\,\mathrm{d}x\right), & x < a. \end{cases} \quad (12.8.41)$$

类似得到由另一个转折点 $x = b$ 所表示的 E_y:

$$E_y = \frac{C_1'}{\sqrt{p}} \sin\left(k_0 \int_x^b p\,\mathrm{d}x + \frac{\pi}{4}\right), \quad x < b. \quad (12.8.42)$$

在区间 (a, b) 内任一点,由 a 和 b 起算的 E_y 表达式应当一致,这就要求

$$k_0 \int_a^x p\,\mathrm{d}x + \frac{\pi}{4} = (m+1)\pi - \left[k_0 \int_x^b p\,\mathrm{d}x + \frac{\pi}{4}\right],$$

亦即

$$\int_a^b p\,\mathrm{d}x = \left(m+\frac{1}{2}\right)\frac{\pi}{k_0} = \left(m+\frac{1}{2}\right)\frac{\lambda_0}{2}, \quad n=1,2,3,\cdots,$$

$$p = \sqrt{n^2(x)-\left(\frac{\beta}{k_0}\right)^2}.$$

$$(12.8.43)$$

这一式子显然就是传播常数 β 的量子化条件,它与量子力学中的玻尔－索末菲量子化条件在形式上完全一致.

设 $n^2(x)$ 具抛物型分布

$$n^2(x) = n_0^2 - n_0^2\left(\frac{x}{x_0}\right)^2,$$

再设 $x=a$ 时,$n^2(a)=(\beta/k_0)^2$,代入上式得到

$$\left(\frac{\beta}{k_0}\right)^2 = n_0^2 - n_0^2\left(\frac{a}{x_0}\right)^2,$$

$$(12.8.44)$$

由以上两式得到

$$p = \frac{n_0 a}{x_0}\sqrt{1-\left(\frac{x}{a}\right)^2},$$

$$(12.8.45)$$

代入(12.8.43)式得到

$$a^2 = \left(m+\frac{1}{2}\right)\frac{\lambda_0 x_0}{n_0\pi},$$

$$(12.8.46)$$

代入(12.8.44)式得到 β 的量子化条件

$$\beta_m^2 = \left[n_0^2 - \left(m+\frac{1}{2}\right)\frac{n_0\lambda_0}{\pi x_0}\right]k_0^2,$$

$$(12.8.47)$$

与前面用解方程的办法算出的结果完全一致.

实际问题中的折射率分布比较复杂,方程(12.8.1)有解析解的例子是极个别的.因此 W.K.B.方法具有实用价值.

参考文献:

[1] Okamoto K. Fundamentals of Optical Waveguides[M]. San Diego：Academic Press，2000.

[2] 斯奈德 A W,洛夫 J D.光波导理论(Optical waveguide theory)[M].周幼威,等译.北京：人

民邮电出版社,1991.

[3] Marcuse D. Theory of Dielectric Optic Waveguide[M]. 2nd Ed. New York：Academic Press，1991.

[4] 秦秉坤,孙雨南.介质波导及其应用[M].北京：北京理工大学出版社,1991.

[5] Buck J A. Fundamentals of Optical Fibers[M]. New Jersey：John Wiley & Sons，2004.

第 13 章　高斯光束光学

13.1　光　束　的　概　念

在几何光学中,用"光线"来描述光在自由空间中的传播.如果光波能量被约束在相对较小的"管道"空间中传播,该管道直径为 Δx,发散角为 θ(见图 13.1),就称为"细光束",简称"光束",细光束当 Δx 和 θ 都趋于 0 的极限情形就是光线.这些概念显然都是相对的,并无准确的定义.Δx 为信号的空间宽度,θ/λ 为信号的空间谱宽度,根据测不准原理,

$$2\Delta x \cdot \frac{2\theta}{\lambda} \geqslant \frac{4}{\pi}, \qquad (13.1.1)$$

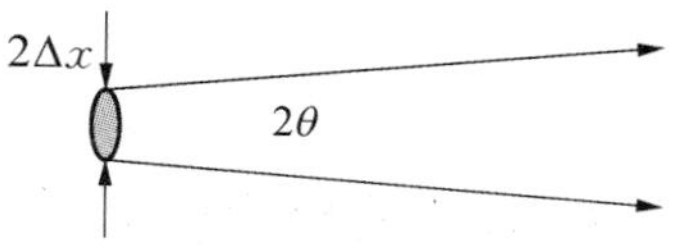

图 13.1　旁轴光束

式中 λ 为波长,$2\Delta x \cdot 2\theta/\lambda$ 又称信号的空间带宽积.在光线情况下 Δx 和 θ 均为 0,据上式可见几何光学中所谓的光线实际上并不存在.本章第 2 节将推导(13.1.1)式.

波动光学中则运用"光波"来描述光的传播,有两种典型的光波:平面波和球面波.理想的平面波分布在无限大空间中,相当于 $\Delta x \rightarrow \infty$,由(13.1.1)式,必然有 $\theta \rightarrow 0$,即平面波在传播过程中不发散,波前的法线处处平行.球面波情况下 $\Delta x \sim 0$,光波能量沿所有的空间方向均匀发散.

当光束的直径 Δx 和发散角 θ 不大时,就称为旁轴光波或近轴光波(paraxial waves).旁轴光波必须满足旁轴近似的亥姆霍兹方程.在 13.3 节将讨论高斯光束(Gaussian beam),它是典型的也是最重要的旁轴光束,大部分激光束的基模可近似看成高斯光束,其光强的横向截面为高斯分布,发散角不大.13.2 节从测不准关系预言高斯光束的存在并使(13.1.1)式取等号.

13.2　广义测不准关系和空间带宽积

任何光学信号都可以在空间频域进行分析,设 $g(x)$ 的频谱为 $G(u)$.首先我们来定义信号 $g(x)$ 空域分布的中心 x_c:

$$x_c = \frac{(g(x),\, xg(x))}{(g(x),\, g(x))} = \frac{\int_{-\infty}^{\infty} g^*(x)xg(x)\mathrm{d}x}{\int_{-\infty}^{\infty} g^*(x)g(x)\mathrm{d}x}, \tag{13.2.1}$$

式中 (g,h) 表示函数 g 和 h 的内积. 其次,信号 $g(x)$ 的空域宽度 Δx 定义为

$$(\Delta x)^2 = \frac{(g(x),\, (x-x_c)^2 g(x))}{(g(x),\, g(x))} = \frac{\int_{-\infty}^{\infty} g^*(x)(x-x_c)^2 g(x)\mathrm{d}x}{\int_{-\infty}^{\infty} g^*(x)g(x)\mathrm{d}x}. \tag{13.2.2}$$

信号 g 的傅里叶频谱 $G(u)$ 在频域中的中心 u_c 和宽度 Δu 可仿此定义:

$$u_c = \frac{(G(u),\, uG(u))}{(G(u),\, G(u))} = \frac{\int_{-\infty}^{\infty} G^*(u)uG(u)\mathrm{d}u}{\int_{-\infty}^{\infty} G^*(u)G(u)\mathrm{d}u}, \tag{13.2.3}$$

$$(\Delta u)^2 = \frac{(G(u),\, (u-u_c)^2 G(u))}{(G(u),\, G(u))} = \frac{\int_{-\infty}^{\infty} G^*(u)(u-u_c)^2 G(u)\mathrm{d}u}{\int_{-\infty}^{\infty} G^*(u)G(u)\mathrm{d}u}. \tag{13.2.4}$$

上述定义并不是对所有的信号都有意义,它要求信号在空域和频域的分布都相对集中,或者说当宗量的绝对值趋于 ∞ 时 $g(x)$ 和 $G(u)$ 的衰减足够快.

下面我们来证明信号空域宽度 Δx 和频域宽度 Δu 之积有一个下限:

$$\Delta x \cdot \Delta u \geqslant \frac{1}{4\pi}. \tag{13.2.5}$$

首先我们来证明下面的关系式

$$\int_{-\infty}^{\infty} u^2 G^*(u) G(u) \mathrm{d}u = \frac{1}{4\pi^2} \int_{-\infty}^{\infty} g'(x) g'^*(x) \mathrm{d}x, \quad (13.2.6)$$

上式左边积分内的 $G^*(u)$ 和 $G(u)$ 可以用傅里叶变换表示：

$$\begin{aligned}
\int_{-\infty}^{\infty} u^2 G^*(u) G(u) \mathrm{d}u &= \int_{-\infty}^{\infty} \mathrm{d}u \cdot \left[u \int_{-\infty}^{\infty} g^*(x) \exp(\mathrm{j}2\pi u x) \mathrm{d}x \right] \\
&\quad \times \left[u \int_{-\infty}^{\infty} g(\xi) \exp(-\mathrm{j}2\pi u \xi) \mathrm{d}\xi \right] \\
&= \int_{-\infty}^{\infty} I_1(u) I_2(u) \mathrm{d}u, \quad (13.2.7)
\end{aligned}$$

式中 I_1 可以用分部积分方法来改写：

$$\begin{aligned}
I_1(u) &= u \int_{-\infty}^{\infty} g(\xi) \exp(-\mathrm{j}2\pi u \xi) \mathrm{d}\xi = -\frac{1}{\mathrm{j}2\pi} \int_{-\infty}^{\infty} g(\xi) \mathrm{d}\exp(-\mathrm{j}2\pi u \xi) \\
&= -\frac{1}{\mathrm{j}2\pi} \left[g(\xi) \exp(-\mathrm{j}2\pi u \xi) \Big|_{-\infty}^{\infty} - \int_{-\infty}^{\infty} g'(\xi) \exp(-\mathrm{j}2\pi u \xi) \mathrm{d}\xi \right] \\
&= \frac{1}{\mathrm{j}2\pi} \int_{-\infty}^{\infty} g'(\xi) \exp(-\mathrm{j}2\pi u \xi) \mathrm{d}\xi, \quad (13.2.8)
\end{aligned}$$

在推导中已假设 $g(\xi) \exp(-\mathrm{j}2\pi f \xi)$ 在 $\xi \to \infty$ 时为零. 类似地，我们有

$$\begin{aligned}
I_2(u) &= -\frac{1}{\mathrm{j}2\pi} \int_{-\infty}^{\infty} g^*(x) \mathrm{d}\exp(\mathrm{j}2\pi u x) \\
&= -\frac{1}{\mathrm{j}2\pi} \int_{-\infty}^{\infty} g'^*(x) \exp(\mathrm{j}2\pi u x) \mathrm{d}x, \quad (13.2.9)
\end{aligned}$$

以(13.2.8)、(13.2.9)式代入(13.2.7)式，交换积分次序，并运用 δ 函数的积分表达式就得到(13.2.6)式.

我们再引入下面形式的 Schwarz 不等式：

$$4 \int g g^* \mathrm{d}x \int h h^* \mathrm{d}x \geqslant \left| \int (g^* h + g h^*) \mathrm{d}x \right|^2, \quad (13.2.10)$$

运用(13.2.6)、(13.2.10)式及傅里叶变换中的 Parseval 定理：

$$\int_{-\infty}^{\infty} g^*(\xi) h(\xi) \mathrm{d}\xi = \int_{-\infty}^{\infty} G^*(u) H(u) \mathrm{d}u, \quad (13.2.11)$$

其中 $G(u)$ 和 $H(u)$ 分别是 $g(\xi)$ 和 $h(\xi)$ 的傅里叶变换，我们有

$$(\Delta x)^2 (\Delta u)^2 = \frac{\int_{-\infty}^{\infty} x^2 g g^* \, \mathrm{d}x \int_{-\infty}^{\infty} u^2 G G^* \, \mathrm{d}u}{\int_{-\infty}^{\infty} g g^* \, \mathrm{d}x \int_{-\infty}^{\infty} G G^* \, \mathrm{d}u}$$

$$= \frac{\int_{-\infty}^{\infty} x g \cdot x g^* \, \mathrm{d}x \int_{-\infty}^{\infty} g' g'^* \, \mathrm{d}x}{4\pi^2 \left(\int_{-\infty}^{\infty} g g^* \, \mathrm{d}x \right)^2}, \qquad (13.2.12)$$

分子中的积分可化为

$$\int_{-\infty}^{\infty} x \frac{\mathrm{d}}{\mathrm{d}x} (g g^*) \mathrm{d}x = x g g^* \Big|_{-\infty}^{\infty} - \int_{-\infty}^{\infty} g g^* \, \mathrm{d}x = -\int_{-\infty}^{\infty} g g^* \, \mathrm{d}x, \quad (13.2.13)$$

在推导中假定 $x g g^*$ 当 $|x| \to \infty$ 时为零. 以(13.2.13)式代入(13.2.12)式,得到

$$(\Delta x)^2 (\Delta u)^2 \geqslant \frac{1}{16\pi^2},$$

即(13.2.5)式,可称为广义的测不准关系式.

$\Delta x \cdot \Delta u$ 的值取决于信号函数的具体形式.例如当 $g(x)$ 取高斯函数时,即

$$g(x) = \exp\left(-\frac{x^2}{2\sigma^2}\right), \qquad (13.2.14)$$

代入(13.2.2)式,得到高斯函数的空间范围

$$\Delta x = \frac{\sigma}{\sqrt{2}}. \qquad (13.2.15)$$

与(13.2.14)式对应的频域信号为

$$G(u) = \exp(-2\pi^2 \sigma^2 u^2), \qquad (13.2.16)$$

频谱的宽度可由(13.2.4)式算出:

$$\Delta u = \frac{1}{2\sqrt{2}\pi\sigma}, \qquad (13.2.17)$$

从而有

$$\Delta x \cdot \Delta u = \frac{1}{4\pi}, \qquad (13.2.18)$$

亦即对于高斯信号而言,(13.2.4)式中的等号成立. 在以上计算中用到高斯函数

的积分公式:

$$\int_{-\infty}^{\infty} \xi^2 \exp(-p\xi^2)\mathrm{d}\xi = \frac{1}{2p}\sqrt{\frac{\pi}{p}}, \quad p > 0, \tag{13.2.19}$$

及

$$\int_{-\infty}^{\infty} \exp(-p\xi^2)\mathrm{d}\xi = \sqrt{\frac{\pi}{p}}, \quad p > 0. \tag{13.2.20}$$

由(13.2.15)式所表示的 Δx 为变量 x 对于函数 $g(x) = \exp(-x^2/2\sigma^2)$ 的积分均方根值,该平均方案计算空域宽度对于高斯函数偏紧,当 $x = \Delta x$ 时 $g(\Delta x) = \mathrm{e}^{-1/4} \approx 0.78$,如图 13.2(a)所示.

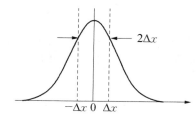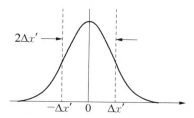

图 13.2　高斯函数

对于高斯函数,通常取 $\Delta x'$ 相当于函数值下降到最大值的 $1/\mathrm{e}$ 处,即

$$\Delta x' = 2\Delta x = \sqrt{2}\sigma, \tag{13.2.21}$$

且有 $g(\Delta x') = \mathrm{e}^{-1} \approx 0.37$,参见图 13.2(b).以 $\Delta x'$ 作为高斯函数的空间宽度.频域中相应的带宽为

$$\Delta u' = 1/(\sqrt{2}\pi\sigma), \tag{13.2.22}$$

并有

$$\Delta x' \Delta u' = 1/\pi. \tag{13.2.23}$$

频谱乘以波长 λ 就得到角谱,(13.2.23)式成为

$$\Delta x' \cdot (\lambda \Delta u') = \Delta x' \cdot \theta' \geqslant \frac{\lambda}{\pi}, \tag{13.2.24}$$

即上节(13.1.1)式.如取高斯信号,得到

$$2\Delta x' \cdot 2\Delta\theta'\big|_{\text{Gaosian}} = \frac{4\lambda}{\pi}, \tag{13.2.25}$$

表明高斯信号具有最小的空间带宽积,在等同的光束截面尺寸下,发散角最小,也就是说,高斯光束作为典型的细光束,最接近于光线.

13.3 波动方程的近轴解和高斯光束的特性

在凹面反射镜构成的谐振腔中产生的激光束既不是均匀、无限扩展的平面波,也不是球面波,而是结构特殊的高斯光束.本节我们从波动方程出发,导出高斯光束解,并讨论它的特性.

13.3.1 波动方程的近轴解

沿坐标 z 方向传播的高斯光束虽然不是平面波,但光波的复振幅可以近似表达如下:

$$u(x, y, z) = U(x, y, z)\mathrm{e}^{-\mathrm{j}kz}, \tag{13.3.1}$$

式中 k 为传播常数(即波矢量的值),$\mathrm{e}^{-\mathrm{j}kz}$ 表示沿坐标 z 方向迅速变化的相位项,U 则为坐标 z 的缓慢变化的函数,代入亥姆霍兹方程,得到 U 满足的方程:

$$\left[\left(\frac{\partial^2 U}{\partial x^2} + \frac{\partial^2 U}{\partial y^2} + \frac{\partial^2 U}{\partial z^2}\right) - 2\mathrm{j}k\frac{\partial U}{\partial z}\right]\mathrm{e}^{-\mathrm{j}kz} = 0. \tag{13.3.2}$$

在近轴近似下,可进一步略去关于 z 的二阶导数 $\partial^2 U/\partial z^2$,得到 U 满足的标量方程:

$$\frac{\partial^2 U}{\partial x^2} + \frac{\partial^2 U}{\partial y^2} - 2\mathrm{j}k\frac{\partial U}{\partial z} = 0. \tag{13.3.3}$$

系统通常是旋转对称的,令矢径 $r = \sqrt{x^2 + y^2}$,近轴亥姆霍兹方程的一个解为

$$U = \frac{A_0}{z}\exp\left(-\mathrm{j}k\,\frac{r^2}{2z}\right),\tag{13.3.4}$$

A_0 为常数.(13.3.4)式代表一个波面为旋转抛物面的波,当 x 和 y 都不大 $(x, y \ll z)$ 时,它的波面和球面波

$$U = \frac{A_0}{r}\exp(-\mathrm{j}kr)\tag{13.3.5}$$

非常接近.如果将 z 代换成函数 $q = z - \xi$,得到近轴亥姆霍兹方程的另一个解,波动中心位于 $z = \xi$:

$$U = \frac{A_0}{q(z)}\exp\left[-\mathrm{j}k\,\frac{r^2}{2q(z)}\right],\quad q = z - \xi,\tag{13.3.6}$$

当 ξ 为复数时上式仍然是亥姆霍兹方程的解,但具有非常不同的特性,称为高斯光束,(13.3.6)式表示高斯光束的复数包络.当 $\xi = -\mathrm{j}z_0$,z_0 为实数时,我们把 $q(z)$ 表示为如下形式:

$$\frac{1}{q(z)} = \frac{1}{R(z)} - \mathrm{j}\,\frac{\lambda}{\pi W^2(z)},\tag{13.3.7}$$

式中 $R(z)$ 和 $W(z)$ 为实函数.将(13.3.7)式代入(13.3.6)式,再代入(13.3.1)式,得到

$$\begin{aligned}
u(r, z) &= U(r, z)\mathrm{e}^{-\mathrm{j}kz}\\
&= A_0\,\frac{W_0}{W(z)}\exp\left[-\frac{r^2}{W^2(z)}\right]\exp\left[-\mathrm{j}kz - \mathrm{j}k\,\frac{r^2}{2R(z)} + \mathrm{j}\phi\right],
\end{aligned}$$

$$\tag{13.3.8}$$

其中

$$W(z) = W_0\left[1 + \left(\frac{z}{z_0}\right)^2\right]^{1/2} = W_0\left[1 + \left(\frac{\lambda z}{\pi W_0^2}\right)^2\right]^{1/2},\tag{13.3.9}$$

$$R(z) = z\left[1 + \left(\frac{z_0}{z}\right)^2\right] = z\left[1 + \left(\frac{\pi W_0^2}{\lambda z}\right)^2\right],\tag{13.3.10}$$

$$\phi = \arctan\frac{z}{z_0} = \arctan\frac{\lambda z}{\pi W_0^2},\tag{13.3.11}$$

$$W_0 = \left(\frac{\lambda z_0}{\pi}\right)^{1/2}. \tag{13.3.12}$$

其中 A_0 和 z_0 为适当的常数,由边界条件确定;$W(z)$ 称为 z 点的光斑尺寸,W_0 为 $z = 0$ 处的 $W(z)$ 值,称高斯光束的"光腰尺寸"或"腰粗";$R(z)$ 则为光束在 z 处的波阵面的半径,当 z 较大时 $R(z) \approx z$,此时的高斯光束宛如 $z = 0$ 处的点源发射的球面波. z_0 称为光束的瑞利范围(Rayleigh range).

13.3.2 高斯光束的特性

1. 光强分布

由(13.3.7)式,光强分布为

$$I(r, z) = I_0 \left[\frac{W_0}{W(z)}\right]^2 \exp\left[-\frac{2r^2}{W^2(z)}\right], \tag{13.3.13}$$

其中 $I_0 = |A_0|^2$. 在垂直于 z 轴的任何一个平面上的光强都呈高斯分布,在光轴上强度最大,当 $r = W(z)$ 时光强下降到中心的 $1/e^2$.

2. 在 $z = 0$ 平面上具有以下特性

$$\lim_{z \to 0} R(z) = \infty, \tag{13.3.14}$$

此时波阵面变成平面,即 xy 平面.

$$\phi(0) = 0, \tag{13.3.15}$$

$$W(0) = W_0, \tag{13.3.16}$$

$$U(r, 0) = A_0 \exp\left(-\frac{r^2}{W_0^2}\right), \tag{13.3.17}$$

$$I(r, 0) = I_0 \exp\left(-\frac{2r^2}{W_0^2}\right), \tag{13.3.18}$$

通常称该平面为高斯光束的光腰,当 $r = W_0$ 时光强下降到中心的 $1/e^2$. 在光腰附近高斯光束接近平面波,当 z 足够大时,高斯光束趋近于球面波. $z < 0$ 的分布与 $z > 0$ 的分布关于 $z = 0$ 对称.

3. 发散度

光斑尺寸 $W(z)$ 随 z 的增大而增大,表示光束是发散的,定义发散角(半角)为

$$\theta(z) = \frac{\mathrm{d}W(z)}{\mathrm{d}z} = \frac{\lambda^2 z}{\pi W_0}(\pi^2 W_0^4 + z^2 \lambda^2)^{-1/2}, \tag{13.3.19}$$

重要的情况是 $z \to \infty$，即远场的发散角为

$$\theta_0 = \lim_{z \to \infty} \theta(z) = \frac{\lambda}{\pi W_0}, \tag{13.3.20}$$

如图 13.3 所示.由上式可知,光腰尺寸越大,发散角越小,越接近准直光.(13.3.20)式等价于测不准关系式.

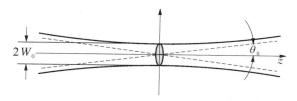

图 13.3　高斯光束

4. 准直距离(焦深)

当 $z = 0$ 时 $\theta = 0$,发散角随 z 的增大而增大,当 $z = \pi W_0^2 / \lambda$ 时,$\theta(z) = \lambda / (\sqrt{2} \pi W_0) = \theta_\infty / \sqrt{2}$,所以称

$$2z_0 = 2\pi W_0^2 / \lambda \tag{13.3.21}$$

为"准直距离"或"焦深"(depth of focus),也有文献称为"共焦参数"(confocal parameter).

5. 相移和波前

由(13.3.7)式,高斯光束的相位函数可表示为

$$\psi(z) = kz + \frac{kr^2}{2R(z)} - \phi(z),$$

式中,第一部分 kz 对应于平面波的线性相移;由于 $R(z)$ 和 $\phi(z)$ 是 z 的缓变函数,第二部分近似是球面波对于平面波的修正;第三项 $\phi(z)$ 则是高斯光束的进一步的修正,当 $z = \pm z_0$ 时 $\phi(z) = \pm \pi/4$,当 $z \to \pm \infty$ 时 $\phi(z) \to \pm \pi/2$,如图 13.4 所示.上式显然是高斯光束波前的表达式,波前随 z 的变化大致如图 13.5 所示.

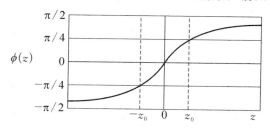

图 13.4　高斯光束的相位特性

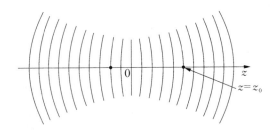

图 13.5　高斯光束的波前

13.3.3　高斯光束参数间的关系

如果将光腰位置选为 0,并已知腰粗 W_0,(13.3.9)、(13.3.10)式导出给定位置 z 的光束尺寸 $W(z)$ 和波面半径 $R(z)$:

$$W^2(z) = W_0^2\left[1 + \left(\frac{\lambda z}{\pi W_0^2}\right)^2\right],$$

以及

$$R(z) = z\left[1 + \left(\frac{\pi W_0^2}{\lambda z}\right)^2\right],$$

两式相除,经整理,得

$$\frac{\pi W^2(z)}{\lambda R(z)} = \frac{\lambda z}{\pi W_0^2}. \tag{13.3.22}$$

当光腰位置选为原点 $z = 0$ 时,(13.3.22)式给出 $R \sim \infty$,(13.3.9)式给出 $W \approx W_0$. 一般情况下光腰位置不在原点,此时以(13.3.22)式代入(13.3.9)、(13.3.10)式,得出由给定位置的光束尺寸 $W(z)$ 和波面半径 $R(z)$ 决定的光腰尺寸 W_0、光腰位置(光腰和给定位置的距离 z)的公式:

$$W_0^2 = W^2(z)\left[1 + \left(\frac{\pi W^2(z)}{\lambda R(z)}\right)^2\right], \tag{13.3.23}$$

$$z = R(z)\left[1 + \left(\frac{\lambda R(z)}{\pi W^2(z)}\right)^2\right]^{-1}. \tag{13.3.24}$$

(13.3.9)、(13.3.10)式 和 (13.3.23)、(13.3.24)式 表达了两组参数 $[R(z), W(z)]$ 和 $[W_0, z]$ 之间的相互关系. 当 $R > 0$ 时必然有 $z > 0$,表示光腰

在波面左方,为一个沿传播方向发散的高斯波;$R < 0$ 时 $z < 0$,表示光腰在波面右方,为一个沿传播方向会聚的高斯波.

13.3.4　高斯光束的 q 参数

首先假定波长给定,则对于一个平面波,一旦其振幅(强度)、传播方向确定后,该平面波就完全确定了;对于球面波,除振幅外,还需给定球心位置,即振源位置;对于一个高斯光束来讲,除它的振幅和传播方向这两个基本参数以外,至少还需两个参数才能完全确定.如上所述,高斯光学的一个基本问题,是已知在某一位置的光束尺寸 W 和波面半径 R,通过公式(13.3.9)和(13.3.10)确定光腰位置 z 和光腰尺寸 W_0.与之等价,已知光腰位置 z 和光腰尺寸 W_0,也可由公式(13.3.23)、(13.3.24)确定任何一点 z 的光束尺寸 W 和波面半径 R.由公式(13.3.7):

$$\frac{1}{q(z)} = \frac{1}{R(z)} - \mathrm{j}\frac{\lambda}{\pi W^2(z)}, \tag{13.3.25}$$

R 和 W 组合成复参数 q,可以说高斯光束由它的 q 参数确定.令光腰的 q 参数 $q(0)$ 为 q_0,由于光腰处 $R(0) = 0$,(13.3.25)式化为

$$q_0 = \frac{\mathrm{j}\pi W_0^2}{\lambda}. \tag{13.3.26}$$

现在让我们来推导 q 参数在高斯光束传播过程中的变化规律:

$$\frac{1}{q_0 + z} = \frac{1}{z + \dfrac{\mathrm{j}\pi W_0^2}{\lambda}} = \frac{1}{z + \dfrac{1}{z}\left(\dfrac{\pi W_0^2}{\lambda}\right)^2} - \frac{\mathrm{j}\lambda}{\pi W_0^2\left[1 + \left(\dfrac{\lambda z}{\pi W_0^2}\right)^2\right]}$$

将(13.3.9)、(13.3.10)式代入上式,得到

$$\frac{1}{q_0 + z} = \frac{1}{R(z)} - \mathrm{j}\frac{\lambda}{\pi W^2(z)},$$

即

$$q(z) = q_0 + z. \tag{13.3.27}$$

由上式进一步得到高斯光束在空间传播的规律:

$$q(z_2) = q(z_1) + (z_2 - z_1). \tag{13.3.28}$$

在近似条件

$$\frac{\lambda R(z)}{\pi W^2(z)} \ll 1 \tag{13.3.29}$$

满足时,(13.3.25)式可进一步化为

$$q(z) = R(z)\left[1 - \mathrm{j}\frac{\lambda R(z)}{\pi W^2(z)}\right]^{-1} \approx R(z), \tag{13.3.30}$$

可见 q 参数近似为波面半径.对于一般球面波有

$$R(z_2) = R(z_1) + (z_2 - z_1), \tag{13.3.31}$$

从而(13.3.28)式和(13.3.31)式具有相似的物理意义.

13.3.5　光束的质量评价

上面讲过,高斯光束作为典型的细光束,最接近于光线,在等同的光束截面尺寸下,发散角最小,具有最小的空间带宽积.实际的激光束,即使是精心制造的 He‐Ne激光器,其光束也还不是理想的高斯光束.我们可以用实际光束与高斯光束的空间带宽积之比来定义光束质量,称光束的 M^2 因子:

$$M^2 = \frac{2W \cdot 2\theta}{4\lambda/\pi}, \tag{13.3.32}$$

式中分子为待测激光束的"光腰" $2W$ 和发散角 2θ 的积,分母是高斯光束的相应值.如果两光束具有相等的光腰,(13.3.32)式给出

$$M^2 = \frac{\theta}{\theta_0}, \tag{13.3.33}$$

其中 θ_0 为高斯光束的发散角,由(13.3.20)式给出.上式表示实际光束的发散角为高斯光束的 M^2 倍.例如对于 He‐Ne 激光器,$M^2 < 1.1$;对于离子激光器,M^2 在 $1.1 \sim 1.3$ 之间;TEM$_{00}$ 模半导体激光器的 M^2 在 $1.1 \sim 1.7$ 之间,高功率多模激光器的 M^2 达到 $3 \sim 4$.

13.4　高斯光束通过透镜系统的变换

　　激光是高斯光束最好的例子.在各种不同目的实际应用中,激光束通过光学系统进行处理,如扩束、聚焦等.高斯光束通过透镜系统的变换既有与普通光束类似的规律,又有一些迥异的特性,本节将对此加以讨论.

13.4.1　几何光学成像关系式

　　在几何光学中,一个焦距为 f 的薄透镜能将对位于它左方 O 的点光源(物)成像到右方 O' 处(像),且满足成像公式:

$$\frac{1}{S'} = \frac{1}{S} + \frac{1}{f},\tag{13.4.1}$$

其中 S 和 S' 分别为物距和像距,规定物在左 $S > 0$,像在右 $S' > 0$.用物理光学的语言,可以说薄透镜将发散球面波变换成为会聚球面波,从 O 点辐射的球面波到达透镜时波面半径 $R = S$,通过透镜后的会聚球面波波面半径 $R' = S'$,如图13.6所示,代入上式得到

$$\frac{1}{R'} = \frac{1}{R} + \frac{1}{f},\tag{13.4.2}$$

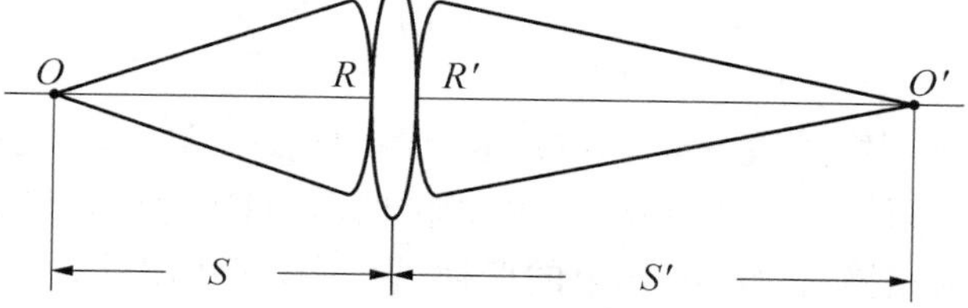

图 13.6　几何光学成像

(13.4.2)式乃是常用的几何光学成像关系式,下面我们将证明高斯光束遵循类似的规律.

13.4.2　薄透镜的相位变换

我们首先来推导薄透镜的相位变换效应公式. 参见图 13.7, 设透镜厚度为 d_0, 两面半径分别为 ρ_1 和 ρ_2, 透镜材料的折射率为 n, 平面 Σ'、Σ'' 在 z 轴上与透镜表面相切. 假定透镜是"薄"的, 指的是透镜厚度 d 比半径 ρ_1 和 ρ_2 小得多; 此外, 近轴近似假定透过透镜光线与光轴 z 大体平行, 这相当于要求出射光束和入射光束的高度大体一致. 在 (ξ, η) 点透镜的厚度为 $d(\xi, \eta)$, 一条在 (ξ, η) 处透过透镜光线的相位差可表示为

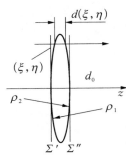

图 13.7　薄透镜的相应变换效应

$$\psi'(\xi, \eta) = k\{nd(\xi, \eta) + [d_0 - d(\xi, \eta)]\}.$$
$$(13.4.3)$$

在以上近似条件下,

$$d(\xi, \eta) \approx d_0 - \left(\frac{r^2}{2\rho_1} + \frac{r^2}{2\rho_2}\right)$$
$$= d_0 - \frac{r^2}{2} \cdot \frac{1}{(n-1)f}, \quad (13.4.4)$$

式中 f 为透镜焦距, $r^2 = \xi^2 + \eta^2$. 根据几何光学关于透镜的焦距公式:

$$f = \frac{1}{(n-1)\left(\dfrac{1}{\rho_1} + \dfrac{1}{\rho_2}\right)}.$$
$$(13.4.5)$$

将(13.4.4)式代入(13.4.3)式, 得到

$$\psi'(\xi, \eta) = k\left(nd_0 - \frac{r^2}{2f}\right).$$
$$(13.4.6)$$

公式(13.4.4)表明薄透镜的相位延迟由两项构成: 第一项是透镜中心厚度对应的常数相位项, 第二项是球面波对应的相位项, 表明透镜具有将平面波聚焦成球面波的功能. 在薄透镜对于高斯光束的变换过程中, 起作用的是后一项, 以下我们将略去常数相位项.

13.4.3　高斯光束通过透镜的变换

当光腰位于 $z = 0$, 腰粗为 W_0 的高斯光束照射位于 z 的薄透镜, 如图 13.8

所示,在平面 Σ' 上,高斯光束的相位延迟等于 $\psi(z) = kz + kr^2/2R(z) - \phi(z)$,通过透镜的相位变换,在与透镜后表面相切的平面 Σ'' 上,相位延迟由高斯光束和透镜两项相位的相加:

$$\psi' = kz + \frac{kr^2}{2R(z)} - \phi(z) - \frac{kr^2}{2f} = kz + \frac{kr^2}{2R'(z)} - \phi(z), \quad (13.4.7)$$

式中

$$\frac{1}{R'(z)} = \frac{1}{R(z)} - \frac{1}{f}, \quad (13.4.8)$$

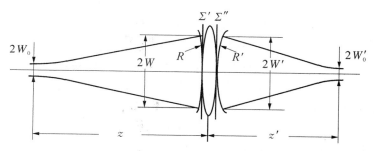

图 13.8　薄透镜对高斯光束的变换

(13.4.7)式表明从透镜透射的光波相位仍具有高斯光束的相位分布规律,我们得到结论:焦距为正的薄透镜将左方入射、波面半径为 R 的发散高斯光束波转换成为右方出射、波面半径为 R' 的会聚高斯光束;R 和 R' 的关系由(13.4.8)式给出,与几何光学成像关系(13.4.2)式或(13.4.1)式一致;在薄透镜情况下,其两侧光斑尺寸近似相等:

$$W(z) \approx W'(z), \quad (13.4.9)$$

以(13.4.8)、(13.4.9)式算出的透镜出射波面半径 R' 和光斑尺寸 W' 代替上节(13.3.10)式和(13.3.9)式中的 $R(z)$ 和 $W(z)$,得到出射方(像方)的腰粗 W_0',以及光腰和透镜的距离 z':

$$W_0' = W'\left[1 + \left(\frac{\pi W'^2}{\lambda R'}\right)^2\right]^{-1/2}, \quad (13.4.10)$$

$$z' = R'\left[1 + \left(\frac{\lambda R'}{\pi W'^2}\right)^2\right]^{-1}. \quad (13.4.11)$$

$z' > 0$ 表示光腰在波面左方, $z' < 0$ 表示光腰在波面右方.

这样一来,全部计算包括三步:

(1) 从已知高斯光束的光腰位置 $z = 0$、腰粗 W_0,以及透镜的位置 z,由上节 (13.3.9)、(13.3.10)式算出透镜入射面 Σ' 处的光束尺寸 $W(z)$、波面半径 $R(z)$;

(2) 由透镜变换公式(13.4.9)式确定出射面 Σ' 处的光束尺寸 W',由(13.4.8) 式确定出射光束的波面半径 R';

(3) 由 R',W',经公式(13.4.11)、(13.4.10)计算出射光波的光腰位置 z' 以及光腰尺寸 W_0'.

13.4.4　q 参数经过透镜的变换

首先假定波长给定,则对于一个平面波,一旦其振幅(强度)、传播方向确定后,该平面波就完全确定了;对于球面波,除振幅外,还需给定球心位置,即振源位置;对于一个高斯光束来讲,除它的振幅和传播方向这两个基本参数以外,至少还需两个参数才能完全确定.如上节所述,高斯光学的一个基本问题,是已知在某一位置的光束尺寸 W 和波面半径 R,通过公式(13.3.23)、(13.3.24)确定光腰位置 z 和光腰尺寸 W_0.与之等价,已知光腰位置 z 和光腰尺寸 W_0,也可由公式(13.3.9)、(13.3.10)确定任何一点 z 的光束尺寸 W 和波面半径 R.由上节公式(13.3.25):

$$\frac{1}{q(z)} = \frac{1}{R(z)} - \mathrm{j}\,\frac{\lambda}{\pi W^2(z)}, \tag{13.4.12}$$

R 和 W 组合成复参数 q,可以说高斯光束由它的 q 参数确定.容易看出透镜对于其前后表面 q 参数的变换关系为

$$\frac{1}{q'} = \frac{1}{q} - \frac{1}{f}. \tag{13.4.13}$$

13.5　模式匹配和几何光学近似

高斯光束的计算和分析都很复杂,但在许多情况下,用几何光学中常用的计算方法近似处理,具有足够高的精度,下面就来讨论这种情况.

13.5.1 高斯光束的聚焦

如图 13.9 所示,设一个高斯光束射入短焦距透镜 L,设入射波面半径比焦距大得多, $R \gg f$,由上节公式(13.4.8),有

$$R' \approx - f, \tag{13.5.1}$$

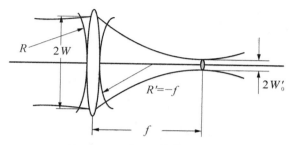

图 13.9 短焦距透镜聚焦

薄透镜近似(13.4.9)式给出

$$W' \approx W, \tag{13.5.2}$$

当条件

$$\frac{\lambda f}{\pi W'^2} \ll 1 \tag{13.5.3}$$

满足时,由上节公式(13.4.11)得出出射光束光腰与透镜的距离

$$z' = R'\left[1 + \left(\frac{\lambda R'}{\pi W'^2}\right)^2\right]^{-1} \approx - f\left[1 + \left(\frac{\lambda f}{\pi W'^2}\right)^2\right]^{-1} \approx - f, \tag{13.5.4}$$

即高斯光束的光腰与短焦距透镜的焦点相符,这和几何光学的聚焦规律是一致的.上述近似条件(13.5.3)式与 13.3 节近似条件(13.3.29)式一致,在光学系统中通常都满足.

其次,在相同的近似条件下,由上节(13.4.10)式,光腰的大小为

$$W_0' = W'\left[1 + \left(\frac{\pi W'^2}{\lambda R}\right)^2\right]^{-1/2} \approx \frac{\lambda f}{\pi W}, \tag{13.5.5}$$

式中 W 为入射光束尺寸.要想得到尖锐的焦斑,入射到透镜的光束孔径必须加大.

(13.5.4)式与圆孔衍射的公式

$$R = 0.61 \frac{\lambda f}{r} \tag{13.5.6}$$

实质上一致,差别只是系数,式中 r 为圆孔半径,f 为圆孔后的聚焦透镜焦距.高斯光束聚焦,实质上是该光束在高斯渐变"软"孔径 W 上衍射的结果.

大功率激光束聚焦后,在焦斑形成高温、功率密度区域,在激光加工领域有重要应用.

13.5.2 高斯光束的准直

由(13.5.5)式得到

$$W = \frac{\lambda f}{\pi W_0}, \tag{13.5.7}$$

上式表明,当光腰尺寸给定后,光束直径 $2W$ 和透镜半径 f 成正比.如果仿照开普勒或伽利略望远镜的形式,就可以实现高斯光束的准直.参见图 13.10,设高斯光束以直径 $2W_1$ 射到 L_1 上,光腰位于后焦点处,光腰尺寸由下式给出:

$$W_0 = \frac{\lambda f_1}{\pi W_1}, \tag{13.5.8}$$

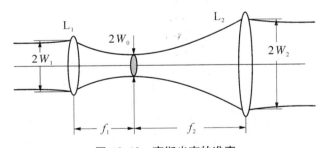

图 13.10　高斯光束的准直

透镜 L_1 的后焦点和透镜 L_2 的前焦点重合,光束传播到透镜 L_2 处,光束直径为

$$W_2 = \frac{\lambda f_2}{\pi W_0}, \tag{13.5.9}$$

由以上两式得到望远镜的放大率公式:

$$M = \frac{W_2}{W_1} = \frac{f_2}{f_1}. \tag{13.5.10}$$

由测不准关系式可以预测,当高斯光束光斑尺寸较大时,其发散角较小.激光准直即运用这一原理.上式表明:为了得到准直性能好的激光束,首先必须用望远镜将光束直径放大. M 倍放大的望远镜将光束直径放大 M 倍,同时将发散角压缩到 $1/M$.

13.5.3　模式匹配

在实验或工程课题中,常常会有这样的要求:预先给定系统输入端口的光腰尺寸 W_0 和输出端口的光腰尺寸 W_0',比方讲第一个是滤波小孔,第二个是光纤端口,都具有一定的孔径,端口与高斯光束光腰重合.模式匹配要求设计一个透镜,将光腰尺寸 W_0 变换为 W_0',同时算出焦距 f 以及物距 z、像距 z',参见图 13.11.同时还要求计算焦距 f 的极小值 f_0.我们运用 q 参数的定义和传播规律(13.3.26)、(13.3.27)式:

$$q_0 = \mathrm{j}\frac{\pi W_0^2}{\lambda}, \quad q(z) = q_0 + z, \tag{13.5.11}$$

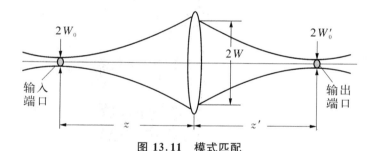

图 13.11　模式匹配

经过透镜出射的光束,有如下结果:

$$q_0{}' = \mathrm{j}\frac{\pi W_0'^2}{\lambda}, \quad q_0{}' = q(z') + z'. \tag{13.5.12}$$

按照规定,对于入射光束,发散高斯光束对应的 $z > 0$,对于出射光束,会聚高斯光束对应的 $z' > 0$. 注意输出光腰在透镜之后,(13.5.12)第二式与(13.5.11)第二式表达上有点区别.代入 q 参数的透镜变换公式(13.4.13)式,得到

$$\frac{1}{q_0{}' - z'} = \frac{1}{q_0 + z} - \frac{1}{f}, \tag{13.5.13}$$

经简化,得到

$$q_0 q_0' + q_0'(z - f) = q_0(z' - f) + (zz' - zf - z'f), \quad (13.5.14)$$

把上式中的实部和虚部分开,得到

$$\left. \begin{array}{l} q_0 q' = zz' - zf - z'f, \\ q_0'(z - f) = q_0(z' - f), \end{array} \right\} \quad (13.5.15)$$

以上两式可进一步化为

$$\left. \begin{array}{l} (z - f)(z' - f) = f^2 + q_0 q', \\ \dfrac{z - f}{z' - f} = \dfrac{q_0}{q'}, \end{array} \right\} \quad (13.5.16)$$

以 q_0 和 q_0' 的表达式(13.5.11)、(13.5.12)式代入(13.5.16)式,得到

$$\left. \begin{array}{l} (z - f)(z' - f) = f^2 - \dfrac{\pi^2 W_0^2 W_0'^2}{\lambda^2}, \\ \dfrac{z - f}{z' - f} = \dfrac{W_0^2}{W_0'^2}, \end{array} \right\} \quad (13.5.17)$$

从上式解出:

$$\left. \begin{array}{l} z' = f \pm \dfrac{W_0'}{W_0} \sqrt{f^2 - \dfrac{\pi^2 W_0^2 W_0'^2}{\lambda^2}}, \\ z = f \pm \dfrac{W_0}{W_0'} \sqrt{f^2 - \dfrac{\pi^2 W_0^2 W_0'^2}{\lambda^2}}. \end{array} \right\} \quad (13.5.18)$$

最小焦距显然是

$$f_0 = \frac{\pi W_0 W_0'}{\lambda}, \quad (13.5.19)$$

由(13.5.18)式,选择 $f > f_0$ 就可算出物距 z 和像距 z'.为了满足(13.5.17)式的第二式,(13.5.18)式必须同时取 + 号或取 − 号.在 $f = f_0$ 的情况下,得到最小的系统长度 $= f = 2f_0 = 2\pi W_0 W_0'/\lambda$.

13.5.4　几何光学近似

如果把光腰看成是物点或像点,则在一定的条件下,高斯光束的成像关系与几何光学类似.问题成为:已知 W_0(物点半径或物高)、z(物距)和 f(透镜焦距),求

W_0'（像点半径或像高）和 z'（像距）．(13.5.17)式的第二式代入第一式，得

$$(f-z)^2 \frac{W_0'^2}{W_0^2} - f^2 + \frac{\pi^2 W_0^4}{\lambda^2} \frac{W_0'^2}{W_0^2} = 0,$$

经整理，得到

$$\frac{W_0'^2}{W_0^2} = \frac{1}{\left(1 - \dfrac{z}{f}\right)^2 + \left(\dfrac{\pi W_0^2}{\lambda f}\right)^2}, \qquad (13.5.20)$$

再代回(13.5.17)第二式，得到

$$1 - \frac{z'}{f} = \frac{1 - z/f}{\left(1 - \dfrac{z}{f}\right)^2 + \left(\dfrac{\pi W_0^2}{\lambda f}\right)^2}, \qquad (13.5.21)$$

当 $z > 0$ 时，如果输入、输出端光腰位于透镜同侧，则 $z' < 0$；如果位于透镜两侧，则 $z' > 0$．当条件

$$\left(\frac{\pi W_0^2}{\lambda f}\right)^2 \ll \left(1 - \frac{z}{f}\right)^2 \qquad (13.5.22)$$

满足时，(13.5.21)式变成

$$\frac{1}{f} = \frac{1}{z} + \frac{1}{z'}, \qquad (13.5.23)$$

与几何光学成像公式

$$\frac{1}{f} = \frac{1}{s} + \frac{1}{s'} \qquad (13.5.24)$$

形式上完全一致，式中 s 和 s' 分别为物距和像距．也就是说，当几何光学近似条件(13.5.22)式满足时，高斯光束成像的规律可以近似用几何光学来描述．

　　当上述条件不满足时，高斯光束的成像就会偏离几何光学．例如，当输入光腰接近透镜的前焦点时，由(13.5.21)式可知输出光腰位于透镜后焦点附近，成像规律与几何光学迥然不同．图 13.12 给

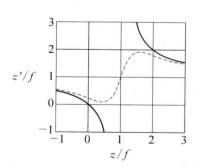

图 13.12　公式(13.5.21)、(13.5.23)**图示**

图中虚线表示高斯光学成像，
实线表示几何光学成像

出公式(13.5.21)和(13.5.23)的图示,虚线代表高斯光学成像,实线代表几何光学成像. $z/f = 1$ 为几何光学成像的"奇点",表示位于前焦点的光点通过透镜在无限远成像;在高斯光学的情况,前焦点的光腰通过透镜产生 $1:1$ 的像,位于透镜后焦点,这情形与几何光学是大相径庭的.可以讲奇点近旁高斯光学背离几何光学,在远离奇点的区域高斯光学可以用几何光学近似描述.

在图 13.12 中不难发现有三个位置使 $z' = f$(输出光腰与透镜后焦点重合):① $z = f$,即上文所述前焦点的光腰通过透镜产生 $1:1$ 的像,位于透镜后焦点;② $z = \infty$ 以及③ $z = -\infty$.后两个情况对应于高斯光束的聚焦,已在第一小节讲过了.

13.6 厄米 - 高斯光束

亥姆霍兹方程(13.3.3)式的"光束"解除高斯光束以外,还有别的解,例如厄米 - 高斯光束、拉盖尔 - 高斯光束和贝塞耳光束等.高斯光束为激光的基模,其横向光强分布为高斯型.除基模外,激光还有高阶模,具有复杂的光强分布.厄米 - 高斯解就是激光的高阶模.

由 13.3 节的讨论,近轴亥姆霍兹方程高斯光束解具有形式

$$U_G = \frac{A_0}{q(z)}\exp\left[-jk\frac{r^2}{2q(z)}\right]$$

$$= A_0\frac{W_0}{W(z)}\exp\left[-\frac{r^2}{W^2(z)}\right]\exp\left[-jk\frac{r^2}{2R(z)}+j\phi\right], \quad (13.6.1)$$

式中 $r^2 = x^2 + y^2$, $q(z) = z + jz_0$, $\phi = \arctan(z/z_0)$.考虑如下形式的高阶模:

$$U(x, y, z) = \psi_1\left[\frac{\sqrt{2}x}{W(z)}\right]\psi_2\left[\frac{\sqrt{2}y}{W(z)}\right]\exp[j\varphi(z)]U_G(x, y, z), \quad (13.6.2)$$

其中 $\psi_1(\cdot)$, $\psi_2(\cdot)$ 和 $\varphi(\cdot)$ 都是实函数.上述高阶模应当具有如下性质:首先,除了 $\varphi(z)$ 外,相位函数与高斯光束的相位函数一样,而 $\varphi(z)$ 与 x, y 坐标无关,是 z 的缓慢变化的函数,这样一来,高阶模和高斯基模都具有抛物型的波前,波面半径 $R(z)$ 应当是一样的.其次,振幅函数

$$\psi_1\left[\frac{\sqrt{2}x}{W(z)}\right]\psi_2\left[\frac{\sqrt{2}y}{W(z)}\right]\exp\left[-\frac{x^2+y^2}{W(z)}\right] \qquad (13.6.3)$$

变化的尺度相同,均为 $W(z)$. 也就是说,在不同的 z 坐标,用该处的尺度归一化后,光强的横向分布相同. 于是我们可以认为高阶模是高斯基模 U_G 受到函数 ψ_1^2 和 ψ_2^2 调制的结果,因而其光强横向异于高斯分布.

将(13.6.2)式代入近轴近似的亥姆霍兹方程(13.3.3)式,考虑到 U_G 本身满足亥姆霍兹方程,就得到

$$\frac{1}{\psi_1}\left(\frac{\partial^2\psi_1}{\partial\xi^2}-2\xi\frac{\partial\psi_1}{\partial\xi}\right)+\frac{1}{\psi_2}\left(\frac{\partial^2\psi_2}{\partial\eta^2}-2\eta\frac{\partial\psi_2}{\partial\eta}\right)+kW^2(z)\frac{\partial\varphi}{\partial z}=0, \quad (13.6.4)$$

其中

$$\left.\begin{array}{l}\xi=\sqrt{2}x/W(z),\\ \eta=\sqrt{2}y/W(z).\end{array}\right\} \qquad (13.6.5)$$

由于(13.6.4)式左边三项分别是 ξ,η 和 z 的函数,必然有

$$-\frac{1}{2}\frac{\mathrm{d}^2\psi_1}{\mathrm{d}\xi^2}+\xi\frac{\mathrm{d}\psi_1}{\mathrm{d}\xi}=\mu_1\psi_1, \qquad (13.6.6)$$

$$-\frac{1}{2}\frac{\mathrm{d}^2\psi_2}{\mathrm{d}\eta^2}+\eta\frac{\mathrm{d}\psi_2}{\mathrm{d}\eta}=\mu_2\psi_2, \qquad (13.6.7)$$

$$z_0\left[1+\left(\frac{z}{z_0}\right)^2\right]\frac{\mathrm{d}\varphi}{\mathrm{d}z}=\mu_1+\mu_2, \qquad (13.6.8)$$

其中用到 W_0 的表达式(13.3.12).(13.6.6)、(13.6.7)两式的解为厄米多项式 $H_l(\xi)$ 和 $H_m(\eta)$,(13.6.8)式的解则为

$$\varphi(z)=(l+m)\phi(z)=(l+m)\arctan(z/z_0). \qquad (13.6.9)$$

于是有

$$u_{l,m}(x,y,z)=A_{l,m}\left[\frac{W_0}{W(z)}\right]H_l\left[\frac{\sqrt{2}x}{W(z)}\right]H_m\left[\frac{\sqrt{2}y}{W(z)}\right]\cdot\exp\left[-\frac{x^2+y^2}{W^2(z)}\right]$$

$$\cdot\exp\left\{-jk\left[z+\frac{x^2+y^2}{2R(z)}\right]+j(l+m+1)\arctan\left(\frac{z}{z_0}\right)\right\},$$

$$(13.6.10)$$

有时称 $G_l(u) = H_l(u)\exp(-u^2/2)$ 为厄米－高斯函数或称厄米－高斯模,相应的光束就称为厄米－高斯光束.

以下列出低阶的厄米多项式:

$$\left.\begin{aligned}
H_0(u) &= 1, \\
H_1(u) &= 2u, \\
H_2(u) &= 4u^2 - 2, \\
H_3(u) &= 8u^3 - 12u, \\
&\cdots
\end{aligned}\right\} \tag{13.6.11}$$

由于 $H_0(u) = 1$,高斯光束就是 0 阶厄米－高斯模.此外,奇阶厄米函数为奇函数,偶阶厄米函数为偶函数.图 13.13 给出若干低阶的厄米－高斯函数,图 13.14 画出几个低阶厄米－高斯光束的横向光强分布.

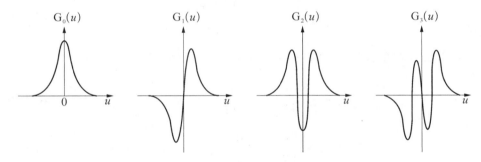

图 13.13　低阶厄米－高斯函数

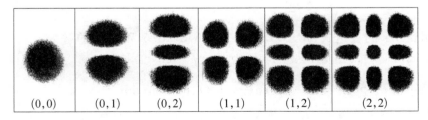

图 13.14　低阶厄米－高斯光束光强分布,(l, m) 表示阶数

参考文献:

[1] Saleh B E A, Teich M C. Fundamentals of Photonics[M]. New Jersey: John Wiley & Sons, 2007.

附录 A13　高斯光束基模表达式的推导

让我们来研究沿坐标 z 方向传播的细光束,在不计介质损耗的情况下,其光波的复振幅可以近似表达为

$$u(x, y, z) = U(x, y, z)e^{-jkz}, \tag{A13.1}$$

式中 k 为传播常数(即波矢量的值), e^{-jkz} 表示沿坐标 z 方向迅速变化的相位项, U 则为坐标 z 的缓慢变化的函数,代入亥姆霍兹方程,得到 U 满足的标量方程:

$$\left[\left(\frac{\partial^2 U}{\partial x^2} + \frac{\partial^2 U}{\partial y^2} + \frac{\partial^2 U}{\partial z^2}\right) - 2jk\frac{\partial U}{\partial z}\right]e^{-jkz} = 0. \tag{A13.2}$$

在振幅慢变化近似下,可略去关于 z 的二阶导数 $\partial^2 U/\partial z^2$,得到

$$\frac{\partial^2 U}{\partial x^2} + \frac{\partial^2 U}{\partial y^2} - 2jk\frac{\partial U}{\partial z} = 0. \tag{A13.3}$$

只考虑旋转对称系统,令矢径 $r = \sqrt{x^2 + y^2}$. 设近轴亥姆霍兹方程的慢变化、细光束解具有如下形式

$$U = \exp\left\{-j\left[P(z) + \frac{k}{2q(z)}r^2\right]\right\}, \tag{A13.4}$$

式中 $P(z)$ 称为相移参数, $q(z)$ 称为光束参数.代入(A13.3)式,得到

$$\frac{\partial U}{\partial \xi} = -j\frac{k}{2q(z)}\exp\left\{-j\left[P(z) + \frac{kr^2}{2q(z)}\right]\right\} \cdot 2\xi, \tag{A13.5}$$

式中 ξ 表示 x 或 y,

$$\frac{\partial^2 U}{\partial x^2} + \frac{\partial^2 U}{\partial y^2} = -j\frac{2k}{q(z)}\exp\left\{-j\left[P(z) + \frac{kr^2}{2q(z)}\right]\right\}$$
$$- \frac{k^2}{4q^2(z)}\exp\left\{-j\left[P(z) + \frac{kr^2}{2q(z)}\right]\right\} \cdot 4r^2, \tag{A13.6}$$

$$\frac{\partial U}{\partial z} = \exp\left\{ -j\left[P(z) + \frac{kr^2}{2q(z)} \right] \right\} \cdot \left[-j\left(\frac{\mathrm{d}P}{\mathrm{d}z} - \frac{k}{2q^2}\frac{\mathrm{d}q}{\mathrm{d}z}r^2 \right) \right], \quad (A13.7)$$

以(A13.6)、(A13.7)式代入(A13.3)式,得到

$$-2k\left(\frac{\mathrm{d}P}{\mathrm{d}z} + \frac{j}{q} \right) - \left(\frac{k^2}{q^2} - \frac{k^2}{q^2}\frac{\mathrm{d}q}{\mathrm{d}z} \right) \cdot r^2 = 0. \quad (A13.8)$$

上式对所有的 r 成立,这要求(A13.8)式左边关于 r 级数的各次幂的系数均为 0,即

$$\frac{\mathrm{d}q}{\mathrm{d}z} = 1, \quad (A13.9)$$

以及

$$\frac{\mathrm{d}P}{\mathrm{d}z} = -\frac{j}{q}. \quad (A13.10)$$

(A13.9)式的解为

$$q = q_0 + z, \quad (A13.11)$$

式中 q_0 为待定常数.将(A13.11)式代入(A13.10)式,得到

$$P(z) = -j\left[\ln(z + q_0) \right] + (\theta + j\ln q_0), \quad (A13.12)$$

把积分常数表示为 $(\theta + j\ln q_0)$,是为了方便处理.进一步将(A13.9)式的解写成如下形式:

$$\frac{1}{q(z)} = \frac{1}{R(z)} - j\frac{\lambda}{\pi W^2(z)}, \quad (A13.13)$$

其中 $R(z)$ 和 $W(z)$ 是 z 的实函数,这样就可以把 $u(z)$ 表示为

$$u(z) = \exp\left\{ -j\left[kz + P(z) + \frac{kr^2}{2}\left(\frac{1}{R(z)} - j\frac{\lambda}{\pi W^2(z)} \right) \right] \right\}$$

$$= e^{-j\theta}\exp\left\{ -j\left[kz - j\ln\left(1 + \frac{z}{q_0} \right) + \frac{kr^2}{2}\left(\frac{1}{R(z)} - j\frac{\lambda}{\pi W^2(z)} \right) \right] \right\}, \quad (A13.14)$$

$e^{-j\theta}$ 表示常数相位,可取为 1($\theta = 0$),(A13.14)式成为

$$u(z) = \exp\left\{ -\mathrm{j}\left[kz - \mathrm{j}\ln\left(1 + \frac{z}{q_0}\right) + \frac{kr^2}{2}\left(\frac{1}{R(z)} - \mathrm{j}\frac{\lambda}{\pi W^2(z)}\right) \right] \right\},$$

$$(A13.15)$$

指数函数中括号[]内的实数部分对应的是相位:

$$\Phi(z) = kz + \frac{kr^2}{2R(z)} + \mathrm{Re}\left[-\mathrm{j}\ln\left(1 + \frac{z}{q_0}\right) \right], \qquad (A13.16)$$

符号 Re 表示取实部.当 $R = \infty$ 时,在与 z 轴正交的平面上相位函数为常数,光束的波面为平面.我们选择该平面的坐标 $z = 0$,称为"光腰",此处的 q 参数为

$$\frac{1}{q_0} = -\mathrm{j}\frac{\lambda}{\pi W_0^2}, \qquad (A13.17)$$

其中 $W_0 = W(0)$ 为光腰尺寸.代入(A13.11)式得到

$$q = \mathrm{j}\frac{\pi W_0^2}{\lambda} + z, \qquad (A13.18)$$

将(A13.18)式代入(A13.13)式,令等式两边的实部和虚部分别相等,得到

$$R(z) = z\left[1 + \left(\frac{\pi W_0^2}{\lambda z}\right)^2 \right] \qquad (A13.19)$$

和

$$W^2(z) = W_0^2\left[1 + \left(\frac{\lambda z}{\pi W_0^2}\right)^2 \right], \qquad (A13.20)$$

由 12.2 节有关公式可知它们分别为波面半径和光束尺寸.

此外,将(A13.17)式代入(A13.12)式得到

$$P(z) = -\mathrm{j}\ln\left(1 + \frac{z}{q_0}\right) = -\mathrm{j}\ln\left(1 - \mathrm{j}\frac{\lambda z}{\pi W_0^2}\right) = -\mathrm{j}\ln\left[\frac{W(z)}{W_0}\right] - \phi(z),$$

$$(A13.21)$$

$P(z)$ 的实部为

$$\phi(z) = \arctan\left(\frac{\lambda z}{\pi W_0^2}\right). \qquad (A13.22)$$

将其代入(A13.16)式,得到

$$\Phi(z) = kz + \frac{kr^2}{2R(z)} - \phi(z). \tag{A13.23}$$

$P(z)$的虚部对(A13.13)式的贡献则为

$$\exp\left\{-\ln\left[\frac{W(z)}{W_0}\right]\right\} = \frac{W_0}{W(z)}, \tag{A13.24}$$

最终得到

$$u(z) = \frac{W_0}{W(z)}\exp\left[-\frac{r^2}{W^2(z)}\right]\exp\left[-jkz - jk\frac{r^2}{2R(z)} + j\phi\right], \tag{A13.25}$$

即高斯光束基模的表达式(13.3.8)式.